电力指纹技术

DIAN LI ZHI WEN JI SHU

谈竹奎　余涛　蓝超凡　等著

内 容 提 要

本书第 1 章介绍了感知的基本概念，并引出电力指纹技术的研究内容；第 2 章介绍了电力指纹技术的概念与架构；第 3 章介绍了电力指纹技术的基础——数据的获取与处理；第 4 章介绍了电力指纹类型识别技术；第 5 章介绍了如何在多设备混叠运行情况下对设备运行信号和状态进行分解和识别；第 6 章介绍了电力指纹参数识别技术基础；第 7 章介绍了电力指纹行为识别技术；第 8 章从软硬件角度介绍了电力指纹技术支撑体系；第 9 章对电力指纹技术的应用场景和商业模式进行展望。

本书可以为设备感知、电网运维、智能用电、综合能源管理、智能家居、互联网增值服务等领域的专业技术人员提供参考。

图书在版编目（CIP）数据

电力指纹技术／谈竹奎等著. —北京：中国电力出版社，2022.9

ISBN 978-7-5198-6946-5

Ⅰ.①电… Ⅱ.①谈… Ⅲ.①指纹鉴定－应用－电力系统 Ⅳ.① TM7-39

中国版本图书馆 CIP 数据核字（2022）第 134428 号

出版发行：中国电力出版社
地　　址：北京市东城区北京站西街 19 号（邮政编码 100005）
网　　址：http://www.cepp.sgcc.com.cn
责任编辑：王　南（010-63412876）
责任校对：黄　蓓　常燕昆
装帧设计：张俊霞
责任印制：石　雷

印　　刷：三河市万龙印装有限公司
版　　次：2022 年 9 月第一版
印　　次：2022 年 9 月北京第一次印刷
开　　本：787 毫米 ×1092 毫米　16 开本
印　　张：24
字　　数：355 千字
印　　数：0001—1500 册
定　　价：98.00 元

《电力指纹技术》编撰组

主　编　谈竹奎

副主编　余　涛　蓝超凡

参编人员　孙立明　刘　斌　曾　江　陈鑫沛　邱磊鑫

庞　浩　史守圆　彭秉刚　苏　晓　刘熙鹏

黄　毅　王子豪　唐赛秋　蔡清淮　罗庆全

霍富铭　梁敏航　梁志泓　杨家俊　王文超

高旭东　胡厚鹏　丁　超

序

我国能源系统逐步向绿色化转型以构建清洁低碳、安全高效的能源体系。我国承诺二氧化碳排放力争于2030年前达到峰值，努力争取2060年前实现碳中和，双碳目标的提出为电力系统改革和发展提供了新的方向和动力，新型电力系统的建设成为能源电力领域的核心目标。

新型电力系统的建设需要将信息技术、计算技术、传感技术、大数据与人工智能技术等与电力系统深度融合，逐步实现电网的信息化、数字化、智能化，建设成为透明电力系统。透明电力系统应当具备可见、可知、可控等技术特点，可见可知指的是整个系统的设备都可以观测到，对用户是“透明”的，不仅能够监测设备的运行数据，还能够实时分析设备的状态、特性等指标；可控指的是在可见可知的基础上对系统进行智能控制，无须多余的人为调动与干预，实现整个系统的智能运行。本书所提的电力指纹技术的概念为可见可知环节提供了感知技术，汲取了人工智能、大数据等前沿技术的精华，通过电气数据挖掘出设备独特的“指纹信息”，实现设备的类型、参数、行为和状态等信息识别，该技术具有创造性和前瞻性。

本书系统地提出了电力指纹技术架构，深入地探讨了电力指纹技术如何应用于新型电力系统和能源系统中；研究了单体和聚合的设备类型的识别模型，以及考虑数据与知识融合的分层识别算法；提出了复杂背景下量测信号的分解与智能识别方法，实现真实环境下的多设备混叠运行下的识别；探索了用电设备参数识别与用电行为识别方法，从多个维度构建了设备的指纹信息；建立了电力指纹技术的软硬件支撑系统，并全面地分析了电力指纹技术的应用场景和商业模式。本书从概念到方法，再到系统和应用，全方位地展示了电力指纹技术的细节，填补了相关技术领域的空白，本书的出版具有重要的意义与价值。

本书的作者在人工智能与电力指纹技术领域潜心研究多年，在理论与工程实践中取得了诸多成果。在此对本书的出版以及撰写团队表示祝贺，同时也希望他们能够继续奋斗，为我国能源电力系统改革与发展做出重要贡献！

（李立浧）

2022年5月10日

前 言

电网是能量流的载体，同时也是各类信息流的载体。电网的智能化运行就是要充分利用各类信息流高效指导生产活动，提高能源的利用率。实现电网智能化运行目标，需要先进的测量能力，以及智能的感知、决策和控制能力，即以先进的测量能力和智能感知为基础，研究出智能决策系统和智能控制方法。电力指纹技术，就是用来解决智能感知领域上的相关问题的。

电力指纹技术这一概念最早可以溯源到1983年C. Kern在负荷研究研讨会上提出的“设备签名”概念，1991年法国电力公司发表了第一篇关于“设备签名”的论文，详细分析了不同设备类型的电气特征。1992年美国哥伦比亚大学G.W.Hart教授提出了非侵入式负荷监测方法，通过监测用户入口处电压和电流信息实现设备用电监测，开启了负荷识别的研究热潮。近三十年来，研究人员不断提出新的负荷设备识别方法，但这些方法主要集中在识别家庭负荷设备的类型及是否在运行，无法满足能源互联网下的设备状态深度感知和精准交互需求。2017年，受到负荷识别方法的启发，贵州电网有限责任公司电力科学研究院与华南理工大学进一步拓展了负荷识别的内涵，研究了用电设备和分布式发电设备的运行状态、参数、行为感知和辨识方法，并提升了用电侧设备的精确状态感知能力，实现了电网与用户的有效交互及海量分布式设备的协调控制。由于该技术更加立体地刻画了设备的电气特征，因此将该技术命名为电力指纹技术（electric power fingerprint technology, EPF），以便与现有的负荷识别技术加以区分。

电力指纹技术一经提出，得到了贵州电网有限责任公司和贵州省电机工程学会的高度重视和科研投入，先后开展了南网重点科技项目“面向能源互联网的配网侧需求侧综合能源管理技术研究与示范”和科技项目“基于工业互联网的旅游区安全智慧配用电关键技术研究及示范”，大力推进了电力指纹技术的研究与应用。此外，贵州电网有限责任公司提供了研究试验平台和应用示范场景，并组建了包含贵州电力科学研究院、华南理工大学电力学院、广州水沐青华科技有限公司、贵州大学电气工程学院等多方团队进行联合攻关。贵州省电机工程学会积极宣传，组织了多次学术研讨，编者和华南理工大学余涛教授多次受邀出席学术交流会议以宣传电力指纹技术，得到学术界、工业界和社会的高度认可，并受邀在专著《人工智能与电气应用》中初步介绍了电力指纹技术。

在此背景下，为了能让更多的读者了解电力指纹技术，鼓励志同道合者共同推进这项技术，编者决定撰写本书，系统完整地介绍电力指纹技术的技术架构、识别方法、应用场景及商业模式。同时本书还借鉴了国内外专业同行的大量经验和观点，参考了很多相关资料和文献，在此一并向这些资料和文献的作者表示衷心的感谢。

本书工作量大，它的完成是编者及众多合作伙伴不断迎难而上、开拓进取的结果。本书作者分别是贵州电网电力科学研究院谈竹奎、华南理工大学电力学院余涛、蓝超凡等。谈竹奎主要设计全书框架，统领各章内容，并完成第1、2章的编撰；第3章主要由余涛、蓝超凡完成；第4章主要由余涛、蓝超凡、邱磊鑫完成；第5章主要由蓝超凡、彭秉刚、苏晓完成；第6章主要由谈竹奎、余涛、史守圆完成；第7章主要由陈鑫沛、蓝超凡、刘熙鹏完成；第8章主要由刘斌、曾江、黄毅、王子豪、王文超、高旭东完成；第9章主要由谈竹奎、孙立明、庞浩完成。全书由谈竹奎、余涛统稿审定。

在此感谢昆明理工大学杨博教授、华南理工大学电力学院潘振宁、陈俊斌、罗庆全、刘易锟、管维灵、蔡清淮、霍富铭、梁敏航、梁志泓等教师及研究生对本书做出的重要贡献。感谢陈鑫沛、杨家俊、邱磊鑫等在本书撰写整理中付出的艰辛。

本书是编者在中国南方电网科技项目基金的资助下完成的一个阶段性工作总结，相信通过抛砖引玉，本书会启发更多企业、高校和学者参与到这个方向的研究工作中。编者也希望在未来为国内外同行呈现出更多研究成果。

编者：谈竹奎
2022年5月12日

目录 CONTENTS

1

CHAPTER 1

能源互联网与电力指纹技术概述

1.1 电网是万物感知的网络

1.1.1 电网连接世界

现代社会离不开互联网，互联网连接着各种电子设备，深入人民生活的方方面面。然而从物理的角度来看，电网才是连接万物的网络。任何设备，从最早的电话到现在的智能手机，从普通民用的电磁炉、电扇、取暖设备到工业生产流水线、矿山的矿机、轮船，都直接或间接地从电网获取电能，并成为电网的一个个节点。

从传统电力系统角度来看，电网连接发电厂、输配电线路、变配电站和用电端等，共同组成电能生产与消费的系统。自然界的一次能源通过发电动力装置转化成电能，再经电网的输电、变电和配电将电能供应到各用户。为实现这一功能，电网在各个环节和不同层次应具有相应的信息与控制系统，对电能的生产过程进行测量、控制、保护、通信和调度，以保证用户获得安全、优质的电能。

任何接入电网的设备在与电网进行能量交换的同时，也将与其相关的信息传递给电网。用电设备的相关参数，运行时的电压、电流、有功功率、无功功率、谐波和频率等特征信息，甚至是设备的健康状况、用户使用习惯等数据均可以通过相关监测获得蛛丝马迹。同时电网自身的参数和运行特征、电力供需是否平衡、电压和谐波等电能质量，甚至电网是否稳定，电网的稳态是否在发生变化、电网是否有雷击等重大稳定性事件都会在用电设备上显露痕迹。因为在整个电网拓扑结构中，任何节点都不是孤立的，而是彼此相互联系的。距离很远的节点间相关信息会被线路、电压器等电网设备过滤掉，但如果有了电网的神经系统和神经中枢，距离再远的设备间也是可以相互联系了。这种联系与传统所说的信息通信联系不同，这种联系不是为了实现信息交换，而是实现相互感知。由于电网技术和信息通信技术尚未发展到一定程度，这种联系长期以来没有被利用，如果能够利用这些联系，则真正能够实现万物感知。

互联网、移动互联网和物联网能够实现万物互联和信息交换，却不能实现万物感知。以电网为核心与纽带的能源互联网是继互联网、移动互联网和物联网后另一个基于网络的宝藏来源。能源互联网不仅掌握了能量传输资料，还实际掌握了用户和设备信息资源。目前，虽然这些资源还存在监测手段不足、识别、感知、应用不足的情况，相关的基础理论尚没有完全建立，但随着能源互联网技术、人工智能和大数据技术的发展，部分技术手段已经具备使用条件，已经到了开启这个领域大门的关键时刻。能源互联网的发展，将最终形成具备能量交换、信息交换、万物感知的网络，能源互联网是实现万物感知的最佳载体。不是所有的设备都有能力实现信息交换的，但是能源互联网应能实现所有设备的感知。在“互联网+”思维下，这个领域商机无限。

1.1.2　感知的基本概念

如果把电力系统类比成一个完整的有机生物体，那么这个有机生物体的神经系统包括信息通信系统、传感器等简单的结构。为了说明什么是完备的神经系统，就要了解神经系统中刺激、感觉和知觉三者的概念。

在生理学中把能为细胞或机体感受到的内外环境变化称为刺激。刺激的种类很多，可分为化学刺激、电流刺激、机械刺激和生物刺激等。

感知是感觉与知觉的统称。感知即意识对内外界信息的觉察、感觉、注意、知觉的一系列过程，感知分为感觉过程和知觉过程。感觉是刺激物作用于感觉器官经过神经系统的信息加工所产生的，对该刺激物的个别属性的反应。知觉是人脑对于直接作用于感觉器官的事物整体属性的反应，是对感觉信息的组织和解释过程。

从定义来看，刺激是感觉的基础，但刺激不是感觉。用触觉为例来说明，触觉是指分布于全身，由皮肤上的神经细胞接受来自外界的温度、湿度、疼痛、压力和振动等方面的感觉。其原理是，生物体皮肤深层存在触觉小体，椎体里存在敏感的神经细胞，当神经细胞感受到触摸带来的压迫，就会马上发出一个微小的电流信号，这个电流信号就是刺激。仅有这些刺激并不能感知触碰的物体的大小、形状、硬度和温度等，这些电流信号传输到神经中枢，神经中枢通过综合分析，就可以判别出触碰的物体的大小、形状、硬度和温度等信息，从而形成了触觉这种感觉。

不仅刺激和感觉有着很大的差别，感觉和知觉也有着很大的差别。从定义上来看，感觉是对事物个别属性的具体认识，包括视觉，听觉，味觉，触觉等，知觉则是对某一事物的各种属性以及他们相互关系的整体反映。感觉和知觉两者都是直接的反映、都是感性认识过程，但感觉反映的是事物个别属性，知觉反映的是事物整体；感觉的生理机制是单一分析器的活动，知觉是多种分析器协同活动的结果；感觉是知觉的基础，知觉是感觉的进一步发展。

传统概念上的电网的神经系统，主要包括传感器和信息通信网络，神经中枢（控制中心）通过信息通信网络直接联络传感器。这种神经系统恰如生物体的刺激直接进入大脑，忽略了感觉和感知的环节。这种由电网的控制中心直接处理大量的传感器信号的方式，在传统电网传感器数量有限，可控制设备数量有限的情况下是可行的。随着传感器的越来越多，控制中心不仅计算能力不足，而且会将有用的信息淹没在大量的无用信息中，这种传统的处理方式逐渐显露不足。

电网是万物感知的网络，感知的是物体本身及接入网络的主体本身，而不是这个物体表现的电信号。传统意义上的电网神经系统，控制中心达不到对电力系统中真正的主体的整体认识，接收并处理着的大量的电流和电压等信息变化，从而不能将计算处理等能力真正用于设备和用户等真正的电网接入主体上。因此，未来电网的神经系统必然将当前这种简单的神经系统分层处理，演化成刺激、感觉、知觉等层级。

目前，电网中的各类传感器提供了各类设备、事件、状态的刺激。但刺激尚没有上升到感知层面，这一方面是受技术条件的限制，另一方面是对能源互联网的认识不够深入。随着信息通信技术、人工智能技术、边缘计算技术等的发展，为将刺激层面上升到感知层面带来了可能。

本书没有对电网的感知下定义，也未对感知的内涵做过多的分析，这是一个新的领域，电网中感知必将在未来被大量学者所研究，本书涉及的感知只停留在初级层面。本书尝试从基础的电力运行相关参数的监测出发，利用人工智能技术识别和挖掘这些信息，从而形成能源互联网的感知。

1.2 能源互联网概述

1.2.1 能源互联网的定义

随着科学技术的不断提升，人们的生活需求也越来越高，但是随着化石能源趋于枯竭和环境的不断恶化，环境与能源之间的关系愈发紧张。近年来，以可再生能源和分布式储能为代表的新能源技术在理论研究和工程实用方面均取得显著进展。然而，可再生能源发电的间歇性、波动性与电力消费即时性之间存在的矛盾以及储能的技术经济壁垒，使得可再生能源发电的大规模利用仍存在障碍。如何构建一个面向未来的高效、安全、可持续利用的可再生能源体系逐步成为业内关注焦点，也促使了能源互联网定义的产生和综合能源服务概念的提出。

能源互联网的概念是2011年由美国学者杰里米·里夫金（Jeremy Rifkin）在其著作《第三次工业革命》中最先明确提出的[1]。里夫金认为，随着化石燃料的逐渐枯竭及其造成的环境污染，在第二次工业革命中奠定的基于化石燃料大规模利用的工业模式正在走向终结。里夫金预言，以新能源技术和信息技术的深入结合为特征，一种新的能源利用体系即将出现，他将他所设想的这一新的能源体系命名为能源互联网（energy internet）。里夫金定义的能源互联网有几个特征：①以可再生能源为主要一次能源；②支持超大规模分布式发电系统与分布式储能系统自由接入网络，支持产销一体的新型能源生产与消费形态；③基于互联网技术实现广域能源共享；④支持交通系统的电气化（即由燃油汽车向电动汽车转变）。里夫金所倡导的能源互联网的内涵大体有三点：①从化石能源走向可再生能源；②从集中式产能走向分布式产能；③从封闭走向开放。作为经济学家，里夫金对能源互联网的定义和思考更多的是一种愿景，而并非切实可行的技术路径。由于里夫金本人的影响力，他的观点一经抛出，就引起了政府、学界和企业界的巨大反响。学界和企业开始在能源互联网的研发领域大量投入资源，能源互联网也因而成为近年能源领域的讨论焦点。

我国也紧紧抓住了能源互联网驱动社会发展的战略机遇，2015年3月5日，在第十二届全国人民代表大会第三次会议上的《政府工作报告》中提到，制订‘互联网+’行动计划，推动移动互联网、云计算、大数据、物联网等与现代制造业结合，促进电子商务、工业互联网和互联网金融健康发展，引导互联网企业拓展国际市场。能源生产和消费革命，关乎发展与民生。要大力发展风力发电、太阳能发电、生物质能发电，积极发展水力发电，安全发展核能发电，开发利用页岩气、煤层气。控制能源消费总量，加强工业、交通、建筑等重点领域节能。积极发展循环经济，大力推进工业废物和生活垃圾资源化利用。我国节能环保市场潜力巨大，要把节能环保产业打造成新兴的支柱产业。

在这一背景下，我国“互联网+能源”行动应运而生。随着可再生能源技术、通信技术以及自动控制技术的快速发展，一种以电力系统为核心，以集中式及分布式可再生能源为主要能量单元，依托实时高速的双向信息数据交互技术，涵盖各类化石能源、可再生能源以及公路和铁路运输等多类型多形态网络系统的新型能源利用体系，即能源互联网的基本构想和雏形被提出。在能源互联网背景下，传统的以生产顺应需求的能源供给模式将被彻底颠覆，处于能源互联网中的各个参与主体都既是生产者，又是消费者，互联共享将成为新型能源体系中的核心。

综上所述，能源互联网可以定义为：以电力系统为核心与纽带，构建多种类型能源的互联网络，利用互联网思维与技术改造能源行业，实现横向多源互补，纵向“源—网—荷—储”协调，能源与信息高度融合的新型（生态化）能源体系[2]。其中，“源”是指煤炭、石油、天然气、太阳能、风能、地热能等各种类型的一次能源和电力、汽油等二次能源；“网”涵盖了天然气和石油管道网、电力网络等能源传输网络；“荷”与“储”则代表了各种能源需求以及存储设施。通过“源—网—荷—储”的协调互动达到最大限度消纳利用可再生能源，能源需求与生产供给协调优化以及资源优化配置的目的，从而实现整个能源网络的“清洁替代”与“电能替代”，推动整个能源产业以及经济社会的变革与发展。能源互联网是能源革命的标志性技术，将推动一系列新技术、新商业模式的发展，实现能源的清洁、高效、安全、便捷、可持续利用。能源互联网的提出为全球能源资源的优化配置和可再生能源的高效利用提供了广阔前景和良好机遇。然而，在能源互联网的研究实践过程中也存在着新的问题和挑战。首先，随着分布式能源渗透率的不断提高，若不对其加以合理引导和调度，可能会对配电系统的安全与经济运行带来负面影响[3]。其次，如何实现多能源系统中多种能源载体的协调互补和“源—网—荷—储”协同优化，是又一个值得探讨的问题[4]。此外，能源互联网系统规划决策过程中需要考虑用户侧的因素，决策的不确定性和模糊性大大增加。最后，能源互联网的参与主体相较于传统的电力系统大大增加，主体间的信息交互也更加频繁和复杂。

1.2.2　能源互联网基本架构

能源互联网的基本架构如图1–1所示，大致可分为“能源系统的类互联网化”和“互联网+”两层：前者指能量系统，是互联网思维对现有能源系统的改造；后者指信息系统，是信息互联网在能源系统的融入[5]。

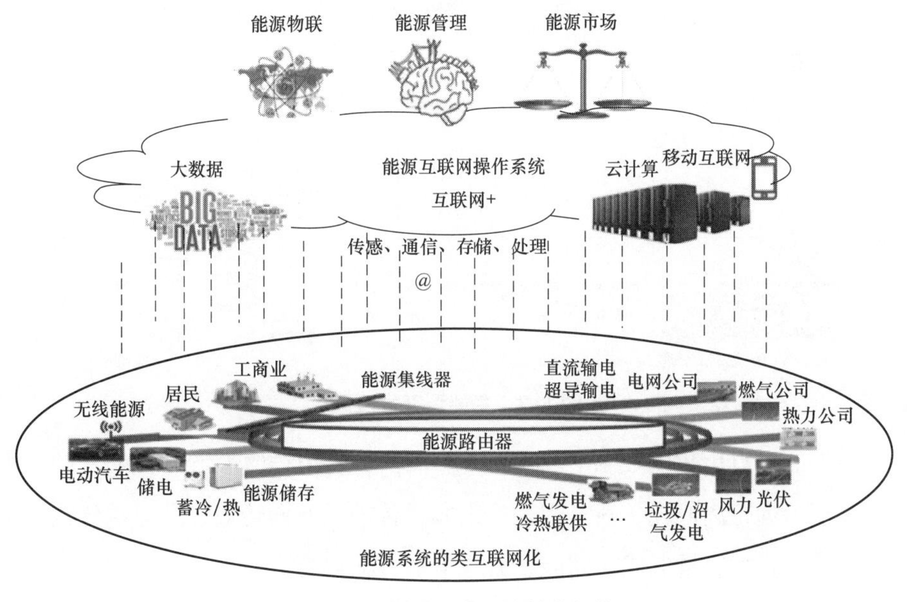

图1–1　能源互联网的基本架构

1. 能源系统的类互联网化

能源系统的类互联网化表现为互联网理念对现有能源系统的改造，其目的是使得能源系统具有类似于互联网的某些优点。能源系统的类互联网化主要表现为多能源开放互联、能量自由传输和开放对等接入。

（1）多能源开放互联。在传统能源系统中，供电、供热、供冷、供气、供油等不同能源行业相对封闭，互联程度有限，不同系统孤立规划和运行，不利于能效提高和可再生能源消纳。能源互联网需要打破这个壁垒，实现电、热、冷、气、油、交通等多能源综合利用，并接入风能、太阳能、潮汐能、地热能、生物能等多种可再生能源，形成开放互联的综合能源系统。

多能源开发互联如图1–2所示，在源端，通过构建综合能源系统，利用多种能量形式之间的转化以及更为廉价和大容量的热储等技术，可显著提高可再生能源消纳水平，并平抑其波动；在用户端，通过构建综合能源系统，可有针对性地满足用户多品位的能量需求，在以用户为中心的前提下有效提高能源综合利用率；在传输网侧，多能源开放互联网可以减少网络建设，提高系统安全可靠水平。

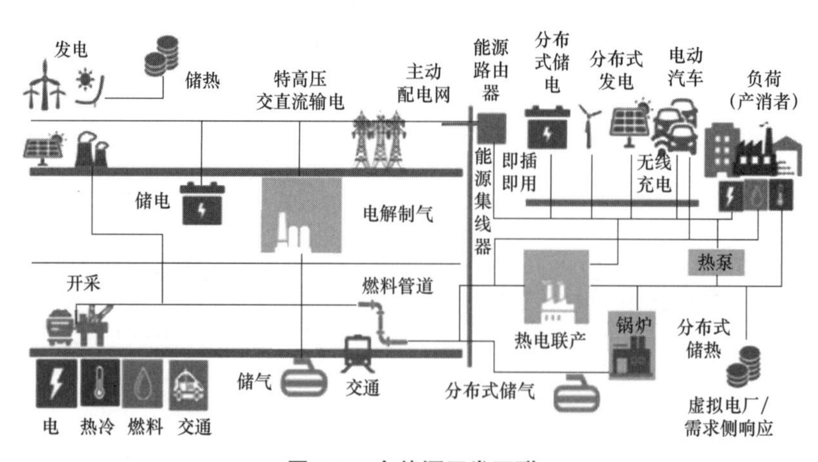

图1–2　多能源开发互联

（2）能量自由传输如图1–3所示。类比信息自由传输的特点，能量的自由传输表现为远距离低耗（甚至零耗）大容量传输、双向传输、端对端传输、选择路径传输、大容量低成本储能、无线电能传输等特点。

能量的自由传输使得能量的控制更为灵活，储能的大量使用可使能源供需平衡更为简便，可以根据需要选择能量传输的来源、路径和目的地，支持能量的端对端分享，支持无线方式随时随地获取能源等，进而可以促进新能源消纳和提高系统的安全可靠性。

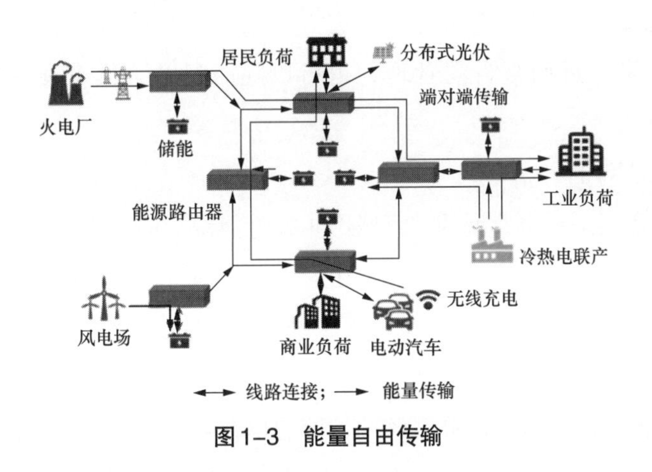

图1–3 能量自由传输

（3）开放对等接入如图1–4所示，在互联网中，不同设备可以开放对等接入，做到即插即用，使得用户的使用非常便捷，这是互联网具有大量用户的基础。

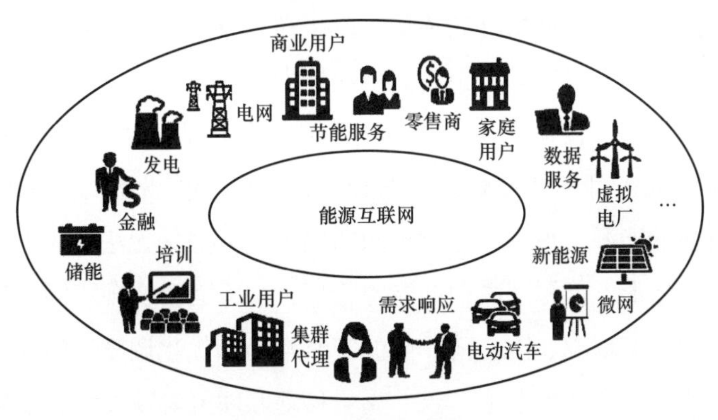

图1–4 开放对等接入

当前能源系统或电网可以做到被动负荷的即插即用，简单地说就是接入电网就可以使用电网中的电能，无法实现让电网知道我是谁。而源（物理设备或者系统，如微网等）的即插即用仍未实现。分布式能源的安装、接入电网麻烦，必须要预先对设备进行设置等操作，开销的资金和时间成本都比较高。在能源互联网中，产消者将是能源交易和分享的主体，源的开放对等接入可为产消者的大量出现提供保障，形成规模，并支撑需求侧响应和虚拟电厂等各类应用。能源互联网的即插即用具体表现在：新的设备或者系统接入能源互联网时，无需人工报装、审批和建模，而是可被自动感知和识别，进而被自动管理，也可以随时断开，具有良好的可扩展性和即插即用性。

2.“互联网+”

能源互联网是一个典型的“互联网+智慧能源”的应用场景，通过互联网技术将设备数据化，并将所有主体自由连接，进而打造能源互联网的“操作系统”，来统筹管理各种资源，产生显著区别于原有能源系统的业态和商业模式，促进大众创新创业。主要体现在以下三点。

（1）能源物联。现有能源系统的传感通信存在以下两方面问题：一方面传感数据的类型较少，采集频率较低，对系统的感知有限；另一方面专网传输，不同系统间难以交互，不同参与者之间也难以交互，造成信息孤岛。利用物联网技术可以实现不同位置、不同设备、不同信息的实时广域感知和互联，在已有专网传输的基础上，新增开放传输系统，在不影响安全等前提下实现信息的最大化共享，提高系统感知、控制和响应能力。

（2）能源管理。能源系统的运行离不开能源管理。目前电、热、冷、油、气、交通等不同类型的能源管理相对独立，不利于能源的综合利用和互补协同。而且目前的能源管理都是相对封闭的集中式方法，无法适应大量参与者和产消者参与的情形。能源互联网的能源管理，一方面要实现不同能源类型的分布式协同管理，实现源、网、荷、储的实时互动和优化调度；另一方面需要借鉴互联网透明的理念和大数据、云计算、移动互联网等新技术，让用户体验到专业、便捷和定制化的服务。能源管理包括可再生能源管理、多能流能量管理、需求侧能效管理、在线教育与培训等。

（3）能源互联网市场。互联网允许大量产消者的参与和多边对接，为能源的自由交易和众筹金融提供平台，可产生新的商业模式和新业态。通过自洽自愈、竞争互补的市场机制，实现能源互联网各要素的共生共赢。

1.2.3　能源互联网的发展方向

能源互联网贯穿了能源系统的各个部分和各个环节，它将信息流、能量流及业务流与能源的生产、输送和消费贯通，综合调配能源的生产和消费，满足用户多元化的用能需求，促进能源系统整体高效协调运行。结合能源互联的特点，建设和发展能源互联网有以下两个发展方向[6]。

1. 横向多能互补

世界石油危机使许多国家认识到只依赖一两种主要能源非常危险，而且大量使用化石燃料所造成的生态环境问题也日益严重。所以有人主张多种能源并重，相互补充。我国早在20世纪80年代初就开始制订能源政策，要求逐步改变单一以煤为主的能源格局，尽可能开发利用其他能源资源，包括煤、石油、天然气和核能的合理利用，特别是要求不断增长新能源和可再生能源的比重，如水电、太阳能、风能、海洋能、生物质能、地热能和氢能等的开发利用。

传统电力系统对电能进行单一调度，在能源互联网中，含电能在内的多种能源通过能源转换装置来协调互补，提高整体用能效率，所以“横向多能互补”是从电力系统“源—源互补”的理念衍生而来，能源互联网中的“横向多能互补”是指电力系统、石油系统、供热系统、天然气供应系统等多种能源资源之间的互补协调[7]，突出强调各类能源之间的“可替代性”，用户不仅可以在其中任意选择不同能源，也可自由选择能源资源的取用方式。其中，由于电能具有清洁、高效、易传输等优势，作为各种能源相互转化的枢纽，成为能源互联网的核心。多能互补是按照不同资源条件和用能对象，采取多种能源互相补充，以缓解能源供需矛盾，合理保护和利用自然资源，促进生态环境良性循环，同时获得较好的环境效益的用能方式。多能互补系统是能源互联网的物理基础，包含电气、电热、气热等多种能源耦合环节，互补替代技术被广泛应用于对这些能源的控制，各类设备和负荷都可由能源服务商直接进行整合管理，深入挖掘电能互补替代的应用潜力。能源互联网中典型的电能互补替代技术见表1–1。

表 1-1　能源互联网中典型的电能互补替代技术

能源替代技术	能源耦合环节	替代对象	替代途径
蓄热电锅炉	电热耦合	燃煤锅炉	以电代煤
电炊具			
分布式电采暖		燃气锅炉	以电代气
热泵			
电水泵	电负荷	油泵	以电代油
电窑炉	电热耦合	燃油窑炉	
电动汽车	储能装置/电负荷	燃油汽车	

这些技术不仅能有效实现能源间的相互替代，还能够促进可再生能源的消纳。例如热泵是一种冷暖兼备的节能型空调系统，可高效地从空气、水或地下热源中吸收热能，提供给用户消耗或存储，由于热具有天然存储特性，能有效利用间歇性的电力供应；蓄热式电锅炉则通常以新能源发电系统作为电源，可以将电能转化成热能，并通过蓄热介质进行能量的存储与释放，可有效应对新能源出力的波动；电动汽车作为一种典型的可双向互动的新型负荷，使用合理的控制策略可以用来缓解分布式风能、太阳能等新能源发电所造成的供电质量问题。

能源互联网中还存在其他能源耦合设备，如电转气技术、冷热电三联供技术、燃气轮机、压缩空气储能装置等，这些设备虽然不属于电能替代技术，但是能够针对多种用能需求，进行灵活能源供应和互补转换，对大规模电能替代负荷接入后的灵活调控提供了更多的控制途径与方法。例如电转气技术可以将通常被废弃的可再生能源出力转化成人造天然气的形式加以储存，在电能负荷集中启动时再利用，并且能够充分利用现有天然气管道和储气设备，具有良好的经济性。

能源互联网是多能源网络的耦合，这表现在能源网络架构之间的相互耦合，同时也包括网络能量流动之间的互补协调、安全控制。在能源供应与输配环节，未来能源互联网通过柔性接入端口、能源路由器、多向能源自动配置技术、能量携带信息技术等，能够显著提高电网的自适应能力，实现多能源网络接入端口的柔性化、智能化，降低网络中多能源交叉流动出现冲突、阻塞的可能性。在系统出现故障时，能够加速网络的快速重构，重新调整能源潮流分布和走向。目前多能流互补控制技术主要聚焦于控制策略与控制技术方面，控制策略主要指多类型能源发电的优化调度模型、控制模型等；控制技术主要指以数字信号处理为基础的非传统控制策略及模型，包括神经网络控制、预测控制、电网自愈自动控制技术、互联网远程控制技术、模糊控制技术、接入端口控制技术等。

2. 纵向“源—网—荷—储”协调

（1）传统的“源—网—荷—储”协调。从传统意义上讲，“源—网—荷—储”协调优化模式与技术是指电源、电网、负荷与储能四部分通过多种交互手段，更经济、高效、安全地提高电力系统的功率动态平衡能力，从而实现电能资源最大化利用的运行模式和技术，该模式是包含“电源、电网、负荷、储能”整体解决方案的运营模式。该模式主要包含以下三个方面。

1）“源—源”互补。“源—源”互补强调不同电源之间的有效协调互补，通过灵活的发电资源与清洁能源之间的协调互补，克服清洁能源发电出力受环境和气象因素影响而产生的随机性、波动性问题，形成多能聚合的能源供应体系。

2）“源—网”协调。“源—网”协调要求提高电网对多样化电源的接纳能力，利用先进调控技术将分散式和集中式的能源供应进行优化组合，突出不同组合之间的互补协调性，发挥微网、智能配电网等技术的缓冲作用，降低接纳新能源电力给电网安全稳定运行带来的不利影响。

3）“网—荷—储”互动。“网—荷—储”互动把需求侧资源的定义进一步扩大化，将储能、分布式能源视为广义的需求侧资源，从而将需求侧资源作为与供应侧相对等的资源参与到系统调控运行中，引导需求侧主动追寻可再生能源出力波动，配合储能资源的有序智能充放电，从而增强系统接纳新能源的能力，实现减弃增效。

（2）能源互联网下纵向“源—网—荷—储”协调。作为能源互联网的核心和纽带，电力系统的“源—网—荷—储”协调优化模式在能源互联网中将更为广泛地应用于整个能源行业，与能源互联网的技术与体制相结合，形成整个能源系统的协调优化运营模式[8]。在能源互联网背景下，“源—网—荷—储”协调优化有了更深层次的含义，“源”包括石油、电力、天然气等多种能源资源；“网”包括电网、石油管网、供热网等多种资源网络；“荷”不仅包括电力负荷，还有用户的多种能源需求；而“储”则主要指能源资源的多种仓储设施及储备方法。具体来讲，纵向“源—网—荷—储”协调是从电力系统“源—网协调”和“网—荷—储互动”的理念中衍生而来。能源互联网中的纵向“源—网—荷—储”协调主要是指以下两个方面。

1）通过多种能量转换技术及信息流、能量流交互技术，实现能源资源的开发利用和资源运输网络、能量传输网络之间的相互协调。

2）将用户的多种用能需求统一为一个整体，使电力需求响应进一步扩大化成为全能源领域的综合用能管理，将广义需求侧资源在促进清洁能源消纳、保证系统安全稳定运行方面的作用进一步放大化。能源互联网“源—网—荷—储”协调优化运营模式如图1-5所示。

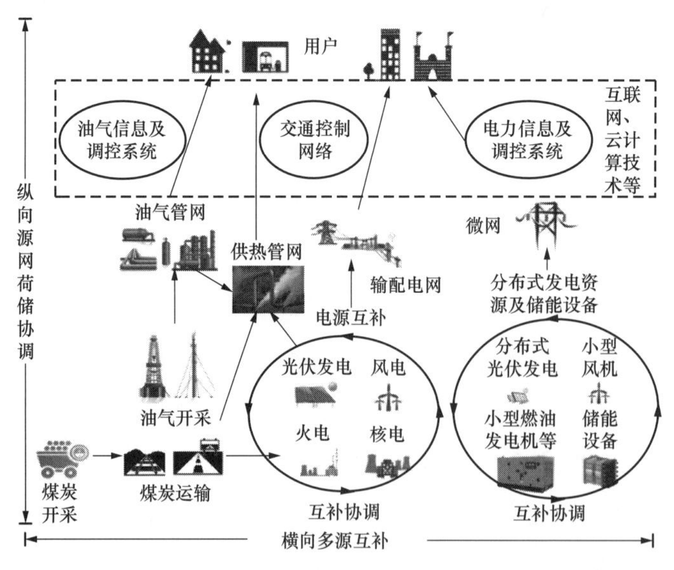

图1-5　能源互联网“源—网—荷—储”协调优化运营模式

目前，世界上许多国家和地区就能源互联网下的纵向“源—网—荷—储”协调开展了研究和试点工作。瑞士苏黎世联邦理工学院Martin Geidl等学者于2007年提出能量枢纽（energy hub，EH）的高度抽象概念[9]，可有效模拟区域能源互联网中各源、荷节点的多能输入输出特性。无论是工业工厂、大型建筑群、农村和城市地区等较大系统，还是火车、轮船、飞机或单个居民用户等小型孤立系统，都可通过合理建模，用能量枢纽的抽象概念表示。能量枢纽的引入为区域能源互联网多能协同优化带来多方面好处。首先，能量枢纽中各能量负荷不再依赖单一网络，一种能量供应出现短缺时可由其他能源转化，增强了系统供能可靠性。其次，能量枢纽中各能源相互转化提高了系统供能自由度，可基于能源成本、排放量等标准对能量枢纽输入端口处提供的多种能源进行优化调度输入，或结合综合需求响应实现对供能的响应调度。最后，借助能量枢纽可实现多能源系统的优势互补，例如可充分发挥电力系统适于远距离传输的特性以及天然气系统和热力系统的能量存储特性，最终实现整个区域能源互联网络的性能优化。2016年6月，苏州大规模的“源—网—荷—储”友好互动系统投运，苏州地区217个变电站，724个用户实现了可中断负荷秒级、毫秒级实时控制能力，是我国首套大规模“源—网—荷—储”友好互动系统，显著增强了大电网严重故障情况下的弹性承受能力和弹性恢复能力，大幅度提高电网消纳可再生能源和充电负荷的弹性互动能力。

1.3 能源互联网背景下的感知需求

与传统电网集中式能量分配与调度中能量只能从电网到用户单向流动的运行模式不同，在能源互联网中，各类分布的能源能够以点对点（Peer-to-Peer）的形式在市场上自由对等地交易和兑换，用户既是能源消费者又是能源的供应者。这种开放式的能源交互，对能源互联网能源设备的接入、控制和能量流的传输提出了挑战。

作为开放对等接入，能源互联网应该是即插即用的[10]，能源互联网的即插即用一方面表示一旦接入能源互联网，能源互联网即知道接入的设备是什么，具有什么特性，对能源的需求是什么，对能源互联网有什么影响；另一方面表示所接入的设备知道能源互联网具有什么资源，自身能够如何在能源互联网中发挥更好的作用。为了达到这种双方的对等，能源互联网的即插即用至少分为两个层次：①对设备类型的即插即用，一旦插入设备就知道它是什么类型设备；②对设备基本参数、状态和控制行为的感知。这两个层次缺一不可。为了实现即插即用双方的友好互动，在能自动保障能源网络的安全稳定的前提下，还应具有：①能量和信息即插即用的标准接口和协议；②分布式设备的自组织管理，包括设备的自动感知和识别、设备模型的生成和拼接、自动通信、系统级的协同管理等；③能源设备自身实现自治控制，减少对系统的不利影响。

因此，要实现设备的即插即用和能源互联网的协同运行，需首先实现对设备的精准感知。感知的要求在于从能源互联网的基础信息中，提炼出设备的有效信息，如通过设备运行中的电压、电流、有功功率、无功功率、谐波和频率等特征分析出设备的相关参数、运行状态、健康状态等信息。除此之外，能源互联网中设备的协同运行需要考虑到设备之间的影响关系，但由于电网节点间相关信息会被线路、电压器等电网设备过滤掉，这种联系长期以来没有被利用。如果能够实现设备间的相互感知，那么距离再远的设备间也是可以相互联系的，这对于分析电网的运行参数和运行特征、电力供需是否平衡、电压和谐波等电能质量，甚至电网是否稳定，电网的稳态是否在发生变化等有着巨大的价值。

1.4 新型电力系统背景下的感知需求

为了推动绿色低碳发展，2020年9月22日，在第七十五届联合国大会上，我国提出了“中国将提高国家自主贡献力度，采取更加有力的政策和措施，二氧化碳排放力争于2030年前达到峰值，努力争取2060年前实现碳中和。”的目标。为了实现这个目标，我国提出，要构建清洁低碳安全高效的能源体系，控制化石能源总量，着力提高利用效能，实施可再生能源替代行动，深化电力体制改革，构建以新能源为主体的新型电力系统。

全国电网运行与控制标准化技术委员会给出了新型电力系统的定义，新型电力系统是以承载实现碳达峰碳中和，贯彻新发展理念、构建新发展格局、推动高质量发展的内在要求为前提，确保能源电力安全为基本前提、以满足经济社会发展电力需求为首要目标、以最大化消纳新能源为主要任务，以坚强智能电网为枢纽平台，以源网荷储互动与多能互补为支撑，具有清洁低碳、安全可控、灵活高效、智能友好、开放互动基本特征的电力系统。

新型电力系统的出现，使得电力系统的安全稳定形态出现很大变化，新能源的消纳和能源消费绿色化成为新型电力系统必须解决的问题之一。要加大力度规划建设以大型风光电基地为基础、以其周边清洁高效先进节能的煤电为支撑、以稳定安全可靠的特高压输变电线路为载体的新能源供给消纳体系。要倡导简约适度、绿色低碳、文明健康的生活方式，引导绿色低碳消费。

电力系统是一个超大规模的非线性时变能量平衡系统。传统电网用一个精准实时可控的传统发电系统，去匹配一个基本可测的用电系统，并在实际运行过程中滚动调节，可以实现电力系统安全可靠运行，这就是传统电网的“源随荷动”的能量平衡方式。但是新能源大规模接入从根本上改变了“源随荷动”的能量平衡方式。在新能源高占比的电力系统中，因新能源随机性、波动性影响巨大，天热无风、云来无光，发电出力无法按需实时控制。在大量分布式新能源接入以后，用电负荷预测准确性也大幅下降。这意味着，无论是发电侧还是用户侧都不可实时精准控制，传统的技术手段和生产模式已无法适应高占比新能源电网的运行需求。也就是说单纯依赖电力供应侧调节的模式来满足以新能源为主体的新型电力系统运行可靠、安全、经济、高效的要求是十分困难的，须挖掘电力需求侧资源的可调节能力，结合市场化运作，达到与供应侧资源相匹配的效果。因此，新型电力系统中的能量平衡方式将是“源荷互动”甚至是“荷随源动”的方式。

在新型电力系统中，需要打通源网荷储各个环节，实现源荷储共同参与电网控制，特别是要充分挖掘负荷的调节能力，通过需求响应实现新型电力系统的控制。需求响应是保持电网安全稳定的极为重要的环节的这一观点已获得业内共识，中国南方电网有限责任公司提出要打造发展新模式，大力提升电力需求侧响应效能，以有效缩小电力负荷峰谷差，提高电力系统运行效率，促进清洁能源足额消纳，保障电力系统安全经济运行。

要实现“源荷互动”甚至是“荷随源动”的能量平衡方式，当前最重要的是充分挖掘负荷的调节能力，这也是源网荷储各个环节中最难打通的环节。究其原因有：①负荷的数量极为巨大，差不多高出源储数量两个数量级，如此众多的数量聚合起来的难度十分巨大。②成本很高，负荷设备大都可调节能力很小，人工方式改变设备的运行状态来获取可调节能力占据大量的人工成本，传统的自动方式对设备的控制需要为设备安装大量的监测设备和控制设备，并需要专门的主站系统实现对这些设备的控制。这些方式对于大型工商业用户尚有一定的经济性，对占数量大多数的普通居民用户负荷设备，其参与互动和调节取得的边际效益将低于边际成本。③技术手段不足，目前尚未有精准的用户设备感知方法识别用户设备的调节能力，设备与新型电力系统互动的成本高，也没有实现用户设备调控的低成本技术方案。④电价机制不完善，用户参与互动的市场机制不成熟，导致用户参与互动的动力不足。

因此需要一种精准的负荷和设备感知的技术手段，实现对设备的可调节能力、运行特征的自动感知，这种感知应是非介入式的、成本低廉的感知手段。

1.5 电力指纹技术的研究目的

本书前面提到了设备感知技术是实现能源互联网和建设新型电力系统的关键，目前学术界针对设备感知技术研究还较少，主要集中在负荷识别领域。负荷识别指的是通过分析负荷自身的用电特性来对负荷类型进行识别，最早提出是在居民用电领域，即家庭用电负荷识别。虽然当前的负荷识别领域已有许多成果，但是大多数研究集中在非侵入式分解中，对于负荷本身的特性研究少，主要体现以下两个方面：

1. 识别的内容很少

目前研究主流的识别内容主要为设备的运行状态，如在非侵入式负荷监测（non-intrusive load monitoring，NILM）领域，研究通过监测楼宇或者家庭总线处的电信号变化情况来分解得到里面各个设备的运行情况以及对应的功率曲线[11]，具体包括设备的开关状态、运行状态变化、功率变化等。后续研究多数集中在此，更多的是提高分解的准确率以及进行一些泛化尝试。非侵入式算法在分解前必须知道房屋里面存在哪些设备，甚至需要提前获取部分设备的运行曲线，以获得一个较高准确率结果。因此，若要实现非侵入式算法的应用，首先必须解决“未知的房屋里有什么设备”这个问题，即通过研究每个设备本身的运行特性，包括电气特征以及行为特性，来对设备本身类型进行识别。

而且随着需求侧响应技术的发展，目前人们开始挖掘商业用电、居民用电的响应潜力，在这其中最主要的是研究柔性负荷的可调度潜力[12]。传统的柔性负荷调度潜力识别是通过对集群化设备进行建模分析，很少有深入单个设备级的可调潜力分析。这种情况将会带来宏观调控正常运行，但是分配到各个设备时，会出现因设备差异性而造成调节过度而影响用户用电满意度，因此需要针对柔性负荷研究其的可调潜力该如何识别，包括但不限于利用负荷本身的运行特性、用户的用电特性、设备的响应特性等。除此之外，还有用电设备的参数识别和状态识别等，这些都是传统负荷识别研究中缺少的部分。

2. 识别的算法有限

由于当前的识别研究集中在非侵入式识别领域，因此识别的算法也是集中在家庭负荷分解的NILM相关算法研究，在非侵入式研究领域中许多学者研究出了不同的方法，总结来说就是从数学优化组合[13]、人工智能[14]等角度。而在柔性负荷可调潜力识别领域有较少研究，如有采用黑箱法分析空气源热泵和地源热泵负荷特点和热容特性，分析了绝对值法与相对指标法评价用户响应性能的方法[15]。还有研究了基于室内外温差的变频空调基线计算方法[16]，量化空调用户参与需求响应的效果。这些方法在不同的研究对象上面有着不同的适用性，在进行实用性推广建模时面对海量的设备往往会出现泛化问题，因此需要建立一套以数学建模为主、数据驱动为辅的识别体系以适应不同的环境和设备。

综上所述，现有的负荷识别技术从识别内容到识别方法都已经无法满足能源物联网的感知需求，必须提出一个更具完备性、适用性和先进性的技术，用以实现识别负荷、识别设备、识别行为习惯、识别事件等。因此编者提出了本书的核心——电力指纹技术，本书的目的不是像其他书籍一样介绍已经成熟的概念和相关证明，本书的目的是在充分了解能源物联网的需求之后，描述一个能满足这些需求的技术应该是什么样子的，阐述这个技术应该具备哪些功能，要实现这些功能可以通过什么手段，以及如果转化成各类贴近实际的应用。并列举了编者在这个技术上面做的一些工作，使得读者能够更好地理解这个技术的全貌。

本章小结

本章主要介绍了电力指纹技术提出背景。随着信息技术的发展，能源网逐步具备“互联网”的特性，能源互联网是以新能源技术和信息技术的深入结合为特征，追求高效、安全、可持续利用的一种新的能源利用体系。能源互联网是以电力系统为核心与纽带，构建多种类型能源的互联网络，利用互联网思维与技术改造能源行业，实现横向多源互补，纵向“源—网—荷—储”协调，能源与信息高度融合的新型（生态化）能源体系。

随着新能源设备的大量接入电网，如何解决新能源的消纳和能源消费绿色问题，构建清洁低碳安全高效的能源体系是当前研究的重点。新型电力系统是以承载实现碳达峰碳中和，贯彻新发展理念、构建新发展格局、推动高质量发展的内在要求为前提，确保能源电力安全为基本前提、以满足经济社会发展电力需求为首要目标、以最大化消纳新能源为主要任务，以坚强智能电网为枢纽平台，以源网荷储互动与多能互补为支撑，具有清洁低碳、安全可控、灵活高效、智能友好、开放互动基本特征的电力系统。

无论是能源互联网还是新型电力系统，要实现设备的即插即用和源—网—荷—储协同运行都需要建立在精准的负荷和设备感知上。当前学术界对于负荷本身的特性研究少，大多数研究集中在非侵入式分解中，识别的内容少且识别的算法有限，必须提出一个更具有完备性、适用性和先进性的技术以实现识别负荷、识别设备、识别行为习惯、识别事件等，因此编者提出了本书的核心——电力指纹技术。

本章参考文献

[1]Rifkin J .The Third Industrial Revolution[J].International Study Reference, 2013, 6（1）:8–11.

[2]周孝信，曾嵘，高峰，屈鲁. 能源互联网的发展现状与展望[J]. 中国科学：信息科学,2017,47(2):149–170.

[3]夏超. 分布式电源优化配置和含分布式发电的配电网可靠性评估（硕士）[D]. 燕山大学, 2015.

[4]孙宏斌, 郭庆来, 吴文传, 等 . 面向能源互联网的多能流综合能量管理系统：设计与应用[J]. 电力系统自动化 , 2019：43, 122–128+171.

[5]孙宏斌，郭庆来，潘昭光. 能源互联网：理念、架构与前沿展望[J]. 电力系统自动化,2015,39(19):1–8.

[6]谭涛, 史佳琪, 刘阳, 等. 园区型能源互联网的特征及其能量管理平台关键技术[J]. 电力建设, 2017：38, 20 – 30.

[7]艾芊，郝然. 多能互补、集成优化能源系统关键技术及挑战[J]. 电力系统自动化,2018,42(4):2–10+46.

[8]曾鸣，杨雍琦，刘敦楠，曾博，欧阳邵杰，林海英，韩旭. 能源互联网“源—网—荷—储”协调优化运营模式及关键技术[J]. 电网技术,2016,40(1):114–124.

[9]Geidl M , Koeppel G , Favreperrod P , et al.Energy hubs for the future[J].IEEE Power & Energy Magazine, 2007, 5（1）:24–30.

[10]谈竹奎, 程乐峰, 史守圆, 等. 能源互联网接入设备关键技术探讨 .[J] 电力系统保护与控制, 2019：47, 140 – 152.

[11]Hart, G.W..Nonintrusive Appliance load monitoring[J].Proceedings of the IEEE,, 1992, 80（12）：1870 – 1891.

[12]王珂, 姚建国, 姚良忠, 等. 电力柔性负荷调度研究综述[J]. 电力系统自动化, 2014：38, 127 – 135.

[13]许仪勋，李旺，李东东，等. 基于改进鸡群算法的非侵入式家电负荷分解

[J].电力系统保护与控制,2016：44,27－32.

[14]李坦,杨洪耕,高云.智能电表家用负荷识别技术综述[J].供用电,2011：28,39－42.

[15]李素花,代宝民,马一太.空气源热泵的发展及现状分析[J].制冷技术,2014：34,42－48.

[16]丁小叶.变频空调参与需求响应的调控策略与效果评估（硕士）[D].南京：东南大学,2016.

2

CHAPTER 2

电力指纹技术概念与架构

2.1 能源互联网的识别难题

2.1.1 能源互联网的识别

当前是电力体制改革、能源技术四大革命和新型电力系统发展的重要时刻，新能源、能源互联网、综合能源管理在蓬勃发展，电力需求响应逐步推广，目前，这个发展过程中存在以下共性问题。

（1）如何了解识别能源互联网中接入的所有网源荷储设备，从而使得各个设备协同发挥作用?

能源互联网是以电力系统为核心与纽带，构建多种类型能源的互联网络，利用互联网思维与技术改造能源行业，实现横向多源互补，纵向“源—网—荷—储”协调，能源与信息高度融合的新型（生态化）能源体系。能源互联网其实是以互联网理念构建的新型信息能源融合“广域网”，它以大电网为“主干网”，以微网为“局域网”，以开放对等的信息能源一体化架构，真正实现能源的双向按需传输和动态平衡使用，因此可以最大限度地适应新能源的接入[1]。

电能源是能源的一种，电能在能源传输效率等方面具有其他能源无法比拟的优势，未来能源基础设施在传输方面的主体必然还是电网，因此未来能源互联网基本上是互联网式的电网。能源互联网把一个集中式的、单向的电网，转变成和更多的消费者互动的电网。在能源互联网发展背景下，“网源荷储”各类设备在统一的能源互联网平台上互联互通，协同发挥作用，电网侧和用户侧的信息交互应越发重要和频繁[2]。

网源荷储各类设备协同发挥作用的前提是各类设备必须相互了解对方。能源互联网的发展必然需要对接入能源互联网的所有网源荷储等所有设备的了解，能够实现即插即用接入。为了有效形成实时供需互动，必须要对网源荷储等所有设备的实时识别，从而实现设备的可观，为设备可控，并最终为整个能源互联网的可控创造条件，甚至实现设备的唯一身份识别和跨越地域的精准定位和控制。因此网源荷储设备的识别技术显得尤为重要。

（2）如何了解用户所拥有的综合能源设备参数和能力，了解用户的行为习惯，从而更好地实施综合能源管理?

综合能源服务是一种新型的、为满足终端客户多元化能源生产与消费的能源服务方式，涵盖能源规划设计、工程投资建设、多能源运营服务及投融资服务等方面[3]。简单来说，就是不仅销售能源商品，还销售能源服务，包括能源规划设计、工程投资建设、多能源运营服务以及投融资服务等方面，当然这种服务主要是附着于能源商品之上的。对售电企业来说就是由单一售电模式转化为电、气、冷、热等多元化能源供应和多样化服务模式。

综合能源服务作为一种新兴业务，受到了各大能源相关企业的高度重视。国家电网有限公司、中国南方电网有限责任公司均发文，进一步推进公司向综合能源服务商转型[4]。未来，电网公司不仅卖电，发电企业不仅发电，售电公司不仅售电，他们都将向能源产业价值链整合商转型。推行综合能源服务，前提是了解用户的用能需求、用能习惯、用能负荷等诸多要素。为了更好地综合能源服务，必须实时掌握各个用能设备的运行状态和可调节能力等。因此，如何识别用户设备参数和能力，如何识别用户行为习惯的显得尤为重要。

（3）如何了解用户的负荷调节能力以及分布式发电能力，从而实现精准需求响应?

电力需求响应是电力市场中的用户针对市场价格信号或者激励机制而做出反应，参与电力系统的调控，并改变传统电力消费模式的市场参与行为[5]。需求响应作为一种促进供电和用电系统互动的策略，通过对电能用户的主动负荷调整来有效提高整体系统资源的使用效率，保证电力系统的供需平衡，是实现能源系统开放协同的重要途径。对于引入竞争后的电力市场来说，需求响应更成为保证系统可靠性、促进市场有效运作的必要手段。无论是对国民经济发展还是对电力工业以及环境保护方面，需求响应都有着十分重要的战略作用。

需求响应的出发点是非常好的，然而在需求响应的过程中，经常发现需求响应的目标达不到，响应的效果大打折扣。这往往是因为需求响应一般采用弹性模型、聚合模型等模型对用户进行模拟计算，需求响应方不能也不可能了解用户具体拥有哪些设备，每台设备的调节能力和运行状况，分布式发电设备的特性和参数等信息，从而无法制订良好的需求响应的政策和措施。因此，如何对用户的负荷的调节能力和用能习惯等做到精准的识别，显得尤为重要。

（4）如何探测电网中的事件和用电中的安全隐患，实现电网的安全稳定和用户的安全用电？

无论如何注意安全，电能始终是一个充满危险性的能源。据不完全统计，日常30%的火灾是由于用电设备不当使用引起的。家庭用电设备的火灾可分为漏电火灾、短路火灾、过负荷火灾和接触电阻过大火灾四类。同时，用电还会出现是人身触电等各种生活中的不安全情况。在电网运行中也存在电力的安全稳定运行问题。这些问题都是困扰着电网运行和日常生活的问题。

如果有一种识别手段，能够探测生活中电线和用电设备中发生的和漏电、短路、过负荷和接触不良等事件隐患，能够识别生活中购买不安全的用电设备，能够识别运行长久的设备存在着安全隐患，能够识别以及在公共场合中使用的违规电器等违规用电行为，那么用电安全性将大大提高。如果有一种识别手段，能够探测电网中可能存在的失稳、宽频振荡等各种各样的安全稳定问题，并能够精准定位到具体设备上，那么电网的安全稳定也将大大提高。因此，如何探测电网中的事件和用电中的安全隐患，显得尤为重要。

（5）如何识别用户的需求和行为习惯，实现能源互联网的增值服务？

2015年开启了以售电侧放开为首的新一轮电力体制改革，国家积极鼓励各售电公司及相关运营公司开展除售电以外的基于能源互联网的增值服务。而用户增值服务是了解用户的设备以及需求为前提的。如何能够精准地识别用户设备的寿命，寿命预期结束前推送设备销售广告？如何识别用户设备的能效等级以及不良用能习惯、为用户提供合理的节能服务？如何了解用户设备健康状况，以便在故障推送设备维修服？如何识别设备参数和质量，以便防止用户购买到假冒伪劣产品？如何识别不安全用电行为，以便提供安全用电服务？这一切都离不开设备、事件和行为的识别。

以上这几个问题实际上都是属于同一个问题，即需要针对性地识别不同设备在运行时的特性和参数等信息，如源荷储设备接入时需要了解他的可调特性，开展综合能源服务需要了解用户的用电习惯，家庭用电设备火灾多发场所的防控需要识别接入家庭用电设备的类型、是否发生了故障事件等。这些问题的解决办法均落在同一个点上，就是研究设备本身的各类特性，实现一种能够精确地感知设备的状态并识别相应特性的技术，这就是本书提出的电力指纹技术。

2.1.2　电力指纹技术的定义

“电力指纹技术”这一概念最早可以溯源到1983年C.Kern在负荷研究研讨会上提出的“设备签名”概念[6]，但由于年代久远，该资料已无从考证。1991年，法国电力公司发表了第一篇关于“设备签名”的论文[7]，详细分析了不同用电设备类型的电气特征。此后，研究人员对不同家庭用电设备进行了更加深入的探究，H.Y.Lam[8]以及Taha Hassan[9]等人提出通过构建二维电压—电流轨迹来作为设备签名，通过不同的轨迹特征来区分不同的设备；Raneen Younis提出电流波形作为用电设备的签名[10]，通过聚类来进行设备类型的划分；进一步，Popescu, F等人把电流波形转化为递推图来作为设备的签名[11]，能够进一步体现设备运行过程状态的变化情况。

在1.5小节，编者提到了当前的设备特征签名和设备识别算法，主要集中用于区分家庭负荷设备的类型以及识别设备是否在运行，随着用户对于设备监测需求的增加，现有方法体系无法实现设备状态深度感知。因此，在现有负荷特征及识别方法研究成果的基础上进一步拓展了负荷特征的内涵，本书还研究了用电设备和分布式发电设备的运行状态、参数、行为感知和辨识方法，并成功解决了用电侧设备的精确状态感知和控制问题，实现了电网与用户的有效交互以及海量分布式设备的协调控制。由于该技术更加立体地刻画了设备的电气特征，因此编者将该技术命名为电力指纹技术（electric power fingerprint technology，EPF），与现有的负荷识别技术加以区分。

电力指纹技术的定义可以概括为：通过监测用电设备的电气数据，利用人工智能技术和大数据技术挖掘出能够表征设备特性的特征点，各个维度特征点聚合起来就是该设备的“电力指纹”。利用电力指纹技术能够对设备的类型、特性、参数、用户行为习惯、能效和健康水平以及身份进行识别，可实现对用电设备的监测、控制、管理和友好互动。总结起来电力指纹技术体系包含四个层次，分别是数据层、指纹层、识别层以及应用层，电力指纹技术层次图如图2-1所示。数据层指研究对象的数据来源，指纹层研究如何从原始数据中提取关键的特征信息，识别层研究如何利用各类方法实现电力指纹技术的各类识别，应用层则结合实际场景利用电力指纹技术解决痛点问题。

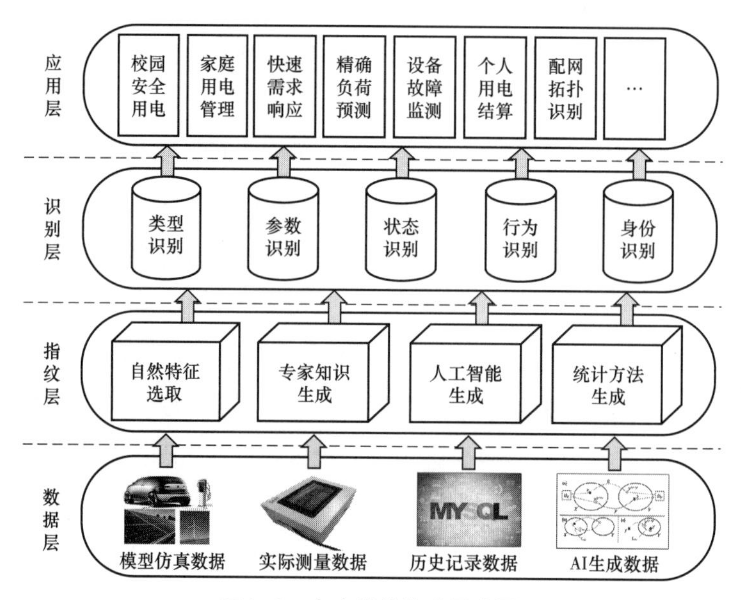

图2-1　电力指纹技术层次图

因此，电力指纹技术研究主要集中在指纹层和识别层，具体来说就是指纹特征研究和识别算法研究两部分。特征研究主要集中在如何从原始数据中挖掘和提取出有效、独特、易于提取的特征，识别算法研究主要就是在探索如何从众多特征和算法中找到一个合适的结合点，利用提取出来的特征对设备某个属性进行识别。

（1）对于特征研究。一般来说，从各个监测系统中提取出来的原始数据库记录了各个设备详细的电气数据，但是这些原始数据中并不是所有元素都是其电力指纹技术的关键特征，这些未经处理过的原始数据不能很好地表示出设备的特点，因此需要通过一定的处理手段从原始数据库提炼成电力指纹数据库。提炼电力指纹特征可以有很多种方法，其中最常用两种常用方法：一种是结合设备已有的知识和模型来选择特征点；另一种是利用深度学习的方法提取出具有高表达能力的特征。

1）利用专家知识生成特征。即按照学术界的共识以及对设备模型的认识来提取特征值，如设备稳定运行时的电压电流幅值、有功功率、无功功率、视在功率、功率因素、相位差、各次谐波分量幅值和相角；设备开启暂态的暂态时间、暂态电流波形、有功无功增量、电流峰值、有功无功最大值；时间维度的设备开启时间点、持续时间、开启频率等。对于模型的认识，包括数学建模、等效模型等，如利用家庭用电设备的外电路特性（阻性、感性、容性等）可以给设备进行大的分类。利用这类专家知识作为特征在数据量较少的时候有不错的表现，但是随着电器量和数据量的增多，固有的特征空间会被划分得越来越小，相邻电器之间的差距会越来越小，特征的表现力逐渐下降，因此需要寻找具有更高表达能力的特征。

2）利用深度学习的方法提取出具有高表达能力的特征，如采用表示学习（representation learning）的方法[12]，利用自动编码器（auto encoder）将原始数据编码成能够更加适合机器学习方法处理的数据，通常表现为低维的形式。而且数据通过解码器能够大致回到原始数据，这种映射关系既实现了确保数据一对一的唯一性，又实现了数据的转换，尽管这种转换对于人来说无法理解；但是对于机器来说可能是更好的可区分特征。

（2）针对电力指纹技术的识别部分，通常有两大类方法，一类是用机器学习算法，通过构建模型然后对实际的量进行预测，如回归算法和分类算法就是机器学习里面最常用的算法；另一类是用启发式算法，通过不断迭代来求得所需要的参数，直至拟合给定的输入。

1）简单来说，机器学习算法是一种通过把具体的问题量化成数据，然后利用数据去训练模型，最后使用机器生成的模型进行预测的一种方法。机器学习算法主要有神经网络、K近邻算法、决策树算法。机器学习算法根据学习形式主要分为有监督机器学习（supervised learning）和无监督机器学习（unsupervised learning）。有监督机器学习是对根据提供实例产生的一般假设算法进行搜索，然后对未知的实例进行预测。有监督机器学习的目标是根据特征来建立一个简洁的类的标签分布模型，然后使用生成的分类器将类的标签分配给预测变量特征值已知的测试实例，即如果实例和已知标签（对应的正确输出）一起给出，那么学习被称为有监督机器学习，如果未给出标签，则为无监督机器学习。常用方法多为有监督机器学习方法，即根据历史法的负荷特征作为训练集进行训练，然后根据训练结果对未知负荷进行监测识别。如将上述提取出来设备的特征作为神经网络的输入，给定已知的设备标签便可以对神经网络进行训练，最后将未知的设备特征输入至该模型中便可得到识别结果。又如输入设备的某类波形至卷积神经网络中，将该设备的波形作为图像进行识别。

机器学习算法有较高的计算效率，但也具有一定的局限性，以神经网络算法为例，神经网络算法由多层神经元组成，每一层不同神经元之间由含有权重的线路链接，每个神经元也拥有一个阈值。一般而言，神经网络中的每个权值和阈值是随机初始化的，通过不断学习训练适应度函数进行更新，以提高网络的识别能力。由于权值与阈值对神经网络输出准确性的影响较大，而随机初始的结果并不稳定，需要对其权值和阈值进行优化来提高神经网络在负荷监测与识别中的准确性。

2）启发式算法是指人在解决问题时所采取的一种根据经验规则进行发现的方法。其特点是在解决问题时，利用过去的经验，选择已经行之有效的方法，而不是系统地、以确定的步骤去寻求答案。常用的启发式算法有局部领域搜索法、模拟退火法、遗传算法、禁忌搜索法、贪婪算法、群体智能法，其中，群体智能法包括：粒子群算法、蚁群算法、人工蜂群算法、人工鱼群算法、混洗蛙跳算法、烟花算法、细菌觅食优化、萤火虫算法等。例如在求解非侵入式识别的时候，因各特征如功率、电流各次谐波等满足叠加原理，可通过输入总的特征结合设备集合中每个设备的特征即可找到最佳的匹配组合。这类算法的优点是在模型精准，参数数量不多的情况下，可以快速迭代求得准确解，缺点是特征维数不够导致的多解，或者陷入了局部最优。

2.1.3 基于电力指纹技术的五大识别

在电力指纹技术的定义中，描述了电力指纹技术能够参与非常多的识别，具体电力指纹技术的识别分为五个层次：类型识别、参数识别、特性识别、行为识别、身份识别，这五种电力指纹识别技术并不是串联或者并联的关系，是相互交叉、互为因果，共同构成完整的电力指纹技术体系，电力指纹技术识别层次图如2-2所示。

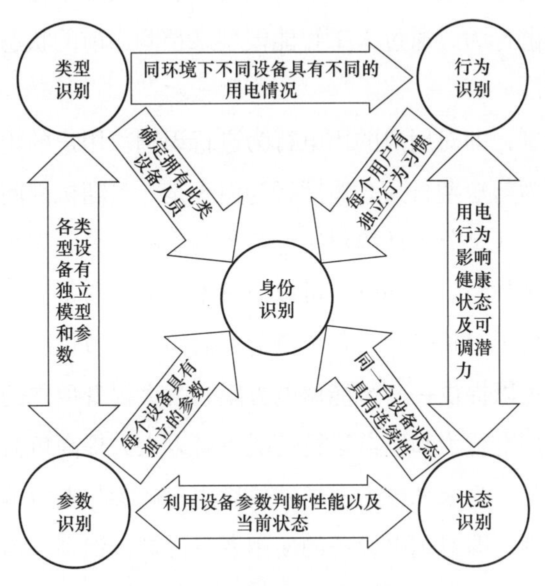

图2-2　电力指纹技术识别层次图

（1）类型识别，即为对设备的类别进行识别，主要用于用电不确定性较大的商业、居民环境，因此类型识别的对象主要为生活电器。例如通过上述的指纹特征（专家+人工智能的），输入到例如决策树结合神经网络多级识别模型里面，得到类型。对于常见的设备可以用上述方法，那些电气特征比较相近的或者特征不明显的小电器等，可以考虑结合行为识别进行协同识别。类型识别在安全管理和综合能源管理领域具有非常好的应用前景，通过识别出接入设备的类型，判断设备是否为黑名单或白名单电器，进而对该设备进行控制。

（2）参数识别，即对设备的铭牌参数以及设备的数学模型参数进行识别。参数识别主要体现在设备的运维和监控上面，例如用电设备参数识别、分布式电源的参数识别、用电负荷的等效模型参数识别等信息。根据电力指纹技术识别当前设备的参数并实时监测，能够做到设备产生故障时精确判断故障位置和故障类型，分析出需要处理的问题。

（3）状态识别，即对设备特性、能效水平、健康水平、运行状态进行识别和预测。通过生成设备模型的在不同工况以及状态下的运行数数，利用启发式算法对实测数据进行寻优判断出设备的当前状态，或者结合该设备历史运行数据以及过去的用电行为，通过人工智能模型来预测当前的状态值，制订合理的运行控制策略等。

（4）行为识别，即对用户的用电行为进行识别。用户的用电行为，还可以再细化为长期行为与短期行为。短期行为由于是一个随机性问题，可以通过两方面来描述，一方面是分析环境对用电行为的影响，另一方面是不同的设备之间使用的关联性来判断。长期行为可以通过聚合方式获得，通过用电习惯分析即通过记录和分析用户长时间内各个负荷的启停、调节情况。根据用户每个负荷的用电习惯，可以提供一套智能用电方案，大大提升用户的用电舒适度，而且在已知用户的用电行为和电器运行情况下可以大大提高负荷预测的精度，实现精准的负荷预测，为未来电力市场开放后用户侧参与电力市场打下基础。

（5）身份识别，即对用电设备的使用者身份进行识别，当用电设备接入电力网后对该设备的所有者进行识别。身份识别是前面所有识别的一个综合，类似于外貌、声音、行为习惯，每个单独的信息量都不足以描述某个人的所有特征，但是这些信息量组合却可以大概率判断是某个人。类比到电力指纹技术就是，一个设备的类型特征、行为特征、参数特征、特性特征单独出来可以找到许多相同的设备，但是根据一定的规则组合起来，可能就会得到唯一的设备指向，即为身份识别。这项技术未来可用于一些信息安全领域、居民财产领域，实行设备的用电认证和保护。

2.1.4 电力指纹技术的研究对象

理论上电力指纹技术的研究对象可以涵盖所有的用电设备，只要是带电的并接入到电网的设备都是值得研究的对象。为了方便读者理解，这里选择了设备数量最多、最容易获取的配用电侧的负荷设备来展开。配用电负荷设备有普通的家庭用电设备、近年来大量运行的电动汽车、分布式设备、工商业设备，通过介绍这类设备来说明电力指纹技术的适用对象。

1. 家庭用电设备

家庭用电设备主要指在家庭及类似场所中使用的各种电器和电子器具，又称民用电器、日用电器。目前世界上尚未形成统一的家庭用电设备分类法，从研究的角度，有两个维度的划分方法，一个是依据外电路特性，另一个是依据柔性可控。

（1）按照用电设备外电路特性，一般分为三种类型：电阻类用电设备、含电机（电感）类用电设备、含整流器类用电设备。根据负荷特性的实测结果，对几类用电设备负荷特征、耗电特性作了以下大归类，按照外电路特性划分用电设备见表2-1。

1）电阻类用电设备在家庭用电设备中所占比例较大，包括电热器、热水器、饮水机、白炽灯等，它们通常呈现的特性为：无功功率接近为零，开通或关断瞬间无暂态过程，电流没有谐波成分，有功功率可作为表示这类用电设备的一个主要特性。

2）电机驱动类用电设备包括洗衣机、电风扇、电冰箱等用电设备，因为含有驱动电机，需要提供无功来建立磁场，所以这类用电设备往往呈现感性阻抗，稳态时除了有基波电流还有谐波电流，而且因为有感性元件所以在开启时会有暂态过程。

3）含整流器类（电力电子）用电设备包括电视机、台式机、笔记本等，这类用电设备功耗较低，因为元件内部多为低压直流供电，因此往往在供电处会有电源转换模块。电源转换模块多为整流桥结构，因此造成谐波较大，开通暂态过程短暂但电流冲击较大。

表2-1　　按照外电路特性划分用电设备

外电路特性	电阻类	电机类	整流类
电路结构	可等价为电阻，无功功率接近为零	可等价为阻抗模型，含有少量无功功率且多为感性	可等价为阻抗模型，含有大量无功功率
谐波成分	很少甚至没有	存在谐波成分	存在谐波成分
暂态过程	无暂态过程	暂态过程长但电流冲击小	暂态过程短暂但电流冲击较大
常见例子	电热器、热水器等	风扇、洗衣机等	电脑、手机、电视

（2）依据柔性可控性划分，一般分为三种类型：不可控负荷、可控中断负荷、可控调节负荷。按照可控性划分用电设备见表2–2。

不可控负荷的调节空间最大。

表2–2　　按照可控性划分用电设备

可控性	不可控负荷	可控中断负荷	可控调节负荷
特点	不可接受控制指令；断电会极大影响用户体验	不可接受控制指令；断电会部分或者不影响用户体验	可接受控制指令；控制会部分或者不影响用户体验
常见例子	电灯、个人电脑、电视机、电冰箱等	干洗机、洗衣机、微波炉等	空调、电热水器、家庭电动汽车等

如控制空调来参与调控，空调负荷以热能形式储存能量，可在温度舒适度约束要求的范围内，短时间地改变设备开关状态来响应系统功率需求从而参与电网调控。为了满足用户的舒适度要求，每个温控设备所控温度须保持在理想范围内。以制冷型设备为例，假设所控温度需保持在T_{min}到T_{max}范围内，如果温度超过T_{max}，则设备自动开启，如果温度低于T_{min}，则设备自动关闭。空调的温度特性和调控过程如图2–3所示。

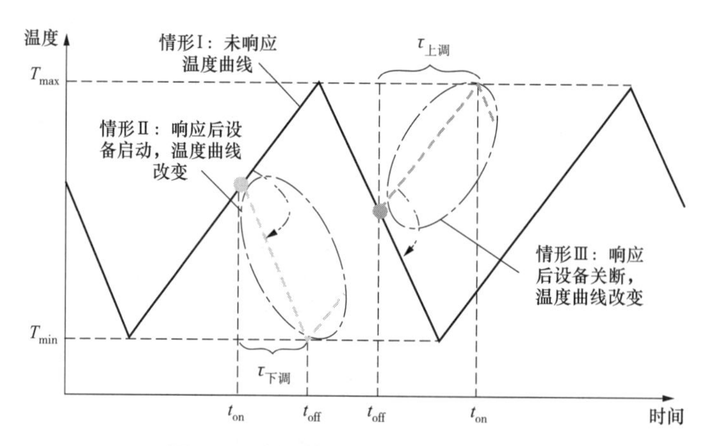

图2–3　空调的温度特性和调控过程

可以看到，从柔性负荷分类角度来看，不同的家庭用电设备可以在需求响应扮演不同的身份，但在实际操作时必须对各类设备加以区分。从用电设备外电路特性角度来看，不同的家庭用电设备在运行时具备不同的电气特征，即存在利用某种方法识别各类用电设备的可能性。因此家庭用电设备具备电力指纹识别技术的可能性和价值。

2. 电动汽车

随着电池技术的发展，越来越多人开始购买电动汽车，单个电动汽车的充电功率和时间并不大，但若电动汽车数量到达一定水平之后，就必须考虑电动汽车对电网的影响和冲击，电动汽车的不确定性会改变电网现有负荷水平，大量电动汽车接入甚至可能会进一步加大电网负荷峰谷差。

从另一个角度来看，电动汽车亦可以扮演柔性负荷的角色，具备分布式储能的特性。如在充电的时候，可以通过蓄电池放电向电网输送电能，实现能量在电动汽车和电网之间双向互动，相当于一个具有移动特性的分布式储能装置。单个电动汽车能量边界模型如图2–4所示，假设电动汽车于t_{in}时刻接入，t_{out}时刻离开。曲线*abd*为EV能量边界的上界$d_{max}(t)$，表示电动汽车接入充电站后，立即以最大充电功率进行充电，直至达到用户期望的D_{expect}；曲线*acd*为电动汽车能量边界的下界$d_{min}(t)$，表示电动汽车接入充电站后延迟充电，直至离开时刻时恰好达到用户期望。折线*ab*、*cd*的斜率表示电动汽车按最大充电功率在单位时间里电池电量增加量，可以看到在这两个边界中间含有灵活调配充电的空间，d_1，d_2，d_3为三条可行的充电能量注入曲线。

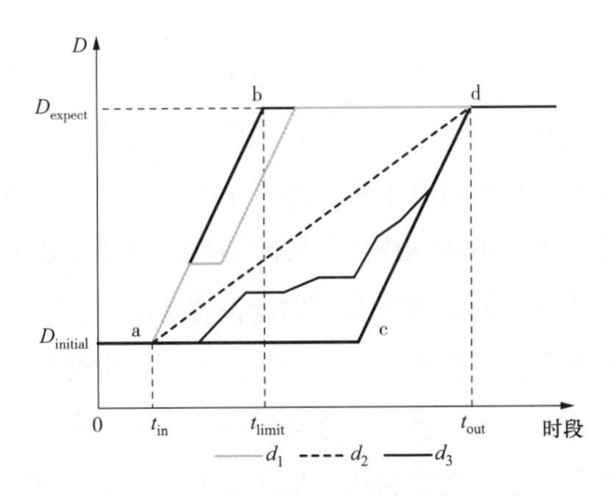

图2–4　单个电动汽车能量边界模型

电动汽车的能量供给模式、电池充放电特性、车辆行驶里程、起始充电时间及停留时长会影响电动汽车参与柔性负荷调度的计算。如公交车与出租车大都采用快充或者更换电池的方式获得能量补给，而私家车与公务用车通常采用慢充的方式，日内行驶里程较短且停留的时间较长，不同类型的车的充电特性以及充电行为的不同，因此需要对电动汽车电力指纹特性进行研究。

3. 分布式设备

分布式设备是指功率为数千瓦至几十兆瓦的小型模块式独立电源。其中分布式发电（distributed generation，DG）装置根据使用技术的不同，可分为热电冷联产发电、内燃机组发电、燃气轮机发电、小型水力发电、风力发电、太阳能光伏发电、燃料电池等。分布式储能（distributed energy storage，DES）装置是指模块化、可快速组装、接在配电网上的能量存储与转换装置。根据储能形式的不同，DES 可分为电化学储能如蓄电池储能装置、电磁储能如超导储能和超级电容器储能等、机械储能装置如飞轮储能和压缩空气储能、热能储能装置等。

分布式设备的最大不确定性点在于其（充）放电特性，而分布式设备要参与需求侧响应的前提条件就是需要掌握这些特性。通常来说设备在出厂时会有一系列的额定值，但在实际运行中往往会因为环境的不同而导致设备模型参数的改变，因此需要通过设备实际运行的电气参数来判断设备的特性，这也就是电力指纹技术研究的内容。

4. 工商业设备

工商业设备指的是生产经营活动中所使用的用电设备统称。具体来说，工业设备主要包括各类机床、起重设备、包装设备、清洁设备、大型空调、工业风机等，这类设备大多数都包含电机元件，由电机来驱动设备的机械运动，实现设备的既定功能。由于机械结构的易故障特性，因此工业上配备了大量传感器和装置来监测工业设备的健康状态，如设备震动监测、轴承信号监测，通过数据分析来判断设备当前运行状态、剩余寿命等。商业设备主要包括各类制冷设备、加工加热设备、电磁设备等，这类设备的工作模式与部分家庭用电设备类似，区别在于商业设备的规模和功率都远大于普通家庭用电设备，其次使用的时间和频率也较高。无论是工业设备还是商业设备，都面临着设备健康状态监测和寿命预测的难题。不同于家庭用电设备，工商业设备一旦突发故障，轻则影响生产经营活动，重则对人民生命财产造成威胁，亟需新的监测手段来实现设备状态的全感知。由于这类设备包含复杂的电路元件和结构，因此设备运行时产生的电气数据含有极为丰富的信息，这给电力指纹技术应用于工商业设备状态识别提供了理论基础。

2.1.5 电力指纹技术的优势

与传统的负荷识别技术相比，电力指纹技术有着更为丰富的内涵和优势，具体体现在以下几点。

（1）电力指纹技术有更广的应用场景。不同于传统的负荷识别仅仅局限在负荷设备，电力指纹技术的应用对象扩展至整个用电设备领域，不仅能对用户侧的设备进行电力指纹识别，还能对一些分布式设备进行电力指纹识别。

（2）电力指纹技术有更丰富的内涵。传统的负荷识别通过侵入式或非侵入式方法对用户的用电设备类型进行识别。而电力指纹技术的识别不仅仅包含了类型的识别，还包含了设备的参数、特性、行为、身份等识别。

（3）电力指纹技术更具备实用化。传统的负荷识别目前还停留在理论研究阶段，实用化和泛化能力差。而电力指纹技术在实用化有着广阔的应用前景和商业场景，基于电力指纹技术可以构建出包含大量电类设备的电力指纹数据库，结合信息库每一个识别环节都可催生出相应的商业模式。

（4）电力指纹技术发展可以推动基础性科学发展。电力指纹技术由人工智能学科和电气工程学科交叉而成，包括信息与通信工程学科、计算机科学与技术学科、电力系统运行与控制学科、电机与电器学科等组成，在研究电力指纹技术过程中涉及的内容为：物联网通信、机器学习、数据库与云计算、电力系统运行与控制、电力需求侧管理、用电设备状态评价，发展电力指纹技术的同时也在推动和丰富其他技术。

2.2 电力指纹技术基本框架

结合人工智能技术的发展，本书构想了一个电力指纹技术的基本流程框架，电力指纹技术识别模型建立流程如图2-5所示，整体的流程与机器学习的应用流程类似，包含了学习过程、应用过程以及数据库部分。但电力指纹技术涉及的数据源、专家知识及模型都与电力行业本身高度相关，并不能直接将机器学习内容生搬硬套，必须要结合电力指纹技术所要实现的目标进行“本土化”。例如学习过程中的模型可以是机器学习中的分类模型，通过数据训练得到模型参数进行预测；也可以由多个分模型组成，分模型之间的关系可以是电路里面的串并联关系一样；此外，模型也可以是分布式设备数学模型，通过实测数据进行寻优求得模型的参数。因此，由于不同的目标具有截然不同的流程，这里的基本流程框架仅仅是将最为核心、具有共性的部分展示出来，本书后续会结合各个问题描述他们具体的应用过程。

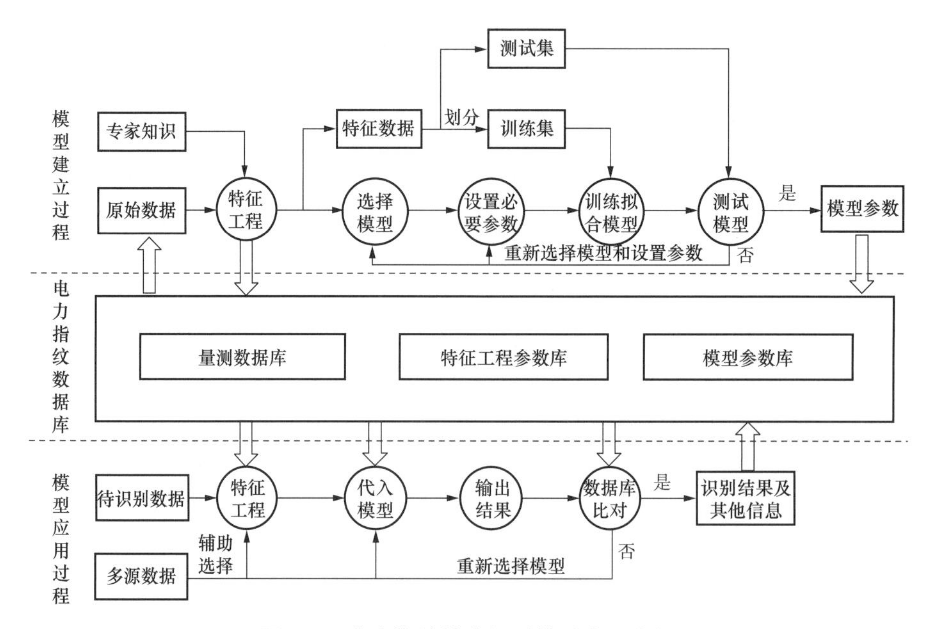

图2-5　电力指纹技术识别模型建立流程

为了实现电力指纹技术，需要在以下几个核心环节实现重大突破。

（1）原始数据获取环节。当一个模型设计好之后，需要用大量标注好的数据去训练这个模型，提升模型的性能。这里的数据不能是从监测系统获取的开环数据，所谓开环指的是无法验证模型正确与否的数据，闭环数据指的是数据输入模型得到输出，该输出的正确性能够得到判断。而且针对大量的有监督学习模型，数据的要求上升到了还需要标签这一步，除此之外数据还有量和质的要求。因此获取高质量的数据是电力指纹技术发展的基础。电力行业常用的数据包括：电气监测数据、非电气监测数据、历史记录数据、统计数据。一般情况下，现有系统的数据往往能够满足量的要求，但是在信息维度和精度上远远达不到要求，因此仿真数据还有自采数据也是关键数据来源。

（2）特征工程环节。特征工程源于机器学习，其意义是将一个原始的特征量转化为一个新的特征量，以提升模型的性能。基本操作包括：衍生（升维）、数据清洗、预处理、特征选择等，特征选择还包括选取和降维两个步骤。其中衍生和特征选择是难度最大以及最有创造力的部分，往往需要利用行业专家知识进行配合。最典型的例子是声纹识别领域的梅尔频率倒谱系数（mel frequency cepstrum coefficient，MFCC），人的声音特性与声道的形状有关，而MFCC能准确地描述这个特性[13]。而在电力领域，常见的衍生操作有数据特征分析和信号特征分析，甚至还可以针对不同的对象建立数学模型，通过计算模型中的不同参数作为特征。

（3）模型选择环节。这里的模型涉及以下两个层次：

1）对象的数学模型。此模型用处主要体现在两方面，一是提供可供识别的特征，如在类型识别中已知某类用电设备是加热型设备，那么该设备电路模型中的加热电阻则是重要特征；二是确定识别目标和加快收敛速度，如在参数识别中如果能明确对象使用的数学模型，则有机会通过外特性准确拟合出模型的参数，并且减少试错的几率，加快寻优速度。

2）用于预测的算法模型。主要体现在不同的模型具有不同的特点和优劣性，在一些需要预测的场景下，选择合适的模型能够加快效率。如问题可以分为：分类问题、回归问题和聚类问题，每种问题都有对应的模型，如分类问题里面准确度高但是速度慢的深度神经网络和速度快的决策树等。此外，对于模型的超参数设置亦是其中的重难点。

（4）电力指纹数据库建立环节。本书讨论和发展电力指纹技术的目的不仅仅是在学术上有所突破，更重要的一点是希望电力指纹技术能够真正在实际工程中得以应用，那么构建电力指纹数据库则是应用中重要的一环。电力指纹数据库的建立需要以下步骤：

1）确立电力指纹数据库的标准，包括数据的类型（原始数据、模型参数、特征工程参数）、数据的结构（如标签、特征值、长度等）和数据库架构（如云端和本地）。

2）研究如何获取数据。主要有三种方式：①根据已有监测数据进行数据融合；②建立人工采集数据系统，包括采集终端和采集软件的开发，并通过人工进行收集；③建立自动采集系统，通过装置自动收集各类数据并上传至数据库。前面两种方式建立的数据库规模小，数据准确且闭环，通常是在模型建立之初使用，最后一种方式建立的数据库规模大，通常在系统已上线运行时应用，但是需要解决数据不闭环的问题，如在分类问题上如何打标签的问题。

2.3 电力指纹技术识别模型构建与应用

上一节提出了完整的电力指纹技术流程框架，本节将具体介绍电力指纹技术的学习过程，电力指纹技术模型建立流程如图2-6所示。

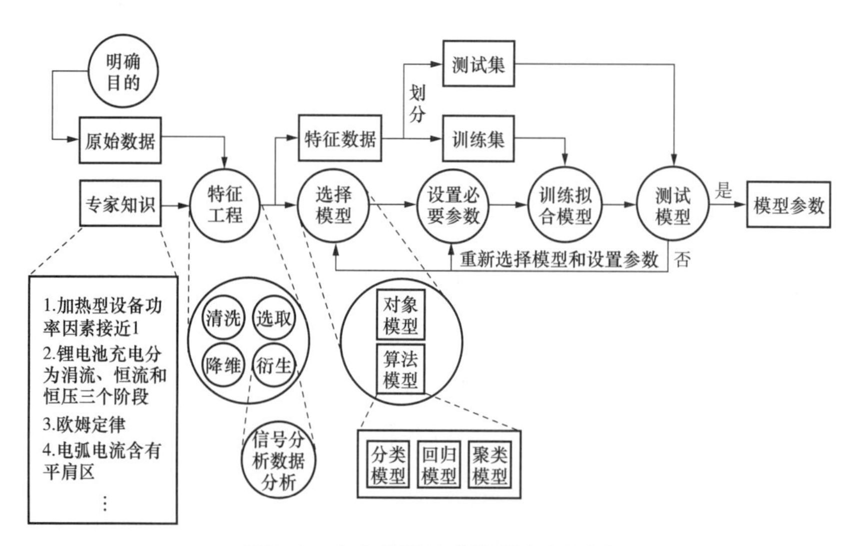

图2-6 电力指纹技术模型建立流程

首先是明确目的，并通过已有的经验来判断可能存在相关联的数据信息，确定原始数据范围。例如要做一个用电设备的类型识别，根据日常经验可知各个用电设备之间的功率是不同的，因此功率可以作为其中一个特征值。因为存在同功率的不同设备，只有功率是无法得到精确识别的，需要增加其他数据来源，如更为精细的电气监测数据，包括电压和电流的波形数据。此外不同用电设备的使用习惯和行为特征有所不同，如洗衣机的间歇性工作特性，冰箱的恒运行特性等，同样是具备可区分度的信息。关于各类数据获取的具体内容将会在第三章展开。

获取数据之后便进行特征工程，特征工程的目的就是为了把原始数据特征转化为新的特征，使得后续学习更为高效和准确。在机器学习界有个说法，数据和特征决定了机器学习的上限，而模型和算法只是逼近这个上限而已，因此特征工程是电力指纹技术学习过程中重要的一环。如已经收集到一个周期的电压与电流的波形数据，如果直接输入到模型中，由于输入维度大，模型未必能从中提取出有效的信息。前面讲过特征工程通常包括清洗、衍生、选取、降维等环节，在这个例子中就需要做一些衍生变换，如将电压和电流分别作为横轴和纵轴，生成*V–I*曲线图作为图形数据，甚至可以进一步提取特征如交点个数、斜率、面积等特征；另一种是对电压和电流进行傅里叶变换，计算出各次谐波和相位作为特征数据，甚至可以进一步利用各次电压电流谐波计算出各次谐波阻抗作为特征量。除此之外还需要进行特征选取，例如收集到的电网频率、用户地点以及偶次谐波等信息，对于类型识别来说没有特别的信息量，因此需要排除在外。选取完特征之后，如果特征维数过多，纯在信息冗余情况，如已知电压电流和相角则与功率值等价，因此可通过降维的方式进行压缩。关于特征工程的详细内容将会在第五章展开描述。

特征工程之后便是构建模型。前面提到了模型主要分为对象数学模型和算法模型，由于对象数学模型大多数情况下已知且数量较少，将会在后续参数识别中详细描述。对于算法模型，需要确定模型的架构和内核，架构指的是由多个子模型之间组成的结构，内核指的是具体选用哪种模型来进行训练。架构的搭建有两种模式，一种是根据专家知识来搭建，如在家庭用电设备类型识别中，可以构建双层分类模型，第一层划分出恒功率类、恒阻抗类和其他类用电设备，第二层根据各类用电设备分别选定内核；另一种是聚合模型，将不同的模型聚合在一起提升性能。内核的选择则根据输入和输出决定，若通过特征工程得到图像，则内核应该选择卷积神经网络类的模型，若输出为分类模型，那么可以选择随机深林、神经网络等。如恒功率类设备，往往具有时变特性，则可以选择长短时记忆网络（long short-term memory，LSTM）类的模型。

构建完模型之后便需要设置模型的超参数，如神经网络里的层数、激活函数、每层神经元数等，不同的模型具有不同的超参数需要设置，一般根据经验公式进行设置，但是不同的情形下需要人工不断的尝试来获得一个较优的结果。

设置超参数之后，便可以利用训练集对模型进行学习。每种模型都有各自的学习方法，如对于预测模型，神经网络类的利用反向传播算法对模型参数进行修正。他们有个共同的特点就是需要事先设置好损失函数，损失函数描述的是模型的输出和真实输出之间的“差距”，通过这个差距来不断优化模型。常见的损失函数有平方误差损失、指数损失函数、对数损失函数、0-1损失函数等。如在类型识别里最常用的平方损失函数，它的优点是容易优化，能够使模型快速地收敛。除此之外还可以设置正则化来提升模型的泛化能力，如L1正则化和L2正则化。

当模型学习到收敛以后，则表示当前的学习已经完成，它仅仅表示模型对于训练集已经完全拟合了，但是并不代表这个模型是可以使用了，还需要通过测试集进行测试。若模型通过测试集测试，则说明该模型已经具备一定的实用性，则可将特征工程的参数、模型的超参数、模型的训练参数存储至电力指纹数据库中，并运用到实际中。如果模型并没有通过测试集，则需要重新调整超参数、模型的内核或者框架甚至是特征工程，通过不断的尝试来寻找一个合适的模型。如果经过不断尝试仍未得到一个满意的模型，那么就应该重新评估最初的原始数据能否提供足够的信息来实现想要的功能。整个电力指纹技术学习过程就是每个环节结合经验和知识不断优化的过程，没有最好的模型，只有更好的模型。关于模型构建和训练的详细内容将会在第六章展开描述。

通过前面的学习过程得到了许多场景下的模型，并存储在电力指纹数据库中，接下来介绍如何利用这些模型进行识别应用，电力指纹技术应用流程如图2–7所示。

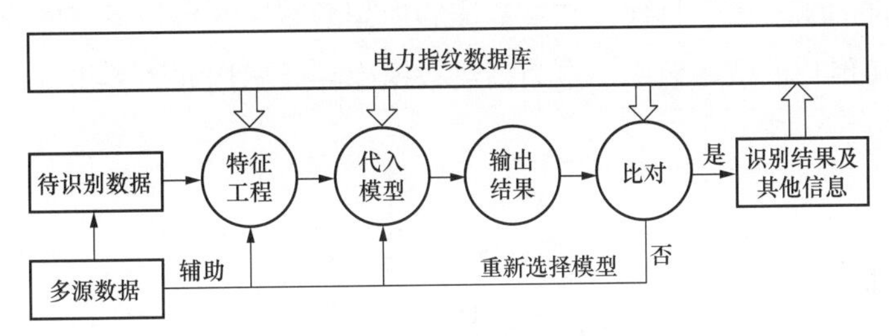

图2–7　电力指纹技术应用流程

首先根据学习过程中得知的信息，获取待识别所需要的数据。对于无法直接获得全部数据，则可以考虑通过其他多源数据来补充缺失的部分。接着是对数据进行特征工程处理，来获得同等维度的输入数据。由于要保持前后一致性，这里的特征工程必须与学习过程一样，因此需要从数据库读取学习时特征工程所用的参数来进行。例如在学习时降维过程用了主成分分析法得到了特征变换矩阵，那么对于新数据也要同样用这个特征变换矩阵进行变换。将变换后的特征数据输入至对应的预测模型中，得到预测结果。

在实际应用中，往往还会面临不同场景的问题，因此在得到预测结果之后，再与电力指纹数据库中的同类结果进行比对，找到电力指纹数据库里记录的最为接近的结果，判断是否需要重新选择模型。如在类型识别中，识别出当前设备为空调，那么可以利用k近邻算法找出最为接近的空调数据记录，如果最接近的空调数据在每一项数据都满足收敛条件，那么则可以根据记录的数据进一步判断该设备的型号等信息。如果不满足收敛条件，则可重新更换其他模型，若所有模型都无法收敛，那么则可判定该设备为新设备。此外，采集到的多源数据亦可以辅助模型的选择，加快收敛速度，如历史用电行为、当前室温、用户习惯可以作为辅助判断，缩小解的范围。

2.4 电力指纹数据库架构

前面在电力指纹技术的学习和应用过程中都提到了电力指纹数据库的概念，电力指纹数据库是一个大的概念，具体还包括量测数据库和指纹特征库，其中指纹特征库还包括特征工程参数库和模型参数库，模型参数库分为设备模型参数库和预测模型参数库，电力指纹数据库存储架构如图2-8。

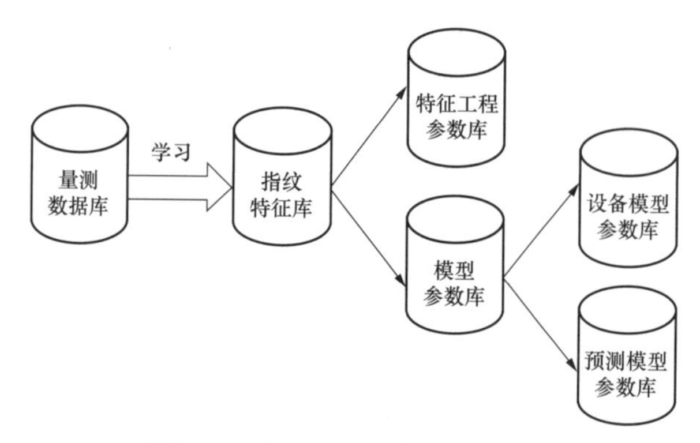

图2-8　电力指纹数据库存储架构

其中量测数据库主要为各类设备的运行量测数据或者是经过原始量测数据衍生之后的数据，通常包括稳态数据、暂态数据、长期运行数据等，量测数据库的内容需要结合目标和学习过程来决定，一般为数据+标签的结构。如在用电设备类型识别中，通常需要利用到设备的稳态数据和暂态数据，那么稳态数据库应该包含电压电流波形以及其衍生出来的有效值、谐波值、功率等，暂态数据应该包含设备在启停时的电流波形，标签应该包含设备的类型、型号、额定功率等。除此之外，量测数据库还可以保存设备以外的数据，包括低压用户集抄系统数据、环境数据、历史故障数据、用电行为统计数据等。

特征工程参数库主要保存学习过程中用到的特征工程模型的参数，通常包含特征工程结构和具体系数，一般结构为参数+适用范围，适用范围指的是该特征工程的输入要求包括输入的维数、特征量等，以及可能存在的环境要求，表示该特征工程适用于何种情形，主要是为了应对未来可能出现的“分而治之”情形，针对不同的范围训练不同的模型。例如在用电设备类型识别的学习过程中，对电压、电流、功率做了主成分分析来进行降维，那么该降维过程中使用的特征变换矩阵就是需要存储的系数，以及输入的“电压、电流、功率”和这个变换适用的环境量则需要存储起来。

模型参数库主要为设备模型参数库和预测模型参数库。设备模型参数库主要是用于存储参数识别之后得到的各个设备参数，通常包含设备的数学模型和参数，一般为参数+监测点结构。例如在某监测点监测一台光伏设备，通过长时间监测得知其为双二极管模型，并且识别出它的光生电流、二极管的反向饱和电流、串联电阻、并联电阻等。预测模型参数库主要是用于存储学习完之后的模型参数，一般为模型的结构+具体系数。通常来说预测模型一般接在特征工程之后，因此预测模型往往与前一步所用到的特征工程进行捆绑进行。如在某次学习中使用到了决策树模型，那么决策树的拓扑结构以及每个节点的划分属性则需要存储起来。又如在分类中使用了神经网络模型，那么网络的层数、节点数、阈值和权重，以及他的上级特征工程需要记录在数据库中。只有这样存储的模型参数库才能够在任意一个地方进行调用，并正确地输入数据计算出结果。

除了电力指纹数据库的内部存储结构，数据还有外部结构或者叫应用结构，电力指纹数据库外部架构如图2-9所示。电力指纹数据库包含云端数据库和本地数据库两大部分，云端数据库包含了所有的量测数据库、特征工程参数库和模型参数库，云端数据库主要做算法的学习和更新，并提供对应的数据到各个节点中。由于本地存储空间极其有限，因此本地数据库往往不需要和云端一样保存所有的数据，本地数据库的建立往往伴随着模型的应用过程。如本地设备在进行推广应用时，监测到大量的陌生数据，此时本地设备向云端指纹特征库里读取参数进行计算。如果计算的结果与云端数据库吻合，那么则记录该设备的数据在本地的量测数据库，并将读取的指纹特征参数保存在本地的指纹特征库里。如果计算结果与云端数据库相差甚远，那么则需向云端指纹特征库里读取新的参数并重复这个过程，直到完成识别。等到结果稳定后，本地量测数据库将数据上传至云端量测数据库，不断扩大云端库来提升模型的泛化能力。其次，本地量测数据库可以依据本地数据进行学习过程，生成适用于本地的电力指纹特征库，更为适应本地的各类预测与识别要求。

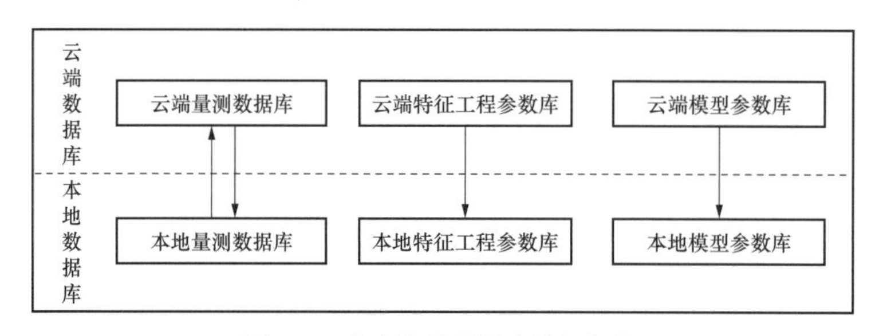

图2-9　电力指纹数据库外部架构

本章小结

本章重点介绍电力指纹技术的概念内涵和基本框架，包括电力指纹技术的学习过程、应用过程以及介绍电力指纹数据库的组成，为后续章节内容奠定基础。

为了解决能源互联网中即插即用性和可感知性问题，编者提出了电力指纹技术。通过监测用电设备的电气数据，利用人工智能技术和大数据技术挖掘出能够表征设备某种特性的特征点，多个维度特征点聚合起来就是该设备的“电力指纹”。利用电力指纹技术能够对设备的类型、特性、参数、用户行为习惯、能效和健康水平以及身份进行识别，利用电力指纹技术可实现对用电设备的监测、控制、管理和友好交互。相比于其他的负荷识别技术，电力指纹技术的应用范围更加广泛。电力指纹技术的研究包括了对象研究、理论研究、应用方法研究，对象研究包括一切具备特异性和可监测性的设备，理论研究包括特征研究和识别算法研究两部分，应用方法研究围绕电力指纹五大识别技术展开，包括类型识别、参数识别、状态识别、行为识别、身份识别。电力指纹技术有更广的应用场景、有更丰富的内涵、更具备实用化，电力指纹技术发展可以推动基础性科学发展。电力指纹技术未来的应用场景可以是任何对设备感知有需求的地方，目前常见的有智能用电管理与节能服务、用户身份认证与用电结算、设备全生命周期管理等。

本章第二小节介绍了电力指纹技术框架，包含了学习过程、应用过程以及数据库部分。学习过程与机器学习过程类似，有数据预处理、特征工程、模型选择与训练等过程，不同之处在于电力指纹技术的特征工程包含了电力相关的专业知识，模型的选择还涉及设备的数学模型。根据电力指纹技术框架总结了电力指纹技术的几个研究难点，包括原始数据获取、特征工程、模型选择以及电力指纹数据库建立。最后针对应用层面提出了电力指纹数据库架构，电力指纹数据库的存储架构应该包含原始数据库和模型参数库，模型参数库又分为识别模型库以及对象的参数库。在工程应用方面提出了电力指纹数据库外部架构，通过分别建立云端数据库和本地数据库两级分层结构，实现本地识别与云端的协助。

本章参考文献

[1]韩董铎,余贻鑫.未来的智能电网就是能源互联网[J].中国战略新兴产业,2014(22):44–45.

[2]董朝阳,赵俊华,文福拴,等.从智能电网到能源互联网:基本概念与研究框架[J].电力系统自动化,2014：38,1－11.

[3]贾宏杰,王丹,徐宪东,等.区域综合能源系统若干问题研究[J].电力系统自动化,2015：39,198－207.

[4]曹重.南方电网开展综合能源服务的实践及成效[J].电力需求侧管理,2016：18,1－4.

[5]张钦,王锡凡,王建学,等.电力市场下需求响应研究综述[J].电力系统自动化,2008：97－106.

[6]EC.Kern. “Appliance signatures,” Load Research Symposium, 1983.

[7]Sultanem, F.Using Appliance signatures for monitoring residential loads at meter panel level[J].IEEE Transactions on Power Delivery, 1991, 6（4）, 1380－1385.

[8]Lam, H.Y., Fung, G.S.K., Lee, W.K.A Novel Method to Construct Taxonomy Electrical Appliances Based on Load Signatures of [J]. IEEE Transactions on Consumer Electronics, 2007, 53（2）: 653 - 660.

[9]Hassan, T., Javed, F., Arshad, N.An Empirical Investigation of V–I Trajectory Based Load Signatures for Non–Intrusive Load Monitoring[J].IEEE Transactions on Smart Grid, 2014, 5（2）: 870 - 878.

[10]Younis, R., Reinhardt, A.A Study on Fundamental Waveform Shapes in Microscopic Electrical Load Signatures.Energies, 2020, 13: 3039.

[11]Popescu F , Enache F , Vizitiu I C , et al.Recurrence Plot Analysis for characterization of Appliance load signature[C]// International Conference on Communications.IEEE, 2014:1–4.

[12]Bengio, Y., Courville, A., Vincent, P.Representation Learning: A Review and New Perspectives[J].IEEE Transactions on Pattern Analysis and Machine Intelligence, 2013, 35（8）, 1798 - 1828.

[13]Logan, B.Mel Frequency Cepstral Coefficients for Music Modeling[J]. International Symposium on Music Information Retrieval, 2000.

3

CHAPTER 3

电力指纹技术数据处理与特征提取

3.1 电力数据获取与生成

随着电力系统的不断建设，目前已经建成涵盖发—输—配—变—用五大环节的电力自动化监测系统。而电力指纹技术主要的研究对象为用电设备，部分设备数据可以从某个环节的监测系统找到，因此电力自动化监测系统是一个重要的数据来源。该系统具体包括负荷控制系统、管理信息系统（management information system, MIS）、数据采集与监视控制系统（supervisory control and data acquisition，SCADA）、电能计量系统、风光功率预测系统、用电设备在线监测系统、地理信息系统（geographic information system，GIS）、天气预报系统（weather forecast system，WFS）等。图3–1展示了系统主要数据流走向[1]。

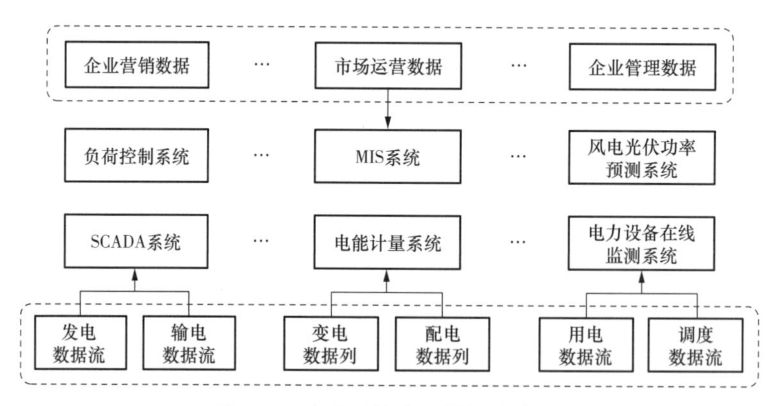

图3–1 电力系统主要数据流走向

虽然监测系统包含了丰富的数据，但仍需要根据电力指纹技术的识别需求去选择所需要的数据，再聚焦到数据的来源。根据本书2.1.3节中的每一类的识别，这里分别展开讨论。

3.1.1 数据类型

1. 类型识别数据

前面提到类型识别即为对设备的类别进行识别，主要用于用电不确定性较大的商业、居民环境，因此类型识别的对象主要为生活电器，而实现用电设备的类型识别的关键点在于找到用电设备之间的差异。

从用电设备本身的角度来看，各个用电设备都有自身独特的功能，这意味着不同用电设备之间具有的不同电气构造和外电路特性来实现这些功能，而这点主要体现在用电设备运行时的电气特征上面。根据电路原理可知，用电设备在通电之后会首先经历快速的暂态过程，然后过渡到稳定运行过程，部分用电设备还存在时变特性，因此这类用电设备还有运行状态转换过程。虽然这些过程都是真实存在的，但这些过程是一个抽象的逻辑概念，落到实际中无法探知每个过程中详细的各类数据，只能通过外特性这个“狭小的窗口”来感知细节。一般能够监测到的外特性有电压和电流，由于实际中只能获得离散采样值（现实中无法获得连续值），因此还需要考虑不同情形下的数据精度要求。

对于暂态过程，大部分家庭用电设备都在2s以内，因此需要高速采集暂态过程的电压电流波形，这类数据往往现有的监测系统无法提供，需要通过自行采集的数据集或者公开数据集获得；对于稳态过程，由于存在含整流电路等的设备，单纯依靠电压电流有效值以及功率无法准确描述这类设备，同时这类设备运行时往往会产生大量的谐波，因此需要获取更为详细的数据，包括电压电流的有效值、各次谐波值、相位差等，目前的监测系统还未有针对电器设备级的数据记录，因此这类数据需要通过自行采集的数据集或者公开数据集获得；对于电器运行状态的转换过程，可以从两个角度来看待，一是获取转换前后的稳态过程情况，二是将整个转换过程当成暂态过程来记录。

上述各个过程记录的数据长度，相比于电器的整个使用周期来说是非常短的，前者是秒级，后者是分钟级甚至小时级。换个角度来看，各个过程的记录算是一个“片段”，通过一小段片段来代表各个过程。而对于部分电器，其在整个完整运行周期中，既存在传统意义上的稳态过程，又存在一个非传统意义的、持续的转换过程，即它存在一个长时间尺度的连续缓慢变换过程。对于这种情况，则需要考虑一个长时间尺度的测量角度来观测它的变化。电动汽车充电曲线如图3-2所示，电动汽车，横轴为记录的数据点编号，记录频率为3s/次，纵轴为充电功率。可以看到对于某几个连续的点来看，基本处于稳态，而放大到整个使用周期则可以看到其每个时刻都属于转换过程。因此需要进行长时间尺度的测量来捕捉这类电器的特性。

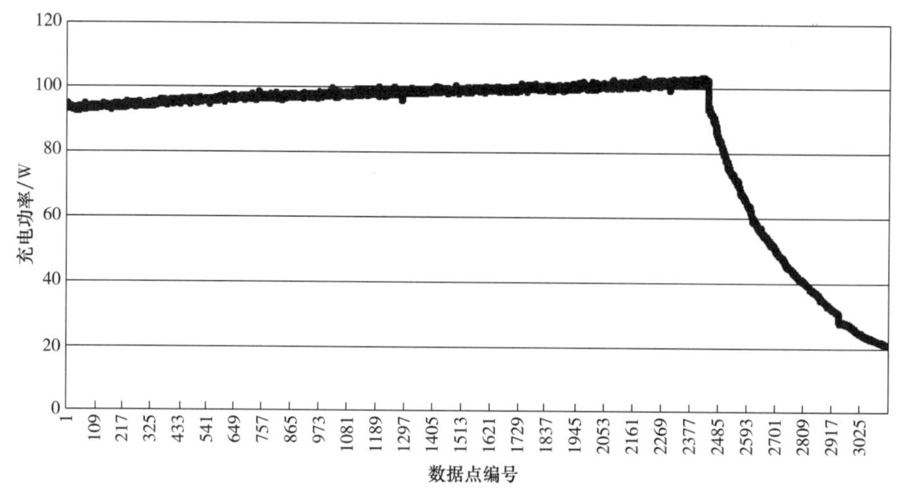

图3-2 电动汽车充电曲线

前面提到的都是从设备本身的运行角度来看。从用户的角度来看，除了少数自动运行的电器，大部分电器的使用情况都与用户的行为有关，即不同的电器会有不同的使用行为习惯。如某用户每天都会使用笔记本电脑、热水壶、电饭煲，如果将这个信息考虑进去则可以大大缩小识别的范围，提高准确率。进一步，用户使用各类设备的频次、设备之间的关联性、设备使用时间区间都可以作为用户行为数据参与进来识别[2]。类型识别数据来源见表3-1。

表3-1 类型识别数据来源[3][4]

数据名称	数据内容	数据来源
暂态数据	电压波形、电流波形等	自行采集；公开数据集REDD、BLUED、UK-DALE
稳态数据	电压值、电流值、功率值、谐波值、相位差等	自行采集；公开数据集AMPds、REFITPowerData

续表

数据名称	数据内容	数据来源
长时间运行数据	功率值、电压值、电流值等	自行采集；公开数据集AMPds、CER_Electricity_Data、Umass Smart Data Set、REFITPowerData、ENLITEN、ElectricityLoadDiagrams20112014
用电行为习惯	使用频次、设备关联性、使用时间区间	自行采集

2. 其他识别数据

（1）参数识别，即对设备的铭牌参数及数学模型参数进行识别。参数识别主要对象为需要运维和监控的设备，如用电设备、分布式设备、用电负荷等。

设备的铭牌参数一般包含电气量参数和非电气量参数，电气量参数一般可以通过监测直接或者间接获得，而非电气量参数则需要通过结合类型识别获得，因此铭牌参数识别无需进行额外的数据收集来构建识别算法。

设备的模型参数识别需要依赖设备的外特性数据，因为根据电路原理可知模型的参数发生变化，一定会引起电路中的电压电流发生变化，因此参数识别所需的数据基本包含监测的电压电流。除此之外，一些非电气量也会对模型的参数识别造成影响，如在电池参数识别中温度是一个不可或缺的维度，光伏电池参数识别中需要包含光照强度数据，线路参数识别中需要已知线路的长度，变压器参数识别中需要了解油温、接线方式等信息。在数据标签方面，类型识别的数据标签为设备的类型，可以通过直接观察得到，而参数识别的数据标签为模型的参数，无法通过直接观察得到，因此模型参数识别的数据来源几乎无法通过目前的监测渠道获取。目前相关研究的数据来源为两种，一种是通过自行搭建实验平台，通过实测来获取数据，另一种是通过搭建模型进行仿真产生数据。前者的优点是数据真实、准确，后者的优点是数据量多、可设置不同的参数生成数据。

（2）状态识别，即对设备的状态以及系统的运行状态进行识别和评估。设备的状态主要反映了设备的健康情况，而设备的健康情况大多数情况下与设备的参数相关，因此设备的状态识别所需要的数据与参数识别相近。但不同之处在于，设备的状态变化往往是一个缓慢的、长周期的变化过程，因此需要获得设备的历史运行数据，包括运行数据以及相关的事件记录等。对于系统的运行状态识别，分为系统的正常运行状态识别和异常运行状态识别，其中以异常运行状态识别为主。系统的异常运行状态往往是由某些异常事件构成，如空气放电、发生电弧、设备跳闸、线路短路、瞬时压降等，因此需要对此类事件进行识别。要搞清楚这类事件的发生情况，所需要掌握的数据应包括事件发生前的运行状态、事件发生时的运行状态以及事件发生后的运行状态。如在电弧识别中，需要掌握电弧发生前的稳态运行数据、电弧发生时的电气量和非电气量监测数据才能够快速地判断出电弧的发生。

（3）行为识别，即对用户的用电行为进行识别，具体还可以再细化划分为长期行为与短期行为，短期行为主要是针对用户的设备用电情况，长期行为主要是描述用户用电曲线。短期行为主要和设备的类型识别相结合，通过识别用户当前时刻使用了何种电器来进行行为识别，因此使用的数据与上一小节类型识别类似。而长期行为涉及用户的长期用电习惯问题，包括普通用户和典型的工商业用户，因此需要收集用户的历史用电数据，并对用户的典型用电曲线进行识别，一般的用户历史用电数据可以通过低压集抄系统获得，数据为15分钟级的电表数据。其他识别数据来源见表3–2。

表3–2　其他识别数据来源

数据名称	数据内容	数据来源
模型参数数据	电压值、电流值、功率值、谐波值、相位差等	自行采集；仿真生成
设备状态数据	电压值、电流值、功率值、谐波值、相位差等	自行采集
系统事件数据	事件发生前的运行数据、事件发生时的运行数据	自行采集；SCADA系统
短期用电行为数据	使用频次、设备关联性、使用时间区间	自行采集
长期用电行为数据	电量、功率	低压集抄系统

3.1.2 数据生成

上一节提到的数据基本通过测量得到，但是在实际工程中往往会遇到数据集的数据量不足问题，随着计算机技术的发展，利用计算机仿真生成数据成为可能。目前利用计算机仿真生成数据有两种思路，数据驱动生成与模型驱动生成。

1. 数据驱动生成

数据驱动即通过已有的真实数据来模拟出新的数据，常见的思路有自编码器、变分自编码器、生成对抗式网络等。

通过编码器的方式多数用均方误差来描述损失，并不能很好地从整体的角度来判断生成的数据是否与原始数据相近。如在手写数字识别案例中，模型通过计算每个像素点来组成损失函数，如果两张图与真实图片仅仅存在一个像素点差异，那么模型评价两张图片是一样的，但差异点的位置对图像的结果影响可能是千差万别的，如果一个差异点在数字的主体附近，另一个差异点在数字的主体之外，那么前者是更符合实际的结果，而后者是不满足要求的。因此编码器的方式很少用于生成数据。

目前常使用生成对抗式网络的思路（generative adversarial networks，GAN）来生成数据。生成对抗式网络是Goodfellow于2014年提出的生成式对抗网络模型[5]，是一种新型神经网络架构，由生成器和判别器两个神经网络构成。生成器试图生成与真实样本相似且判别器无法区分的生成样本，判别器则试图区分两种样本的差异。生成式对抗网络示意图如图3-3，通过不断交替训练判别器和生成器，使得判别器最终无法区分生成器生成的数据与真实数据，这样生成器就能够用来生成所需要的数据。虽然生成器和判别器没有规定应该由什么模型组成，但是目前基本都是使用神经网络来构成，这得益于神经网络的最大优点——神经网络可以几乎拟合所有的函数，通过构建不同的神经网络来实现想要的特性。

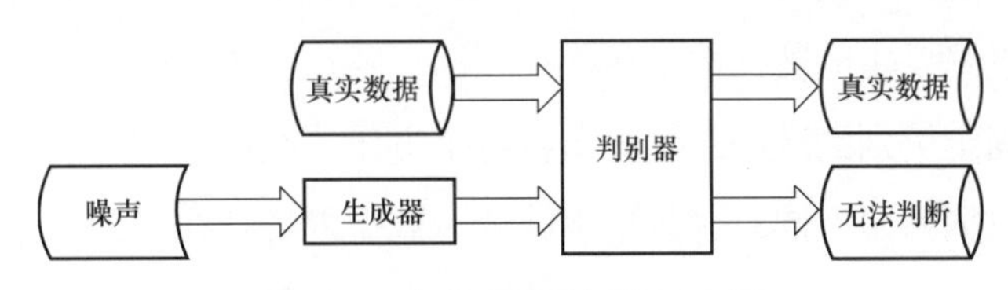

图3-3 生成式对抗网络示意图

2. 模型驱动生成

模型驱动即通过在计算机搭建模型进行仿真来生成数据。模型仿真包括等效模型法（equivalent circuit model，ECM）、原始模型法、神经网络模型法（neural network model，NNM）。等效模型法指的是利用各类有源、无源电路元件构建电路，使得电路的输出特性与真实设备的输出特性相接近，通过修改元件参数即可仿真得到各类不同设备的海量数据，如家庭用电设备大多数可以用电阻来构建等效模型，电池可用电阻和电容来构建等效模型，电池的nRC等效模型[6]示意图如图3-4所示。

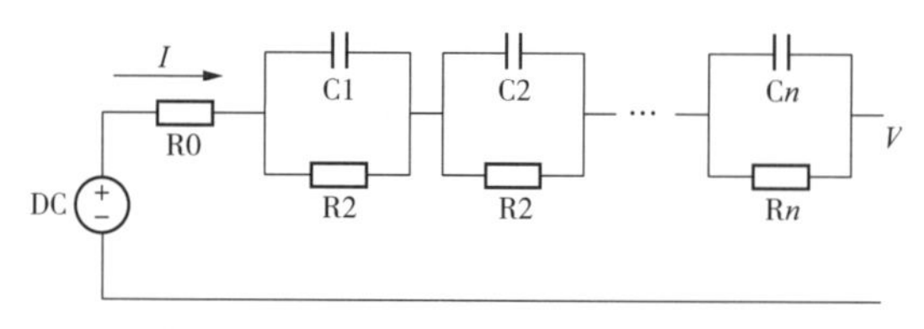

图3-4　电池的nRC等效模型示意图

原始模型指的是用一系列耦合的非线性微分方程来表达设备内部的运行状态，原始模型的优点是准确率高，能够观察各个阶段下的数据，缺点是由于偏微分方程含有大量参数和变量，参数需要事先寻优并且变量计算复杂度高。而网络模型法是利用神经网络来构建模型，在前面提到了神经网络几乎可以拟合所有的函数，而模型从外特性来看，也是另一种形式的“函数”，即给模型施加一个源（输入）便可以得到对应的响应（输出），同理神经网络也可以拟合这类模型。具体的设备模型建立在本书6.1节详细叙述。

3.2 数据预处理技术

在电力系统采集的数据中，往往存在四个特点：①数据采集多，每个采集点采集相对固定类别的数据，且分布在各个电压等级内；②不同采集点的采样尺度不同，数据断面不同；③数据不健全，数据采集存在误差和漏传；④数据分布在不同的应用系统中。因此数据往往会有异常值、缺失值、噪声、人工输入错误、数据之间不一致等问题，这对挖掘数据信息会造成影响，因此需要通过数据预处理来提高数据的质量。数据预处理的具体包含：分析数据、清理异常矛盾值、合并重复值、降噪处理、补全缺失值等。

3.2.1　数据分析与清理

分析数据最主要目的是判断数据是否满足要求，常用的有画图法和统计法。画图法包括：频次图、散点图、Q–Q图、箱型图、直方图，通过一个或多个图可以观测到数据中异常值的存在及噪声的情况。统计法主要依靠各种统计学指标来表征，如平均数、方差、标准差、相关系数矩阵、协方差矩阵。

1. 异常值检测

异常值通常又叫做离群点，异常数据的产生原因有很多：可能是数据产生机制内在特性决定的，也可能数据采集设备不完善；数据传输错误；数据丢失等人力可控因素造成的。发现离群点的方法通常有以下几种。

（1）统计法。通过简单的统计分析，并根据经验确定一个范围，凡超过此范围，就认为它不为异常数据。

$$P\{|X-\mu|<3\sigma\}=0.9974 \tag{3-1}$$

式中　X——随机变量；

μ——均值；

σ——标准差。

如数据若满足正态分布，在均值为中心的3倍标准差以外的值出现概率小于千分之三，属于小概率事件，可以进行剔除。在实际中往往会进行多次剔除和迭代，不断更新平均值和标准差，直到方差达到一个较小的值。如果数据满足其他分布同理。

（2）箱形图法如图3–5所示。箱形图又称盒须图、盒式图或箱线图，其提供了识别异常值的一个标准，即如果一个值大于Q_3+1.5IQR或小于Q_1–1.5IQR，则被称为异常值。Q_1为下四分位数，表示全部观察值中有四分之一的数据取值比它小；Q_3为上四分位数，表示全部观察值中有四分之一的数据取值比它大；IQR为四分位数间距，是上四分位数与下四分位数的差值，包含了全部观察值的一半。

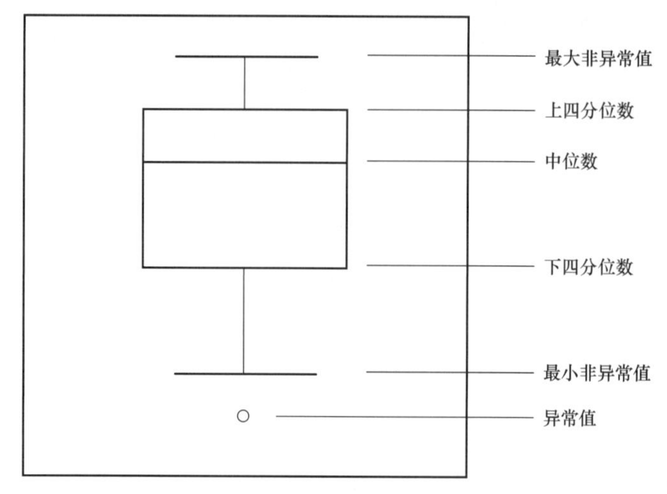

图3–5　箱形图

（3）距离法。通过计算距离判断d是否在阈值δ之外，距离中心x_c可以选择k–近邻法，即取该数据点x周围数据的平均值x_c作为近邻中心，距离d可使用欧氏距离或者其他距离。

$$d(x, x_c) > \delta \tag{3–2}$$

（4）人工智能法。构建人工智能模型实现异常值检测，如异常检测（anomaly detection）模型[7]。

异常检测最初用于分类器中，分类器在实际运用过程中经常会遇到一个问题，即输入一个样本标签之外的数据，分类器最终仍会输出一个样本标签内的结果，虽然这个数据与样本数据相差非常远，分类器仍然会从“矮个子里选出高个子”。而异常检测就是使得机器模型能够处理这类问题，在面对异常或未知数据时能够判断出来。其原理是模型在输出类别的同时，再输出模型对这个结果的信心值，通过判断信心值是否在阈值以内来决定是否为异常数据。信心值的计算方式可以有很多种，可以是输出每一类的可能性分数并取最大值，可以是计算交叉熵，也可以在训练时作为输出加入模型中，并用异常数据来训练得到。

同理，针对无标签纯数据的情况，异常检测也能够发挥其作用。其原理源于最大似然法，假设数据x_0来源于某个未知模型f，那么这个数据发生的概率为$f_\theta(x_0)$，$f_\theta(x)$为模型的概率密度函数。基于这个假设，那么对于所有样本同时发生的概率$L(\theta)$为

$$L(\theta)=f_\theta(x_1)f_\theta(x_2)\cdots f_\theta(x_N)=\prod_{i=1}^{N}f_\theta(x_i) \tag{3-3}$$

这时，通过调整θ使得$L(\theta)$取得最大值，意味着数据来自模型$f_\theta(x)$的可能性最大，这时得到最优的参数θ^*。

$$\theta^*=\arg\max_\theta\ L(\theta) \tag{3-4}$$

$$f(x)=\begin{cases}1 & f_{\theta^*}(x)\geqslant\lambda\\0 & f_{\theta^*}(x)<\lambda\end{cases} \tag{3-5}$$

最后，通过设置阈值λ即可判断数据是否为异常数据，若$f(x)$为0，那么可以判断该数据为异常数据，见式（3–5）。而阈值λ需要结合模型的评价进行设置，异常检测混淆矩阵见表3–3。正常来说，若阈值设置高，则错失率低，但是错误警报率高；降低阈值，则错失率增高，错误警报率下降。因此没有一个完美的阈值，阈值的设置需要根据实际需求，如模型对异常数据比较敏感，那么需要提高阈值使得异常数据减少，这在数据量较多时是可以接受的。如果模型对异常数据不敏感，数据量不多的情况下，那么可以适当降低阈值，只排除非常离群的数据点。具体可以通过设置权重来平衡错失与降低错误的重要性，如表中括号数值。除了基于模型的，还有基于距离的、基于密度的，感兴趣的读者可以自行查阅。

表3–3　异常检测混淆矩阵

异常检测	正确数据	异常数据
未报异常		错失（–5）
报异常	错误警报（–10）	

发现了异常点之后，若数量较少可以直接删除；若需要修正个别数据，可以视为缺失值，补充方法同缺失值；若算法对异常点不敏感则可以不处理。

2. 缺失值处理

除了异常值，在实际中缺失值在实际数据中往往是不可避免的，比如某项

数据是新的计量系统引入而历史数据中没有，或者是存储时出错导致没有成功记录。针对缺失值处理，首先是找出哪些数据是缺失的，如在scipy库中有函数isnan（ ）可以计算某列的缺失值数量。如果是较少缺失（占了5%以下），所以直接删除它们对于整体数据情况影响不大；如果某个维度缺失值很多（占了90%以上），可以直接去掉这个维度的数；如果缺失值较多，同时这个维度的信息还很重要的时候，直接删除会对后面的算法结果造成不好的影响，就必须对这些缺失值进行补充。

常用的补充方法有三种：

（1）结合已有的知识，通过其他信息补全。如电阻信息可以通过电压和电流计算得。

（2）用均值、中位数或者众数代替。如缺失值是定距型，就用平均值来插补缺失值，如缺失值是非定距型的，则可用该属性的中位数或者众数来补齐缺失的值。

（3）插值法，如从总体中随机抽取某个样本代替、利用蒙特卡洛法对缺失数据进行预测、从其他数据中找到与缺失数据最接近的样本进行插补、拉格朗日插值和牛顿插值法、建立回归模型或决策树来缺失值。

除了上述方法，还有一些更为复杂的方法，如低秩矩阵填充算法和超分辨率重建算法，将在3.2.2和3.2.3展开介绍。

3. 其他处理

（1）重复值处理。若数据存储在数据库中，则可利用数据库的主键设置规则来删除重复的数据；若使用Python的相关数学库，DataFrame数据结构里有Duplicated方法可以找出重复行，然后利用函数drop_duplicates移除重复项；或者对数据按照某一项进行排序，再使用两两对比来删除重复行。由于在正常的系统中重复值发生的概率很低，对于模型的训练影响不大，因此无须花费过多精力处理。

（2）矛盾值处理，通常又称为一致性检查。指的是根据每个变量的合理取值范围和相互关系，检查数据是否合乎要求，发现超出正常范围、逻辑上不合理或者相互矛盾的数据。对于矛盾值处理尚未有很好的解决办法，通常利用已有的一些知识来进行判断。如记录的电压为220V，电流为1A，功率因数0.5，而记录的功率确不为110W。一般通过建立好数据体系来降低矛盾值出现的概率。

（3）噪声的处理办法。在模型的实际应用中，噪声无法避免。由于噪声大多是满足均值为零的正态分布的信号，因此可以通过标准差等方法去噪。除此之外，还可以使用分箱法和回归法来帮助消除噪声。正常情况下，适量的噪声可以增强模型的泛化能力避免陷入过拟合，因此若非特殊需求，可以忽略噪声对模型的影响。

3.2.2 低秩矩阵填充算法

前面提到了缺失数据值的处理方式，低秩矩阵填充算法就是一种用于填充缺失值的算法，低秩矩阵填充算法最早由Candes于2009年提出[8]，该算法基于目标数据的低秩特性，可以实现对目标数据集中缺失的数据进行填充恢复，目标数据的低秩程度越高，则恢复的效果越好。该算法已运用于低分辨率图像的高分辨率恢复以及基于少量用户评价的电影推荐系统，并都取得了不错的效果。

1. 低秩性定义

要理解“低秩矩阵”是什么意思，首先要了解“秩”的定义。“秩”的概念源于线性代数，对于一个矩阵 $A \in \mathbb{R}^{m\times n}$，$m$为矩阵的行数，$n$为矩阵的列数，其秩定义为$\boldsymbol{A}$的线性独立的行或者列的极大个数。一般秩的求取方法是对矩阵$\boldsymbol{A}$进行奇异值分解，即：

$$\boldsymbol{A} = U\sum V^T = U\begin{bmatrix} \sigma_1 & & & \vdots \\ & \ddots & & 0 \\ & & \sigma_r & \vdots \\ \cdots & 0 & \cdots & 0 \end{bmatrix} V^T \tag{3-6}$$

式中　Σ——奇异值矩阵，$diag(\Sigma)=\{\sigma_1, \sigma_2, \cdots \sigma_r, 0, \cdots, 0\}$，其中$\{\sigma_1, \sigma_2, \cdots \sigma_r, 0, \cdots, 0\}$称为矩阵$\boldsymbol{A}$的奇异值，$r$即为矩阵$A$的秩。

$U \in \mathbb{R}^{m\times m}$，$V \in \mathbb{R}^{n\times n}$，$\sum \in \mathbb{R}^{m\times n}$。

2. 低秩矩阵填充模型

低秩矩阵填充算法可表述为：假设存在目标数据集 $\widetilde{Z} \in \mathbb{R}^{m\times n}$；已知矩阵 $\widetilde{Z}$ 存在低秩结构，其秩 $rand(\widetilde{Z}) = r$。取存在部分数据丢失的矩阵为Z，取下标集

合 Ω 为矩阵 $\boldsymbol{Z}$ 中未丢失的数据点的下标集合。那么数据恢复结果的填充矩阵 $\boldsymbol{A}$ 可以通过求解以下优化问题来获得

$$\begin{cases} \min \quad rank(\boldsymbol{A}) \\ s.t. \quad P_{\Omega}(A) = P_{\Omega}(\boldsymbol{Z}) \end{cases} \tag{3-7}$$

式中 $P_{\Omega}(\cdot)$——矩阵正交投影算子，其定义为

$$P_{\Omega}(A_{ij}) = \begin{cases} A_{ij}, & if\,(i,j) \in \Omega \\ 0, & others \end{cases} \tag{3-8}$$

上式可理解为对于 $\boldsymbol{Z}$ 中的未丢失元素，$\boldsymbol{A}$ 中的对应元素要与之相等，即满足 $A_{ij}=Z_{ij}$，$if(i,j)\in\Omega$。

低秩矩阵填充算法包含以下两个方面：①对于未丢失数据，填充矩阵 $\boldsymbol{A}$ 与数据集 $\boldsymbol{Z}$ 是一致的；②通过填充缺失元素，使得 $\boldsymbol{A}$ 的秩达到最低。

3. 低秩矩阵填充求解方法

对于上述优化问题，由于目标函数 $rank(\boldsymbol{A})$ 是非凸的，因此低秩矩阵填充模型的优化问题是一个NP-hard问题，难以直接用解析性优化算法求解。常规做法是对该目标函数进行凸化，而矩阵秩函数的凸包为矩阵的核范数，于是优化问题可凸化为以下问题：

$$\begin{cases} \min \|\boldsymbol{A}\|_* \\ s.t. \quad P_{\Omega}(\boldsymbol{A}) = P_{\Omega}(\boldsymbol{Z}) \end{cases} \tag{3-9}$$

$$\|\boldsymbol{A}\|_* = \sum_{i=1}^{r} \sigma_i(\boldsymbol{A})$$

式中 r——矩阵 $\boldsymbol{A}$ 的秩；

σ——矩阵 $\boldsymbol{A}$ 的奇异值。

对于优化问题，常用奇异值阈值收缩（Singular Value Thresholding，SVT）算法进行求解，该算法的核心思想为先对矩阵 $\boldsymbol{A}$ 进行奇异值分解，把小于设定阈值的奇异值收缩到0，然后不断迭代直至矩阵 $\boldsymbol{A}$ 不再变化。SVT算法具体表述为把优化问题转化为以下优化问题

$$\begin{cases} \min \quad \tau \|A\|_* + \frac{1}{2}\|A\|_F \\ s.t. \quad P_\Omega(A) = P_\Omega(Z) \end{cases} \tag{3-10}$$

式中　$\|\cdot\|_F$——矩阵的Frobenius范数；

τ　　——阈值系数，可以看出，当$\tau\to\infty$，两优化问题等价。

运用拉格朗日优化乘子算法，把优化问题转化为拉格朗日函数形式

$$L(A,Y) = \tau\|A\|_* + \frac{1}{2}\|A\|_F + \langle Y, P_\Omega(A) - P_\Omega(Z)\rangle \tag{3-11}$$

根据强对偶性原理，最优解与其对偶形式一致，即

$$\sup_Y \inf_A L(A,Y) = L(A^*,Y^*) = \inf_A \sup_Y L(A,Y) \tag{3-12}$$

对偶拉格朗日函数的负梯度方向为：

$$\frac{\partial L(A,Y)}{\partial Y} = -P_\Omega(A-Z) \tag{3-13}$$

运用梯度下降算法，可以得到以下迭代形式

$$\begin{cases} L(A^k, Y^{k-1}) = \min_A L(A, Y^{k-1}) \\ Y^k = Y^{k-1} - \delta P_\Omega(A^k - Z) \end{cases} \tag{3-14}$$

由于

$$\begin{aligned} &\arg\min_A \ \tau\|A\|_* + \frac{1}{2}\|A\|_F + \langle Y, P_\Omega(A-Z)\rangle \\ &= \arg\min_A \ \tau\|A\|_* + \frac{1}{2}\|A - P_\Omega(Y)\|_F^2 \end{aligned} \tag{3-15}$$

上述问题可运用软阈值优化算法求解，软阈值优化算法求解过程如下：

若对含有变量A的优化问题进行软阈值优化，取$A=D_\tau(Y)$为目标函数获得最优时的解，即

$$D_\tau(Y) = \arg\min_A \ \tau\|A\|_* + \frac{1}{2}\|A - Y\|_F^2 \tag{3-16}$$

$D_\tau(Y)$求解过程如下：先对Y进行奇异值分解，即$Y = U\Sigma V^T$、$\Sigma = diag(\{\sigma_i\}_{1\leqslant i\leqslant r})$，则有

$$D_\tau(Y)=UD_\tau(\Sigma)V^T \tag{3-17}$$

$$D_\tau(\Sigma)=diag(\{\sigma_i-\tau\}^+{}_{,1\leqslant i\leqslant r})=\begin{cases}\sigma_i-\tau, & if\ \sigma_i>\tau\\ 0, & if\ -\tau<\sigma_i<\tau\\ \tau+\sigma_i, & if\ \sigma_i<-\tau\end{cases} \tag{3-18}$$

所以最终转化为迭代形式

$$\begin{cases}A^k=D_\tau(Y^{k-1})\\ Y^k=Y^{k-1}-\delta P_\Omega(A^k-Z)\end{cases} \tag{3-19}$$

SVT算法初始输入Y^0=0，然后便是按照下式不断进行迭代，直至收敛，收敛条件为

$$\frac{P_\Omega(A^k-Z)}{P_\Omega(Z)}\leqslant\varepsilon \tag{3-20}$$

综上所述，SVT算法的流程图如图3–6所示。

3.2.3 超分辨率重建算法

除了低秩矩阵填充算法，本书还提出了超分辨率重建算法（Super-Resolution, SR）[9]。该算法提出的背景是近年来国内外大量配置智能电表，但是通过智能电表收集电气数据存在采样频率低等问题，具体如下。

（1）采集频率低。目前智能用电信息采集系统数据采集频率为每15min采集一个点，1h仅采集4次，而大部分国际通用的住宅用户用电数据集的采集频率在15min、30min、1h级别，只有极少数达到了1min级别。一方面，低分辨率数据会对电力系统状态估计精度产生影响；另一方面，在配电网侧，海量用户用电数据是大数据分析的基础，低分辨率数据在一定程度上阻碍大数据技术的应用与发展。

（2）高分辨率、覆盖面广的数据集难以获取。数据集分辨率高低和数据集覆盖面大小是对立的。由于高分辨率采集设备成本高、大数据储存成本高，高分辨率数据集往往只涉及单个家庭、单个电气量等单一信息。同样地，覆盖面大的数据集（家庭数量大或者电气和非电气信息类型多），由于配置采集设备数量大、类型多，为了控制成本，一般采用低分辨率采集设备。

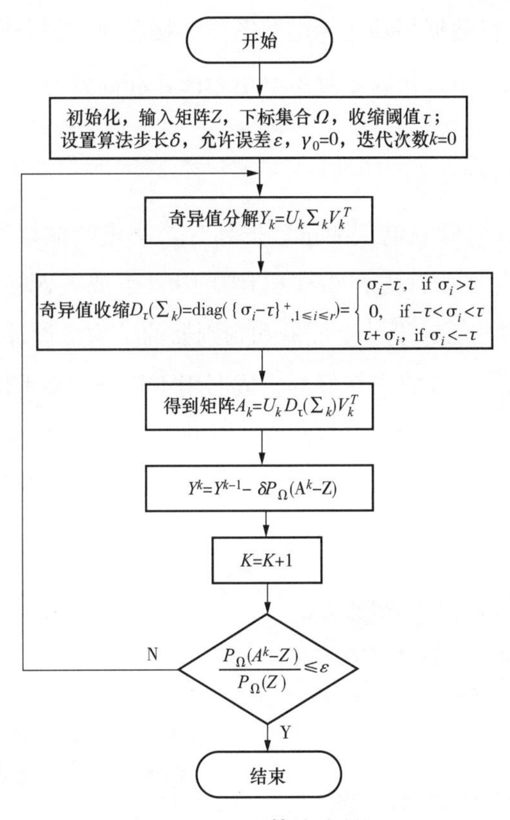

图3-6　SVT算法流程图

因此，长期积累的低分辨率用电数据集仍有丰富的被挖掘价值，还原数据集的高频细节信息能够提升原数据集的经济效益。低频用电数据的超分辨率重建有一定的理论价值和工程价值，尤其是在数据采集成本控制、数据还原、状态感知、态势评估等方面。

超分辨率重建涉及数据从低维向高维转化，是一个具有大量可能解的高病态逆问题。鉴于图像领域在超分辨率重建问题上已经取得较大的进展，受其启发，将时序形式的电气测量数据转化为电气图像，包括将低频电气测量数据转化为低分辨率电气图像，将高频电气测量数据转化为高分辨率电气图像。再者，将低分辨率电气图像重建为高分辨率电气图像的过程称为超分辨率重建。为了验证所提方法的效果，总体思路是：利用高频数据集进行下采样得到相应低频数据集，然后将数据集转化为电气图像，接着通过超分辨率重建得到超分辨率电气图像，最后通过比较超分辨率电力图像和高分辨率电气图像来证明所提方法的重建效果。

1. 超分辨率重建框架

基于改进GAN的低频电气测量数据超分辨率重建框架如图3–7所示。重建机制包括以下内容：首先，重建机制中引入生成式对抗网络，设计增强GAN训练稳定性的方法，设计生成器和判别器的结构，设计损失函数。然后，训练生成式对抗网络，并将训练好的生成器用于超分辨率重建。接着，将低频电气测量数据转化为低分辨率电气图像，并将低分辨率电气图像输入训练好的生成器，得到超分辨率电气图像。最后，将超分辨率电气图像转化为高频电气测量数据，即为完成重建。

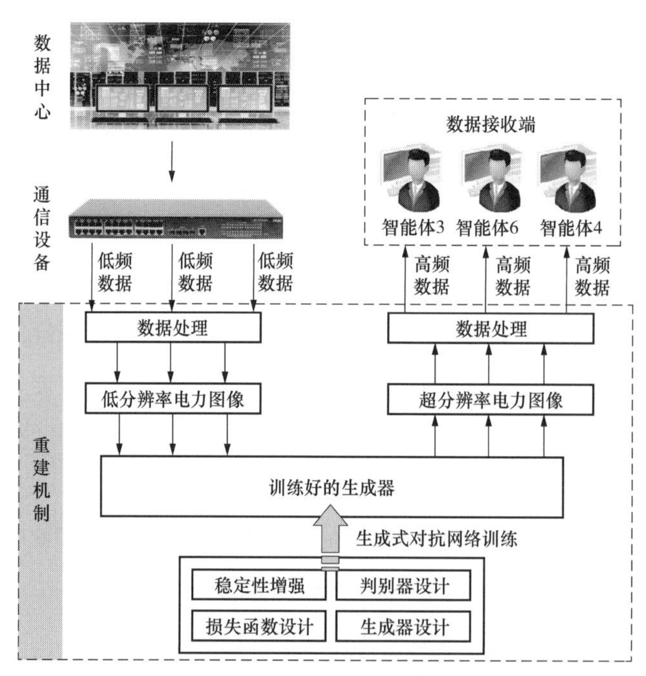

图3–7 基于改进GAN的低频电气测量数据超分辨率重建框架

2. 电气测量数据转化为电气图像

设高频电气测量数据集有n种类型的电气测量数据，包括有功功率、无功功率、电压、电流、频率、功率因素等，设总的采样数量为L，则该高频电气测量数据集可以表示为行×列为$L \times n$的矩阵。其中，n种类型的电力数据分别对应电气图像的n个通道，每个通道为一个2维矩阵。

形如$L \times n$的高频电气测量数据转化为2维n通道的高分辨率电气图像包括以下步骤：

S1、提取第i种类型的高频电气测量数据，其中i为高频电气测量数据的序号，$1 \leqslant i \leqslant n$，令$i$=1。

S2、按时间先后顺序将第i种类型的高分辨率电力数据的每$l \times l$个数据重新组合成1个行×列为$l \times l$的2维矩阵，其中l为正整数，且l为合数；重新组合的方法为按照时间先后顺序依次填充2维矩阵的第1行的l列，第2行的l列，…，直至填充完第l行的l列；由此形成关于第i种类型的高频电气测量数据的一共m个2维矩阵，其中m也是高分辨率电气图像的数量，且n种类型高分辨率电力数据的m的大小均相同；设j为第i种类型的高频电气测量数据进行重新组合后的2维矩阵的序号，$1 \leqslant j \leqslant m$。

S3、若$i < n$，令$i=i+1$，重复步骤S2；若$i=n$，转到步骤S4。

S4、令i=1，j=1。

S5、将第i种类型的高频电气测量数据进行重新组合后的第j个2维矩阵储存于高分辨率电气图像的第j个图像的第i个通道。

S6、若$i < n$，令$i=i+1$，重复步骤S5，若$i=n$，转到步骤S7。

S7、若$j < m$，令i=1且$j=j+1$，转到步骤S5，若$j=m$，转到步骤S8。

S8、储存上述步骤所得的m个2维n通道的高分辨率电气图像。

设重建倍数为K，为了便于构建低分辨率电气图像，设K为合数l的因数，则低频电气测量数据总的采样数量为（L/K），即按照时间先后顺序依次取K个高频电气测量数据的最大值作为低频电气测量数据的1个采样点。形如（L/K）$\times n$的低频电气测量数据转化为2维n通道的低分辨率电气图像的步骤与高分辨率电气图像转化的步骤类似，只需将高分辨率电气图像转化的所用到的高频和高分辨率替换为低频和低分辨率，并且将步骤S2中的l替换为$(l/\sqrt{K})$，就可以得到m个2维n通道的低分辨率电气图像，其中n个通道均为行×列为

$(l/\sqrt{K})\times(l/\sqrt{K})$的2维矩阵。

3. 构建生成式对抗网络

3.1.2节介绍了生成式对抗网络，基于生成式对抗网络的电力低频电气测量数据超分辨率重建方法通过训练生成器生成超分辨率电气图像，再通过判别器从大量可能解中筛选出与实际情况差异最小的生成数据，从而解决高病态逆问题。

设已有高分辨率电气图像集为x^{HR}，对应的数据单元为x_j^{HR}。这些数据单元之间存在某种复杂分布关系，设为$p_{\mathrm{H}}(x^{\mathrm{HR}})$，该分布难以通过数学模型显示表达。设高分辨率电气图像集对应的低分辨率电气图像集为x^{LR}，对应的数据单元为x_j^{LR}，设x^{LR}满足分布$p_{\mathrm{L}}(x^{\mathrm{LR}})$。设超分辨率电气图像集为$x^{\mathrm{SR}}$，对应的数据单元为$x_j^{\mathrm{SR}}$，$x^{\mathrm{SR}}$也可表示为$G_{\theta_{\mathrm{G}}}(x^{\mathrm{LR}})$，其中$\theta_{\mathrm{G}}$为生成器的参数，设$x^{\mathrm{SR}}$满足分布$p_{\mathrm{S}}(x^{\mathrm{SR}})$。由于生成器能够实现以假乱真，判别器不能完全地区分输入是否属于真实样本。因此，在判别器的输出中，判断输入的生成样本属于真实样本的概率为$D_{\theta_{\mathrm{D}}}[G_{\theta_{\mathrm{G}}}(x^{\mathrm{HR}})]$，判断输入的真实样本属于真实样本的概率为$D_{\theta_{\mathrm{D}}}(x^{\mathrm{HR}})$，其中$\theta_{\mathrm{D}}$为判别器的参数。超分辨率重建的GAN结构如图3-8所示。

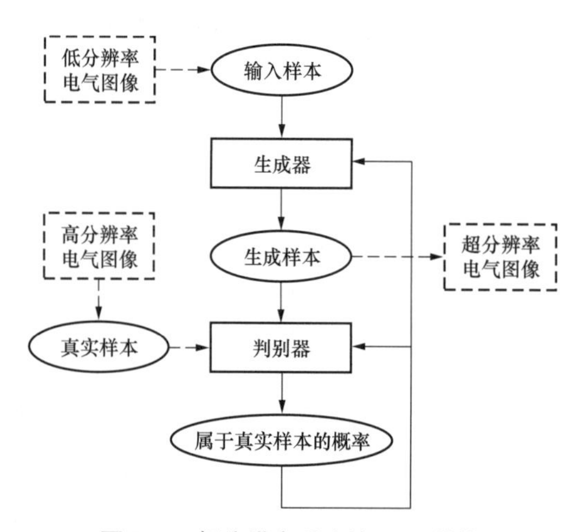

图3-8 超分辨率重建的GAN结构

GAN的训练是一个优化min-max零和博弈问题的过程，目标函数为

$$\min_{\theta_{\mathrm{G}}}\max_{\theta_{\mathrm{D}}}\sum_{j}^{m}\log(D_{\theta_{\mathrm{D}}}(x_j^{\mathrm{HR}}))+\sum_{j}^{m}\log(1-D_{\theta_{\mathrm{D}}}(G_{\theta_{\mathrm{G}}}(x_j^{\mathrm{LR}}))) \tag{3-21}$$

式（3-21）反映了生成器和判别器之间的对抗博弈，生成式试图缩小生成样本与真实样本之间的差异，而判别器则试图识别这种差异，当判别器无法判断这种差异时，博弈达到均衡。

4. 增强训练稳定性的措施

如前所述，GAN虽然理论上能够生成具有复杂时空规律的生成样本，但是实际训练中往往难以收敛。原因是GAN采用KL散度或者JS散度去衡量$p_S(x^{SR})$和$p_H(x^{HR})$的距离，当两个分布重叠部分很小或者不存在时，会出现梯度消失和模型崩塌的情况。因此，以下引入Wasserstein距离修正公式，提高GAN算法稳定性。Wasserstein距离下GAN的目标函数为

$$\min_{\theta_G}\max_{\theta_D}\sum_{j}^{m}D_{\theta_D}(x_j^{HR})-\sum_{j}^{m}D_{\theta_D}(G_{\theta_G}(x_j^{LR})) \tag{3-22}$$

5. 生成器与判别器结构

使用深度残差网络（Deep Residual Network，DRN）作为生成器。DRN内部的残差块（residual block）使用了残差跳跃式的结构，打破了深度神经网络某一层的输出只能给下一层作为输入的惯例，使某一层的输出可以跨过几层作为后面某一层的输入，其意义在于缓解了在深度神经网络中增加深度带来的梯度消失问题，并能通过叠加多层残差块提高模型的特征学习能力和准确率。

超分辨率重建的生成器结构如图3-9所示。生成器的输入是低分辨率电气图像，通过1层卷积（convolution）层和1层激活函数（activation function）层将输入映射到隐层空间。为了加速训练，利用VGG-19的预训练结果初始化DRN。DRN具有R个相同结构的残差块，每个残差块包括6层，依次是卷积层、批归一化（batch normalization）层、激活函数层、卷积层、批归一化层和按位求和（element -wise sum）层。通过上采样块提高重建图像的分辨率。每个上采样块的放大倍数为2，当重建倍数为K时，DRN与输出之间具有（$K/2$）个上采样块。每个上采样块包括3层，依次是反卷积（deconvolution）层、批归一化层和激活函数层。其中，n64s1表示该卷积层的卷积核有64个通道且卷积核的滑动步长为1，n64s0.5和n3s1与n64s1的表述类似。所有的卷积层和反卷积层均采用大小为3×3的卷积核。

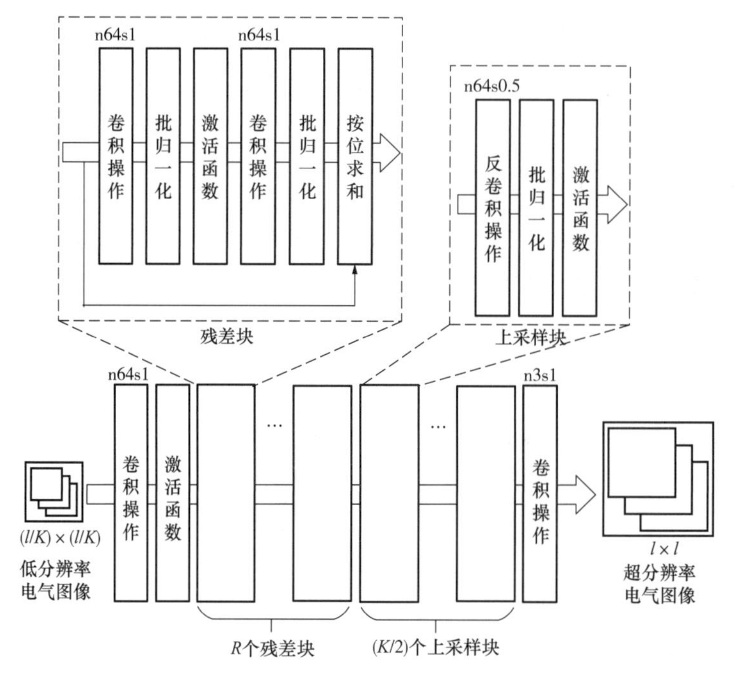

图3-9　超分辨率重建的生成器结构

与生成器的功能不同，判别器主要为了实现真实样本与生成样本的分类，因此使用深度卷积网络（deep convolutional network，DCN）作为判别器。深度卷积网络是图像识别领域的核心算法之一，并在学习数据充足时有稳定的表现。

超分辨率重建的判别器结构如图3-10所示。判别器的输入是真实样本或者生成样本，但判别器事先不知道输入是真实样本还是生成样本。判别器通过1层卷积层和1层激活函数层将输入映射到隐层空间。设1个卷积块包括1个卷积层、1个批归一化层和一个激活函数层。通过10个卷积块形成深度卷积网络，其中10个卷积块的卷积核的通道数依次是128、256、512、1024、2048、1024、512、128、128、512，前5个卷积块使用大小为4 × 4的卷积核且卷积核的滑动步长设为2，第6 ~ 8个卷积块使用大小为3 × 3的卷积核且卷积核的滑动步长设为1，第9、10个卷积块使用大小为1 × 1的卷积核且卷积核的滑动步长设为1。深度卷积网络之后依次是1层按位求和层、1层压平（flatten）层、1层全连接（fully connected）层。上述激活函数均使用leaky ReLU，这能够避免使用池化（pooling）操作，从而提高判别器识别精度。最后输出一个概率值，含义为判别器的输入属于真实样本的概率。

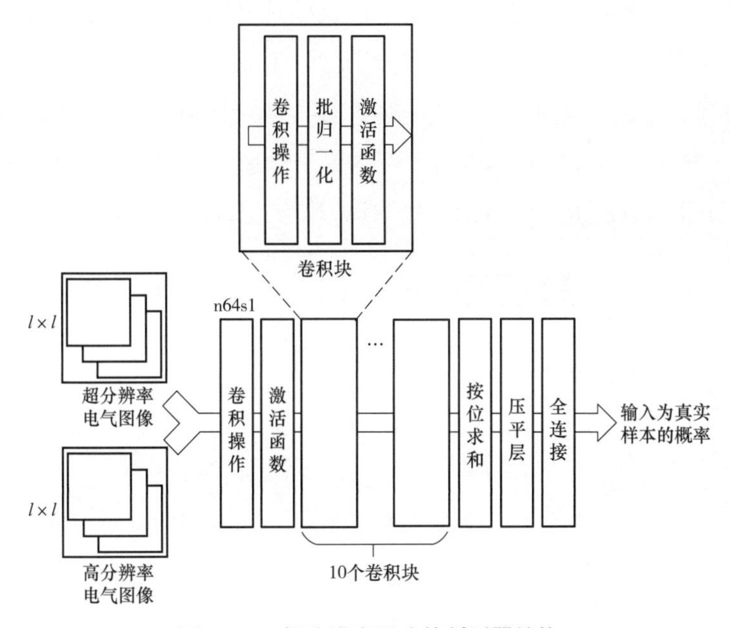

图3-10　超分辨率重建的判别器结构

6. 损失函数设计

为了提高重建精度和高频细节还原能力，生成器损失函数设计为以下几种损失函数的加权组合。

通过在生成对抗损失中加入判别器的判别结果使得生成器能够欺骗判别器。生成对抗损失的计算为

$$l_{\mathrm{Gen}} = -\sum_{j=1}^{m} D_{\theta_{\mathrm{D}}}(G_{\theta_{\mathrm{G}}}(x_j^{\mathrm{LR}})) \tag{3-23}$$

将生成样本和实际样本的均方误差（mean square error，MSE）作为实际损失。实际损失的计算为

$$l_{\mathrm{MSE}} = \frac{1}{l^2}\sum_{j=1}^{m}\sum_{w=1}^{l}\sum_{h=1}^{l}((x_j^{\mathrm{HR}})_{w,h} - (G_{\theta_{\mathrm{G}}}(x_j^{\mathrm{LR}}))_{w,h})^2 \tag{3-24}$$

式中　w 和 h——每一个通道中矩阵的宽和高。

使用实际损失训练生成器会导致生成样本过于平滑，重建结果过于保守，不利于高频细节的还原。因此，引入感知损失衡量生成样本和实际样本在局部特征上的差异。具体地，考虑到VGG-19模型具有提取电气图像局部特征的能力，在已经训练好的VGG-19模型中分别输入生成样本和实际样本，并提取电气图像的特征图$\varphi_{a,b}$，其中$\varphi_{a,b}$的含义为VGG-19模型在第a次池化操作之前得到的第b个特征图。将实际样本的特征图的每个像素点$\varphi_{a,b}(x^{\mathrm{HR}})_{w,h}$和生成样本的特征图的每个像素点$\varphi_{a,b}(G_{\theta_{\mathrm{G}}}(x^{\mathrm{HR}}))_{w,h}$的均方误差称为感知损失，感知损失计算为

$$l_{\mathrm{VGG}}=\frac{1}{l^2}\sum_{j=1}^{m}\sum_{w=1}^{l}\sum_{h=1}^{l}(\varphi_{a,b}(x_j^{\mathrm{HR}})_{w,h}-\varphi_{a,b}(G_{\theta_{\mathrm{G}}}(x_j^{\mathrm{LR}}))_{w,h})^2 \tag{3-25}$$

综上，生成器损失函数为

$$l_{\mathrm{G}}=\lambda_1 l_{\mathrm{Gen}}+\lambda_2 l_{\mathrm{MSE}}+\lambda_3 l_{\mathrm{VGG}} \tag{3-26}$$

其中，权值分别设为$\lambda_1=1\times10^{-3}$，$\lambda_2=1$，$\lambda_3=2\times10^{-6}$。

以下将判别对抗损失作为判别器损失函数。通过在判别对抗损失中加入判别器的判别结果使得判别器能够辨别真假。判别器损失函数为

$$l_{\mathrm{D}}=\sum_{j=1}^{m}D_{\theta_{\mathrm{D}}}(G_{\theta_{\mathrm{G}}}(x_j^{\mathrm{LR}}))-\sum_{j=1}^{m}D_{\theta_{\mathrm{D}}}(x_j^{\mathrm{HR}}) \tag{3-27}$$

3.3 电气信号特征计算

除了前面提到的数据处理，还需要对原始数据进行进一步提炼，在现有数据的基础上丰富数据维度，展现出更多的信息量。由于电力指纹技术接触的对象为用电设备，因此数据衍生多数选择在电力领域最常用的信号处理与分析技术方法。

信号处理就是对各种信号，尤其是电信号进行提取、变换、分析等处理来获电力指纹技术所需要的信息和信号形态。信号处理通常包括模数转换、数字信号处理、数模转换，其中数字信号处理是整个流程的核心过程，数字信号处理包括变换、滤波等，这里主要用到的是变换，包括时域和频域的相关变换算法。由于电力指纹技术会涉及稳态波形和暂态波形的分析和处理，因此重点介

绍与此相关的频域特征分析、时域特征分析以及小波分析等。

3.3.1　频域特征分析

频域分析顾名思义就是通过对信号进行变换得到其在频域上的特征，进而利用频域特征来分析信号。在实际生活中，大多数原始信号都是以时域来测量和记录，信号可以看作是以时间为自变量的函数。信号通常用时间—幅值表示法，即以时间作为自变量轴，幅值作为因变量轴。对于许多与信号分析相关的应用来说，这种表示法并不是一个最好的方法，因为多数时候最具表达力的信息往往隐藏在信号的频谱中，即信号由哪些频率组成。一个信号在给定了时间范围和幅值之后，可以通过傅里叶变换（fourier transform，FT）来计算出频谱，即频率—幅值表示法。

为什么需要使用频率信息？因为大多数时候信息不能够直接通过观测时域信号得出，但是在频域却能够观测到。图3–11是监测电动汽车电池充电时的电流波形，图3–12是在监测手机充电时的电流波形。可以看到两个波形图从形状上大体相似，这个偏差从时域的角度来描述较为困难。但是将该信号通过傅里叶变化转化为频域来观察，可以看到其谐波的含量以及大小存在不同，所以导致时域中产生了偏差，在频域中可以完美定量地描述这些谐波的频谱信息。对于傅里叶变换得到频谱，具体来说由幅频谱和相频谱两部分构成，一般主要观察幅频谱。

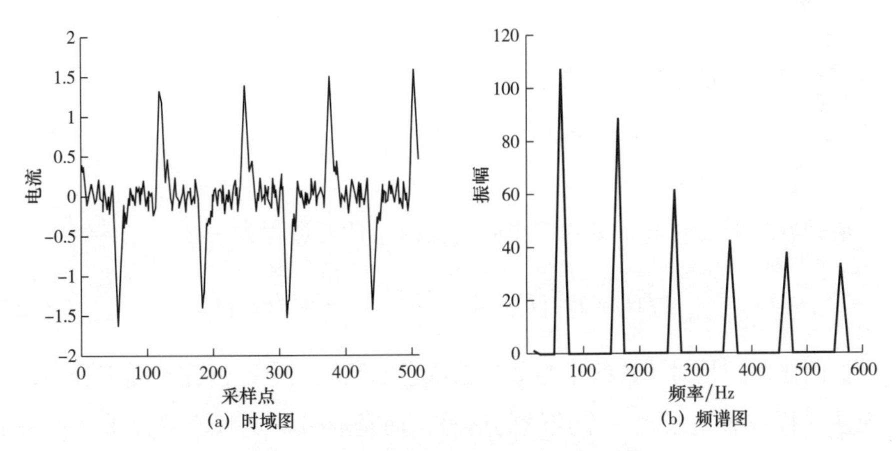

(a) 时域图　　(b) 频谱图

图3–11　电动自行车充电时电流曲线图

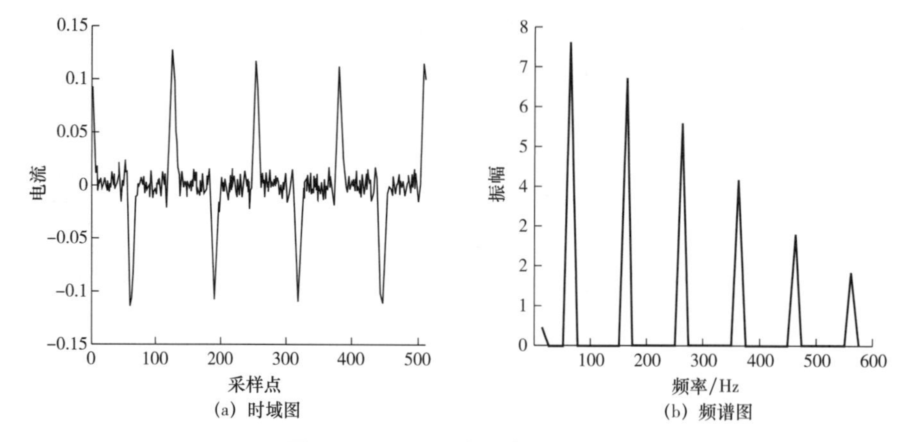

图3–12　手机充电时电流曲线图

频域中比较常见的分析方法有频谱、能量谱、功率谱、倒频谱，其中频谱还可以分为幅频谱和相频谱。各类谱都是与傅里叶变换相关的，是为了分析信号中不同频率含量的情况，傅里叶变换就是一种常用的将时域信号转化为频域来观察的方法。

1. 傅里叶变换

傅里叶变换的定义为：$f(t)$是t的周期函数，如果满足狄里赫莱条件，则傅里叶变换计算过程为

$$F(\omega)=F[f(t)]=\int_{-\infty}^{+\infty}f(t)e^{-i\omega t}\mathrm{d}t \tag{3-28}$$

式中　$F(\omega)$——信号的频域表示；

$f(t)$ ——信号的时域表示；

ω ——频率。

从频域映射到时域，则叫傅里叶逆变换，计算过程为

$$f(t)=F^{-1}[F(\omega)]=\frac{1}{2\pi}\int_{-\infty}^{+\infty}F(\omega)e^{i\omega t}\mathrm{d}\omega \tag{3-29}$$

上面描述的是对于连续信号如何获取它的频域信息，但在实际工程中，往往无法采样或者记录到一个连续的信号，而是通过一定频率采样来获得一个近似信号。对于离散数据点的情况，需要使用离散傅里叶变换（discrete fourier transform，DFT），计算为

$$X(k)=\sum_{n=0}^{N-1}x(n)e^{-j\frac{2\pi}{N}kn}\ (k=0,1,2,\cdots,N-1) \tag{3-30}$$

式中　$X(k)$——DFT变换之后的数据；

$x(n)$——采样的模拟信号；

n　——采样点序号；

N　——总采样点个数；

k　——对应N内振动k个周期。

当式（3-20）中的k转化为实际信号，则有

$$f_k=\frac{f_s}{N}k\ (k=0,1,2,\cdots,N-1) \tag{3-31}$$

式中　f_s——采样频率。

例如采样频率f_s为100Hz，采样点N为50个，信号总时长为0.5s，如果原信号在N内振动1个周期（即k=1），对应的频率为2Hz（f_s/N），以此类推。

在实际工程中，使用更为高效的快速傅里叶变换算法（fast fourier transform，FFT），其本质与DFT并无差别，只是在计算效率上更为高效，因此多在计算机中使用。傅里叶变换是目前最为有效和流行的变换方法，但不是唯一的方法。在工程界和数学界还有许多常用的变换方法如希尔伯特变换、小波变换、稀疏表示、短时傅里叶变换、维格纳变换、拉东变换、主成分分析法（principal components analysis，PCA）变换等[10]，每一种变换技术都有各自的优缺点以及适用的领域，没有最好的变换，只有最合适的变换。

2. 能量谱与功率谱

能量谱和功率谱都是描述信号带有的“能”有多少，可以理解成将该信号转化为电流加在电阻为1Ω所产生的热能和功率，信号的能量W和功率P都是在区间无穷大（或者取极限）的范围下观察的。若一个信号在极值范围下存在能量，即为能量信号，如方波；若一个信号存在功率，即为功率信号，如正弦波。一个信号可以两者都不是，但不可能同时为两者。

$$W=\lim_{T\to\infty}\int_{-T}^{T}x^2(t)\mathrm{d}t \tag{3-32}$$

$$P=\frac{1}{2T}\lim_{T\to\infty}\int_{-T}^{T}x^2(t)\mathrm{d}t \tag{3-33}$$

$$W=\lim_{T\to\infty}\frac{1}{2\pi}\int_{-T}^{T}\left|X(\omega)\right|^2\mathrm{d}\omega \tag{3-34}$$

式中　$x(t)$ ——给定时域信号；

$X(\omega)$——信号的频域表示。

针对能量信号，通过傅里叶变换能够分离出不同频率含量的能量，根据式（3-32）~式（3-34）可知，频率为ω的能量为$\mathrm{d}W=\frac{1}{2\pi}\left|X(\omega)\right|^2\mathrm{d}\omega$，对$\omega$积分则可得到整个信号的能量，则$|X(\omega)|^2$就为能量谱密度，简称能量谱。

针对功率信号，可以计算出功率谱密度函数，功率谱有两种计算方法：①通过傅里叶变换后平方再除以区间长度，等同于求出傅里叶级数再通过幅值系数平方除2；②通过计算自相关函数的傅里叶变换。

3. 倒频谱

倒频谱分析是一种二次分析技术，是对功率谱的对数值进行傅里叶逆变换的结果，即从信号到功率谱，功率谱求取对数之后取傅里叶逆变换得到倒频谱。倒频谱能够提取频谱图中的周期信号，将原来频谱图上成族的边频带谱线简化为单根谱线。简单理解就是高频和低频信号之间调制，体现在频谱图就是会围绕着高频点分布着低频信号（边频带），而倒频谱就是将该频谱转化为时谱图，进而把低频部分解析出来。而且倒频谱受传感器的测点位置及传输途径的影响小，因此常常用于故障识别。

调制信号频谱图（以50Hz为基频）如图3-13所示，观察图3-13右下角，经过高频信号调制后，低频信号的频谱分布在高频周围，并且呈现周期性，因此单纯对调制信号进行傅里叶分析往往会忽略掉这部分。通过倒频谱可以将低频信号提取出来，调制信号倒频谱图如图3-14所示，在0.02s的位置出现了高峰，对应着50Hz的信号，即低频信号。

3.3.2　时域特征分析

在工业领域，时域分析法通常用于对设备的健康状态进行评估以及运行故障监测，时域特征能够反映设备的总体状态。目前时域分析法主要是通过构建有量纲特征值和无量纲特征值两大类来进行分析[11]。

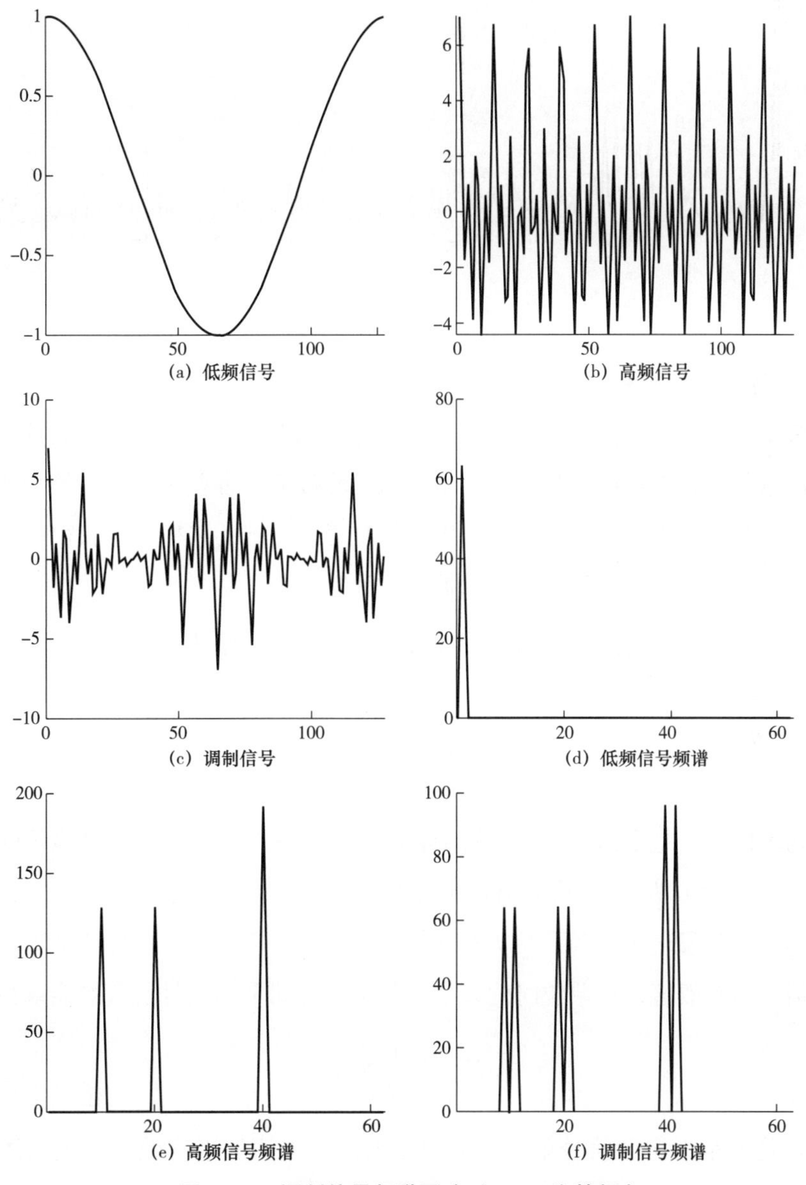

图3-13 调制信号频谱图（以50Hz为基频）

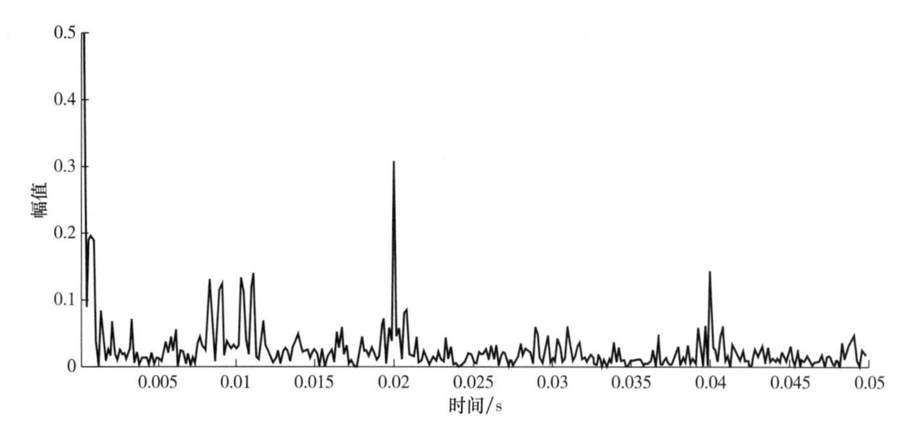

图3-14　调制信号倒频谱图

1. 有量纲特征值

有量纲特征值是指数据经过复杂计算之后仍有单位的结果，一般具有特定的物理意义，如平均值、最大值、最小值、峰峰值、方差等。不同的特征值具有不同的联系和含义。由于在实际中信号是通过一定的采样频率获得，因此以下分析只介绍各个特征值在离散数据下的计算过程。

平均值 $\bar{X}$ 是指给定信号 x_i 的所有值取平均。平均值描述信号的稳定分量，即直流分量。

$$\bar{X}=\frac{1}{N}\sum_{i=1}^{N}x_i \tag{3-35}$$

均方值 X_{rms}^2 是指给定信号 x_i 的所有值平方后取平均，物理意义描述的是信号的平均能量（功率）。均方值稳定性好，当均方值超过正常值较多时，通常可以判断设备发生了故障。均方根 X_{rms} 为均方值的平方根，物理意义为电路分析中信号的有效值，即单位时间该信号与单位时间平均信号所含的能量相等。

$$X_{rms}^2=\frac{1}{N}\sum_{i=1}^{N}x_i^2 \tag{3-36}$$

方差 σ^2 是指每个信号量与平均值之差的平方值的平均数。方差描述的是信号的离散程度，即变量离期望值的距离。同时等于均方值减去平方值的平方，因此从物理意义上说，方差相当于信号的交流分量。标准差 σ 为方差的平方根，它的存在是为了与原始信号统一量纲。

$$\sigma^2 = \frac{1}{N}\sum_{i=1}^{N}(x_i - \bar{x})^2 = X_{rms}^2 - \bar{X}^2 \tag{3-37}$$

$$\sigma = \sqrt{\frac{1}{N}\sum_{i=1}^{N}(x_i - \bar{x})^2} \tag{3-38}$$

2. 无量纲特征值

上面提到的有量纲特征值，大多数都有明显的物理意义与之对应，因此对信号的特征反应比较敏感，但同时由于有量纲的存在，其与信号本身工作环境有关（如高负载下的电流与低负载下的电流），而且容易受到干扰，因此学界提出了一系列无量纲特征值来排除干扰。其中典型的有峰值指标、脉冲指标、裕度指标、波形指标、峭度指标、偏度指标等。

峰值指标C，峰值X_p指波形的单峰最大值，为了降低扰动的影响，通常找出绝对值最大的10个数，用这10个数的算数平均值来作为X_p。峰值指标通常用来监测是否有冲击存在，有

$$C = \frac{x_{\max}}{x_{rms}} = \frac{X_p}{X_{rms}} \tag{3-39}$$

脉冲指标I与峰值指标都是用来检测信号是否有冲击的指标，但是由于峰值稳定性差，后逐渐被峭度取代，有

$$I = \frac{X_p}{\bar{X}} \tag{3-40}$$

裕度指标L为信号峰值X_p与方根幅值X_r之比，方根幅值是算术平方根的平均值的平方。裕度指标通常用来检测设备的磨损情况，有

$$L = \frac{X_p}{X_r} \tag{3-41}$$

$$X_r = \left(\frac{1}{N}\sum_{i=1}^{N}\sqrt{|x_i|}\right)^2 \tag{3-42}$$

波形指标S_f为信号有效值与整流平均值。波形因子是相同功率的直流信号

和原交流信号的比值，有

$$S_f = \frac{X_{rms}}{|\bar{X}|} \tag{3-43}$$

峭度指标K_4表示波形的平缓程度，描述变量的分布。正态分布的峭度等于3，小于3时分布的曲线较为平缓，大于3时曲线较为陡峭。峭度指标为峭度β与信号标准差的四次方的比值，有

$$K_4 = \frac{\beta}{\sigma^4} \tag{3-44}$$

$$\beta = \frac{1}{N}\sum_{i=1}^{N}\left(x_i - \bar{x}\right)^4 \tag{3-45}$$

偏度指标K_3表示波形的歪斜程度。对于单峰分布而言，负偏度表示波头偏右，正偏度表示波头偏左。偏度指标与峭度指标类似，其为偏度α与信号标准差的三次方的比值，有

$$K_3 = \frac{\alpha}{\sigma^4} \tag{3-46}$$

$$\alpha = \frac{1}{N}\sum_{i=1}^{N}(x_i - \bar{x})^3 \tag{3-47}$$

以上各种时域下的统计指标，每一种在灵敏度、稳定性、准确性方面都有各自的优缺点，因此不能独立开来看，目前的趋势是指标结合着历史数据以及现在的人工智能方法来对状态进行综合判别，能得到一个更加准确的结果。

3.3.3 短时傅里叶与小波分析

前面介绍了信号领域常见的时域分析和频域分析，这两个分析是站在两个不同的角度来观察信号，相互独立。但是在工程上经常会遇到许多非平稳的信号，各个含量的谐波在不同的时刻出现，用频域分析仅能得到全局的频率信息，而无法得知该频率出现的时间。因此需要其他手段来解决这种问题，即时频域分析法。时频域分析常用的方法有短时傅里叶变换（short-time fourier transform，STFT）、小波变换（wavelet transform，WT）、经验模态分解（empirical mode decomposition，EMD）[12]等。

1. 短时傅里叶变换

傅里叶变换描述的是给定信号中包含的频率分量，针对的是整个信号中存在哪些量，这对于分析频率分量随着时间变化的情况存在局限性。低到高频信号依次出现如图3–15所示，高到低频信号依次出现如图3–16所示，两个时域截然不同的信号通过傅里叶变换得到的几乎是一样的频谱图。可得知通过傅里叶变换仅仅能得到这个信号含有哪些频率分量，而最重要的“频率随时间变化”这个特征却无法表示出来。因此衍生除了短时傅里叶变换，短时傅里叶变换的方式就是通过加窗来分块进行傅里叶变换，傅里叶变换的频率分量图如图3–17所示。

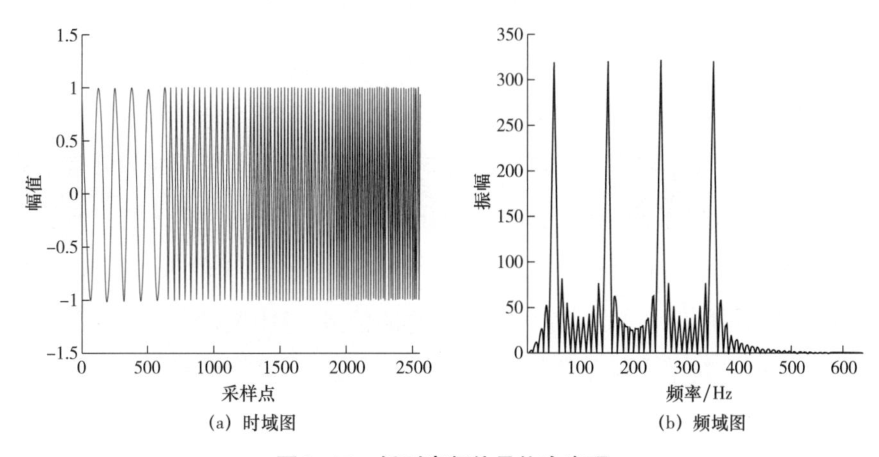

图3–15 低到高频信号依次出现

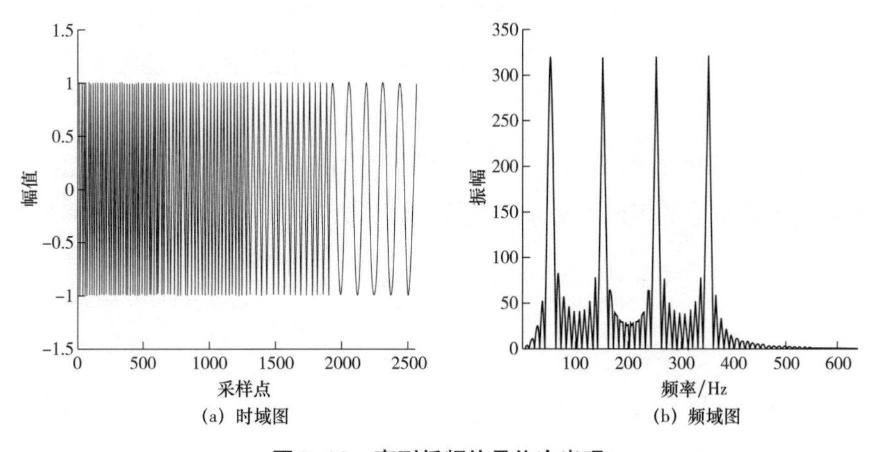

图3–16 高到低频信号依次出现

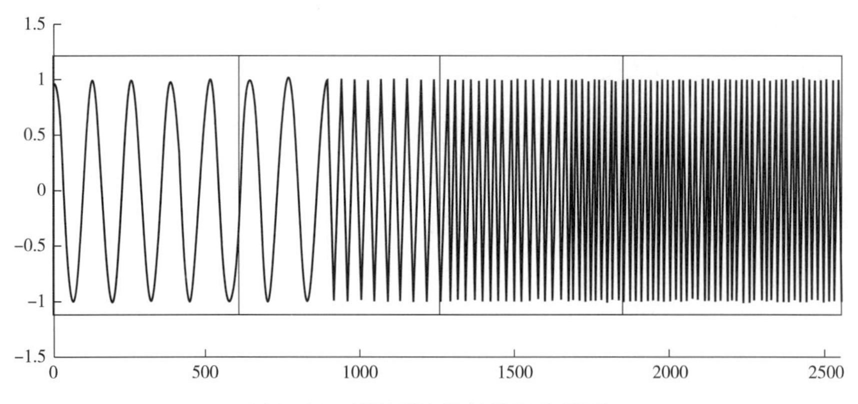

图3–17　傅里叶变换的频率分量图

但是STFT存在一个明显的缺点就是无法确定窗的大小，如果窗太窄，则时间分辨率好，但是频率分辨率差；如果窗太宽，则频率分辨率好，时间分辨率差，一旦窗口大小确定，则频率和时间的分辨固定为常数。时间和频率分辨率的矛盾是海森堡不确定性原理导致的结果，与使用的变换无关，但是可以通过使用多分辨率分析（multi–resolution analysis，MRA）的来解决这个问题。MRA可以分析具有不同分辨率的不同频率的信号，MRA被设计为在高频时具有良好的时间分辨率和较差的频率分辨率，在低频时具有良好的频率分辨率和较差的时间分辨率。针对这个思路，小波变换法被提出。

2. 小波变换

小波变换主要应用于非稳态波形的分析，它继承和发展了短时傅里叶变换局部化的思想，同时又克服了窗口大小不随频率变化等缺点，能够提供一个随频率改变的“时间—频率”窗口，与傅里叶变换形成互补。

与短时傅里叶变换不同，小波变换没有使用加窗来计算，但其通过改变参数来实现提取信号的不同部分来作运算，计算为

$$CWT_x^{\psi}(\tau,s)=\Psi_x^{\psi}(\tau,s)=\frac{1}{\sqrt{|s|}}\int x(t)\psi\left(\frac{t-\tau}{s}\right)\mathrm{d}t \tag{3–48}$$

式中　τ ——平移参数；

s ——尺度系数；

ψ ——小波母函数，在这里作为转换函数。

小波母函数是用于生成其他窗口函数的原型。小是指函数的长度有限，对比于傅里叶变换用的无限三角函数，波是指该函数必须满足振荡性的条件，小波变换如图3–18所示。

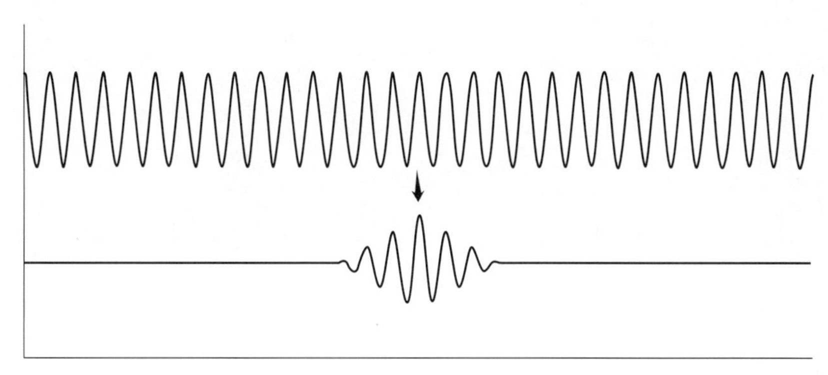

图3–18 小波变换

在这里没有使用传统频率这个概念，而是将$1/f$定义为s（scale的缩写）。尺度类似于地图的比例尺，高尺度意味着范围更广，对应着全局信息，即低频率；低尺度意味着范围更小，对应着细节信息，即高频率。回到上式，s越大，意味着母函数得到拉伸，与信号重叠的部分也就越多，计算出的结果对应的是低频，反应的是全局的信息；s越小，意味着母函数得到压缩，与信号重叠的部分也就越少，对应更精确的问题，计算出的结果对应的是高频。其计算步骤如下：

（1）选定母小波函数，如常用的有墨西哥帽小波和莫雷小波。

墨西哥帽小波为

$$\psi(t)=\frac{1}{\sqrt{2\pi}\sigma^{3}}\left[e^{\frac{-t^{2}}{2\sigma^{2}}}\cdot\left(\frac{t^{2}}{\sigma^{2}}-1\right)\right] \tag{3–49}$$

莫雷小波为

$$\psi(t)=e^{iat}\cdot e^{\frac{-t^{2}}{\sigma^{2}}} \tag{3–50}$$

式中 a ——需要调参的参数；

σ ——缩放参数用于调节窗口的宽度。

（2）选定一个尺度s（如$s=1$），逐步平移τ直到信号的末端，计算出该尺度下的一列变换数据。

（3）改变尺度s大小，不同尺度示意图如图3-19所示。重复步骤（2），直到尺度划分至足够小为止。

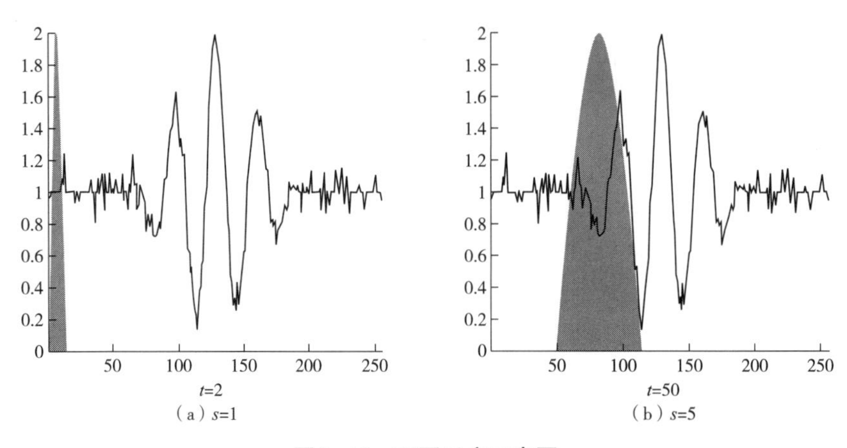

图3-19 不同尺度示意图

理论上尺度和平移都应该是连续变化的，但实际上两者按照一定步长来变化，通过使用$s=2$作为底数，通过等差对数递增，如2，4，8，16以此类推。而采样数量与尺度成反比例，如在最大尺度下采样为1，则随着尺度对数递减，采样数反比递增，如1，2，4，8。确定好采样数量后平移参数便可确定。

如同离散傅里叶变换在工程应用中产生FFT一样，连续小波变换同样在工程中有着离散小波变换（the discrete wavelet transform，DWT）。

3.3.4 经验模态分解与HHT变换

经验模态分解是1998年华人科学家黄锷博士提出的，是时频域分析中的重要工具，基于经验模态分解的时频分析方法既适合于非线性、非平稳信号的分析，也适合于线性、平稳信号的分析。

上一节提到的时频域分析工具：短时傅里叶变换和小波变换，都是需要事先人为选取基函数，一旦确定了基函数那么在整个变换的过程中都无法更换。而经验模态分解不需要事先选定基函数，依据自身的时间尺度特征来进行信号分解，简单来说就是不需要借助任何工具就能将任意原始信号分开成一个个“满足条件的信号”，这个信号也称为本征模态函数（intrinsic mode function，IMF）。本征模态函数满足两个条件：

（1）给定信号中，极值点的数量与零点数相等或相差1。

（2）给定信号的由极大值定义的上包络和由极小值定义的下包络的局部均值为零，即上下包络线关于时间轴对称。

本征模态函数示例如图3-20所示，本征模态函数信号来回穿插于时间轴，保持极值点的数量与零点数相等，并且上包络线与下包络线局部均值为零。

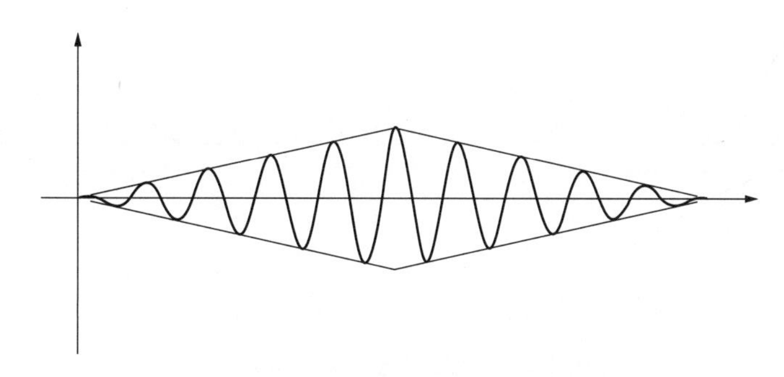

图3-20　本征模态函数示例

经验模态分解步骤如下：

（1）找到信号的极值点。

（2）画出上下包络线，常用有插值法和拟合法，如3次样条插值。求出上下包络线的均值。

（3）用原始信号减去包络线均值，得到一个新的信号。

（4）判断新的信号是否为本征模态函数，如果不是，则用这个新的信号重复步骤（1）至步骤（4），直至得到本征模态函数。

（5）每得到一阶IMF，就从原信号中扣除它，重复以上步骤。

标准波形经验模态分解如图3-21所示，原始信号为余弦基波（50Hz）加上5次谐波和15次谐波，其经过经验模态分解之后依次得到IMF1-3，分别近似对应15次、5次和基次。最后一个为残差。

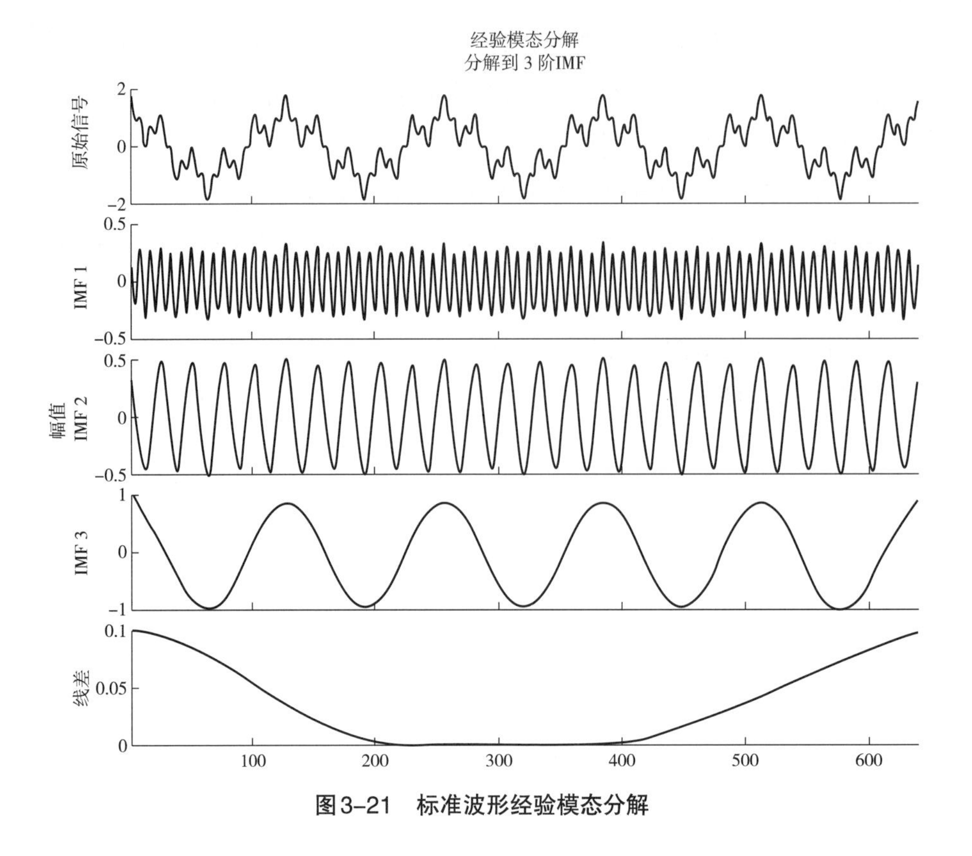

图3–21　标准波形经验模态分解

上述例子是通过设置参数生成的标准波形，在实际工程中遇到的信号往往不那么理想，存在着各种不规则的分量，如某个高频分量在某个时段出现并逐渐衰减，存在环境噪声。时变波形经验模态分解如图3–22所示，图3–22可见正弦基波信号叠加线性衰减的5次谐波信号（持续0.06s）和线性衰减的15次谐波信号（持续0.04s）以及环境噪声的分解结果。

从图中可以看到，IMF1为分解出来的15次谐波衰减信号加环境噪声，IMF2前半部为5次谐波衰减信号，中间含有一个周期的衰减基波信号，IMF3为基波信号，中间的形变是因为部分基波信号分解到了IMF2，但仍可以观察出其频率特性，这个问题就是经验模态分解的两大问题之一混叠模态，一般可以通过集合经验模态分解来改善。

从上述分析可以，经验模态分解可以非常直观地得知各个信号的分布情

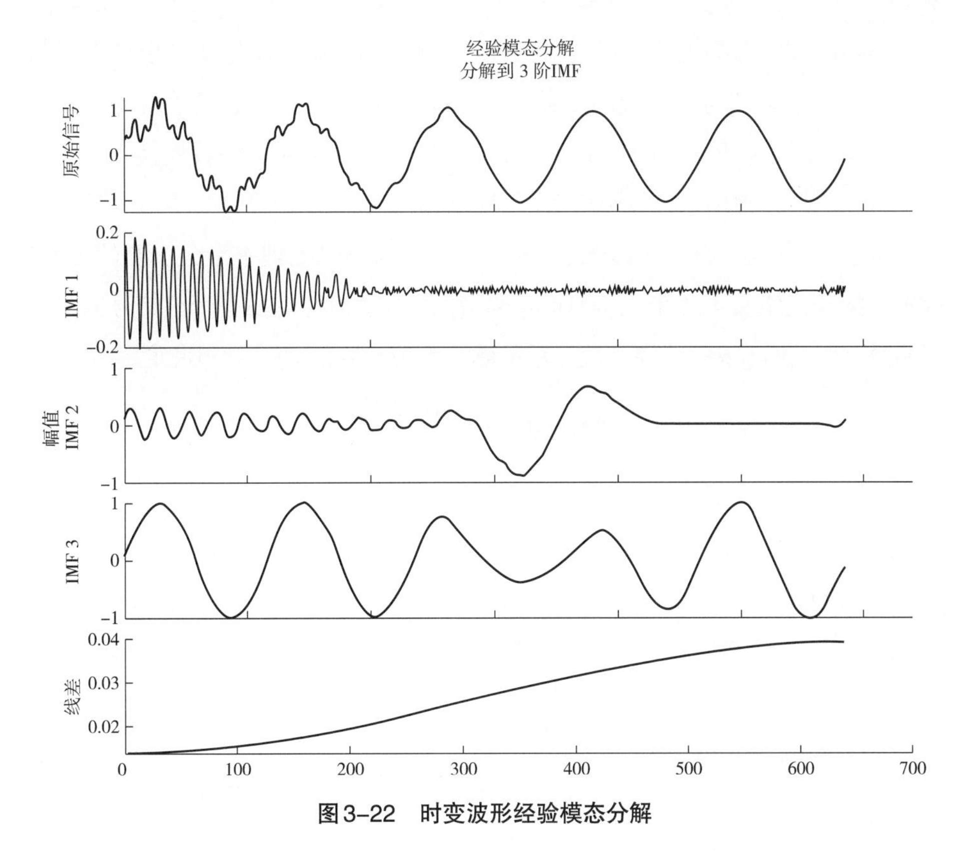

图3-22　时变波形经验模态分解

况，因此经验模态分解往往是作为一个信号预处理的过程来大致观察信号。在上述例子中，如何精确描述某次分量的衰减情况，如何还原被分解的基波，这些单纯依靠经验模态分解是做不到的，要做到定量的分析还需要借助到其他的工具，目前主流的分析工具是希尔伯特变换，学术界将他们合称为希尔伯特-黄变换（hilbert-huang transform，HHT）。

在实际生活中只能够采集和观测到实信号，而如果要分析信号的包络、相位、瞬时频率等，仅仅依靠实信号是不行的，必须要还原出基带复信号，这个就是Gabor在1946年提出的解析信号[13]，有

$$X(t) = x(t) + j\tilde{x}(t) \tag{3-51}$$

式中　$X(t)$ ——原始信号；

$x(t)$ ——信号的实部；

$\tilde{x}(t)$ ——信号的虚部。

其实部和虚部必须满足正交和相位差 $-2/\pi$，如果将 $x(t)$ 视为观测的实信号，那么根据约束找到与之对应的复数部分 $\tilde{x}(t)$（也是实信号），就能够还原出复信号 $X(t)$，进而分析信号的包络、相位、瞬时频率。而希尔伯特变换正好满足上述条件，故常常用来计算 $\tilde{x}(t)$ 来得到给定实信号的复信号。

希尔伯特变换（hilbert transform）是数字与信号处理中十分重要的工具。希尔伯特变换定义为一个连续时间信号 $x(t)$ 的希尔伯特变换等于该信号通过具有冲激响应 $h(t)=1/\pi t$ 的线性系统以后的输出响应 $x_h(t)$。$h(t)$ 的傅里叶变换为

$$H(\omega)=\mathcal{F}[h(t)]=\mathcal{F}\left[\frac{1}{\pi t}\right]=\begin{cases}-j & \omega>0\\ j & \omega<0\end{cases} \tag{3-52}$$

所以信号经过希尔伯特变换之后，在频域各分量幅度保持不变，正频率滞后90°，负频率超前90°，希尔伯特变换是一个十分简单的过程，希尔伯特变换如图3-23所示。

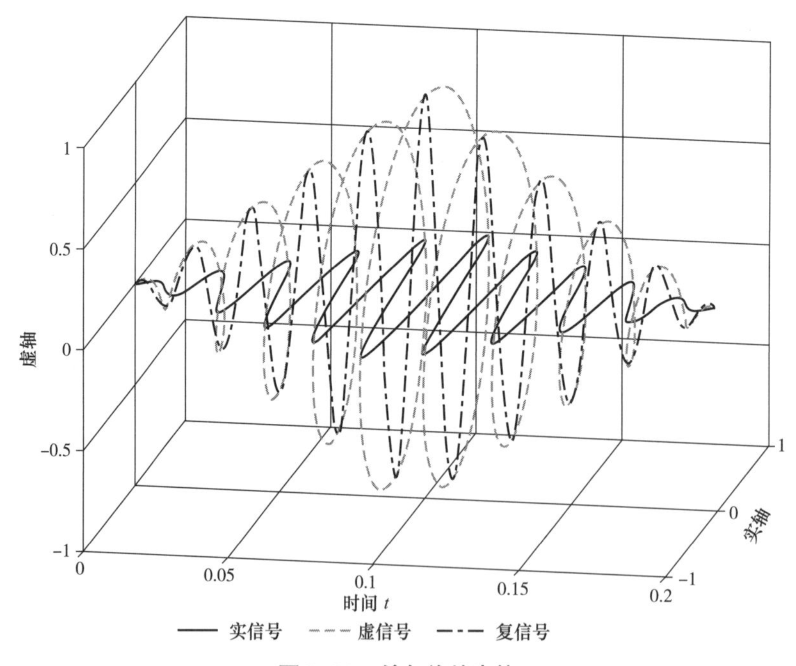

图3-23　希尔伯特变换

只要获得了复信号，就能够计算出原始信号的瞬时频率等信息，复信号的

表示方式为

$$X(t)=x(t)+j\tilde{x}(t)=A(t)e^{j\psi(t)} \tag{3-53}$$

$$A(t)=\sqrt{x(t)^2+\tilde{x}(t)^2} \tag{3-54}$$

$$\psi(t)=\arctan\left[\frac{\tilde{x}(t)}{x(t)}\right] \tag{3-55}$$

式中 $A(t)$——信号的包络线，也可以称为幅值；

$\psi(t)$——信号的相角。

通过对相角进行求导即可得到角速度函数和瞬时频率。

$$\omega(t)=\psi'(t) \tag{3-56}$$

$$f(t)=\frac{1}{2\pi}\omega(t) \tag{3-57}$$

式中 $\omega(t)$——角速度函数；

$f(t)$——瞬时频率。

通过希尔伯特变换能够得到比区间计算法更加多的频率信息，但是必须要保证信号是窄带信号，否则会出现负的瞬时频率。因此需要首先对复杂信号进行分解处理，如减少噪声、减少混叠效应等，而经验模态分解可以改善信号的“性能”，因此往往会首先使用经验模态分解，再来进行希尔伯特变换对各分量的信号进行分析，即共同构成了HHT分析法。

3.4 特征分析与降维技术

在实际中，采集到的数据往往是具有较高维度的，这些维度之间存在着信息相关和冗余，有的是线性相关，如在一个相对恒定的电压环境下，电流幅值与视在功率之间呈线性关系；有的是非线性相关，如通过电压、电流和功率因素可以计算出有功功率、无功功率等。因此为了使得后续处理的模型更加简单有效，需要对高维度、含冗余的数据进行降维处理，常见的方法有主成分分析、核主成分分析、线性判别分析等，其中主成分分析主要用于无监督下的线性变换，核主成分分析用于无监督下的非线性变换，线性判别分析用于有监督的线性变换。

3.4.1 相关性分析

相关性分析是统计学里的方法，为了分析变量之间可能存在的关系。变量之间的关系可以分为两大类，一类是完全确定的关系，也叫函数关系，另一类是不存在确定关系，即无法通过一个变量得到精确的另一个变量，这类关系叫相关关系。在实际工程中不存在理论上的变量，只有对某个量的采样值，由于存在工程误差，因此实际中不存在完全确定的函数关系，需要通过相关关系分析来判断变量之间的关系。对于高度相关的变量则可以选取其中一个变量进行分析，降低模型的维度和训练难度。

相关关系分析通常可分为相关分析和回归分析。相关分析的各个变量之间为平行关系，即没有严格区分因变量和自变量，重点是分析他们在数据变化时是否存在关联性，如正相关、反相关、不相关。而回归分析则强调各个变量之间的预测关系，即通过某个自变量来解释因变量。

对于相关分析，针对不同的变量数量可以分为一元相关分析和多元相关分析，其中一元相关分析又称线性相关分析，多元相关分析有复相关分析和典型相关分，每一种分析方法都有特定的使用情形。而常见的相关分析工具有绘制相关图法、计算相关系数法等。

1. 线性相关分析

所有相关性分析中最简单的就是线性相关，线性相关最直观的判断方法即为绘图法，通过在直角坐标系上绘制两个变量的散点图。

通过线性相关系数则可以精确衡量两个变量之间的相关程度。对于变量X和Y，可以通过计算协方差$\mathrm{cov}(X,Y)$来判断X和Y之间的变化一致性。

$$\mathrm{cov}(X,Y)=E[(X-\mu_X)(Y-\mu_Y)] \tag{3-58}$$

式中 μ_X，μ_Y——变量X和Y的均值；

$E[\cdot]$ ——求变量的数学期望的计算函数。

协方差的意义为指示X和Y之间变化的倾向，如果X与Y相比于各自的期望值同增同减，那么协方差为正数，则存在一定的正相关；如果X与Y增减相反，那么协方差为负数，则存在一定的负相关；如果X与Y不相关，那么协方差为零，此时可能X与Y毫无关联，也可能是存在非线性关系。

由于协方差的值与变量本身的量纲有很大影响，所以一般将协方差进行“标准化”，即使用相关系数为$\rho_{X,Y}$来替代协方差，有

$$\rho_{X,Y}=\frac{\mathrm{cov}(X,Y)}{\sqrt{\mathrm{var}(X)\,\mathrm{var}(Y)}} \tag{3-59}$$

式中　$\mathrm{var}(X)$和$\mathrm{var}(Y)$　——样本的方差。

根据柯西—施瓦茨不等式可以证明：$\rho_{X,Y}\in[-1,1]$，越接近于1，那么两者越接近线性正相关，越接近-1，那么两者越接近线性负相关。

在实际中往往只能得到变量的采样值，因此相关系数也有针对采样值的计算方法，即Pearson系数。首先对变量进行采样（x_1,y_1）（x_2,y_2）…（x_n,y_n），按照相关系数的计算过程，依次计算离散点的均值、方差和协方差

$$\overline{x}=\frac{1}{n}\sum_{i=1}^{n}x_i,\ \overline{y}=\frac{1}{n}\sum_{i=1}^{n}y_i \tag{3-60}$$

$$s_{xx}=\frac{1}{n-1}\sum_{i=1}^{n}(x_i-\overline{x})^2,\ s_{yy}=\frac{1}{n-1}\sum_{i=1}^{n}(y_i-\overline{y})^2 \tag{3-61}$$

$$s_{xy}=\frac{1}{n-1}\sum_{i=1}^{n}(x_i-\overline{x})(y_i-\overline{y}) \tag{3-62}$$

则样本的相关系数r为

$$r=\frac{s_{xy}}{\sqrt{s_{xx}s_{yy}}}=\frac{\sum_{i=1}^{n}(x_i-\overline{x})(y_i-\overline{y})}{\sqrt{\sum_{i=1}^{n}(x_i-\overline{x})^2\sum_{i=1}^{n}(y_i-\overline{y})^2}} \tag{3-63}$$

由于r为抽样值计算而得，因此会存在抽样误差，需要通过假设检验来判断r的可信度，这里则不展开介绍。

2. 复相关分析

实际中除了两个变量的问题，还存在多个变量之间相互影响的情况，解决这种情况有两种方法，一个是分别计算两两变量的相关系数，构成相关矩阵，

这种方法本质还是简单相关分析；另一个为计算某个变量与多个变量之间的相关关系，即复相关分析。

多个变量与某个变量的相关关系无法直接计算，需要通过间接测算，复相关系数的计算过程如下：

假设因变量为y，自变量为$x_1, x_2, \cdots, x_n$，构造一个线性模型

$$\begin{aligned} y &= b_0 + b_1 x_1 + \cdots + b_n x_n + \varepsilon \\ \hat{y} &= b_0 + b_1 x_1 + \cdots + b_n x_n \end{aligned} \tag{3-64}$$

y与$x_1, x_2, \cdots, x_n$作相关分析，就是y对$\hat{y}$做简单相关性分析

$$R = corr(y, x_1, \cdots, x_n) = corr(y, \hat{y}) = \frac{\operatorname{cov}(y, \hat{y})}{\sqrt{\operatorname{var}(y)\operatorname{var}(\hat{y})}} \tag{3-65}$$

3. 典型相关分析

虽然相关系数可以很好分析一维数据之间的相关性，但是对于高维数据就不能直接使用了。如X和Y都为高维数据，若要分析两个整体之间的相关性，则需要进行降维变换，将数据降为一维，再进行上述简单相关性分析。这种分析方法即为典型相关分析（canonical correlation analysis，CCA）。

假设有数据集X和Y，维数分别为$l \times m$和$n \times m$，其中m为样本数，l和n为X和Y的特征维数。构造投影相量a和b，使得$X'=a^TX, Y'=b^TY$，则目标变为

$$\max_{a,b} \frac{\operatorname{cov}(X', Y')}{\sqrt{D(X')D(Y')}} \tag{3-66}$$

一般原始数据都会首先进行标准化，那么X和Y均值为0，X'和X'也有均值为0，并假定变换后有方差为1，此时协方差为

$$\operatorname{cov}(X', Y') = E[(a^T X)(b^T Y)^T] = a^T E(XY^T) b \tag{3-67}$$

同理各自的方差为

$$D(X') = a^T E(XX^T) a \tag{3-68}$$

$$D(Y') = b^T E(YY^T) b \tag{3-69}$$

令$S_{XY} = \operatorname{cov}(X, Y)$，且有

$$\operatorname{cov}(X, Y) = E(XY^T) \tag{3-70}$$

则原目标函数变为

$$\arg\max_{a,b} \frac{a^T S_{XY} b}{\sqrt{a^T S_{XX} a}\sqrt{b^T S_{YY} b}} \tag{3-71}$$
$$s.t.\ a^T S_{XX} a = 1,\ b^T S_{YY} b = 1$$

此时问题变为求解优化问题，常用的解法有奇异值分解（singular value decomposition，SVD）和特征分解，这里只介绍SVD的计算过程，具体步骤如下：

S1、首先计算方差S_{XX}, S_{YY}以及协方差S_{XY};

S2、计算矩阵$M = S_{XX}^{-1/2} S_{XY} S_{YY}^{-1/2}$；

S3、对矩阵M进行奇异值分解，得到最大奇异值ρ和对应的奇异向量u, v;

S4、投影相量a和b分别为$a = S_{XX}^{-1/2} u$, $b = S_{YY}^{-1/2} v$。

3.4.2 降维变换技术

降维操作，主要目的是提升模型的性能而不是数据本身的问题。数据维数太低，导致数据信息过于少，无法满足达到模型性能要求。数据维数太高，存在冗余或无用的信息，导致存储的要求高，训练速度过慢。因此需要把数据控制在合适的维度，既保持数据的灵活性又能够为模型提供足够的信息。常用的升维方法主要是抽象化指标，如离散化、聚类、人工添加新标签、计算平均值等。常用的降维方法有主成分分析、随机森林等。

1. 主成分分析

在实际工程中获取到的数据通常数据量多、数据维度高、不同维度之间存在相关性等，如果直接利用原始数据进行算法训练和判断，将会造成算法模型训练时间长、准确率不高、需要存储空间高等问题。因此首先对数据进行降维操作，提取出更为有效的维度特征，如典型的线性维度变换方法PCA[14]。

主成分分析的定义为旨在利用降维的思想，把多指标转化为少数几个综合指标。从图形上来看就是将数据线性变换到一个新的坐标系，使得其在某几个坐标轴上具有更大的方差，包含更多的信息，进而可以舍去那些方差更小的轴，实现数据的降维。例如有一组电气数据见表3-4，并按照电流—功率关系展示在图3-24。

表3-4　　电气数据

电流（A）	1	3	5	9	15
功率（W）	2	6	10	18	30

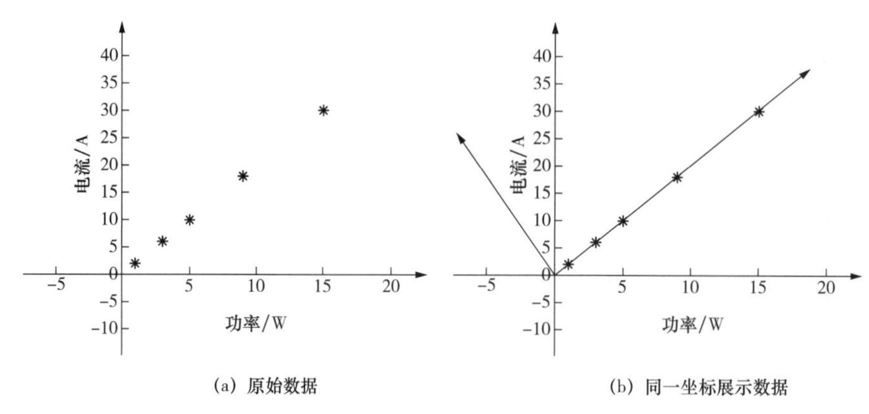

图3-24　数据分布图

图3-24（a）为原始数据（这里为了方便描述选择了共线的点），按照原有数据结构需要电流和功率两个量来描述这些点。而如果使用图3-24（b）的坐标轴来表示，可以看到只需要一个轴就可以表示出数据的全部内容，而另一个轴完全可以去掉。

上面的例子基于一个重要的假设，就是在信号领域里认为方差大表示含有的信息量越大，而噪声是方差较小的，所以进行线性变换的目的就是使得数据在新的“坐标系”上面各个维度有更高的方差，或者说使得方差聚集在少量的维度上面，这样子就可以通过保留少量的维度信息，抛弃后面方差较小的维度，得到一个低维度、高保留的数据。如图3-24所示，在新的坐标轴下，数据点投影到左轴得到数据的方差为零，因此可以去掉而不丢失任何信息，仅仅通过右轴就能够还原。

那么PCA的计算的过程就是求取最大方差变换的过程。首先进行中心化，就是各维度减去各自的均值。中心化的目的是使得数据不管经历了何种线性变换，最后得到的各维数据均值都为零，这关系到后续的求解计算，中心化如图3-25所示。

$$\mu = \frac{1}{m}\sum_{j=1}^{m} x^j \tag{3-72}$$

$$\text{for each } x^j \text{has } x^j = x^j - \mu \tag{3-73}$$

式中 m——样本数目。

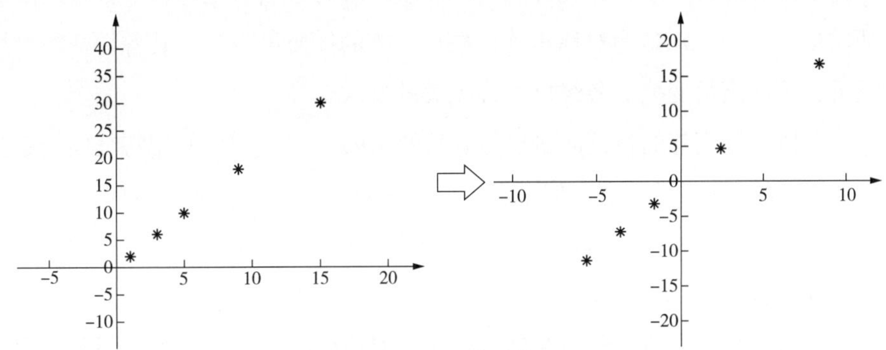

图3-25 中心化

设中心化之后的数据为$\boldsymbol{X}(x\times m)$，则假设维度变换为$\boldsymbol{U}(n\times n)$，变换后的数据为$\boldsymbol{Y}(n\times m)=\boldsymbol{UX}$，$n$为数据的维度，$m$为样本数目。选取一个维度$\boldsymbol{u}(u_1, u_2, \cdots, u_n)^T$出来单独观察，任意一个示例点$\boldsymbol{x}^j(x_1^j, x_2^j, \cdots, x_n^j)^T$，其投影在$\boldsymbol{u}$轴上的数值为$\boldsymbol{u}^T\boldsymbol{x}^j$，目标是要求得使$\boldsymbol{u}^T\boldsymbol{X}$方差最大时的$\boldsymbol{u}$

$$\max \frac{1}{m}\sum_{j=1}^{m}(\boldsymbol{u}^T\boldsymbol{x}^j - \frac{1}{m}\sum_{j=1}^{m}\boldsymbol{u}^T\boldsymbol{x}^j)^2 \tag{3-74}$$

由于前面已经中心化了，所以第二项均值为零，目标函数变为

$$\begin{aligned}\max \lambda &= \frac{1}{m}\sum_{j=1}^{m}(\boldsymbol{u}^T\boldsymbol{x}^j)^2 \\ &= \frac{1}{m}\sum_{j=1}^{m}\boldsymbol{u}^T\boldsymbol{x}^j(\boldsymbol{x}^j)^T\boldsymbol{u}\end{aligned} \tag{3-75}$$

由于$\boldsymbol{u}$为单位向量，则有

$$\boldsymbol{u}\boldsymbol{u}^T = 1 \tag{3-76}$$

令目标函数左乘$\boldsymbol{u}$得

$$\boldsymbol{u}\lambda = \lambda\boldsymbol{u} = \frac{1}{m}\sum_{j=1}^{m}\boldsymbol{x}^j\left(\boldsymbol{x}^j\right)^T\boldsymbol{u} \tag{3-77}$$

根据矩阵相关知识，要使得λ取得最大值，即$\boldsymbol{u}$为矩阵$\frac{1}{m}\sum_{j=1}^{m}\boldsymbol{x}^{j}\left(\boldsymbol{x}^{j}\right)^{T}$的特征向量，而$\lambda$为矩阵的特征向量。矩阵$\frac{1}{m}\sum_{j=1}^{m}\boldsymbol{x}^{j}\left(\boldsymbol{x}^{j}\right)^{T}$刚好为数据的协方差矩阵，这里用$Var(\boldsymbol{X})$表示，因此计算所求变换矩阵的方法就是计算协方差矩阵的特征向量。由于$Var(\boldsymbol{X})$为对称矩阵，根据矩阵的性质可得知，其各特征向量线性无关，因此满足变换后各维度线性无关的要求。

由于协防差矩阵的特征向量也是满秩的($rank = n$)，因此使用特征向量做变换仍然得到的是n维的数据。但是有一点不同的是，新得到的n维数据每一维所包含的信息量有所不同，其体现在对应的特征值λ_i上。原因可以归结为矩阵的某个奇异值越大，那么对于数据的拉伸能力越强，那么仅仅保留特征值大（这里由于是对称矩阵，奇异值就是特征值）的对应的特征向量即可。因此同理通过SVD也可以得到数据的主成分，而且SVD不要求矩阵为方阵，因此适用范围更广。总的来说，主成分分析分为以下步骤：

S1、数据中心化处理，一般还会除以标准差使得新数据标准差为1；

S2、计算协方差矩阵；

S3、计算协方差矩阵的特征值和特征向量；

S4、选取特征值较大的几个，将对应的特征向量组成特征变换矩阵V；

S5、将数据投影到上述选取的特征向量上$Y = V^T X$。

2. 核主成分分析

PCA算法只能对数据进行线性变化，如果数据本身在空间上不可线性划分，那么使用PCA算法是不可能达到一个好的效果的，这时候就要考虑非线性变换，使得变换之后的数据可以线性可分，再来使用PCA算法降维，这个就是核主成分分析（kernel PCA，KPCA）的思想[15]。

图3-26的数据点，如果要区分圆圈和三角形，单纯靠线性变换无法做到，这时候就要考虑非线性变换。非线性变换如图3-27所示，将原数据按照非线性变换(x^2, y^2)重新排布，可以看到圆圈和三角形基本可以靠线性很好地

分开，图3–28是PCA变换之后，选取的x^2+y^2轴，可以看到两边基本分隔开来了。

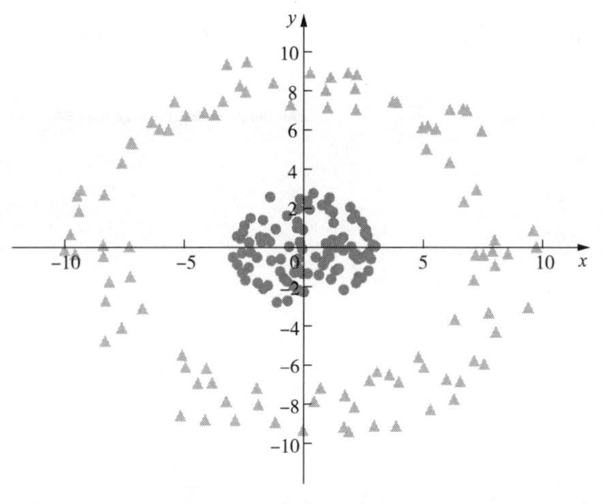

图3–26 原始数据

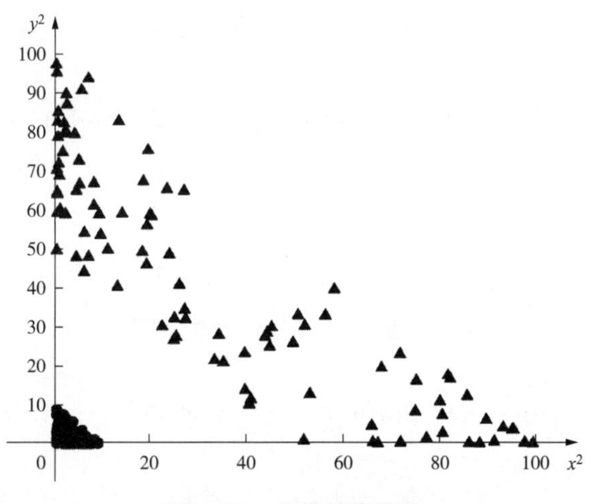

图3–27 非线性变换后

KPCA的思路类似，设有样本$\boldsymbol{X}=[\boldsymbol{x}^1, \boldsymbol{x}^2, \cdots, \boldsymbol{x}^N]$，样本数量为$N$，数据维度为$d$，假设通过映射$\phi$将$\boldsymbol{X}$映射到高维空间$D$中，得到样本$\phi(\boldsymbol{X})=[\phi(\boldsymbol{x}^1), \phi(\boldsymbol{x}^2), \cdots, \phi(\boldsymbol{x}^N)]$，假设已经中心化了，那么根据PCA的步骤，计算其协方差矩阵的特征向量即可

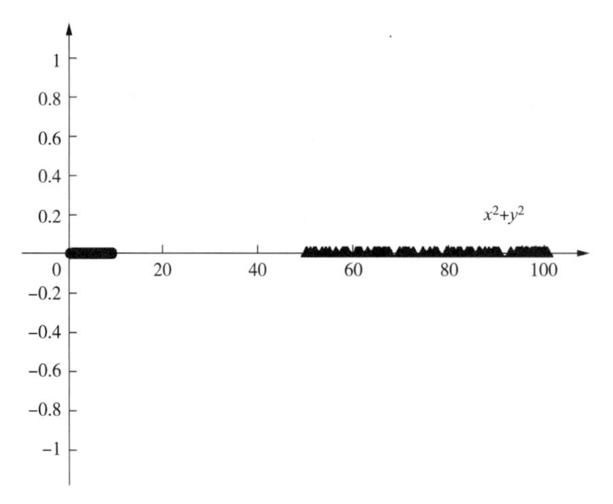

图3–28 使用PCA只选取一维数据

$$Cov[\phi(\boldsymbol{X})]=\frac{1}{N}\phi(\boldsymbol{X})\phi^T(\boldsymbol{X})=\frac{1}{N}\sum_{j=1}^{N}\phi(\boldsymbol{x}^j)\phi(\boldsymbol{x}^j)^T \tag{3–78}$$

$$\frac{1}{N}\sum_{j=1}^{N}\phi(\boldsymbol{x}^j)\phi(\boldsymbol{x}^j)^T\boldsymbol{p}=\lambda\boldsymbol{p} \tag{3–79}$$

通常映射 ϕ 没有显式定义，所以无法通求取每个样本的 $\phi(\boldsymbol{x}^j)$ 来获得协方差矩阵，但是可以通过其他方式计算出点积 $\phi(\boldsymbol{x}^j)\phi(\boldsymbol{x}^j)^T$ 来得到特征向量和特征值，这就是核技巧。

式（3–79）两边除以 λ 得，由于 $\phi(\boldsymbol{x}^j)^T\boldsymbol{p}$ 为常数，所以可以理解成 $\boldsymbol{p}$ 为 $\phi(\boldsymbol{x}^j)$ 的线性组合，其中 $\boldsymbol{\alpha}$ 为 N 维向量，与样本数相同。

$$\boldsymbol{p}=\frac{1}{N\lambda}\sum_{j=1}^{N}\phi(\boldsymbol{x}^j)\phi(\boldsymbol{x}^j)^T\boldsymbol{p}=\frac{1}{N}\sum_{j=1}^{N}\phi(\boldsymbol{x}^j)\alpha^j=\frac{1}{N}\phi(\boldsymbol{X})\boldsymbol{\alpha} \tag{3–80}$$

$$\boldsymbol{\alpha}=[\alpha^1,\alpha^2,\cdots,\alpha^N]^T \tag{3–81}$$

将 $\boldsymbol{p}$ 回代到特征方程里

$$\frac{1}{N^2}\phi(\boldsymbol{X})\phi(\boldsymbol{X})^T\phi(\boldsymbol{X})\boldsymbol{\alpha}=\frac{1}{N}\lambda\phi(\boldsymbol{X})\boldsymbol{\alpha} \tag{3–82}$$

左乘 $\phi(\boldsymbol{X})^T$ 得

$$[\frac{1}{N}\phi(\boldsymbol{X})^T\phi(\boldsymbol{X})]\frac{1}{N}\phi(\boldsymbol{X})^T\phi(\boldsymbol{X})\boldsymbol{\alpha}=\lambda\frac{1}{N}\phi(\boldsymbol{X})^T\phi(\boldsymbol{X})\boldsymbol{\alpha} \quad (3\text{-}83)$$

令 $\boldsymbol{K}(\boldsymbol{X})=\frac{1}{N}\phi(\boldsymbol{X})^T\phi(\boldsymbol{X})$ 有

$$\boldsymbol{K}(\boldsymbol{X})\boldsymbol{K}(\boldsymbol{X})\boldsymbol{\alpha}=\lambda\boldsymbol{K}(\boldsymbol{X})\boldsymbol{\alpha} \quad (3\text{-}84)$$

等式两边左乘 $\boldsymbol{K}(\boldsymbol{X})^{-1}$ 得

$$\boldsymbol{K}(\boldsymbol{X})\boldsymbol{\alpha}=\lambda\boldsymbol{\alpha} \quad (3\text{-}85)$$

可以得知矩阵 $\boldsymbol{K}(\boldsymbol{X})$ 的特征值就是协方差矩阵的特征值。因此通过计算 $\boldsymbol{K}(\boldsymbol{X})$ 得到特征向量 $\boldsymbol{\alpha}$，这对于后续计算投影至关重要。而前面提到矩阵 $\boldsymbol{K}(\boldsymbol{X})$ 无法通求取每个样本的 $\phi(\boldsymbol{x})^j$ 来获得，通常是利用核函数计算而得。

常见的核函数有以下几类：

（1）线性：$k(\boldsymbol{x},\boldsymbol{y})=<\boldsymbol{x},\boldsymbol{y}>$；

（2）多项式：$k(\boldsymbol{x},\boldsymbol{y})=(a<\boldsymbol{x},\boldsymbol{y}>+b)^c$；

（3）径向基函数核：$k(\boldsymbol{x},\boldsymbol{y})=e^{-\gamma\|\boldsymbol{x}-\boldsymbol{y}\|^2}$；

（4）Sigmoid 核：$k(\boldsymbol{x},\boldsymbol{y})=\tanh(a<\boldsymbol{x},\boldsymbol{y}>+b)$。

由于 $\boldsymbol{p}$ 为特征空间的主成分方向，而前面求得的单位特征向量 $\boldsymbol{\alpha}$ 属于 $\boldsymbol{K}$ 阵的，因此需要对 $\boldsymbol{\alpha}$ 进行归一化处理。

$$\boldsymbol{p}^T\boldsymbol{p}=[\phi(\boldsymbol{X})\alpha]^T\phi(\boldsymbol{X})\alpha=\alpha\phi(\boldsymbol{X})^T\phi(\boldsymbol{X})\alpha=\alpha\boldsymbol{K}(\boldsymbol{X})\alpha=\alpha\lambda\alpha \quad (3\text{-}86)$$

只需要令 $\alpha=\frac{1}{\sqrt{\lambda}}\alpha$ 即可。那么现在就可以计算高维空间进行主成分分析之后，投影到某一维的数值了

$$\boldsymbol{m}_{p_i}=\phi(\boldsymbol{X})^T\boldsymbol{p}_i=\phi(\boldsymbol{X})^T\phi(\boldsymbol{X})\alpha_i=\boldsymbol{K}(\boldsymbol{X})\alpha_i=\lambda_i\alpha_i \quad (3\text{-}87)$$

前面的推导都是基于 $\phi(\boldsymbol{X})$ 已经中心化，但这里无法直接计算每个样本的 $\phi(\boldsymbol{x})^j$，因此无法通过直接减去均值法来进行中心化。这里可以在核矩阵上处理达到中心化的目的。

$$\tilde{\phi}(\boldsymbol{x}^j)=\phi(\boldsymbol{x}^j)-\frac{1}{N}\sum_{i=1}^{N}\phi(\boldsymbol{x}^i)=\phi(\boldsymbol{x}^j)-\frac{1}{N}\phi(\boldsymbol{X})\boldsymbol{I}_{N\times1} \quad (3\text{-}88)$$

其中$\boldsymbol{I}_{N\times 1}$的每个元素为1，$N\times 1$维大小，则整个中心化后的$\tilde{\phi}(\boldsymbol{X})$为

$$\begin{aligned}\tilde{\phi}(\boldsymbol{X})&=[\tilde{\phi}(\boldsymbol{x}^1),\tilde{\phi}(\boldsymbol{x}^2),\cdots,\tilde{\phi}(\boldsymbol{x}^N)]\\&=[\phi(\boldsymbol{x}^1)-\frac{1}{N}\phi(\boldsymbol{X})\boldsymbol{I}_{N\times 1},\phi(\boldsymbol{x}^2)-\frac{1}{N}\phi(\boldsymbol{X})\boldsymbol{I}_{N\times 1},\cdots,\phi(\boldsymbol{x}^N)-\frac{1}{N}\phi(\boldsymbol{X})\boldsymbol{I}_{N\times 1}]\\&=[\phi(\boldsymbol{x}^1),\phi(\boldsymbol{x}^2),\cdots,\phi(\boldsymbol{x}^N)]-\frac{1}{N}\phi(\boldsymbol{X})\boldsymbol{I}_{N\times 1}[1,1,\cdots,1]\\&=\phi(\boldsymbol{X})-\frac{1}{N}\phi(\boldsymbol{X})\boldsymbol{I}_{N\times 1}\boldsymbol{I}_{1\times N}=\phi(\boldsymbol{X})-\phi(\boldsymbol{X})\boldsymbol{I}_N\end{aligned}\tag{3-89}$$

其中$\boldsymbol{I}_N=\frac{1}{N}\boldsymbol{I}_{N\times 1}\boldsymbol{I}_{1\times N}$，每个元素为$\frac{1}{N}$，$N\times N$大小。$\tilde{\phi}(\boldsymbol{X})$仍不是所要求的，进一步计算协方差矩阵。

$$\begin{aligned}\tilde{\boldsymbol{K}}(\boldsymbol{X})&=\tilde{\phi}(\boldsymbol{X})^T\tilde{\phi}(\boldsymbol{X})\\&=[\phi(\boldsymbol{X})-\phi(\boldsymbol{X})\boldsymbol{I}_N]^T[\phi(\boldsymbol{X})-\phi(\boldsymbol{X})\boldsymbol{I}_N]\\&=\phi(\boldsymbol{X})^T\phi(\boldsymbol{X})-\phi(\boldsymbol{X})^T\phi(\boldsymbol{X})\boldsymbol{I}_N-\boldsymbol{I}_N^T\phi(\boldsymbol{X})^T\phi(\boldsymbol{X})+\boldsymbol{I}_N^T\phi(\boldsymbol{X})^T\phi(\boldsymbol{X})\boldsymbol{I}_N\\&=\boldsymbol{K}(\boldsymbol{X})-\boldsymbol{K}(\boldsymbol{X})\boldsymbol{I}_N-\boldsymbol{I}_N\boldsymbol{K}(\boldsymbol{X})+\boldsymbol{I}_N\boldsymbol{K}(\boldsymbol{X})\boldsymbol{I}_N\end{aligned}\tag{3-90}$$

由式（3–90）可得，通过直接在$\boldsymbol{K}(\boldsymbol{X})$操作就可以实现中心化的效果。

对于一个需要预测的新数据$\boldsymbol{x}^{new}$，同样需要映射到高维空间$\phi(\boldsymbol{x}^{new})$再进行主成分变换

$$\boldsymbol{m}_i^{new}=\tilde{\phi}(\boldsymbol{X}^{new})^T\boldsymbol{p}_i=\tilde{\phi}(\boldsymbol{X}^{new})^T\phi(\boldsymbol{X})\boldsymbol{\alpha}_i=\tilde{\boldsymbol{K}}_{new}(\boldsymbol{X})\boldsymbol{\alpha}_i\tag{3-91}$$

因此通过计算新数据与原数据的$\tilde{\boldsymbol{K}}_{new}(\boldsymbol{X})$阵即可，中心化的过程与上述思路一样不再复述。

总的来说，核主成分分析的步骤为：

（1）选取核函数；

（2）计算矩阵$\boldsymbol{K}(\boldsymbol{X})$，以及中心化$\tilde{\boldsymbol{K}}(\boldsymbol{X})$；

（3）计算特征向量$\boldsymbol{\alpha}$；

（4）得到每个样本在方向$\boldsymbol{p}_i$上的投影$\boldsymbol{m}_{pi}=\lambda_i\boldsymbol{\alpha}_i$；

（5）对于新样本在方向$\boldsymbol{p}_i$上的投影为$\boldsymbol{m}_i^{new}=\tilde{\boldsymbol{K}}_{new}(\boldsymbol{X})\boldsymbol{\alpha}_i$。

3. 线性判别分析

前面提到的PCA方法都是在无标签的情况下进行的，也就是无监督的学习。如果已知样本的各个标签，想要利用标签信息来进行降维，那么可以使用线性判别分析法（Linear Discriminant Analysis，LDA）[16]。通常来说，降维仅仅是数据处理的过程，而降维之后的目的是使得分类或者回归更加有效，因此LDA也是从这个角度出发来进行处理的。

LDA与PCA类似，也是通过寻找最大方差的投影来进行线性变换，不同的是，LDA要求就是在投影上“同类聚集，异类远离”，同标签数据在投影上方差尽可能小，不同标签数据的中心距离尽可能大。

假设现在只有两类数据$\boldsymbol{X}_1=[x_1^1, x_1^2, \cdots, x_1^M]$，$\boldsymbol{X}_2=[x_2^1, x_2^2, \cdots, y_2^N]$，数据维度为$d$，对应的标签分别为$y_1$和$y_2$，待求投影向量为$\omega$，那么LDA过程如下

表示类间距离为S_d，其中μ_1为$\boldsymbol{X}_1$的均值，μ_2为$\boldsymbol{X}_2$的均值。

$$S_d=[\omega^T(\mu_1-\mu_2)]^2=\omega^T(\mu_1-\mu_2)(\mu_1-\mu_2)^T\omega \tag{3-92}$$

$$\mu_1=\frac{1}{M}\sum_{i=1}^{M}x_1^i \tag{3-93}$$

$$\mu_2=\frac{1}{N}\sum_{j=1}^{N}x_2^j \tag{3-94}$$

表示同类方差和的S_v乘以样本长度相当于权重。

$$\begin{aligned}S_v&=M\times\frac{1}{M}\sum_{i=1}^{M}[\omega^T(x_1^i-\mu_1)]^2+N\times\frac{1}{N}\sum_{j=1}^{N}[\omega^T(x_2^j-\mu_2)]^2\\&=\sum_{i=1}^{M}[\omega^T(x_1^i-\mu_1)][\omega^T(x_1^i-\mu_1)]^T+\sum_{j=1}^{N}[\omega^T(x_2^j-\mu_2)][\omega^T(x_2^j-\mu_2)]^T\\&=\omega^T\{\sum_{i=1}^{M}(x_1^i-\mu_1)(x_1^i-\mu_1)^T+\sum_{j=1}^{N}(x_2^j-\mu_2)(x_2^j-\mu_2)\}\omega\end{aligned} \tag{3-95}$$

那么，LDA的目标是类间距离为S_d越大越好，S_v越小越好，即

$$\arg\max_{\omega} : f(\omega) = \frac{S_d}{S_v} = \frac{\omega^T(\mu_1 - \mu_2)(\mu_1 - \mu_2)^T\omega}{\omega^T\{\sum_{i=1}^{M}(x_1^i - \mu_1)(x_1^i - \mu_1)^T + \sum_{j=1}^{N}(x_2^j - \mu_2)(x_2^j - \mu_2)\}\omega} \tag{3-96}$$

令 $S_a = (\mu_1 - \mu_2)(\mu_1 - \mu_2)^T$， $S_b = \sum_{i=1}^{M}(x_1^i - \mu_1)(x_1^i - \mu_1)^T + \sum_{j=1}^{N}(x_2^j - \mu_2)(x_2^j - \mu_2)$

那么原式子化简为

$$f(\omega) = \frac{\omega^T S_a \omega}{\omega^T S_b \omega} \tag{3-97}$$

根据广义瑞利商的性质[17]，$f(\omega)$的最大值为矩阵$S_b^{-1/2}S_aS_b^{-1/2}$的最大特征值，最佳投影向量ω为矩阵$S_b^{-1/2}S_aS_b^{-1/2}$的最大特征值对应的特征向量。同时，根据广义瑞利商的另一个性质，$S_b^{-1/2}S_aS_b^{-1/2}$的特征向量ω与$S_b^{-1}S_a$的特征向量ω'满足$\omega = S_b^{1/2}\omega'$关系。

前面介绍了俩类LDA的计算过程，对于拥有多类的数据集往往投影到一条直线上是不够的，需要定义一个超平面$\omega = [\omega_1, \omega_2, \cdots, \omega_k](d \times n)$来进行计算。同时$S_a$和$S_b$亦要调整一下

$$S_a = \sum_{j=1}^{l} N_j(\mu_j - \mu)(\mu_j - \mu)^T \tag{3-98}$$

$$S_b = \sum_{j=1}^{l}\sum_{x \in X_j}(x - \mu_j)(x - \mu_j)^T \tag{3-99}$$

其中μ_j为第j类标签的数据均值，l为标签个数。目标函数变为

$$f(\boldsymbol{\omega}) = \frac{\boldsymbol{\omega}^T S_a \boldsymbol{\omega}}{\boldsymbol{\omega}^T S_b \boldsymbol{\omega}} \tag{3-100}$$

由于$f(\boldsymbol{\omega})$为矩阵，难以直接转化为优化问题，但是可以观察到分子分母为对角矩阵，即变换后只剩各个维度的方差，而协方差消失（参考主成分分析相关内容）。因此$f(\boldsymbol{\omega})$可以转化成

$$f(\omega)=\frac{\prod_{diag}\omega^{T}S_{a}\omega}{\prod_{diag}\omega^{T}S_{b}\omega}=\prod_{i=1}^{d}\frac{\omega_{i}^{T}S_{a}\omega_{i}}{\omega_{i}^{T}S_{b}\omega_{i}} \tag{3-101}$$

那么问题回到了求解广义瑞利商上面，即与PCA相同，选取矩阵$S_b^{-1/2}S_aS_b^{-1/2}$的前D个特征值和特征向量即可。

本章小结

本章围绕着电力指纹技术的数据获取和处理展开，3.1小节根据识别目的介绍了常见的数据内容以及来源，一类是自行采集，一类是通过公开的数据集。由于实际中往往不能得到足够多的数据，此时就可以考虑通过3.1.2的仿真数据生成法生成部分数据。仿真数据生成有两种思路，一种是数据驱动型，通过数据生成一个模型，使得模型生成的数据与真实数据接近，另一种是模型驱动型，即通过构造对象的数学模型来仿真得到数据。3.2小结介绍了相关的预处理方法，首先是介绍了异常值的处理方法，包括统计法、箱型图法、距离法以及人工智能相关的异常检测算法，其次介绍了针对缺失值的处理方法，并提出了低秩矩阵填充算法和超分辨率重建算法。3.3小节介绍了电力指纹特征计算的相关技术，在现有数据的基础上进一步丰富数据的维度，涉及相关信号处理方法如频域分析、时域分析、小波分析、经验模态分解等。而3.4节的特征分析和降维就是对高维度、含冗余的数据进行降维处理，可以通过相关性分析判断变量之间的关系，常用的相关性分析有线性相关分析、复相关分析、典型相关性分析，而降维处理大多数使用主成分分析、核主成分分析以及线性判别分析。

本章参考文献

[1]焦亚菲.基于大数据的电力系统信息质量评估[D]（硕士）.华北电力大学，2017.

[2]徐伟枫，华锦修，余涛，等.计及电器状态关联规则的非侵入式负荷分解[J].电力自动化设备，2020：40, 197－203.

[3]Kahl, M., Haq, A., Kriechbaumer, T., et al.WHITED – A Worldwide Household and Industry Transient Energy Data Set[C].3rd International Workshop on Non-Intrusive Load Monitoring, 2016.

[4]Medico, R., De Baets, L., Gao, J., et al.A voltage and current measurement dataset for plug load Appliance identification in households[J].Scientific Data, 2020, 7（1）, 49.

[5]Goodfellow, I., Pouget-Abadie, J., Mirza, M., et al.Generative Adversarial Nets[J].Advances in Neural Information Processing Systems, 2014, 27:26722-2680.

[6]徐佳宁，裴磊，徐冰亮，等.基于仿真对比的电池等效电路模型分析[J].电测与仪表，2017：54, 1－6.

[7]Hodge, V., Austin, J..A Survey of Outlier Detection Methodologies[J].Artificial Intelligence Review, 2004, 22（2）, 85－126.

[8]Cand è s, E.J., Recht, B..Exact Matrix Completion via Convex Optimization[J].Foundations of Computational Mathematics, 2009, 9（6）: 717.

[9]李富盛，林丹，余涛，等.基于改进生成式对抗网络的电气数据升频重建方法[J].电力系统自动化，2022：46, 105－112.

[10]The Wavelet Tutorial, URL https://users.rowan.edu/ ~ polikar/WTtutorial.html（accessed 5.11.22）.

[11]信号时域分析方法的理解（峰值因子、脉冲因子、裕度因子、峭度因子、波形因子和偏度等）.知乎专栏.URL https://zhuanlan.zhihu.com/p/35362151（accessed 5.11.22）.

[12]Huang, N.E., Shen, Z., Long, S.R., et al.The empirical mode decomposition and the Hilbert spectrum for nonlinear and non-stationary time series analysis[J].Proceedings of the Royal Society of London.Series A: Mathematical, Physical and Engineering Sciences,1998, 454（1971）: 903－995.

[13]Gabor, D.Theory of communication.Part 1: The analysis of information[J].

Journal of the Institution of Electrical Engineers–Part III: Radio and Communication Engineering, 1946, 93（26）: 429–441.

[14]D Whitlark, Dunteman G H .Principal Components Analysis[J].Journal of Marketing Research, 1990, 27（2）:243.

[15]Mika, S., Schölkopf, B., Smola, A., et al.Kernel PCA and de–noising in feature spaces[J].Advances in neural information processing systems, 1999, 11: 536–542.

[16]Balakrishnama, S.and Ganapathiraju, A.Linear discriminant analysis–a brief tutorial[J].Institute for Signal and Information Processing, 1998, 18: 1–8.

[17]Parlett, B.N.The Rayleigh quotient iteration and some generalizations for nonnormal matrices[J].Mathematics of Computation, 1974, 28（127）, 679 - 693.

4

CHAPTER 4

电力指纹类型识别技术

电力指纹类型识别，即利用电气特征对设备的类别进行识别，解决“是什么设备”的问题，主要用于用电不确定性较大的商业、居民环境，因此类型识别的对象主要为家庭用电设备。类型识别技术在用电安全管理、综合能源管理、智能家居领域具有非常好的应用前景，通过识别出接入设备的类型，判断设备是否为黑名单或白名单电器等，实现设备的智能用电控制。

本章将首先对各类家庭用电设备特性进行分类和分析，接着通过构建单体模型识别、多模型识别、分层结构识别探索不同的类型识别思路。

4.1 家庭用电设备特性分类及分析

4.1.1 典型家庭用电设备分类

在2.1.4节已经简单介绍了家庭用电设备的分类，这里简单回顾一下。目前工商业用电设备大部分是电机类负荷，而居民用电负荷则更具多样性，目前对于居民用电负荷的分类方法主要有三种：按照元件组成分类、按照是否可调节分类和按照使用状态分类[1]，除此之外，本书还提出了根据电气外特性的分类方法。

1. 按照元件组成分类[2]

（1）电阻性负载（R型）：主要有热水器、电水壶、电热炉等，这类用电设备的功率因素几乎接近1，无功功率几乎为零，呈现出纯阻性的电气特性。

（2）电机类负载（X型）：主要有洗衣机、风扇、空调、冰箱等，这类用电设备内部都会存在电机用于旋转、压缩等，因为电机的工作需要建立磁场，故这类用电设备往往带有一定的无功功率。

（3）电子类负载（P型）：主要有电脑、电视机等，这类用电含大量电子电路如整流模块等，故这类用电设备往往谐波含量较大。

2. 按照是否可控可调节分类

正如2.1.4所述，负荷一般分为：不可控负荷（不可控不可调）、可控中断负荷（可控不可调）、可控调节负荷（可控可调）三种类型。

（1）不可控负荷：不可接受控制指令，断电会极大影响用户体验的负荷，如电灯、个人电脑、电视机等。一般来说，没有绝对不可控负荷。例如电视机在喜欢的节目时不会因为电价等因素调整观看时间，但不排除在电价特别高或者用户特别敏感时会选择看回放。

（2）可控中断负荷（可控不可调）：主要有洗衣机、热水器等可以控制开关，却不能控制挡位的负荷。

（3）可控调节负荷（可控可调）：主要有空调、风扇等，可以控制挡位和运行功率的负荷。

3. 按照使用状态类型分类[3]

（1）开/关型负荷（ON/OFF）：该类用电设备仅有两种状态即开启和关闭。该类型用电设备在家庭用电设备中所占的比例较大，家庭用电设备例如电灯、热水壶、热得快等没有其他挡位的电器均属于此类。

（2）有限状态型负荷（FSM）：此类用电设备具有多种工作状态，各个状态之间能任意切换或者按照一定顺序切换。该类型用电设备在家庭用电设备中所占的比例也较大，家庭用电设备例如洗碗机、吹风机等属于此类。

（3）连续可变状态型负荷（CVM）：该类用电设备在稳态运行过程中的功率没有恒定均值。该类型负荷在家庭用电设备中所占的比例越来越大，家庭用电设备例如洗衣机、冰箱、笔记本等属于此类，其中笔记本充电时会随已充电量和笔记本使用状态改变而改变。

（4）永久开启型负荷（PCD）：该类用电设备在运行时一般功率较小，电话机和烟雾探测器等小型电器。

4. 根据电气外特性分类

实验发现，不同环境下的供电源会影响测量到的电压和谐波，而且同一环境下的电压实际上是时变的，我国电压标准范围为（−10% ~ +7%）220V，即198 ~ 235V。插入这种可变电压电源的线性装置将产生同样变化的电流−10% ~ 7%，功率变化范围则将接近20%，可见电源的差异带来的影响是不可忽略的。由于负载外部原因而改变20%的功耗不能提供理想的特征，因此需要按照设备的电气外特性进行分类研究，并尝试探索不同类设备的数据规范化方法。通过对已有电器的研究，根据不同电气外特性的不同，这里将电器分为三大类：恒功率类、恒阻抗类和其他[4]。

（1）恒功率类：恒功率电器主要是各种电源适配器（如手机充电器、电动汽车充电器、笔记本充电器等），电源适配器就是把不稳定的电源利用开关电源的原理，通过转化电路变成用电设备所需要的恒压直流电，给用电设备供电和充电。这种给负载提供合适电压的方法使得负载在电压波动的情况下功率是保持不变的。这类电器的共同特征是基波阻抗大小远大于三次阻抗大小、基波阻抗角明显大于总的阻抗角，见表4–1中的手机充电器数据。

（2）恒阻抗类：恒阻抗电器指的是能等效成一电阻的各种简单电器，这类电器多包括各种加热电器如热水壶、热得快等，这类电器的阻抗作为本身的特性不受外界环境的影响，因此这类线性电器可使用线性变化作为规范化方法。这类电器的共同特征是根据谐波电压电流和相位差所求出来的奇数次谐波电阻值相差不大，见表4–1中的热水壶数据。

（3）其他：其他电器类型的负荷特征既随环境电压变化而变化，又不像恒阻抗电器可通过线性变化实现规范化。表4–1中的风扇归为此类。

表4–1　　三类电器典型数据

电气特征	手机充电器	热水壶	风扇
电压（V）	221.3607	206.5425	224.0902
电流（A）	0.03791296	6.329083	0.1367501
功率因数	0.5835096	0.9999971	0.8539253
有功功率	4.897068	1307.221	26.16799
1次电压谐波	221.3001	206.0596	223.8779
1次电流谐波	0.02257957	6.314558	0.1342547
3次电压谐波	3.258203	12.019	6.686125
3次电流谐波	0.01973298	0.3633688	0.01155702
5次电压谐波	2.762628	4.57883	3.119299
5次电流谐波	0.01609028	0.141038	0.01149422

续表

电气特征	手机充电器	热水壶	风扇
基波阻抗角 $\cos\phi_1$	0.998319985	0.999998359	0.865313744
1次谐波阻抗	9800.899663	32.63246612	1667.560987
3次谐波阻抗	165.114595	33.07658775	578.5336531
5次谐波阻抗	171.6954584	32.46522214	271.3797891

实验通过对19种电器类型进行分析和特征提取，19种电器分别为电炉、热得快、电饭锅、电炒锅、电磁炉、电水壶、电热杯、煮蛋器、电暖器、暖手宝、电热毯、电吹风、直/卷发棒、电熨斗、风扇、台灯、手机充电器、笔记本和电动汽车充电器。分类结果见表4-2。

表4-2 电器分类

恒功率	恒阻抗	其他
台灯、手机充电器、笔记本、电动汽车充电器	电暖器、电炉（高挡位）、电磁炉（高挡位）、暖手宝、煮蛋器、电热杯、电热毯、电吹风（高挡位）、电水壶、电饭锅、电熨斗、热得快、电炒锅	电炉（低挡位）、风扇、电吹风（低挡位）、电磁炉（低挡位）

4.1.2 典型家庭用电设备运行状态的数据分析

上一节根据设备的外特性进行了初步分析和分类，这一节会从更微观的角度，即从电气曲线来进一步分析各类用电设备所表现出来的外特性。

1. 基于外特性状态的数据分析

前面提到用电设备按照元件组成可以分为：阻性状态（R型）、无功主导状态（X型）、电子负载运行状态（P型），在实际过程中P型还可以分为有相角控制的设备（P+AC型）。

（1）阻性状态（R）。

阻性状态是指包含一个与端子直接相连的电阻。因此，没有电流和电压波形之间的角位移，功率因数接近1。大多数阻性状态是用于加热、烹饪和照明，出现该状态的典型电器包括热水壶、电饭锅、电炒锅、电热杯、电吹风和电熨斗等。阻性状态电器波形图如图4–1所示，所采集数据中部分处于电阻状态的电压和电流波形。

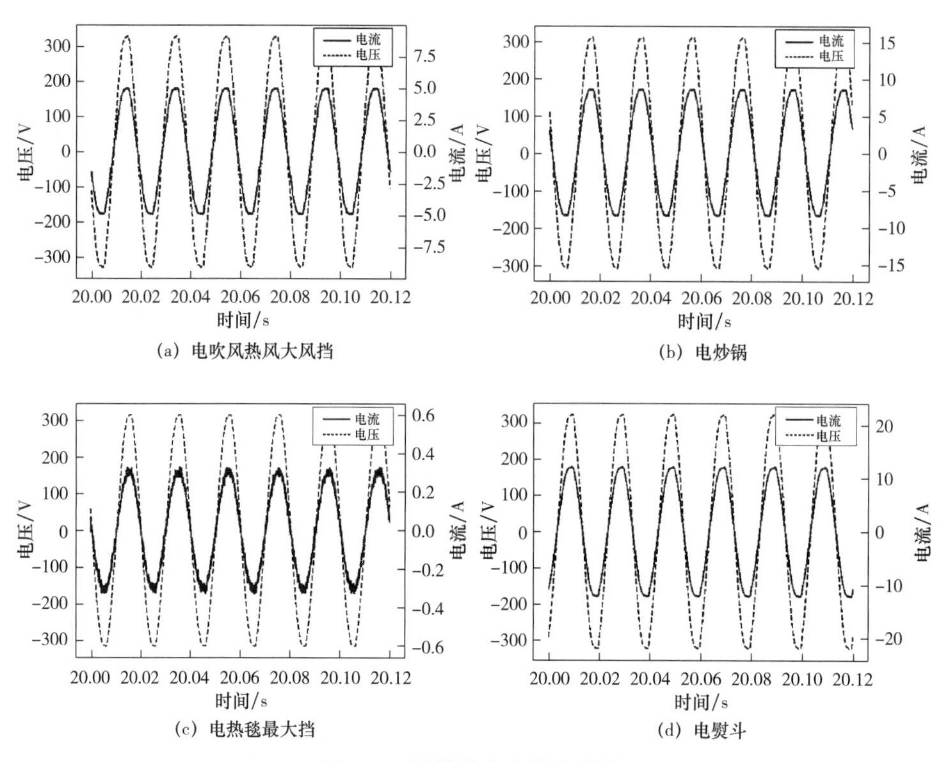

（a）电吹风热风大风挡　（b）电炒锅　（c）电热毯最大挡　（d）电熨斗

图4–1　阻性状态电器波形图

（2）无功主导状态（X）。在这一类中，电感通过整流器连接到电源。无功主导状态电器波形图如图4–2所示，电源电压超前于用电电流，即负荷呈感性，电源电流和电压之间的大相角位移是这类负载的主要特征之一。出现该状态主要是因为电器包含小型电机，出现该状态的典型电器包括电风扇和洗衣机等，该状态下的电压和电流波形如图4–2所示。

（3）电子负载运行状态（P）。这类电器通常需要一个直流电源来为下游电子设备供电。前端电路通常由整流器、滤波器和DC–DC转换器组成。只有当输入电压的方向大于滤波电容器两端的电压大小时，整流桥才会导通。因此，这种负载类型的典型电流波形表现为周期性脉冲波形。笔记本电脑、手机

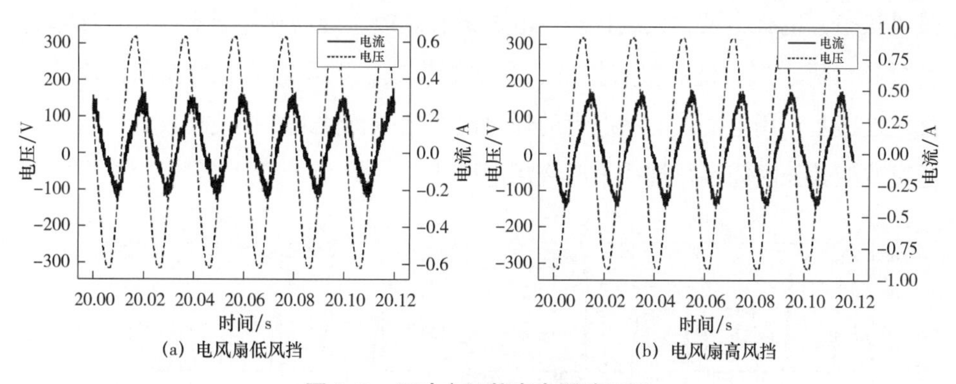

图4-2 无功主导状态电器波形图

充电器、LED电视、LED台灯等都属于电子负载，图4-3展示了两种电子负载在稳定工作时的电压电流波形情况。

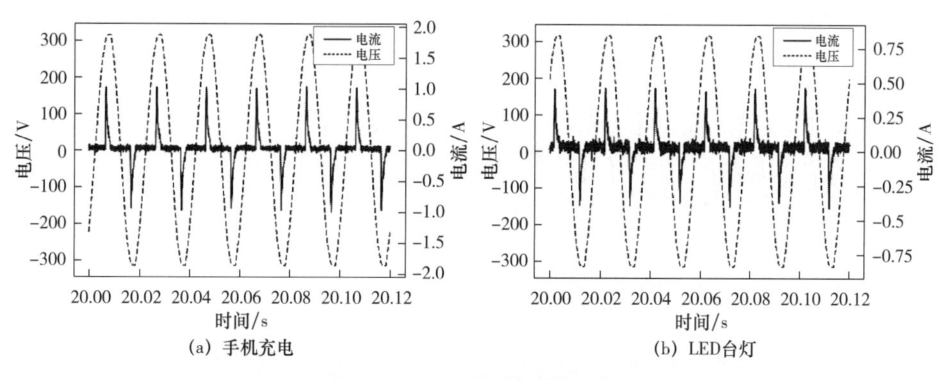

图4-3 电子负载电器波形图

（4）相角控制负载运行状态（phase angle control，PAC）。出现该运行状态是因为电器通过控制晶闸管的触发角可以连续调节负载电流。PAC控制器广泛用于LED照明、加热器、风扇和其他需要持续电压调节的电器。图4-4显示了电陶炉和白炽灯在不同挡位工作下的电压电流波形，从波形可以明显看出晶闸管导通情况随挡高低的变化。

2. 基于用电模式状态的数据分析

将家庭用电设备的各种用电模式视作一种工作状态，例如电吹风有冷风、热风状态，也有小风、大风状态，电饭煲有煮饭、煲汤和保温等模式，冰箱有运行和待机模式，洗衣机有快洗、脱水等模式，以及电池有恒流和涓流的状态。这些基于用电模式的状态有的通过改变用电特性来变换使用模式，有的则通过改变其长时间运行规律来改变用电模式。

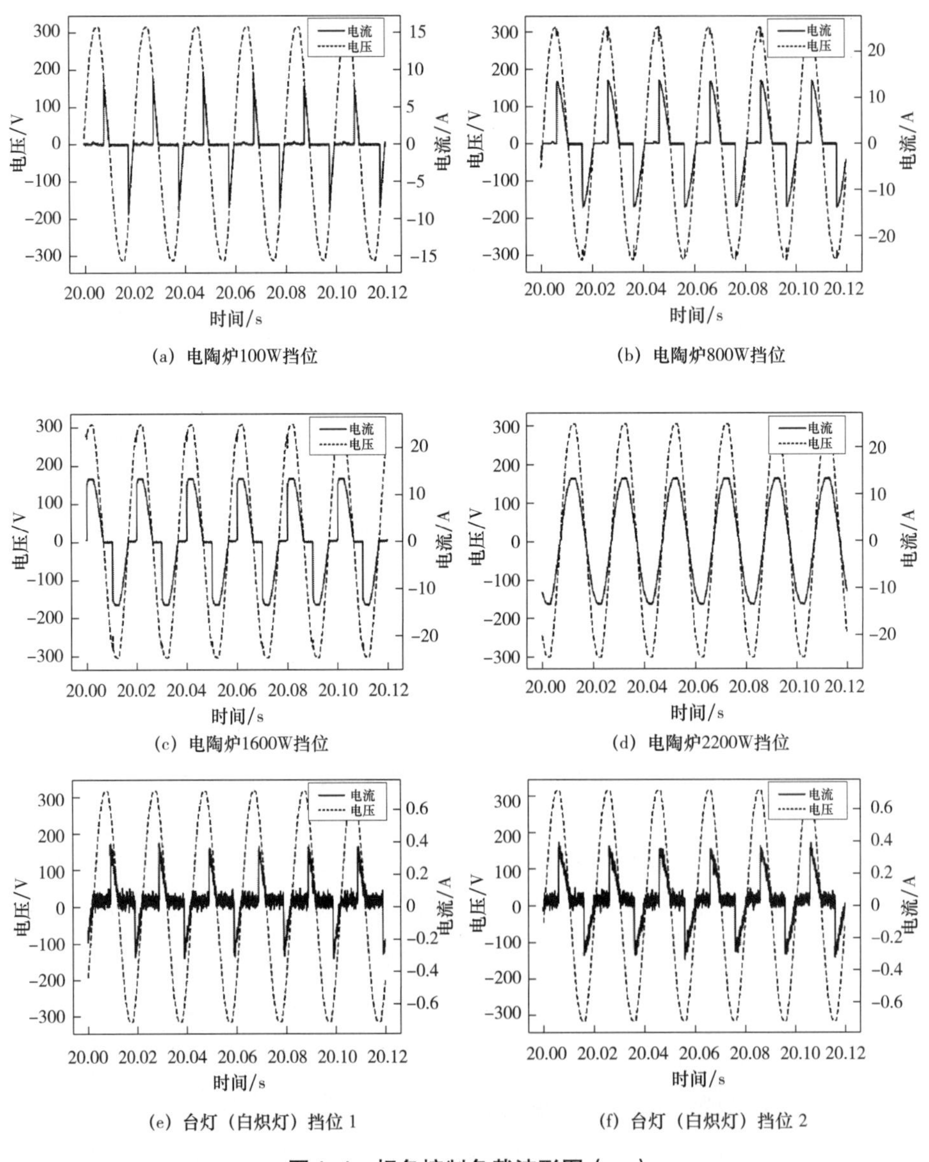

(a) 电陶炉100W挡位　(b) 电陶炉800W挡位

(c) 电陶炉1600W挡位　(d) 电陶炉2200W挡位

(e) 台灯（白炽灯）挡位 1　(f) 台灯（白炽灯）挡位 2

图 4–4　相角控制负载波形图（一）

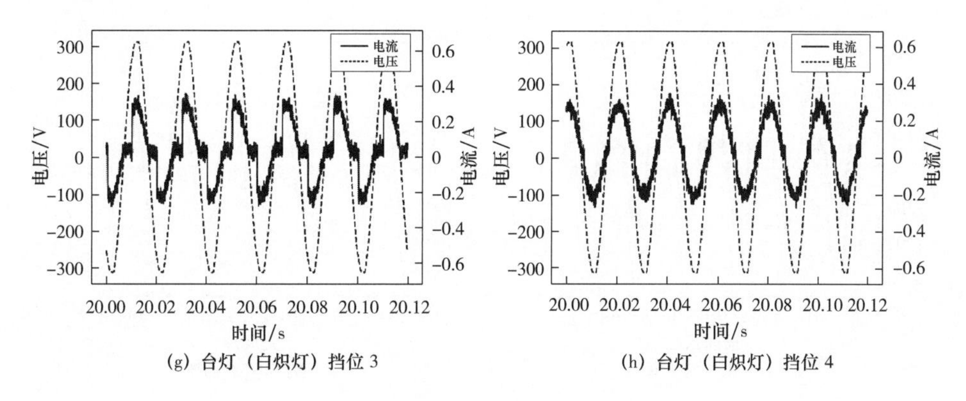

(g) 台灯（白炽灯）挡位 3　　(h) 台灯（白炽灯）挡位 4

图4-4　相角控制负载波形图（二）

（1）改变用电特性。

图4-5为电吹风和电热毯的电压电流波形，图4-5可明显得出电吹风冷风

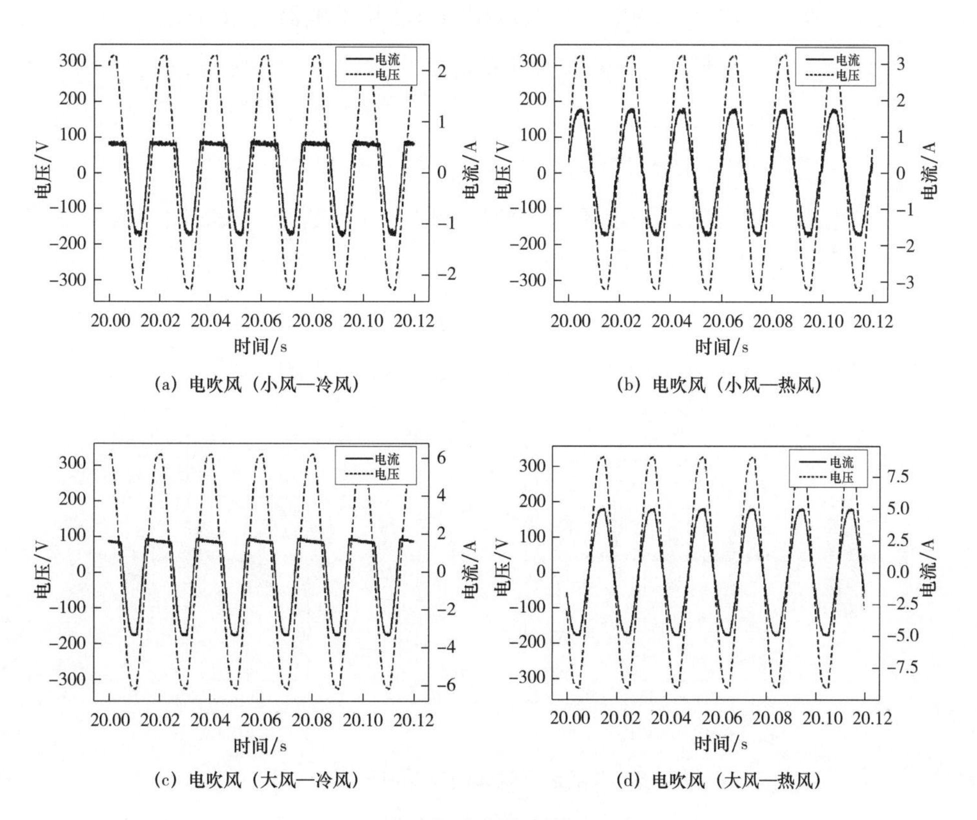

(a) 电吹风（小风—冷风）　　(b) 电吹风（小风—热风）

(c) 电吹风（大风—冷风）　　(d) 电吹风（大风—热风）

图4-5　用电特性变化的电器波形图（一）

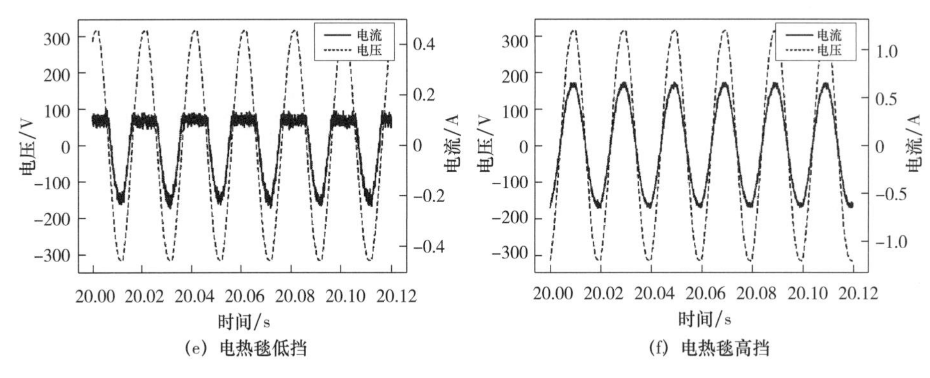

(e) 电热毯低挡　　(f) 电热毯高挡

图4-5　用电特性变化的电器波形图（二）

是平顶波而热风则接近阻性状态，而大风、小风的区别是其波形幅值不同，即该电吹风通过改变电器用电特性来切换冷热状态，而通过调节幅值大小来改变其风速。同理，图4-5中的电热毯通过相同方法切换电器的用电模式。

（2）改变运行规律。所谓改变设备的运行规律指的是通过改变设备运行时间占空比来调整设备运行状态，图4-6为电磁炉某些状态下以及电饭锅在加热与保温状态下开启一分钟的电流波形。由图4-6可观察到在稳定运行后，图4-6中两电器的运行状态是设备持续加热一段时间再断开一段时间，当挡位较高时，需要功率较大，即加热时间的占空比也较大，通过后续观察，电磁炉加热时间占空比未满前，其通过调节占空比进行功率调节，而达到加热时间不断续后，再升高挡位时其通过提高电流幅值的方式加大加热功率。

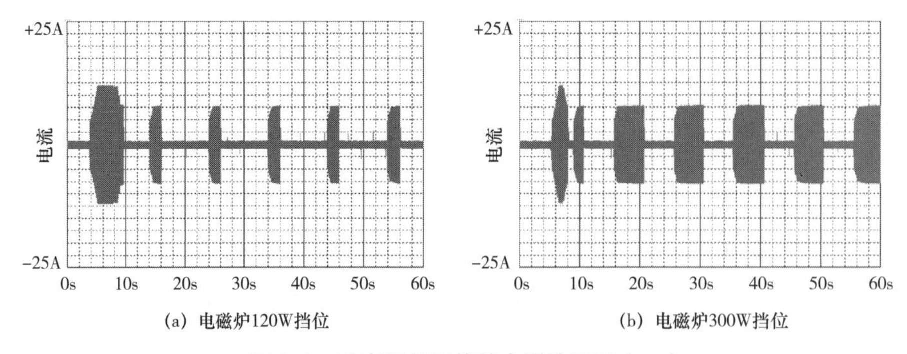

(a) 电磁炉120W挡位　　(b) 电磁炉300W挡位

图4-6　改变运行规律的电器波形图（一）

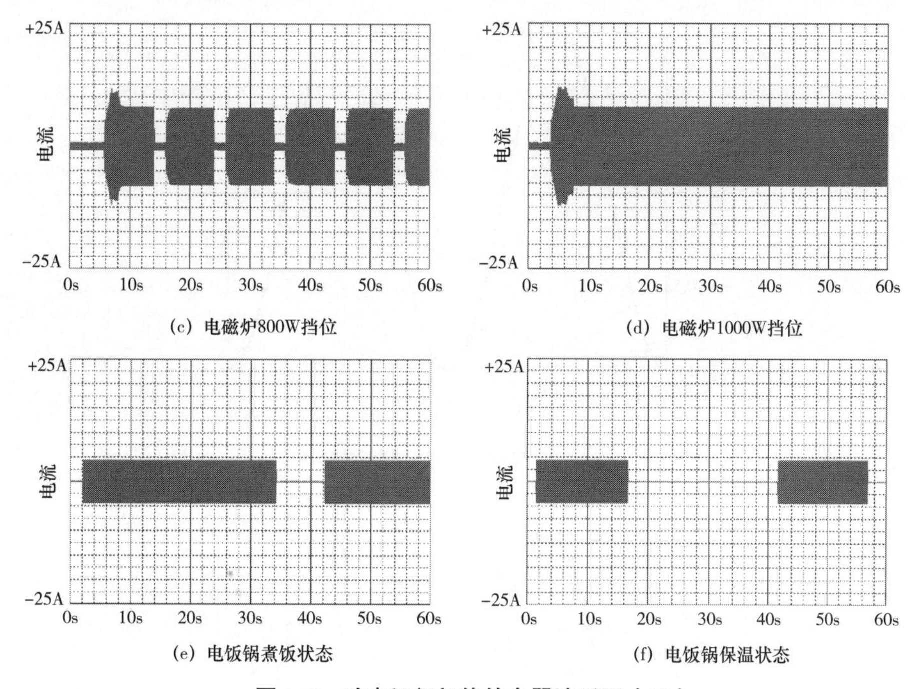

(c) 电磁炉800W挡位　　(d) 电磁炉1000W挡位

(e) 电饭锅煮饭状态　　(f) 电饭锅保温状态

图4-6　改变运行规律的电器波形图（二）

4.1.3　典型家庭用电设备数据分析及建模

除了对设备的特征进行分析，编者还尝试对一些常用用电设备进行建模分析，这对于进一步了解设备的工作特性以及可能存在的数据增强手段提供基础。

1. 各类型设备预期电流波形

（1）阻性负荷（R）。主要是一些以加热、照明为主要功能的负荷，典型例子包括电热水壶、电饭锅、电磁炉等。阻性负荷的预期波形如图4-7所示。

（2）阻感性负荷（X）。主要是一些应用了电磁感应原理的负荷，典型例子包括电风扇、吹风机等。阻感性负荷的预期波形如图4-8所示。

（3）电力电子型负荷。如果按照有没有使用功率因数校正（power factor correction，PFC）模块，还可以分为NP型负荷和P型负荷。区别在于对于较大功率电器的谐波电流限制，因此功率较大的负荷必须加入PFC模块。典型例子包括手机充电器、笔记本电脑等。电力电子型负荷的预期波形如图4-9所示。

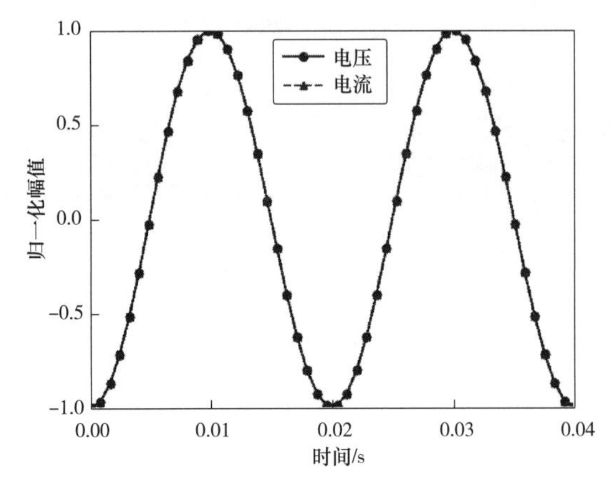

图4-7　阻性负荷的预期波形

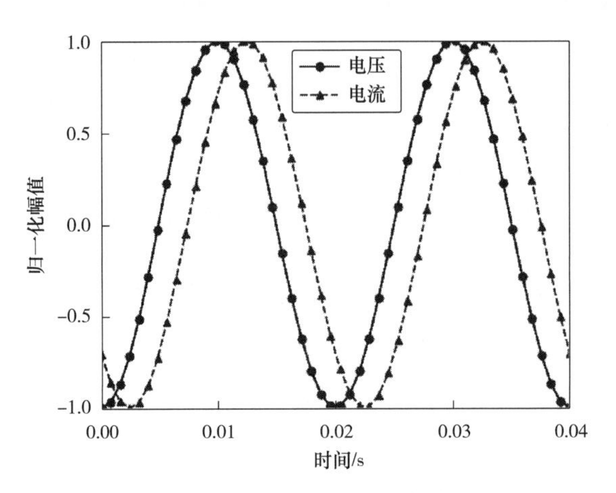

图4-8　阻感性负荷的预期波形

（4）相角控制型负荷（PAC）。主要是一些需要连续调整电压的负荷，典型例子包括可调节亮度的台灯、风扇等。相角控制型负荷的预期波形如图4-10所示。

2. R/X型负荷模型

阻性负荷（R）的工作原理是电流通过电阻产生热量，属于能将电能全部转变为内能的设备。因此，电阻类电器等效电路如图4-11所示，R类电器可等效为直接连接于电源的电阻，具有最为简单的电路结构。

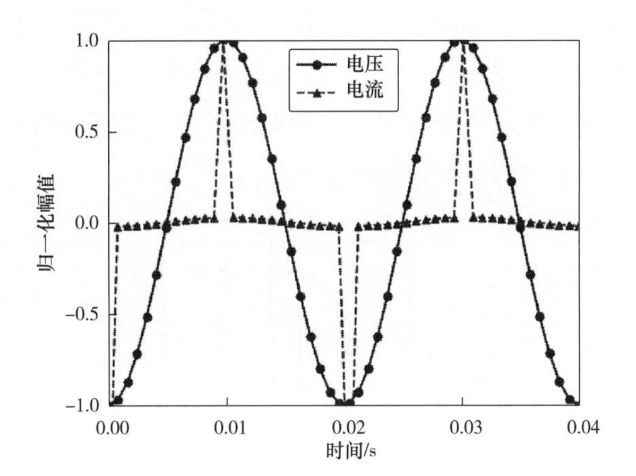

图4-9 电力电子型负荷的预期波形

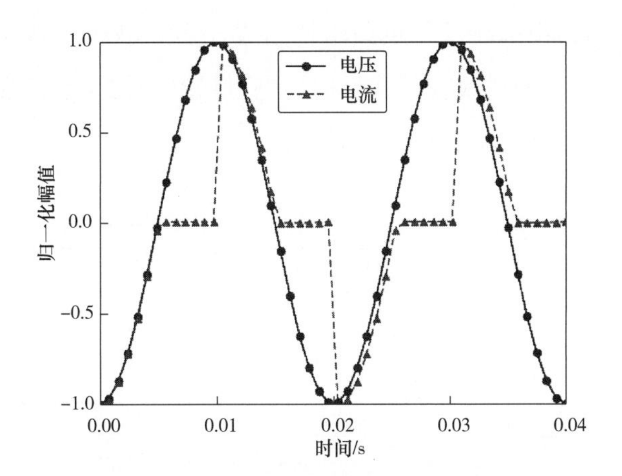

图4-10 相角控制型负荷的预期波形

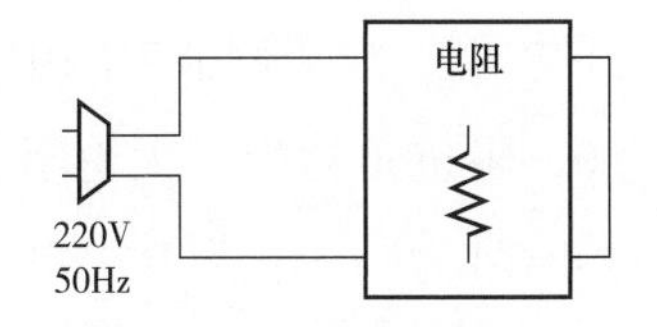

图4-11 电阻类电器等效电路

阻感性负荷（X）的工作原理为电磁感应原理。此类电器设备主要工作部件可以为线圈、电机等。电磁炉利用交变电流通过线圈产生交变磁场，经过导磁性（铁质）锅具产生大量密集涡流，令锅底迅速发热来加热食物。电风扇、洗衣机等含有旋转电机的电器通过线圈在磁场中受力而转动。这些工作原理相同的用电设备可以等效为电感线圈，考虑到用电设备内部会有发热、保护电阻、电机中的电枢绕组等产生压降，将X类用电设备等效为含有电阻和电感的等效电路，阻感类电器等效电路如图4-12所示。

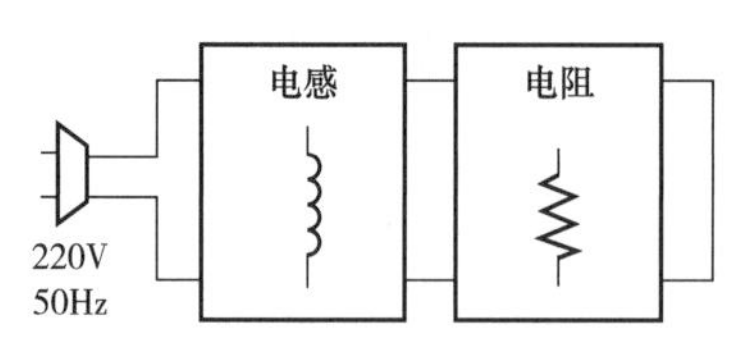

图4-12　阻感类电器等效电路

阻性负荷（R）和阻感性负荷（X）在Simulink中建立的仿真电气模型如图4-13所示，电路由电压源、负载阻抗组成，实测电器的电压波形数据作为模型的电压源输入，通过改变负载阻抗的电阻和电感的大小，改变模型的输出电流，实现对于真实电器电流波形的仿真。

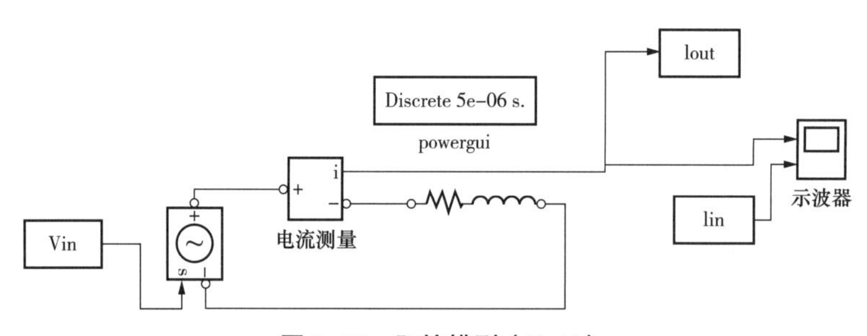

图4-13　阻抗模型（R+X）

这两种负荷可以共用一种模型，只需调节电路中阻抗大小即可实现。

R类电器的电感大小为0，阻抗角为0°，无论阻值多大，电流与电压都没有相角差，均为正弦波，图4-14为归一化后R类电器实测与仿真电流、电压波形。

X类电器的电感不为0，阻抗角大于0°，电流总是会滞后于电压，但基本上还属于正弦波形，图4-15为归一化后X类电器实测与仿真电流、电压波形。

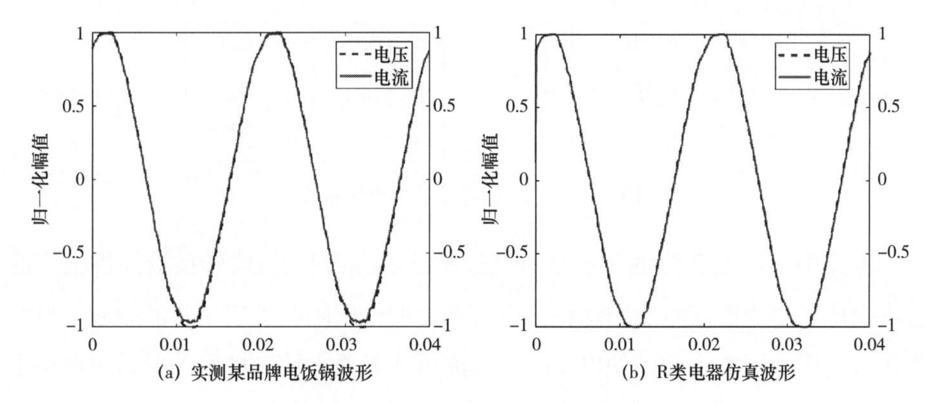

图4-14 R类电器归一化后波形图

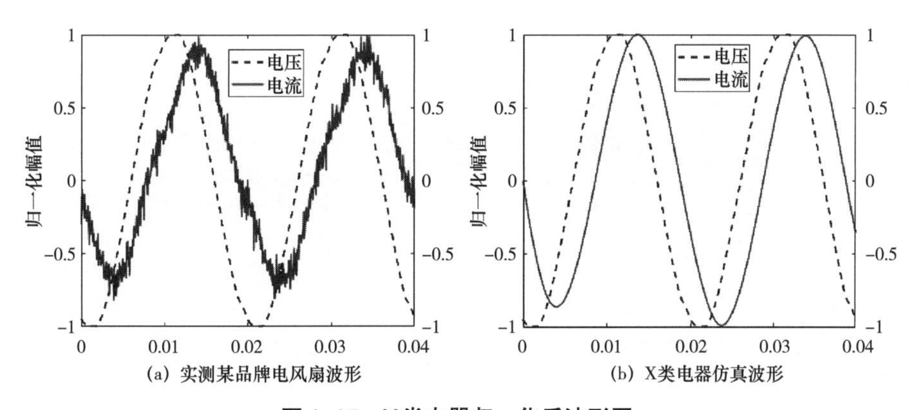

图4-15 X类电器归一化后波形图

3. P型负荷模型

电力电子型（NP）类电器指不使用功率因数校正技术的电子负载，一般额定功率不高于75W。NP类电器主要包括整流单元、滤波器、直流变换单元和负载，其原理为：交流电经过整流和滤波电容向直流变换器提供恒定的直流电压。由于滤波电容的存在，电容两端会有钳制电压。二极管具有单向导电性的特点，当二极管两端的正向电压降高于导通电压时二极管导通。当输入电压高于电容两端的电压时，整流桥才导通，因此，二极管的导通角远小于180°。NP类电器等效电路模型如图4-16所示。

电力电子型负荷（NP）在Simulink中建立的仿真电气模型如图4-17所示。该模型包含电压源、整流电路、滤波电路和负载电阻。

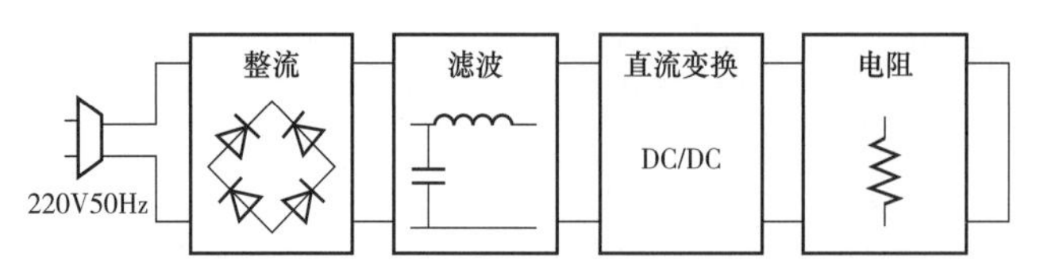

图4-16　NP类电器等效电路模型

电路中，经过整流的交流市电经过滤波电容向DC-DC转换器提供恒定的直流电压。由于滤波电容的存在，电容器上的电压限制了二极管的导通，只有当输入电压大于电容两端的电压时，整流桥才导通，使二极管的导通角远小于正弦波半个周期的180°。

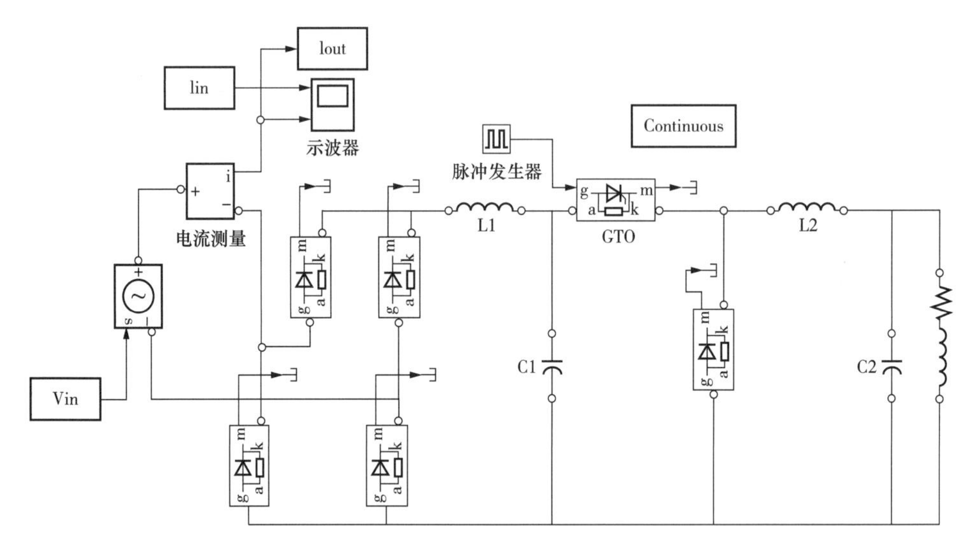

图4-17　NP类电器仿真电路

图4-18为归一化后NP类电器实测与仿真电流、电压波形，由图4-18可看出，NP类电器电流波形呈现周期性脉冲波形，波形中含有丰富的谐波。

4.PAC型负荷模型

相角控制型负荷（PAC）应用于需要连续调节电压的电器中，通过控制可控类器件连续调节负载电流。电风扇、洗衣机等对晶闸管的相角调控可以实现速度调节。电热毯、电烤箱采用可控电阻器件实现温度的控制。具有调光功能的照明电器通过控制可控电力电子器件控制通过电器的电流实现灯光亮度的调

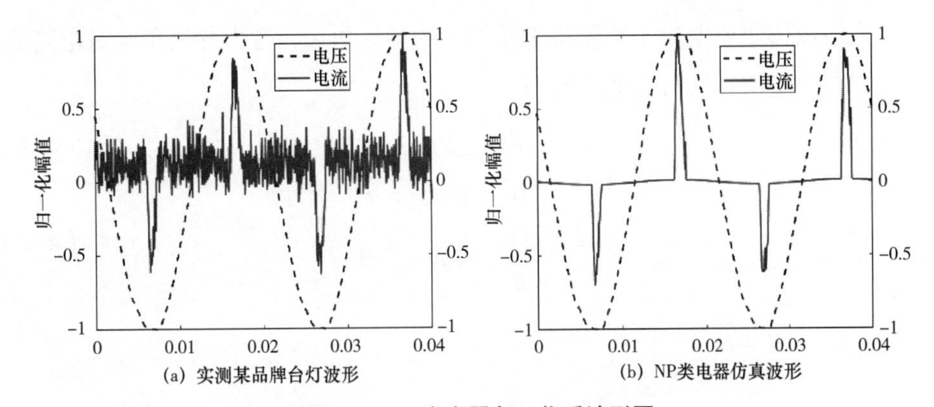

图4-18　NP类电器归一化后波形图

节。PAC类电器等效电路模型如图4-19所示，在负载前加入整流桥和可控类电力电子器件，可控制流过负载电流大小，从而实现功率调节。

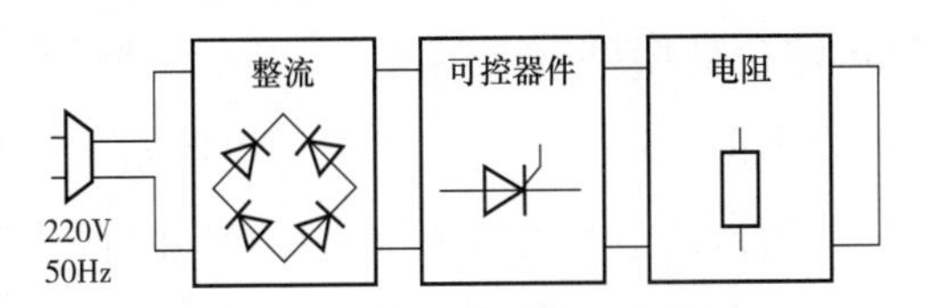

图4-19　PAC类电器等效电路模型

相角控制型负荷（PAC）在Simulink中建立的仿真电气模型如图4-20所示，该模型相较于阻抗模型更加复杂，除了电压源和电阻，还加入了整流桥和可调节导通时刻的电力电子器件。

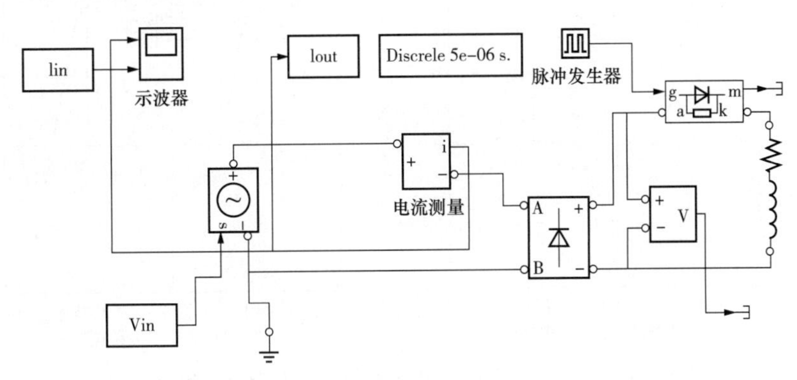

图4-20　PAC类电器仿真电路

电流波形主要取决于整流桥中晶闸管的导通角∝，考虑导通角∝对电路的影响，电路端口特性可近似表示为

$$\dot{U}=220\text{V} \tag{4-1}$$

$$\dot{I}=\begin{cases}0 & 0^\circ\leqslant\gamma\leqslant\propto \\ \dfrac{\dot{U}}{R} & \propto\leqslant\gamma\leqslant180^\circ\end{cases} \tag{4-2}$$

式中 $\dot{U}$——电压有效值；

$\dot{I}$——电流有效值。

当在电压半波的（0°～∝）区间，可控器件承受正电压但无触发脉冲，电路未导通，电流波形仅为PAC类电器正弦波的一部分。图4-21为归一化后PAC类电器实测与仿真电流、电压波形，由图4-21可看出，PAC类电器的电流波形不再是完整的正弦波，在晶闸管导通前，电流波形近似为0。

5. 饮水机/热水器负荷模型

为实现用户更安全节能地饮用水，饮水机的设计如今已得到较大改进，例如应用人体红外感应的智能感应型饮水机能在用户在时自动开机，人不在时延时一段时间后自动关机，其节省了饮水机的大量用电。另外，即热饮水机的出现解决了对饮用水反复加热带来的健康问题，其在两三秒即可出热水即做到了即开即用、不开不用。但由于新型饮水机的价格过高，目前大多数办公楼或宿舍仍选用传统的饮水机。

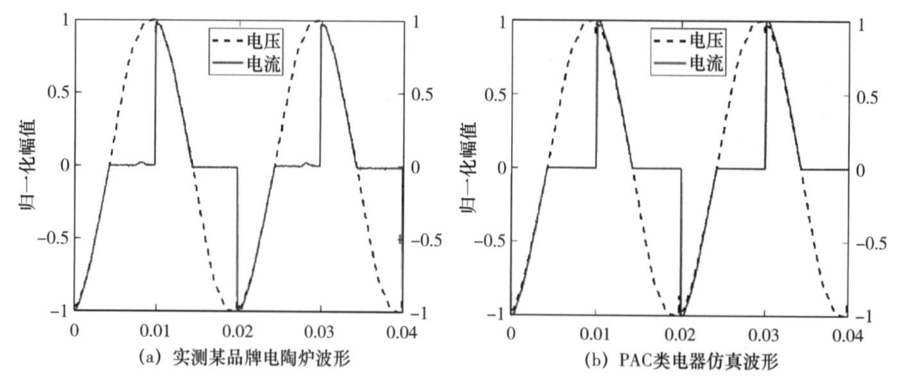

图4-21　归一化后PAC类电器实测与仿真电流、电压波形

传统热水器的模型与饮水机模型类似，其工作模式非常简单，只有工作和待机两种状态，处于工作状态时以额定功率P_{rate}运行，待机状态功率可视为0或保温功率P，各时刻设备的功率$P(k)$为

$$P(k) = P_{rate}S(k) \tag{4-3}$$

式中　$S(k)$——设备当前工作状态，其值为0表示待机，其值为1时表示加热，其表达式随水温的变化可表示为

$$S(k)=\begin{cases}1 & \theta(k)\geqslant\theta_{min}\\0 & \theta(k)\leqslant\theta_{max}\\S(k-1) & \theta_{min}\leqslant\theta(k)\leqslant\theta_{max}\end{cases} \tag{4-4}$$

式中　（$\theta_{min},\theta_{max}$）——饮水机的温度控制范围。

一般由饮水机厂家设定或某些智能饮水机可由用户自行设置，当散热或用户用水导致冷水注入热胆，水温降低且水温低于θ_{min}时，饮水机开始加热，直至温度到达θ_{max}，表示水已加热完成。

可见饮水机/热水器和定频空调的运行方式类似，都是通过间歇型的工作将温度控制在某一温度范围内，但由于水温加热较快且受外界温度的影响较小，因此饮水机/热水器模型是空调模型的简化版，其通过用电功率乘以恒定的能效比转化为设备的制热量，其模型可表示

$$C\frac{\mathrm{d}\theta}{\mathrm{d}t}=\eta P \tag{4-5}$$

式中　C——等效比热容；

P——电器功率；

η——饮水机的能效比。

考虑到在实际的采样系统中，采样值是离散的，故对上述微分方程求解后得到的离散化表达式为

$$\theta(k)=\frac{\eta}{C}\cdot P(k)\cdot\Delta t-B \tag{4-6}$$

式中　$\theta(k)$——k时刻热胆内的水温；

$P(k)$——k时刻的电器功率；

Δt ——采样时间间隔；

B ——常数，反映了热胆内水的散热速率，其散热速率一般取决于热胆材料。

当水温设置控制在80～90℃，初始水温设置为20℃时，其用电特性可用图4-22的功率和水温曲线表示。

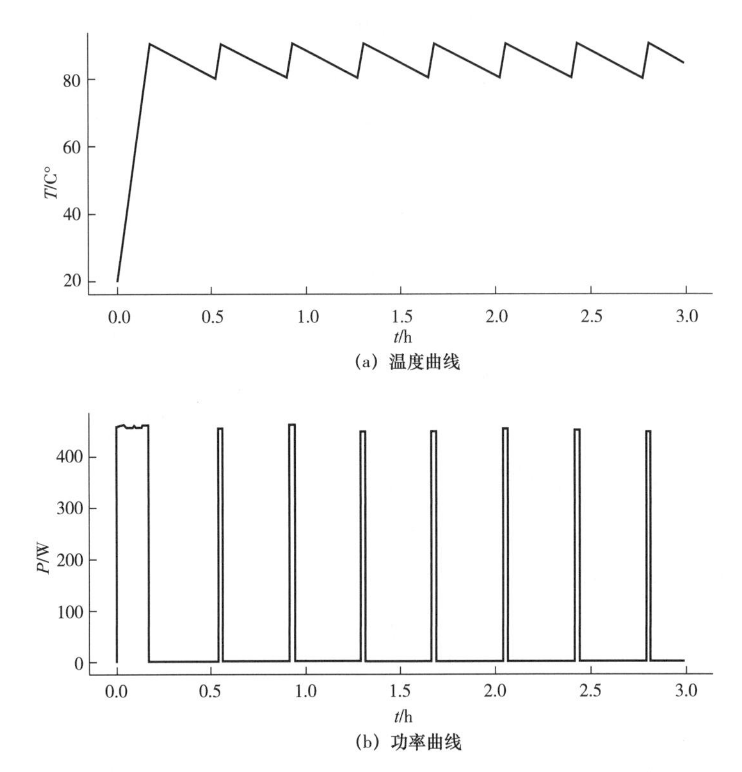

图4-22 饮水机运行时的功率及温度曲线

4.2 基于单体模型的设备类型识别

前面介绍了家庭用电设备的分类和特性，本小节将会利用这些特性，结合人工智能算法实现设备的类型识别。这里应用到的单体模型主要有神经网络模型、K近邻算法和决策树。

4.2.1　基于神经网络的单体设备类型识别

1. 神经网络模型简介

神经网络中最基本的组成单元是神经元，在生物神经网络中，每个神经元与其他神经元相连，当它“兴奋”时，就会向相连的神经元发送化学物质，从而改变这些神经元内的电位；如果某神经元的电位超过了一个“阈值”，那么它就会被激活即“兴奋”起来，向其他神经元发送化学物质。

神经网络模型是一个非常强大的模型，起源于尝试让机器模仿大脑的算法，在20世纪80年代和90年代早期非常流行[5][6]。同时它又是一个十分复杂的模型，导致其计算量非常巨大，所以在20世纪90年代后期逐渐衰落。近年来得益于计算机硬件能力，又开始流行起来。人类的大脑是一个十分神奇的东西，尽管当今人工智能科技已经十分发达，但很大程度上，无论建立一个多么完美的模型，其学习能力目前仍然逊色于大脑。因此神经网络是人工智能领域的一个热门研究方向。

神经网络模型是一种模拟人脑神经元的兴奋过程的算法，神经网络是现时比较常用且十分强大的算法。神经元是神经网络的基本组成单元，图4–23展示了神经网络基本的结构模型图，神经元在图中表现为各个圆状单位，其中最左侧神经元层为网络的输入层，右侧最后一层神经元称为网络的输出层，而中间其他层神经元则称为隐藏层。下面将通过三个神经元介绍神经网络的计算过程。

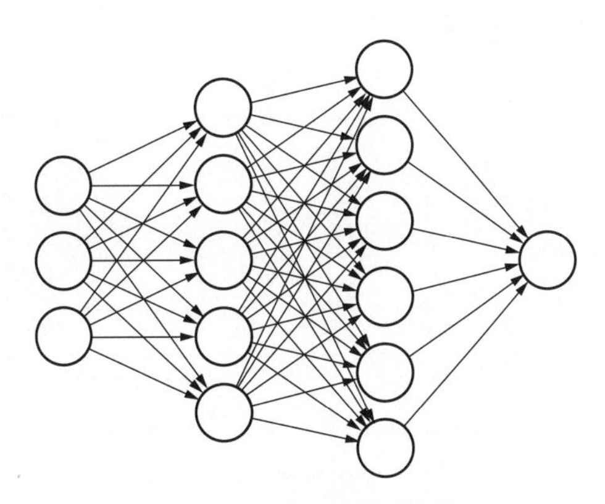

图4—23　神经网络模型图

单层神经网络如图4–24所示，将x_1和x_2乘上各自对应的权重作为神经元C的输入信号，接收信号的神经元C会汇总传送过来的信号，并加上C所对应的偏置b（每个神经元都拥有一个偏置）。经过权重和偏置的线性变化后得到的输出将作为非线性变化的激活函数的输入，而激活函数输出的结果才是各个单位的输出。

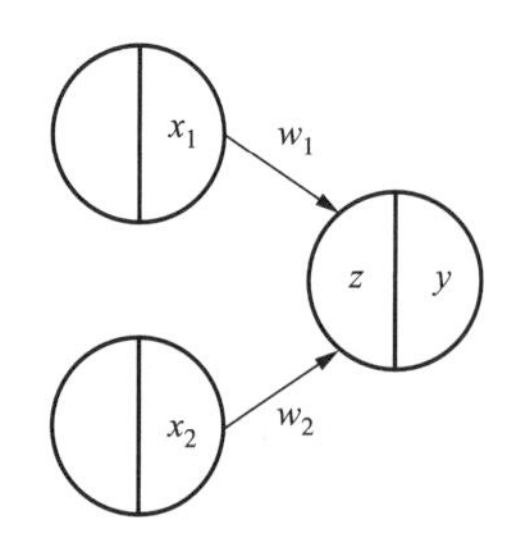

图4–24 单层神经网络

图4–24中的计算过程可表示为

$$y=\sigma(z)=\sigma(w_1x_1+w_2x_2+b) \tag{4-7}$$

式中 σ ——神经元的激活函数。

激活函数的非线性特性对神经网络的性能起着重要作用，理想中的激活函数是阶跃函数，它将输入值映射为输出值“0”或“1”对应于神经元兴奋，“0”对应于神经元抑制。然而，阶跃函数具有不连续、不光滑等不太好的性质，因此实际常用Sigmoid、Tanh、Relu、Leaky Relu函数作为激活函数，图4–25为常见几种激活函数图像。

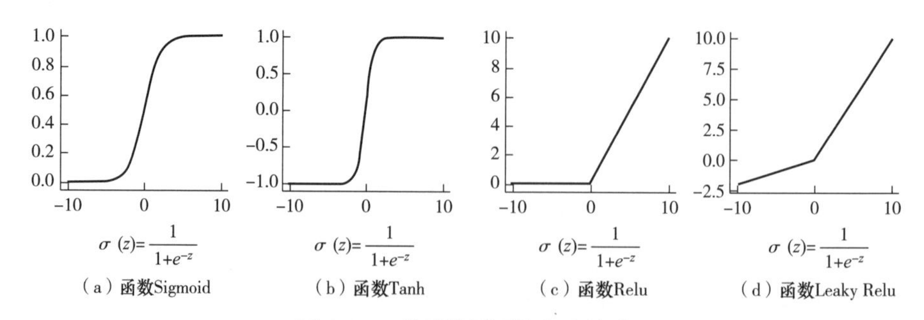

图4–25 常用激活图像与表达式

把许多个这样的神经元按一定的层次结构连接起来，就得到了神经网络。从该计算过程可以看出，神经网络在对样本进行预测时，是从第一层（输入层）开始，层层向前计算激活值，直观上看这是一种层层向前传播特征或者说层层向前激活的过程，最终计算出输出结果，这个过程称之为前向传播（forward propagation）。

其实，激活函数的作用可以看作是从原始特征学习出新特征，或者说是将原始特征从低维空间映射到高维空间。一开始也许无法很好地理解激活函数的意义和作用，但一定要记住，引入激活函数是神经网络具有优异性能的关键所在，多层级联的结构加上激活函数，令多层神经网络可以逼近任意函数，从而可以学习出非常复杂的假设函数。

当使用神经网络解决回归问题时，输出的是一个或多个预测值。神经网络比使用线性回归的优势在于：如果给定特征数量较多，那么在利用线性回归解决复杂问题时会遇到特征项爆炸增长，造成过拟合以及运算量过大问题。而对于神经网络，可以通过隐藏层数量和隐藏单元数量来控制假设函数的复杂程度，并且在计算时只计算一次项特征变量。其实本质上来说，神经网络是通过这样一个网络结构隐含地找到了所需要的高次特征项，从而化简了繁重的计算。

2. 神经网络识别模型构建

回顾2.2节，提到构建识别模型包含：数据获取、数据处理、模型训练等环节，因此后续将会围绕这几个环节详细展开描述。

（1）数据采集模块。电流采用DL-CT1010A电流互感器采集，电压采用DL-PT2020H1电压互感器采集，采集到的数据通过AD7606转化为数字信号，并输入到数字信号处理器（digital signal processor，DSP）芯片（TMS320F28335）中，进行预处理。因为DSP芯片内置了快速傅里叶变换模块，可以将AD芯片输入的信号进行收集然后进行傅里叶分解。

本书所采用的数据，是通过上述采样模块，设置采样频率为6400Hz，一个周波采集128个数据点，DSP每收集到AD传来的512个点（4个周波）便进入中断程序，开始进行数据的处理，处理完后退出中断，开始新的一轮采样。

程序输出采集时间段内的电压有效值，电流有效值，功率因素，有功功率，无功功率以及一到三十二次谐波。

（2）训练集和验证集选取。编者选取了几类最为常用的用电设备作为训练集，其中每类用电设备各350个左右的数据向量，其中：

1）风扇：138cm落地扇的三个工作挡位，每个挡位各采集50个数据点，40cm小型落地扇的四个工作挡位，每个挡位各采集50个数据点。

2）空调：凉之夏牌挂式空调，工作状态采集120个数据点，待机状态采集230个数据点。

3）洗衣机：海尔洗衣机，工作状态采集145个数据点，进出水状态采集205个数据点。

4）电热炉：工作状态采集350个数据点。

5）电视机：PPTV牌电视机，工作状态采样350个数据点。

6）冰箱：制冷状态125个数据点、待机状态110个数据点。

7）台式电脑：高CPU工作110个数据点、低CPU工作160个数据点。

编者选取了三类可以作为居民负荷响应的三类用电设备作为验证集，其中每类用电设备各350个数据点，其中：

1）风扇：20cm挂式风扇工作状态采集350个数据点。

2）洗衣机：工作状态采集160个数据点，进出水状态采集190个数据点。

3）空调：高能星牌挂式空调，工作状态采集350个数据点。

（3）数据预处理。

1）平均化处理。

对数据集进行预筛选，保留功率因数、基频电流、部分谐波电流作为原始数据的特征向量。

使用连续x个数据为一组，求取一组数据每个量的平均值作为一个新的数据，并计算二到七次谐波电流的变异系数作为新的特征加入到原特征向量中，新的特征向量长度为十四维。

在经过多次测试后，取10，即10个原始的数据作为一组计算每个特征量的平均值，以及七次谐波电流的变异系数，原训练集和验证集长度缩减为原来的十分之一。

2）主成分分析。

这里对上节的数据集进行PCA处理，保留原数据集大部分信息，降低数据集的维度。

首先使用zscore函数对上节处理后的数据进行标准化处理，zscore采用的是正态标准化，即利用均值和标准差，其MATLAB计算过程等同于

$$\mathrm{zscore}=\frac{\boldsymbol{x}-\mathrm{mean}(\boldsymbol{x})}{\mathrm{std}(\boldsymbol{x})} \tag{4-8}$$

式中 mean ——计算均值函数；

std ——计算标准差函数。

接着使用princomp函数进行主成分分析，主成分分析后各新特征贡献率见表4-3。

表4-3 主成分分析后各新特征贡献率

特征	贡献率	累积贡献率
1	60.3304165793779	60.3304165793779
2	23.2539082507026	83.5843248300805
3	10.2135915701356	93.7979164002161
4	4.00525928066479	97.8031756808809
5	1.17348149432349	98.9766571752044
6	0.603515186111888	99.5801723613163
7	0.208691064088211	99.7888634254045
8	0.120897684589129	99.9097611099936
9	0.0840073509729038	99.9937684609665

即变换后的新的特征中，特征1包含了原来60%的原始信息，可以看到，前五个特征已经累积了98.97%的贡献率，且再增加特征数量虽然对于结果有所提升，但是增加了输入的维度，相比较下用系统指数增长的计算速度换取微量的提升是不值得的。

经过多次测试，选用四个特征量的时候最后收敛的时间较长，而选用六个特征量的时候准确率反而有所下降，故选择前五个特征作为新的特征值。

值得注意的是，对于验证集的处理不能直接调用princomp函数来生成新的验证集，而是要用训练集调用princomp函数时生成的转换矩阵乘以验证集来得到新的验证集，下节的归一化处理同理。

（4）网络参数设置。

1）利用mapminmax函数将处理好的训练集数据按照各特征归一化到[-1,1]之间，并且记录好归一化过程中的参数，并使用这些参数对验证集进行归一化处理

$$x_i^{'} = 2 \times \frac{x_i - x_{\min}}{x_{\max} - x_{\min}} - 1 \tag{4-9}$$

式中　x_i ——训练集的某一个样本；

$x_{\max}$——训练集数据中各个特征的最大值；

$x_{\min}$——训练集数据中各个特征的最小值；

$x_i^{'}$ ——归一化后的样本。

2）为了能够多次训练并选出较好的训练结果，每次训练将随机抽取70%的训练集进行训练。其中使用randperm函数作为随机抽取工具，具体方法为：读取每种用电设备的数据长度，依次作为randperm函数的参数，生成随机数列，取数列前70%的数作为一个检索序列，依次读取原数据集数据。

3）设置神经网络的输入层数（由主成分分析选取的特征量长度决定），输出层数为电器种类（即空调、风扇、洗衣机三类），隐藏层数通过下式计算而得

$$l = \sqrt{0.43mn + 0.12n^2 + 2.54m + 0.77n + 0.86} \tag{4-10}$$

式中　m ——输入的层数；

n ——输出的层数。

4）设置网络训练参数。

Matlab神经网络可选的激活函数有tansig、logsig、purelin；可选的神

经元激活函数有：traingd（梯度下降算法）、traingdm（动量梯度下降算法）、traingda（变学习速率梯度下降算法）、traingdx（Gradient Descent with Momentum & Adaptive LR，变学习率动量梯度下降算法）

经过多次测试，隐藏层激活函数选用tansig、输出层激活函数选用purelin有较好的表现，学习算法选用traingdx，使得收敛时不容易陷入局部最优解，并且收敛时间大大缩短。

其他参数设置：

1）均方误差：MSE小于0.01。

2）迭代次数上限：100000次。

3）学习速率：0.01。

（5）结果分析。

将验证集代入系统生成的模型中进行预测，若预测值与真实值相等，则记录一次，最终计算一个正确率η

$$\eta = \frac{hit}{Set_L} \times 100\% \tag{4-11}$$

式中 hit ——预测值与真实值相等的次数；

Set_L——验证集的数组长度。

为了防止训练出来的模型刚好在某些分界的临界值上导致准确率有时高有时低，这里列出了每种方案各训练十次的模型来依次测试准确率，并观察各方案的最大准确率。

方案一：选用原始不经任何处理的各用电设备数据，其中特征量选用：功率因素、电流有效值、谐波电流；

方案二：选用经平均化处理的数据，10个原始数据为一组生成一个新的数据，并添加七次谐波电流的变异系数作为新的特征量；

方案三：在方案二的基础上进一步进行主成分分析处理，并选用贡献率前五的特征作为新的特征向量。

各方案十次训练模型的准确率见表4-4。

表4-4　　各方案十次训练模型的准确率　　（单位：%）

次数	1	2	3	4	5	6	7	8	9	10	最大
方案一	54.27	54.16	78.46	73.69	57.38	69.36	79.02	79.13	54.38	54.882	79.13
方案二	71.26	87.75	87.35	91.95	80.04	89.65	82.75	57.47	83.90	83.90	91.95
方案三	96.72	97.54	97.54	82.78	97.54	96.72	98.36	95.90	97.54	96.36	98.36

方案一的结果多集中在54%和79%，观察每个验证集结果发现，风扇和空调的识别率较低，风扇表现最为严重。主要是验证集数据来源的风扇和空调与测试集数据来源的风扇和空调的大小和型号不同，导致一些常规的电气量无法匹配，如功率因素、电流等，其中验证集的风扇的功率因素甚至低到0.54，而训练集的风扇功率因素最低为0.9左右，两者严重偏离导致训练集训练出来的模型无法适用。

方案二整体上比方案一准确率有所提高，观察每一类用电设备的识别的情况发现，风扇的识别率有所提高，空调变化不大。

而方案三却表现非常好，因为主成分分析能够用较少的量保留大部分原数据包含的信息，不仅能够降低原特征向量的维度，还能够滤掉一些误差干扰（有些维度的信息是无用的，其作为其中一个维度参与建模，会影响系统的判断而拉低整体的准确率）。

4.2.2　基于k近邻算法的单体设备类型识别

1. k近邻模型简介

k近邻算法是一种常用而且简单的监督学习分类算法[7]，它的主要思想是“近朱者赤，近墨者黑”，k近邻法的输入为实例的特征向量，即特征属性空间中的坐标点，分类时，输出为实例的类别，回归时输出为预测值，本节仅对回归问题中的k近邻法进行讨论，其实分类问题中的k近邻法与其在回归问题中的应用十分类似，仅在输出类型和决策规则有所差异。

k近邻法假设给定训练样本数据集，并且每个样本数据都携带着自身的类别标签，即每一组样本数据与其所属分类的对应关系是已知的。然后，给出没有分类标记的测试数据集，将测试数据的每个特征与训练集中数据的对应特征进行比较，然后提取训练集中k个特征最相似数据的分类标签，根据这k个数据出现次数最多的类别标签来定义测试集数据的分类。

训练集、距离度量、k值的选择和决策规则（回归任务中一般将平均值作为预测值）是k近邻算法的四个关键。

特征空间是以输入的属性作为各维度的空间，每个数据样本在特征空间中都存在一个特定的坐标点，特征空间中的样本分布如图4–26所示，图4–26的点表示各数据样本。距离度量即为特征空间中的点相互之间的距离，距离度量可以表示两个数据样本之间的差异程度，距离越小表示两个样本相似程度越高，距离越大则表示样本差异程度较大。

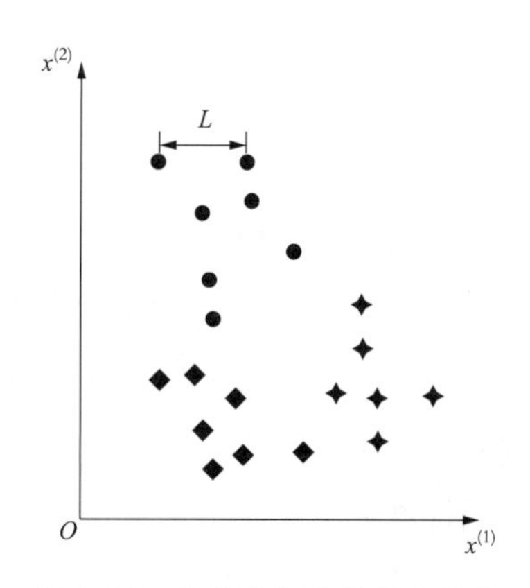

图4–26　特征空间中的样本分布

常用的距离度量方法有欧式距离、余弦距离、汉明距离和曼哈顿距离等。假设有一个n维实数的特征空间，x_i和x_j为该特征空间上的两个数据样本，则x_i和x_j的L_p距离可表示为

$$L_p(x_i,x_j)=(\sum_{l=1}^{n}|x_i^{(l)}-x_j^{(l)}|^p)^{\frac{1}{p}},\quad p\geqslant 1 \tag{4-12}$$

当p=1时，表达式被称为曼哈顿距离，即

$$L_1(x_i,x_j)=\sum_{l=1}^{n}|x_i^{(l)}-x_j^{(l)}| \tag{4-13}$$

当p=2时称为欧氏距离，当特征向量的维数较大时，欧式距离的区分能力可能会较弱。欧式距离的计算表达式为

$$L_2(x_i,x_j)=(\sum_{l=1}^{n}|x_i^{(l)}-x_j^{(l)}|^2)^{\frac{1}{2}} \tag{4-14}$$

当特征空间中的数据点直接使用各种特征的真实数据进行表示时，通常会出现误差值较大的情况，这是因为各种特征指标单位不同甚至数量级不同比如以伏特为单位的电压和以安培为单位的电流在居民用电环境中一般相差几百倍甚至几千倍。通常情况下，为了使距离更能代表不同数据样本间的差异程度，会对各种属性进行标准化（z-score）或归一化的处理。将数据处理成不受单位影响的指标。

在k值的选择方面，k值的不同也影响着分类器的性能，选取较小的k值时，模型复杂，容易对训练样本集合产生过拟合的情况，分类结果容易受到噪声的影响，泛化能力较差；k值选择较大时，模型比较简单，有不错的泛化能力，能够减少噪声的影响，但是又容易包含太多其他的类别，出现欠拟合的情况使得分类结果出现偏差。在应用中，通常采用交叉验证法选取最优的k值。

在众多的监督学习算法中，k近邻算法的优势很明显，算法思想简单、易于理解、过程容易实现，不包含对算法的训练过程，通常不需要过多调节就可以得到不错的性能。但是k近邻算法在运行过程中，需要将测试数据与所有训练数据都进行比对，所以当样本数量和特征维度都较大时，计算量很大，预测速度较慢，而且，该算法还会受到训练集样本分布的影响，当训练集中样本集中在某一输出值而其他值样本数量较少时，由于该算法只计算最近的k个样本邻居的平均值，这样就会出现预测值偏向于较集中的样本值中的问题。此外，k近邻算法可解释性也比较差，无法像决策树一样给出直观的分类规则。

2. *k*近邻识别模型构建

（1）训练集和验证集选取。

训练样本集和测试样本集来自同一个基于实测采集的家庭用电设备特征数据集，数据集共包含700个数据样本，其中数据组成为：风扇（额定功率为40W的台扇4个不同挡位）共100组数据，电吹风（额定功率为850W）的2个不同挡位共100组数据，LED电灯管（额定功率为5W）共100组数据，台式电脑待机和工作状态共100组数据，笔记本电脑待机和工作状态共100组数据，32寸电视机共100组数据，电冰箱（额定耗电量0.49kW·h/天）保温和制冷状态共100组数据。为了减少算法的计算量，每组数据的特征向量仅由测得电器的电流有效值、视在功率、有功功率、无功功率、功率因数、基波电流、直流分量以及电流谐波、设备类型等元素组成。同时，为了减少电网电压变化对实验结果产生的影响，样本数据中的电流有效值、基波电流有效值、视在功率、有功功率及无功功率均如第3章3.2.1.1中进行了将数据归算到220V电压的处理。将总数据集进行随机采样，80%的数据作为训练样本集，其余20%的数据用于测试样本集。至于验证样本集，本实验另外采集了额定功率为55W的落地风扇等三种不同的电风扇60组数据、两种不同的电吹风60组数据、两种不同的笔记本电脑60组数据，共180组数据，用于验证算法的泛化能力。

（2）数据预处理。

本实验中，家庭用电设备的特征数据量纲不一，各种特征所在变化区间的数量级不同，然而算法中特征之间的对比标准是相同的，即希望不同的特征对于分类结果的贡献有一样的权重而不倾向某一个特征，因此在这里引入归一化处理，将数据变为标量。归一化处理可以消除特征之间量纲以及数值范围的影响，避免由于量纲问题而使得某些特征对分类结果不起作用，使特征之间具有可比性。常用的特征归一化处理方法除了上一节讲的Min-Max标准化法，还有Z-score标准化。转化为

$$X' = \frac{X - \mu}{\sigma} \tag{4-15}$$

式中　μ、σ——各种特征的均值和标准差。

可以看到，数据经过缩放后，服从标准正态分布，此时，通过均值和标准差，缩放和样本数据的分布密切联系，受到每个样本数据的影响。

两种归一化的特征数据处理方法从本质上看，属于线性变换，符合线性变换的一般形式

$$X' = \frac{X}{\alpha} - \beta \tag{4-16}$$

对原有数据进行压缩平移便得到归一化数据，线性变换并不会改变原有数据的数值排序，也就是说进行线性变换不会影响数据的分布排列，因此归一化

处理得到的数据是有效数据，同时能够提升数据的表现能力。考虑到Z-score标准化能够通过中心化避免奇异值和噪声对分类器模型造成的影响，本实验中对数据进行Z-score标准化处理。

（3）算法设计。k近邻识别算法的伪代码如下：

1）导入样本数据集；

2）对数据进行归算和归一化处理；

3）使用随机采样将数据集分为训练集和测试集；

4）计算测试样本点与训练集合中的样本点的差异程度（欧式距离）；

5）将计算得出的距离升序排列；

6）选出前k个样本点，统计这k个点对应类别标记的出现次数；

7）返回前k个样本点中出现次数最多的类别标记作为测试样本点的分类预测结果；

8）对测试样本集和验证样本集中的数据重复4）~7）的计算过程；

9）计算分类的准确度、查准率、查全率、F_1值。

在k值的选取上，根据经验规则，k值的选取一般应小于训练样本数的平方根，本实验中，采用交叉验证的方法对k值的选取进行判断，设定k值的取值范围为[1, 25]，对样本数据进行20次的随机划分，计算选取不同k值时，分类准确度的平均值，并选定准确度最高的k值。k值选取与分类准确度关系曲线如图4-27所示。

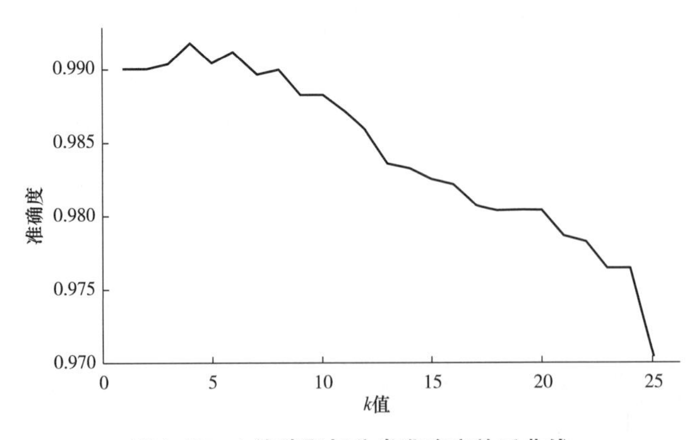

图4-27　k值选取与分类准确度关系曲线

从图4–27可以得知，k值在1 ~ 25之间选取时算法的平均分类准确度都能达到97%以上，对比之下，k值范围选取在5 ~ 10之间时分类效果更好。

（4）结果分析。

运行识别程序，对测试样本集的数据进行分类，由于对数据采取了随机抽样的方式，每次的取样结果都不相同，因此实验结果也会随之有一定的差异，改变采样结果，对前10次采样的实验准确度进行观察，前10次实验分类准确度统计见表4–5。

表4–5　前10次实验分类准确度统计

序号	1	2	3	4	5
准确度	97.86%	98.57%	96.43%	100%	99.29%
序号	6	7	8	9	10
准确度	99.29%	100%	97.14%	97.86%	98.57%
平均	98.5%				

可以看到，10次实验中，对全体测试集来说，平均分类准确度达到98.5%，分类器对测试集整体样本的拟合效果很好，选取其中一次实验对其他评价指标进行观察，测试集分类结果评估指标见表4–6。

表4–6　测试集分类结果评估指标

负荷类型	查准率	查全率	F_1值	样本数
风扇	1.00	1.00	1.00	22
电吹风	1.00	1.00	1.00	14
LED电灯	1.00	1.00	1.00	21
台式电脑	0.94	1.00	0.97	17
笔记本电脑	0.95	0.95	0.95	22
电视机	1.00	0.95	0.97	19
电冰箱	1.00	1.00	1.00	25
平均/合计	0.9843	0.9857	0.9843	140

分类算法对整个测试集合的分类预测准确度为98.57%，而且，对于实验中选取的家庭用电设备，其中的大部分电器各种评价指标参数都很好，说明此时算法基本能对研究的家庭用电设备进行准确地分类识别。至于分类效果稍差一点的台式电脑、笔记本电脑和电视机，由于三种电器的工作原理甚至元器件组成都有类似的地方，三者在电气特征参数上有相近的数值，因此根据采集的样本数据对这三种电器进行识别时会发生错误识别的可能，从而在分类结果上产生误差。

为了考察算法对于新出现的数据的识别能力，这里对验证数据集进行了分类的预测，验证数据集同样需要进行归一化的处理，在这里我使用了训练样本集的均值和标准差作为先验数据对验证集进行归一化，经过这种处理后，我相当于得到验证集数据在训练集数据中的分布情况，此时算法对验证集的分类准确度为91.11%，验证集分类结果评估指标见表4–7。

表4–7　　验证集分类结果评估指标

负荷类型	查准率	查全率	F_1值	样本数
风扇	1.00	1.00	1.00	60
电吹风	1.00	0.98	0.99	60
笔记本电脑	1.00	0.75	0.86	60
平均/合计	1.00	0.91	0.95	180

由于测量条件的限制，易于测量的只有风扇、电吹风和笔记本电脑的数据，因此上述结果不能完全代表算法的泛化能力。验证集中的数据，从上表可以得知，验证集中所选取三种家庭用电设备的查准率都为100%，表明算法对于与训练样本特征数据相近差异小的样本能很有把握地进行分类识别。但是，结果中，某一种笔记本电脑工作状态的15个样本被错误识别为台式电脑，而实际中，该笔记本电脑性能配置高，比较接近台式电脑，工作时功率因数等特征参数也与台式电脑近似，因此算法根据训练集将其划分为台式电脑，可以认为识别结果也是准确的。

总的来说，k近邻算法在测试集和验证集中分类识别的表现能力都较好，算法有一定的推广适用性。

4.2.3 基于决策树的单体设备类型识别

1. 决策树模型简介

决策树是机器学习中最为常用的一种算法，他的模型可以简单地理解为多个If–Then结构，数据从起始模块开始，一步步通过判断模块，最终到达终止模块，也就是结论[8]。决策树的学习是从实例的许多特征值中推出相应树的规则。目前决策树有很多实现算法，如ID3算法、C4.5算法等[9]。

在解决分类问题时，决策树是最常用的一种方法。他把整个搜索空间给划分成一块块，每一块代表着一个决策结果。一般一棵决策树有一个根节点、若干个中间节点（判断节点）和若干个叶节点（决策结果）。决策树通常被用作分类器或预测模型，可以对未知的数据进行分类、预测等。决策树算法适用于一些标称型和数值型的数据，优点是计算简单，结果可读性很强，缺点是容易出现过度匹配，即过拟合现象。

决策树是一种用于监督学习的层次模型，它由一些中间决策节点和终端叶子节点组成，每个中间节点实现一个具有离散输出的函数，数据到达该节点后通过该函数选择下一步的分支。这一过程从根节点出发，递归直到到达叶子节点，最后由到达的树叶节点形成输出，决策树模型图如图4–28所示。

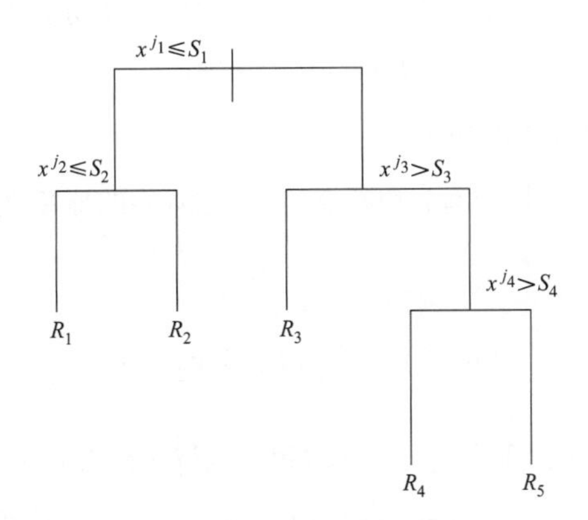

图4–28 决策树模型图

决策树的通用伪代码步骤如下：

S1、录入训练数据；

S2、对于每一个特征x^j；

S3、找到最佳的划分值使得划分后信息增益最大；

S4、选择最佳的特征作为节点；

S5、基于划分值创建分支，若某一分支下所有实例拥有同一个标签，则生成叶子节点；否则，在分支上迭代此函数；

S6、返回到上一节点；

S7、结束。

算法递归执行的终结条件为：

（1）在划分过程中使用完所用可用的特征值。

（2）每个分支下的实例都拥有相同的标签。

如果在使用完所有特征值后仍然不能实现条件2，则用投票的原则来决定分支下的标签，即选择当前分支下所占比例最多的实例的标签。

在生成决策树的过程中，最为关键的就是如何选择最优的划分属性，保证树能够以条件2结束划分，即随着划分下去，每一分支结点包含的实例纯度更高（即尽可能属于同一类别）。划分训练数据的最佳特征是树的根节点，有许多方法可以找到最佳划分训练数据的特征，如信息增益，即“熵”[10]。

熵定义为信息的期望值，是度量纯度最常用的指标，其定义为

$$l(x_i) = -\log_2 p(x_i) \tag{4-17}$$

式中　$p(x_i)$——x_i被选中的概率。

假设有数据集D，其中有n类标签，每类标签的概率为$p(x_i)$，则整个数据集的熵$Ent(D)$为

$$Ent(D) = -\sum_{i=1}^{n} p(x_i)\log_2 p(x_i) \tag{4-18}$$

Ent（D）的值越小，则说明样本集D里面的样本标签越集中，也就是越“纯”。

假定离散属性a有V个可能的取值$\{a^1, a^2, \cdots, a^V\}$，如果使用$a$来划分数据集，则$a$下面根据不同的属性值可以分出$V$个数据集，定义为$\{D^1, D^2, \cdots, D^V\}$，

根据式（3–20）可以依次计算每一个数据集的熵，再考虑到每个数据集的大小不同，定义权重 $|D^v|/|D|$，则可以计算以属性 a 来划分数据集所得到的信息增益

$$Gain(D,a)=Ent(D)-\sum_{v=1}^{V}\frac{|D^v|}{|D|}Ent(D^v) \tag{4–19}$$

一般而言，信息增益越大，说明以该属性划分得到的数据集纯度相对更高，著名的ID3算法便是用信息增益作为评定标准来选择特征值。

在训练的过程，常常由于所选数据集的不够大导致训练过程中将一些人为没有泛化能力的特殊特征值给学习进去，造成决策树的过拟合。即对于测试数据集，生成的决策树有很好的表现，但是对于数据集以外的数据却不能正确地识别，也就是生成的树高度贴合训练集而导致泛化能力下降。

2. 决策树识别模型构建

（1）训练集和验证集选取。

本实例使用和 k 近邻相同的数据集，考虑到冰箱等电器在运行时高次电流谐波含量丰富，可以作为划分依据，因此数据集合具体内容在 k 近邻算法中的样本数据的基础上添加6 ~ 11次电流谐波含有率作为样本特征。

（2）数据预处理。

为了使特征之间的比较可以在相同的数值范围内进行，机器学习问题中一般都需要对特征数据进行归一化的处理，但是在决策树的构建中，由于划分样本时对基尼不纯度、信息熵等指标进行计算时，都是针对同一种特征的不同特征取值进行的，不涉及多种特征的交互，因此在决策树算法中，数据不需要进行归一化处理。同时，在本实验使用的样本数据中，特征取值是连续型数据，本实验并不是把样本数据直接作为特征划分标准计算基尼不纯度，而是先把某一特征下所有的特征取值先进行升序的排列，然后在每两个特征值之间取它们的平均值作为划分所使用的数值，将特征值大于和小于该数值的样本分成两个子集合，因此，使用这种方法生成的决策树是一个二叉树，即对于每个判断节点，只有“是”和“否”两个分支。一般的决策树算法，特征只能使用一词，

而在本案例中，同一特征类型可以多次循环使用，而具体特征值根据样本来决定。

（3）算法设计。

决策树构建过程和识别过程的伪代码如下：

S1、利用基尼不纯度作为特征划分标准，根据不纯度差最大的原则，选出划分子集的特征类型和对应特征值；

S2、根据选出的特征类型和特征值将样本按照大于特征值和小于特征值分为两部分；

S3、创建分支节点，左分支为小于特征值的集合，右分支为大于特征值的集合；

S4、重复步骤S1～S3，当检验分支满足构建停止条件时，停止决策树的构建过程，将分支节点标记为叶节点，叶节点的类别标记为当前分支集合中样本频率最高的类别。

S5、导入测试集和验证集中的数据，对负荷进行分类识别，计算分类结果的准确度、查准率、查全率、F_1值。

在本实验中，决策树的构建停止条件设置为不纯度差的容忍值以及分支样本数量的容忍值。不纯度差的容忍值是指当计算所得的不纯度差小于设定的阈值时，认为样本集合的数据纯度已比较高，停止分支的生长；分支样本数量的容忍值则是指当分支样本数小于设定的阈值时，停止分支的构建。上述停止条件的设置在本质上来说就是预剪枝的操作，利用停止条件对决策树的生长进行一定的限制，一方面不仅可以避免决策树的模型过于复杂，加快程序运行速度；另一方面，也可以防止决策树模型对训练样本数据过度拟合的情况，减轻噪声数据对模型构建的影响，增强算法的泛化能力。在这里将不纯度差的容忍值具体设置为0.05，将分支样本数量的容忍值设置为40。

（4）结果分析。

根据训练样本集的数据进行决策树的构建，得到的其中一棵用于负荷识别的决策树结构，负荷分类决策树流程结构如图4–29所示。

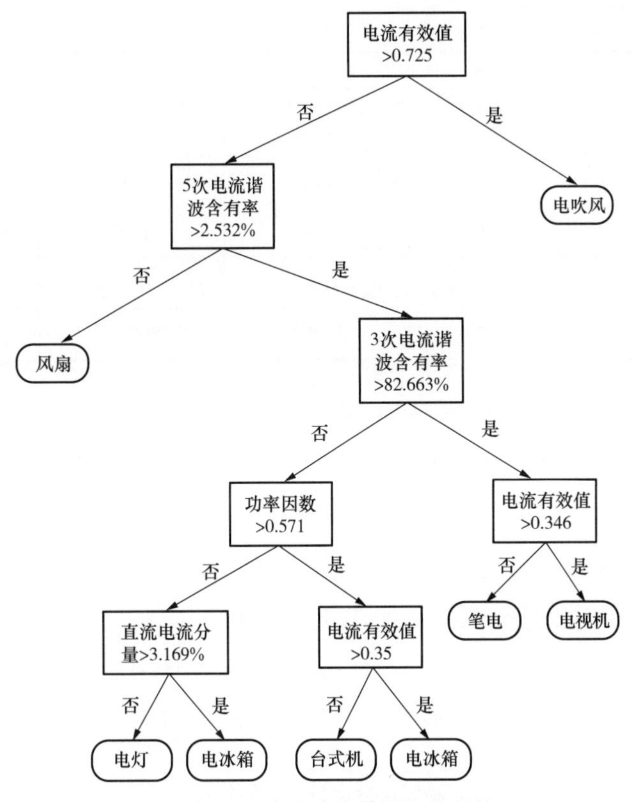

图4-29　负荷分类决策树流程结构

由于在训练样本集中，电吹风是唯一的大功率电器，因此在决策树的根节点上，根据电流有效值将电吹风与其他电器区分开来，随后，利用电流谐波含有率、功率因数等特征对剩下的设备依次进行分类。根据上图所示的决策树对测试集中的样本进行分类预测，得到的预测准确度为98.57%，测试集分类结果评估指标见表4-8。

表4-8　　　　　　　　　测试集分类结果评估指标

负荷类型	查准率	查全率	F_1值	样本数
风扇	1.00	1.00	1.00	18
电吹风	1.00	1.00	1.00	20
LED电灯	1.00	1.00	1.00	26

续表

负荷类型	查准率	查全率	F_1值	样本数
台式电脑	1.00	1,00	1.00	10
笔记本电脑	0.91	1.00	0.95	21
电视机	1.00	1.00	1.00	22
电冰箱	1.00	0.91	0.95	23
平均/合计	0.987	0.987	0.986	140

识别结果说明，对于测试样本集中的绝大部分电器，此决策树都能准确、全面地进行分类识别，说明该决策树能够较好地对训练集进行拟合。其中，笔记本电脑和电冰箱的识别效果较差，部分笔记本电脑样本被划分为电冰箱，这也体现了决策树法在处理连续数据时有一定的局限性。总体来看，此决策树基本能完成家庭用电设备分类识别的任务。

同样地，实验中利用验证集测试决策树的泛化能力，根据决策树对验证集进行分类，得到的准确度为90.56%，验证集分类结果评估指标见表4–9。

表4–9　验证集分类结果评估指标

负荷类型	查准率	查全率	F_1值	样本数
风扇	1.00	1.00	1.00	60
电吹风	1.00	1.00	1.00	60
笔记本电脑	1.00	0.72	0.83	60
平均/合计	1.00	0.91	0.94	180

机器学习的判断结果具有随机性，训练样本不同，决策树模型也各异，导致预测结果之间也有很大的差别。在这一次的实验中，验证集中的风扇和电吹风，通过电流有效值和5次电流谐波含有率完全识别出来，这表明模型具有一定的普适性。而在笔记本电脑的识别上，同样地，决策树算法也把某些样本识别为台式电脑，在后续中可以通过扩大负荷特征数据库对这一问题进行解决。

4.3 基于多模型的设备类型识别

4.3.1 集成学习简述

集成学习（ensemble learning）本身不是一个单独的机器学习算法，而是通过构建并结合多个机器学习器来完成学习任务，也就是常说的“博采众长”[11]。集成学习可以用于分类问题集成，回归问题集成，特征选取集成，异常点检测集成等等，可以说所有的机器学习领域都可以看到集成学习的身影。集成学习的思路如图4–30所示。

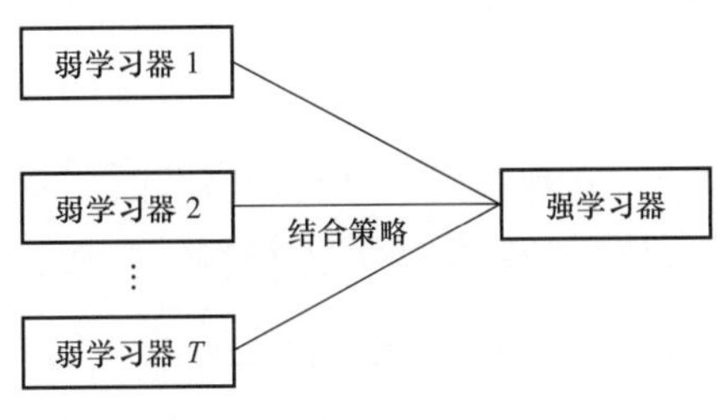

图4–30 集成学习思路

由图4–30可知，集成学习的设计主要体现在两点：一是弱学习器的选择和生成；二是结合策略的选择。

通常来说弱学习器可以同质的，如全部为决策树或神经网络，也可以为异质的，如弱分类器由神经网络、贝叶斯分类器、*K*近邻算法等等组成，再由结合策略形成最终的强学习器。目前同质弱学习期应用较为广泛，弱学习器使用最多的模型为分类与回归树（classification and regression tree，CART）和神经网络。

而根据弱学习器的生成方式可以分为串联（boosting）和并联（bagging）[12]。boosting算法先训练出一个弱学习器，然后观测当前弱学习器的误差率，提高误差率高的训练样本的权重，是的下一个弱学习器更加关注这类样本，典型boosting算法有Adaboost、XGBoost、LightBoost等[13]。Bagging算法是独立训练*T*个弱学习器，每个弱学习器学习随机抽样的样本，典型Bagging算法有随机森林。

对于策略的选择，主要有平均法、投票法、学习法。平均法主要用在回归问题上，对各个弱学习器的输出进行平均作为最终输出。投票法主要用在分类问题上，对各个弱学习器的输出结果进行投票，输出最高票数。学习法在弱学习器的输出后再加上一层学习器，对弱学习器的结果进行学习，得到最终的预测结果，典型的学习法有stacking。

4.3.2 基于集成学习的负荷识别算法

1. 集成学习数据集构建

由于集成学习需要大量的数据来源，因此选择使用公开数据集PLAID[14]进行训练。数据集PLAID包含16种电器，包括空调、搅拌器、咖啡机、风扇、冰箱、卷发棒、电吹风、电暖器、灯泡、微波炉、热水壶、笔记本电脑、台灯、吸尘器、电烙铁、洗碗机，共1876个独立采集的实例文件。其采样频率为30kHz，采集了设备从开启到稳定运行几秒内的高频数据。

按照3.3节所述，原始高频数据需要进行特征提取，防止原始波形直接输入到模型中，降低模型的输入维度。这里首先对波形数据进行切片处理，将波形数据按照50Hz频率切片成若干个周波数据。接着对每个周波数据进行特征计算，具体包括：电流波形平均值、电流波形峰峰值、电流波形有效值、电流波形因数、电流波形峰均比、电流总谐波含量、电流电压总谐波含量比值、有功功率、无功功率、视在功率、功率因数、1次、2次、3次、5次、7次电流谐波有效值和相位、4–6–8–10次电流谐波聚合有效值、9–12–15次电流谐波聚合有效值、11–13–17–19–23–25次电流谐波聚合有效值。

这里对每个实例连续取10个周期数据，共得到18760条特征数据。将数据集按照0.56/0.24/0.3的比例划分训练集/验证集/测试集，完成数据准备工作。

2. 模型选择和参数设置

这里分别对几种集成学习算法进行测试，包括：梯度提升决策树（gradient boosting decision tree，GBDT）[15]、XGBoost[16]、随机森林[17]。

（1）梯度提升决策树。梯度提升决策树属于boosting算法簇，无论是分类任务还是回归任务，其弱学习器都由CART决策树组成。对于N分类任务，首先对N分类标签进行独热码编码，因此分类问题转化为N个0-1回归问题，通过构建N个CART决策树实现拟合。梯度提升决策树算法参数包含两大类：一类为boosting框架参数，一类为CART弱学习器参数。

boosting框架参数包含以下几点：

1）n_estimators：弱分类器最大迭代次数，即最大弱学习器个数。一般来说n_estimators太小，容易欠拟合，n_estimators太大，又容易过拟合，一般选择一个适中的数值。在实际调参的过程中，常常将n_estimators和下面介绍的参数learning_rate一起考虑，两者通常进行负相关调整，即减小learning_rate时增大n_estimators。

2）learning_rate：即每个弱学习器的权重缩减系数，也称作步长/学习率，取值在0~1之间。通过设置学习率可以降低单个弱学习器的权重，实现正则化效果。较小的学习率意味着更多的弱学习器个数，因此学习率要和n_estimators共同设置。

3）subsample：即子采样系数，取值在0~1之间，这里的子采样为不放回抽样，选择部分样本去做拟合。选择小于1的比例可以减少方差，即防止过拟合，但是会增加样本拟合的偏差，因此取值不能太低。本实例取1。

4）init：即初始化时的弱分类器，也可以看作是第一个弱分类器。一般用在对数据有先验知识，或者之前做过一些拟合模型的时候。本实例选择默认值。

5）loss：即损失函数。对于分类模型通常使用对数似然损失函数或者指数损失函数，对于回归模型通常使用均方差、绝对损失、Huber损失或分位数损失。本实例选择对数似然函数。

CART的参数源于决策树，因此其参数与决策树的构造有关，包含以下几点：

1）max_features：决策树进行划分时考虑的最大特征数，一般来说，如果样本特征数不多，可以考虑所有的特征数，即选择默认。如果特征数非常多，可以降低划分时考虑的最大特征数，以控制决策树的生成时间。在本实例中选择默认。

2）max_depth：决策树的最大深度，一般来说，数据少或者特征少的时候可以不管这个值。如果模型样本量多，特征也多的情况下，推荐限制这个最大深度，具体的取值取决于数据的分布。在本实例中取3～10。

3）min_samples_split：内部节点再划分所需最小样本数，这个值限制了子树继续划分的条件，如果某节点的样本数少于min_samples_split，则不会继续再尝试选择最优特征来进行划分。

4）min_samples_leaf：叶子节点最少样本数，这个值限制了叶子节点最少的样本数，如果某叶子节点数目小于样本数，则会和兄弟节点一起被剪枝。

5）min_weight_fraction_leaf：叶子节点最小的样本权重，这个值限制了叶子节点所有样本权重和的最小值，如果小于这个值，则会和兄弟节点一起被剪枝。本实例选择默认值0，即不考虑权重问题。

6）max_leaf_nodes：最大叶子节点数，通过限制最大叶子节点数，可以防止过拟合，本实例选择默认值，即不限制最大的叶子节点数。

7）min_impurity_split：节点划分最小不纯度，这个值限制了决策树的增长，如果某节点的不纯度（基于基尼系数，均方差）小于这个阈值，则该节点不再生成子节点，即为叶子节点。本实例选择默认值1e-7。

（2）XGBoost。XGBoost的参数与GBDT类似，同样分为框架参数和弱学习器参数，弱学习器的选择由框架参数决定。

框架参数包含以下几点不同：

1）booster：决定弱学习器类型，可以是CART决策树、线性弱学习器或者DART等等。通常选择CART决策树即可。

2）objective：代表了要解决的问题是分类还是回归，或其他问题，以及对应的损失函数。具体可以取的值很多，一般只关心在分类和回归的时候使用的参数。在回归问题objective一般使用reg：squarederror，即MSE均方误差。二分类问题一般使用binary：logistic,多分类问题一般使用multi：softmax。

这里的决策树参数与上面的GBDT大部分相同，这里只介绍不同之处：

Gamma：XGBoost的决策树分裂所带来的损失减小阈值，只有大于此阈值才会尝试树结构分裂，详情参见XGBoost原理。

reg_alpha/reg_lambda：这2个是XGBoost的正则化参数。reg_alpha是L1正则化系数，reg_lambda是L2正则化系数，详情参见XGBoost原理。

（3）随机森林。随机森林的参数与GBDT基本一致，不同之处是没有学习率，因此最大的决策树个数n_estimators直接决定整个模型的架构。

3. 实例分析

（1）基于知识框架的集成学习。首先对数据进行划分，第一层划分为：利用周期波形的峰均比区分整流型设备和非整流型设备，第二层划分为：利用功率值将非整流型设备分为大功率设备和小功率设备。具体分类结果如下：

整流型设备：笔记本、台灯；

小功率设备：风扇、冰箱、卷发棒、灯泡；

大功率设备：空调、搅拌机、咖啡机、电吹风、电暖器、微波炉、电烙铁、吸尘器、洗碗机、热水壶。

对每个电器组合单独训练模型，并在测试集先检验模型泛化识别率，各模型综合识别率见表4-10，按照各类型设备占总设备的比重进行加权，得到综合识别率。

表4-10　　各模型综合识别率

设备名称	GBDT	XGBoost	随机森林
整流型设备	85.82%	91.79%	99.25%
小功率设备	94.00%	74.36%	91.76%
大功率设备	78.09%	94.00%	97.33%
综合识别率	88.19%	83.83%	95.25%

其中，各个模型的最优参数通过网格搜索法得到，评价标准为验证集准确率，最后得到：

GBDT的参数设置为：n_estimators=140,learning_rate=0.1, min_samples_split=16, min_samples_leaf=5, max_depth=8；

XGBoost的参数设置为：n_estimators=50, booster=’dart’, learning_rate=0.1, max_depth=7, verbosity=1, min_child_weight=0.2, gamma=0.5, reg_ alpha=0.01, reg_lambda=1；

随机森林的参数设置为：n_estimators=200,min_samples_split=10, min_samples_leaf=5, max_depth=8。

可以看到随机森林模型在每个设备组合上都取得较好的效果，综合识别率达到了95.25%，满足项目要求。

（2）基于常规端到端的集成学习。为了对比验证基于知识的集成学习的性能，这里进行对比实验，即不依靠知识进行预先分类，直接用所有的设备进行模型训练和测试，测试结果见表4-11。

表4-11　　测试结果

设备名称	GBDT	XGBoost	随机森林
常规的端到端	77.25%	78.48%	81.48%
基于知识框架	88.19%	83.83%	95.25%

可以看到，无论是哪个模型，基于知识框架的模型准确率都相对于常规的端到端有所提升，因此基于知识体系的集成学习能够适用于电力指纹技术研究和工程部署。

4.4 基于分层结构的设备类型识别

除了横向进行多模型的集成，还可以在纵向层面进行集成。纵向层面的集成一般是通过嵌入知识的手段来实现。

4.4.1 基于“数据+知识”驱动的电力指纹技术识别框架

知识融入的方式有三种，分别是：模型输入前、模型中间、模型输入后，对应人工智能识别流程的数据、模型、输出环节。

1. 模型输入前的知识融入

主要体现在对数据进行知识性预分类，使得数据标签的空间缩小，使得模型仅做简单的分类任务，防止模型形成过高维的映射，提高模型泛化能力。知识决策树如图4-31所示，图4-31中主体部分为二叉树，叶子节点为模型，中间节点的特征量可以来自于任何维度的数据，通过这类方式对数据进行预先划分，降低末端模型的识别难度。

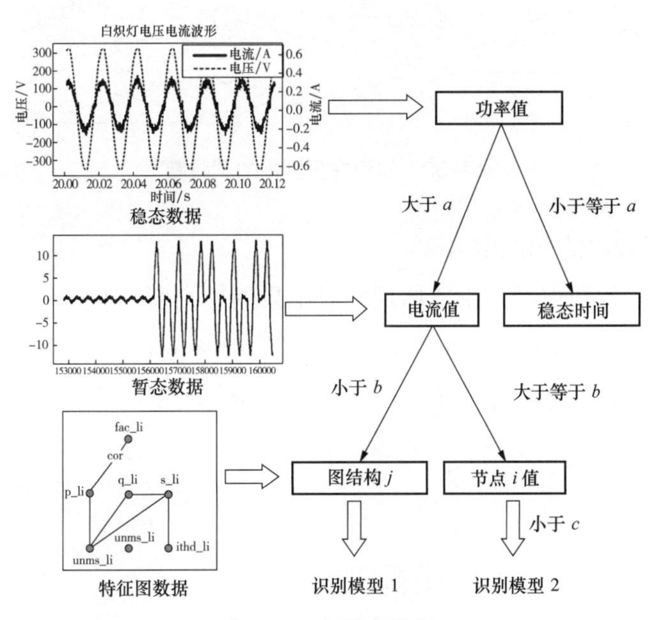

图4-31　知识决策树

与普通的决策树不同的是，每个中间节点的定义主要依靠领域内的专家知识进行制订，如对于消费类电子设备，其电路内含有开关管进行功率控制，因此可以通过设计特殊的特征值来快速分类。

2. 模型中间的知识融入

模型中间的知识融入主要方式有两类：一类是通过构造神经网络结构实现[18]；另一类是通过类迁移学习的方式进行知识融入[19]。

通过构造神经网络结构实现知识的嵌入，典型思路是：让专家认知中更为重要的特征进一步嵌入，实现知识在模型中的嵌入，图4-32为知识模型中的“跳跃”。在进行负荷识别时，功率、电流有效值、功率因数能够更好地帮助判别，因此在神经网络可以为这类特征设置跳跃，特征在输入到第一层网络节点的同时，直接输入到后端的网络节点中，使得重要特征的信息得到保留，直接影响到末端的决策输出。

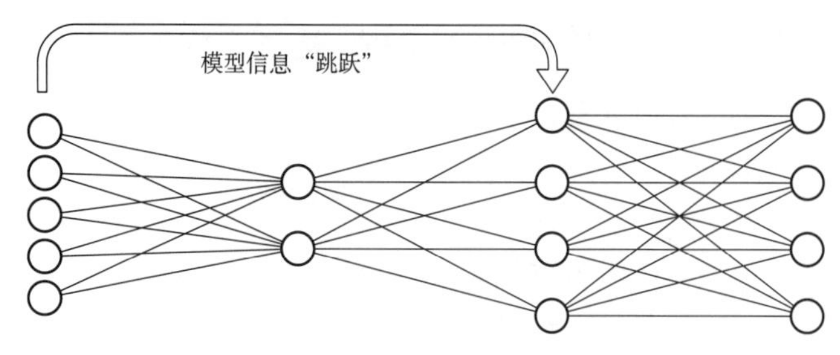

图4-32　知识在模型中的“跳跃”

3. 模型输出的知识融入

模型输出的知识融入主要体现在对结果的后判断，对于不符合常理或者不符合统计学的结果进行否决，家庭用电设备功率分布直方图如图4-33所示，数据源于各大电商的商品页面，每个设备样本不少于一千条。

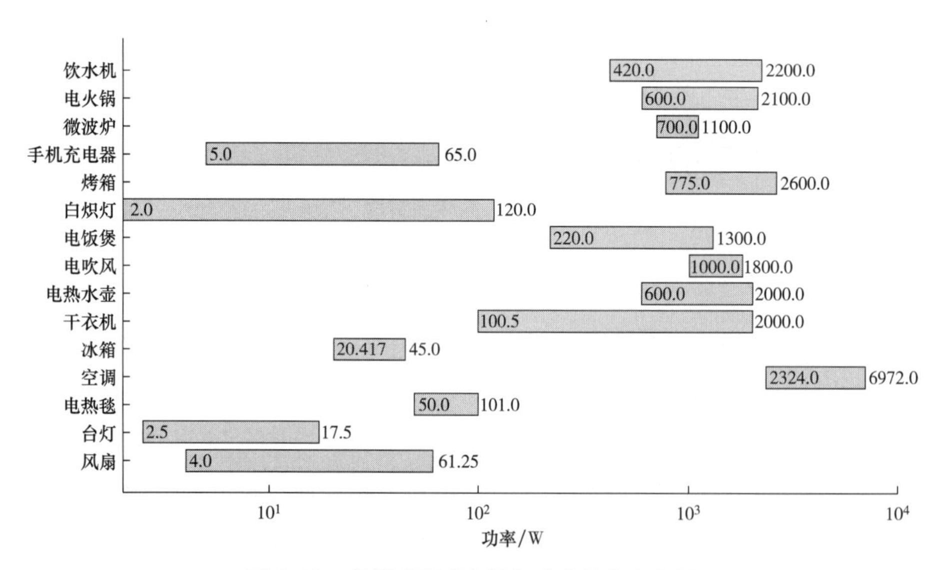

图4-33　各类家庭用电设备功率分布直方图

可以看到，每个设备的功率都有上、下限，如果识别模型判断为某一类设备，但其功率却不在该设备的统计范围内，则可以否决模型的判断结果，选择输出概率第二大的结果，重复上述操作，直至满足条件为止。

4.4.2 算例研究

（1）训练集、验证集与测试集的选取。

选取常见的19种电器的采样数据（电流、电压有效值、功率、谐波等）作为总数据集，总数据集共包含1776个数据样本，总数据集中每类电器包含1～3种电器型号的相同电器。采样数据组成见表4-12。

表4-12 采样数据组成

电器	数据组成
电炉	3种不同型号的电炉，每个电器平均选取5个状态进行采样，总共228组数据
热得快	仅有1个型号1个状态的电器，共23组数据
电饭锅	3种不同型号的电饭锅，共71组数据
电炒锅	3种不同型号的电炒锅，共65组数据
电磁炉	3种不同型号的电磁炉，每个电器平均选取5个状态进行采样，每种状态采集约15个数据样本，总共175组数据
热水壶	3种不同型号的热水壶，仅有一个状态，共68组数据
电热杯	2种不同型号的电热杯，仅有一个状态，共45组数据
煮蛋器	2种不同型号的煮蛋器，仅有一个状态，共41组数据
电暖器	2种不同型号的电暖器，其中一种型号有2个状态挡位，共58组数据
暖手宝	3种不同型号的暖手宝，仅有一个状态，共63组数据
电热毯	3种不同型号的电热毯，每种电热毯均有多个挡位，共采集72组数据样本
电吹风	3种不同型号的电吹风，每种型号均有多个挡位，共采集到227组数据
直/卷发棒	3种不同型号的直/卷发棒，每种型号仅有一个状态，共采集52组数据样本
电熨斗	2种不同型号的电熨斗，每种型号仅有一个状态，共采集25组数据
风扇	共3种型号，每种型号至少有三个不同挡位，共177组数据
台灯	共2种型号，共采集47组数据
手机充电器	共采集2种36组数据
笔记本	共采集3种120组数据
电瓶车充电器	6种充电器，共183组数据

将总数据集按表4-2中的分类方法分为3类数据集后，按70%、15%、15%的比例将数据集随机划分为训练集、验证集和测试集三个子集，数据划分情况见表4-13。

表4–13 数据划分情况

总数据（1776）	Train（70%）	Validation（15%）	Test（15%）
恒功率（386）	270	58	58
恒阻抗（592）	414	89	89
其他（798）	558	120	120

（2）数据预处理。本实例按照中的分类方法分为三大类电器，每类电器的特性不同，选取的特征也不相同。恒功率类中，选取有功功率、功率因数、1、3、5、7次谐波功率作为识别特征；恒阻抗类中，选择阻抗、有功功率、1、3、5、7次谐波阻抗作为识别特征；其他类中使用电流有效值、有功功率、功率因数和1、3、5、7次谐波电流作为识别特征。

由所选负荷特征可发现各特征数据量纲不一致和特征数量级不同的问题。此处引入归一化处理，将数据转化为标量，归一化是让不同维度之间的特征在数值上有一定比较性，可以大大提高分类器的准确性。

归一化处理选用Min–Max标准化。转换如下

$$X'=\frac{X-X_{\min}}{X_{\max}-X_{\min}} \tag{4-20}$$

式中 $X_{\max}$和$X_{\min}$——各种特征的最大值和最小值。

由公式可见经过缩放后，最后数据的输出范围在[0,1]之间，特征数据的数量级得到了统一。

（3）算法设计。因输入维度较低，识别方法使用BP神经网络即可达到较好的识别效果。神经网络通过Matlab自带的nprtool工具箱进行训练。打开命令窗口输入nprtool，这是一个基于BP的神经网络分类器。该分类器仅需选取输入输出数据，可设置训练集、验证集和测试集的比例，最后修改网络参数即可简单完成训练。神经网络如图4–34所示。图4–34中网络输入为7维向量，中间有一含16个神经元的隐藏层，输出为15维的独热编码。

隐藏层使用tanh函数作为激活函数，输出层的激活函数为softmax函数，softmax函数是应用于多分类的激活函数，softmax函数的表达式为

$$p(y \mid x)=\frac{\exp(W_y \cdot x)}{\sum_{c=1}^{C}\exp(W_c \cdot x)} \tag{4-21}$$

式中　C——类别数。

图4-34中的神经网络C=15，p（y|x）指输入为x时，分类结果为y的概率。

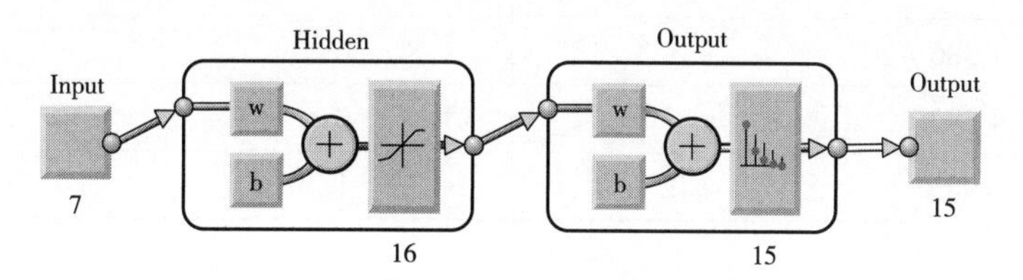

图4-34　神经网络

通过对超参数进行多次调整，识别结果较好的模型隐藏层神经元个数分别是恒功率神经网络隐藏层神经元个数为6、恒阻抗神经网络隐藏层神经元个数为20、其他类别中间神经元个数为10。

图4-35为结合专家知识的神经网络识别整个过程的流程图。

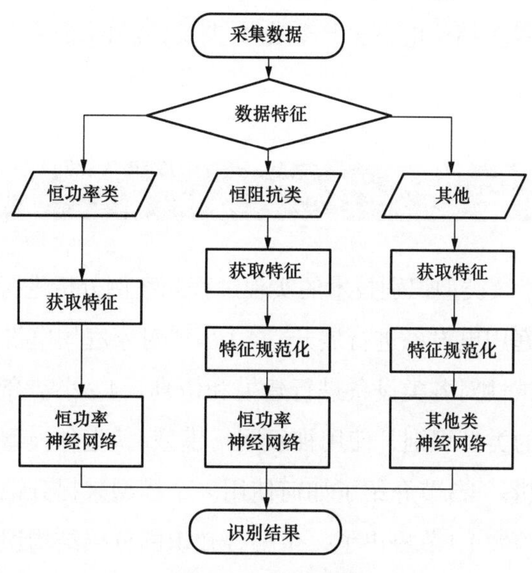

图4-35　识别模型

（4）结果分析。

本实例选取的19种电器类型每种稳定状态采集二十条左右的数据总共采集1776条稳态数据。训练结果见表4–14。

表4–14 训练结果

数据结果	训练识别错误次数	验证集识别错误次数	测试集识别错误次数
恒功率（386）	0	0	0
恒阻抗（592）	1	0	2
其他（798）	0	1	1

训练结果显示识别准确率高达99.7%，其中错误数据除极少数采样异常造成的异常数据外，错误数据主要出现在其他类中较多挡位的用电设备的识别中。

通过将训练好的神经网络投入使用测试后，所采集电器类型的识别效果较好，但仍存在某些多挡位复杂电器在不同环境下仍会出现识别错误的结果。可能的原因为在其他类电器中功率规范化处理的方法在某些多挡位电器中并不太适用或者多挡位电器采样数据太少及神经网络层数太少导致的过拟合结果。

本章小结

本章对电力指纹类型识别技术的实现过程和案例分析进行了详细描述，主要围绕着普通家庭用电设备进行展开。4.1小节对家庭用电设备的特性进行分析和分类，并尝试性对各类设备进行建模和仿真。4.2小节介绍了如何利用单体模型实现设备的类型识别，使用神经网络模型、k近邻模型和决策树模型进行不同角度的分析。4.3节介绍了如何使用多个模型来提升识别效果，降低单个模型过拟合风险。4.4节提出了一个融合知识的分层结构识别框架，从纵向角度使用多个模型协作识别，达到了很好的效果。

本章参考文献

[1]刘然.结合改进最近邻法与支持向量机的住宅用电负荷识别研究[D](硕士).重庆大学,2014.

[2]He D, Liang D, Yi Y , et al. Front-End Electronic Circuit Topology Analysis for Model-Driven Classification and Monitoring of Appliance Loads in Smart Buildings[J]. IEEE Transactions on Smart Grid, 2012, 3(4):2286-2293.

[3]余丽丽.基于HMM的非侵入式负荷分解及装置研发[D](硕士).重庆大学,2020.

[4]张忠华.电力系统负荷分类研究[D].天津大学,2007.

[5]Robert, H N.Theory of the Backpropagation Neural Network[J].Neural Networks for Perception, 1992: 65 - 93.

[6]Teuvo Kohonen, An introduction to neural computing,Neural Networks, Volume 1, Issue 1, 1988, Pages 3-16.

[7]Dudani, S.A.The Distance-Weighted k-Nearest-Neighbor Rule[J].IEEE Transactions on Systems, Man, and Cybernetics, 1976, 6(4):325 - 327.

[8]Safavian, S.R., Landgrebe, D.A survey of decision tree classifier methodology[J].IEEE Transactions on Systems, Man, and Cybernetics, 1991, 21(3):660 - 674.

[9]Hssina B, Merbouha A, Ezzikouri H, et al.A comparative study of decision tree ID3 and C4.5[J].International Journal of Advanced Computer Science and Applications, 2014, 4(2):13-19.

[10]Rényi A.On measures of entropy and information[C].Proceedings of the Fourth Berkeley Symposium on Mathematical Statistics and Probability, Volume 1: Contributions to the Theory of Statistics.University of California Press, 1961, 4: 547-562.

[11]Dietterich T G.Ensemble learning[J].The handbook of brain theory and neural

networks, 2002, 2（1）: 110–125.

[12]Freund, Y., Schapire, R.E.Experiments with a New Boosting Algorithm[C]. Proceedings of Thirteenth International Conference on Machine Learning, Bari, Italy, 1996: 148–156.

[13]Freund, Y., & Schapire, R. E. (1997). A Decision–Theoretic Generalization of On–Line Learning and an Application to Boosting. Journal of Computer and System Sciences, 55(1), 119 – 139.

[14]Medico, R., De Baets, L., Gao, J. et al. A voltage and current measurement dataset for plug load appliance identification in households. Sci Data 7, 49 (2020).

[15]Friedman, J.H.Greedy Function Approximation: A Gradient Boosting Machine.The Annals of Statistics, 2001, 29: 1189 – 1232.

[16]Chen, T., Guestrin, C.XGBoost: A Scalable Tree Boosting System[C]. Proceedings of the 22nd ACM SIGKDD International Conference on Knowledge Discovery and Data Mining, KDD ’ 16.Association for Computing Machinery, San Francisco, CA, USA, 2016: 785 – 794.

[17]Breiman, L.Random Forests[J].Machine Learning, 2001, 45（1）: 5 – 32.

[18]S. J. Pan and Q. Yang, Abu–Mostafa, Y. S. (1990). Learning from hints in neural networks. Journal of Complexity, 6(2), 192 – 198.

[19]S. J. Pan and Q. Yang, "A Survey on Transfer Learning," in IEEE Transactions on Knowledge and Data Engineering, vol. 22, no. 10, pp. 1345–1359, Oct. 2010.

5

CHAPTER 5

多设备混叠类型识别技术

在实际生活中，除了设备单独运行以外，还会出现多个设备同时运行的情况，如插排或低压断路器连接运行着多个电器，第4章的类型识别技术无法直接解决这种问题，因此需要研究如何在多设备混叠运行情况下进行识别。目前具备可行性的思路有两种，一是本书提出的基于事件的增量设备类型识别方法，将多设备运行识别问题转化为单体设备识别问题，即可沿用第4章所提的方法；二是从整体的角度直接识别所有运行的设备，以非侵入式负荷分解方法为主。

这两种思路是截然不同的两种技术路线，非侵入式负荷分解方法对于数据和硬件采样精度要求低，因此首先获得学术界大量关注和研究。但随着研究深入，研究人员发现非侵入式负荷分解方法需要使用用户的长时间监测数据，同时由于数据的颗粒度较低，无法实现实时、精确的设备识别，实用价值较低。因此，本书创新性地提出了基于事件的增量设备类型识别方法，该方法利用了高精度的采样数据，能够实时地识别运行的各个设备，具备很高的实用性和研究前景，但同时也对采样设备提出了更高的要求。为此，本书构建了能够支撑算法的高精度硬件系统和软件系统，这部分内容将在第8章详细描述。

5.1 基于事件的增量设备类型识别方法

基于事件的增量设备类型识别方法的核心在于如何将多设备类型识别问题转化为单体设备识别问题。这里介绍一种简单可行的思路，即提取设备接入时的增量电流，把增量电流作为单个设备的数据进行识别。这里涉及事件检测算法、增量提取算法，本节将会详细展开介绍，同时用真实的算例来验证算法的有效性。

5.1.1 多设备增量提取过程

1. 理论计算过程

在实际的家庭用电中，使用零线和火线给用户供电，一般两线之间的电压为220V标准电压。为了保证各个电器之间能够独立工作，因此家庭电路基本设计为并联形式，家庭电路基本电路架构如图5-1所示。

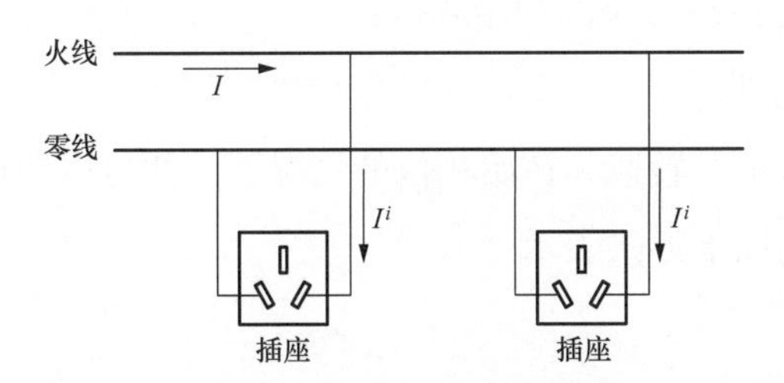

图5-1　家庭电路基本电路架构

按照电路原理可知，各个电器的电压相同，总线上的电流等于各电器支路电流之和，如式

$$I = I^1+I^2+\cdots+I^i \tag{5-1}$$

式中　I ——总线上的电流；

I^i ——第i个设备上的电流，电流的参考方向与电压方向一致。

单纯利用I是无法求解出每一个设备上的电流的，但是如果能够在总线上长时间监测I，就有可能通过增量的方式提取出各个设备的电流I^i。如在t_0时刻设备i接入电路，那么理论上根据并联原则，设备i的电流可以近似为t_0之后总线电流减去t_0时刻设备还未接入时的总线电流。

$$I^i(t) = I(t+t_0)-I(t_0) \tag{5-2}$$

现实中，由于存在线路阻抗，设备的接入往往会对电压产生轻微的波动，使得$I(t_0)$发现变化。经过实际测量，这种轻微的变化不会对识别造成大的影响，因此后续过程不再考虑这部分影响。

式（5-2）中的电流是流过某个设备的电流时域波形，而不是某个具体的电流量，这给计算、传输和存储带来很大困难。在实际中流过设备的电流不是直流，也不是单一频率的交流，而是混杂着微小直流量和各次谐波电流的交流电，因此将电流分解成一个个单独的不同频率的信号量再参与到计算会是一个更合适的方案。对于某频率电流可以表示为

$$i(t) = I_m\cos(\omega t+\varphi) = \Re(I_m e^{j\omega t}\cdot e^{j\varphi}) \tag{5-3}$$

式中 I_m ——振幅；

ω ——转速；

φ ——电流在 $t=0$ 时的初始相位；

$\Re$ ——取实部。

因此在已知振幅、转速和初始相位的情况下，便可以知道电流的情况，因此交流信号可以用以下形式表示

$$\dot{I}_m = I_m \angle \varphi \tag{5-4}$$

对于电流分量，把 k 次谐波电流记为 $\dot{I}_k$，0次谐波电流即为直流分量，那么各个设备的电流可以表示为

$$I^n = \sum_{k=0}^{\infty} \dot{I}_k^n \tag{5-5}$$

式中 I^n ——第 n 个设备的电流有效值；

$\dot{I}_k^n$——第 n 个设备的电流 k 次谐波。

将式代入得到

$$\dot{I}_k = \dot{I}_k^1 + \dot{I}_k^2 + \cdots + \dot{I}_k^n \tag{5-6}$$

式中 $\dot{I}_k$ ——总线电流 k 次谐波。

同理设备 i 的 k 次谐波电流

$$\dot{I}_k^i = \left(\dot{I}_k\right)_{t+t_0} - \left(\dot{I}_k\right)_{t_0} \tag{5-7}$$

因此，通过获取设备投切前后的傅里叶变换结果，通过相减获得的增量即为该设备的电流。需要注意的是，这里为相量相减而不是幅值，因此需要考虑到相量的相减，通常的做法是先将相量换成复数形式，在复数形式上进行加减。

2. 事件检测算法

前面讲了增量提取的基础方法，在实际应用中还需要考虑一个问题，就是如何确定设备投入的时刻 t_0，这时候就要用上事件检测算法。通常事件检测方法有规则判断和变点检测两种方法。规则判断就是对某个变量设置阈值，当这个变量变化的幅度超过阈值即触发。变点检测则通过一个序列或过程的部分统

计特性发生改变，从而找到突变的时刻。

规则判断法的优点是实现简单，反应快速，利用采样点之间的差值计算即可进行判断。如设置功率突变超过 $P_{threshold}$ 即为检测到有设备接入。但是规则判断法的缺点是事件检测准确率不高，一方面是存在扰动的情况下，阈值设置过低则会频繁触发，阈值设置过高则有可能拒动；另一方面是存在某些设备是缓慢线性增长的，因此可能会检测不到事件或者丢失部分事件。因此实际中很少使用规则判断法。

$$P(t_0+1)-P(t_0)>P_{threshold} \tag{5-8}$$

式中　$P(t_0)$、$P(t_0+1)$——t_0 和 t_0+1 时刻总线上功率。

变点检测法最常见是通过事件发生前后的广义似然比检验（generalized likelihood ratio，GLR）进行或者采用基于序贯概率比检验（sequential probability ratio test，SPRT）的信号突变检测算法[1]，目前使用最多的为基于序贯概率比检验的变种方法——滑动窗检测法。

滑动窗的原理为：记录变量的一个序列的值，通过计算方差或者标准差与平均值的比较来判断是否有突变发生。若没有事件发生，则更新序列，增加新的采样点并移除最早的采样点，即为滑动[2]。

滑动窗的优点是检测准确率高，不容易形成误动。因为在计算的过程不仅仅考虑了某一个点，而是把一个序列的点都提取出来，个别异常点所含的信息将会被稀释掉，因此滑动窗对于异常值有较好的表现。但是比较规则判断法速度较慢，计算复杂。

在实际中往往会结合多种方法进行协同事件检测，如基于滑动窗的双边累积和（cumulative sum，CUSUM）事件检测方法，CUSUM算法是统计过程中常用的算法，它最初是由Page在1954年提出的[3]。即首先进行滑动窗初步检测，第二次再通过阈值来进行第二次检测。

3. 相位同步问题

在实际中，还需要解决相位的同步问题。这里回顾一下相量的三要素：振幅、频率、初始相位，由于振幅和频率不随时间变化，而初始相位与选择的初始时间点有关，因此式子成立的条件是两个相减的相量要基于同一起始时间参考轴。而在实际中，由于获得的电气量都是离散采样点，需要采集一个序列的点并经过3.3.1的离散傅里叶变换才能得到各次谐波分量。基于离散傅里叶变换得到的相位谱与序列的起始点有非常大的关系，工程中无法保证前后两次序列的起始点刚好间隔整数倍的最小公周期，因此需要进行同步处理后的相位值才能参与到增量计算中。

这里通过例子来具体描述相位的同步问题与解决方案。

假设有一电流I_1为

$$I_1(t) = \cos(2\pi t) + 2\cos(6\pi t+\pi) \tag{5-9}$$

可以看到，在t=0时刻开始高频采样，采集到t=1截止，采样长度为N，采集的序列为$X = [x_1, x_1, \cdots, x_N]$，那么经过FFT计算得到$f$=1Hz分量（上式第一部分）的相位为$\varphi_1$=0，$f$=3Hz分量（上式第二部分）的相位为$\varphi_2=\pi$。如果在$t$=0.5时刻开始采样，采集到$t$=1.5截止，同样采样长度为$N$，但是经过FFT计算得到的$f$=1Hz分量的相位为$\varphi_1=\pi$，$f$=3Hz分量的相位为$\varphi_2$=0。如果是直接从FFT的结果来看，这两个信号是截然不同，造成这个问题的出现是因为两次采样的起始点不一致或者说没有间隔整数倍最小公周期，即如果在t=1时刻开始采样，将会得到与t=0时刻开始采样值一样的结果。因此，只要保证前后两次序列的起始点刚好间隔整数倍的最小公周期即可。

但现实的采样系统无法做到精准的定位，即无法知道采样开始的时刻（理论上不存在时间起始参考轴），因此需要通过其他方式来实现“伪同步”。从上述的例子可以发现，f=1Hz从φ_1=0旋转到$\varphi_1=\pi$时，f=3Hz从$\varphi_2=\pi$旋转到$\varphi_2=-\pi$，即f=3Hz分量按照3倍于f=1Hz分量进行旋转。那么只要将f=1Hz分量减少到零，f=3Hz分量同样按照3倍的速度减少，即可回退到t=0时计算出来的值。

因为电力指纹技术主要的研究对象为用电设备，通常会将f=50Hz设置为基波，则$f=k\times 50$Hz为相应的k次谐波。结合上述的同步方法，归纳为数学表达式即为

$$\text{for each } k \text{ has: } \varphi_k' = \varphi_k - k\times\varphi_1 \tag{5-10}$$

式中　φ_1——FFT计算得到的基波相位；

φ_k——FFT计算得到的k次谐波相位；

φ_k'——同步后的k次谐波相位，k=1, 2, …, k。

算法计算到这一步还未能真正应用，因为“伪同步”的参考时间轴为当次采样的基波相位，而若两次采样的基波电流发生变化（如接入设备），则参考轴发生改变，同样不能实现同步，因此需要进一步为基波电流寻找一个不会变化的参考轴。前面提到了家庭电路为并联电路，电流可以有很多个，但是电压只有一个源，因此电压可以充当参考轴，具体来说，可以选择基波电压作为参考轴[4]。在采集电流的同步采集电压，对电压进行FFT计算，此时可以得到电压基波的相位φ_{U_0}，由于基波电压和基波电流的频率相同，因此可以直接相减得到基波电流相对于基波电压的相位$\Delta\varphi$

$$\Delta\varphi = \varphi_{U_0} - \varphi_{I_0} \tag{5-11}$$

进一步进行归算

$$\text{for each } k \text{ has: } \varphi_k'' = \varphi_k' - k \times \Delta\varphi \tag{5-12}$$

此时所有的相位都以电压基波为参考轴，而电压基波基本是恒定不变的源，因此间接实现了同步。

虽然通过上述方法可以实现增量的提取，但是实际的家庭不是理想的电路，线路存在一定的阻抗，即设备接入之间依然会有影响。式子成立的条件是设备接入时，其他设备保持原来的运行状态不受影响。但是当电路接入了一个高功率设备，此时将会产生较大的电流，电流经过线路的阻抗将会产生一定的压降，导致整个家庭设备的电压降低，从而改变了其他设备的运行状态，导致式子不成立。因此如何处理设备之间的影响将会是一个值得研究的课题。

5.1.2 算例分析

（1）实验设置。

为在实验室中搭建多设备类型运行识别的测试环境，使用插排来模拟实际房屋中的多个插座，即插排的总电压、电流对应房屋入户总线上的电压、电流。关于实验设备的布置，将市电接入单相功率测试转换器并将插排与其相接，再使用电压差分探头测量插排出线端的电压，使用电流探头测量市电侧的电流，基于HIOKI-MR8875数据采样仪进行数据记录，多设备混叠运行识别实验平台如图5-2所示。

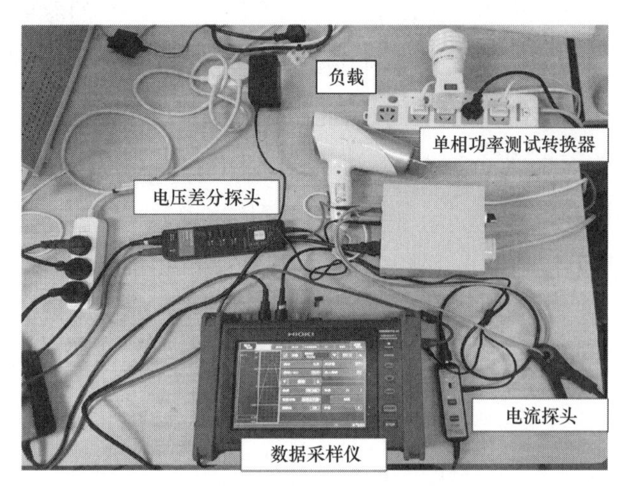

图5-2　多设备混叠运行识别实验平台

多设备混叠运行通过在插排中接入多个电器进行模拟，即实验中多设备混叠运行识别指基于连续测量的插排总电压、电流数据实现对插排上新接入或切除电器的识别。其中，在测量过程中保持运行的电器称为基底电器，待识别的新接入/切除电器称为目标电器。在该算例中，设置多组不同的基底，重复多次投入/切除目标电器，以目标电器识别的准确率评价多设备混叠运行识别算法的性能。

识别算法采用4.3.2节中表现较好的随机森林，具体参数设置为：n_estimators=100，min_samples_split=6，max_depth=8。用于模型训练的数据集包括台灯、电动汽车充电器、电吹风、电热毯、电热水壶、电磁炉、电风扇的单体负荷数据，且基底电器与目标电器均在该数据集中。

（2）数据准备。

实验使用的数据集中包含7种负荷类型，26种电器，各电器各工作模式采样得到56条实例样本，各样本的采样时长为30s，实验电器的基本信息见表5-1。

表5-1　　实验电器的基本信息

电器类型	电器品牌	功率值分布（W）
电吹风	PHILIPS、CONFU康夫、Aiwode、AOKAI澳凯、FLYCO飞科、LIANGYADA亮雅达、frogfrog	300 ~ 3000
台灯	乐本电子、nvc、digad迪迦迪、OPPLE、亿富灯饰	2.5 ~ 40
电动汽车充电器	爱凤鸟、爱玛、雅迪	96 ~ 109.2
电热毯	冠达星、彩虹、南极人	50 ~ 100
电热水壶	CHIGO志高、SUPOR、万家乐	600 ~ 1800
电磁炉	CHANGHONG长虹	1360 ~ 2200
电风扇	TCL、ZOLEE中联、deli得力、huajiu	3 ~ 60

数据预处理中，对单体的电压、电流数据构建34个特征，包括：电流波形平均值、电流波形峰峰值、电流波形有效值、电流波形因数、电流波形峰均比、电流总谐波含量、电流电压总谐波含量比值、有功功率、无功功率、视在功率、功率因数，1次、2次、3次、5次、7次电流、阻抗的谐波有效值和相位、4–6–8–10次电流谐波聚合有效值、9–12–15次电流谐波聚合有效值、11–13–17–19–23–25次电流谐波聚合有效值。每条实例样本取10个周期的数据，共得到560个特征向量。

（3）结果分析。

以志高电热水壶与雅迪电动汽车充电器分别作为目标电器进行实验，多设备混叠运行实验结果见表5-2。

表5-2　　多设备混叠运行实验结果

基底电器	基底电器功率（约）（W）	接入/切除的目标电器	开关次数	准确率
电灯	23	电热水壶	10	80%
电吹风	800	电热水壶	10	80%
电灯+电吹风	823	电热水壶	10	100%
电灯+风扇+电吹风	873	电热水壶	10	100%

续表

基底电器	基底电器功率（约）（W）	接入/切除的目标电器	开关次数	准确率
电灯	23	电动汽车充电器	10	100%
电热水壶	600	电动汽车充电器	10	100%
电灯+电热水壶	623	电动汽车充电器	10	80%
电灯+风扇+电吹风	1000	电动汽车充电器	10	100%
电灯+风扇+电吹风+电热水壶	1600	电动汽车充电器	10	100%
电灯×2+风扇+电吹风+电热水壶	1600	电动汽车充电器	10	100%
电灯×2+风扇×2+电吹风+电热水壶	1650	电动汽车充电器	10	100%
电灯×2+风扇×2+电吹风×2+电热水壶	2100	电动汽车充电器	10	90%
电灯×2+风扇×2+电吹风×2+电热水壶×2	3600	电动汽车充电器	10	80%

从实验结果可以看出，整体准确率不低于80%，说明测试的多设备混叠运行识别方法在多种基底下的性能均较好，适应于实际运行环境。目标电器为电热水壶时，前两种基底的准确率较低，原因为电磁炉有一种与该电热水壶相近的工作模式，增量提取过程中引入的扰动影响了模型的判断。目标电器为电动汽车充电器时，整体趋势为准确率随着基底复杂程度的增大而降低，原因为基底越复杂，增量提取的波形与训练时的单体波形相比畸变程度越大，输入特征的分布差异越大，不利于模型的分类。

5.2 非侵入式负荷分解

5.2.1 非侵入式负荷分解方法概述

1. 基本概念

前面提到了对于多设备类型识别还可以通过非侵入式负荷分解技术进行识

别，非侵入式负荷分解技术最初源自MIT的Hart教授在20世纪80年代提出非侵入式电器负荷监控这一技术[5]，其目的是研制一种不影响或尽可能小地影响作用对象的用电监测工具，为电力公司提供各住宅用户家中各种用电设备耗能的详细信息。随着智能电网和智能用电理念的发展，高级量测体系（advanced metering infrastructure，AMI）等关键技术日益发展[6]。非侵入式负荷分解是AMI的重要组成部分，其基本功能是将用电数据细化到用户住宅内的电器负荷，可为电网公司进行用电行为分析、需求响应潜力挖掘，以及调度策略制订提供基础信息参考。非侵入式负荷分解大体流程如图5-3所示。

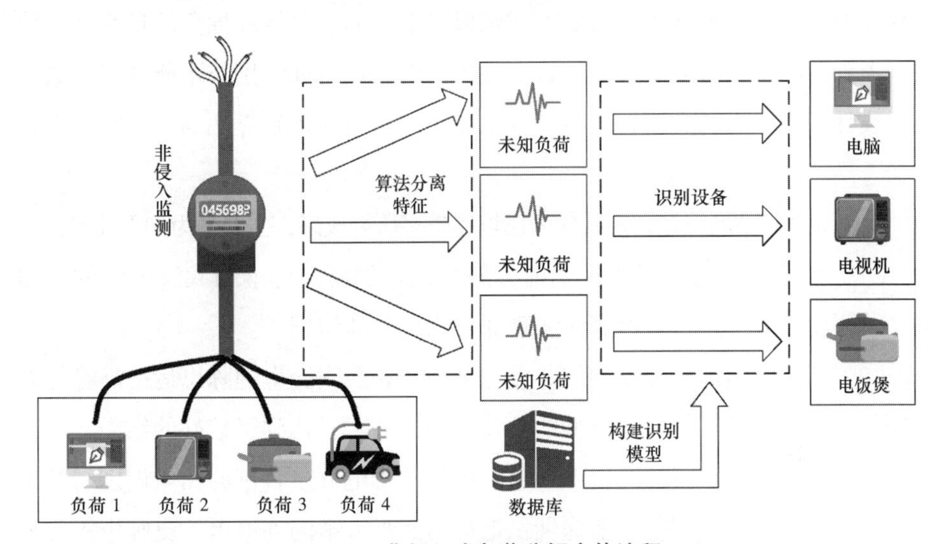

图5-3 非侵入式负荷分解大体流程

非侵入式负荷分解算法首先从电表侧获得用户的整体用电曲线，然后根据各类负荷的运行特点分离负荷运行曲线，进而达到识别效果。目前非侵入式负荷分解算法研究

2. 研究现状

由于非入侵式负荷识别是基于负荷特征分析基础之上的[7]，因此学界研究了不同特征下的识别效果。Liang J等人提取负荷稳态的有功、无功参量进行识别[8]，该方法简单直观，缺点在于不适用于多态负荷的识别。Lee K D、Wichakool W以及Laughman C等人在提取负荷稳态的有功、无功参量[9-11]，

通过计算变化量的方式提取特征的基础上增加了有功和无功谐波分析，在特征提取上不仅计算变化量，还计算回归分析，该方法可以实现功能相近的负荷识别，但是不能处理多状态负荷。Lam H Y与Hassan T等人根据电压电流曲线[12-13]，提取描述负荷稳态工作下的电压电流轨迹指标作为特征，该方法相对于提取负荷稳态的有功、无功参量，通过计算变化量的方式提取特征的特征提取方式来说对于功率型负荷有更好的区分度。Srinivasan D、NgWS、Liew A C根据稳态电流谐波出发[14]，对电流进行傅里叶变换，该方法虽然简单便捷，但对于多态负荷的识别效果有限。总的来说，负荷特征分析目前大多数基于手动提取的方式，这种基于经验的方式难以提取全面、有效和抽象的负荷运行特征。但随着深度学习的发展，结合所提出的电气量特征识别技术能基于大数据技术设计出深层次的负荷特征自动提取器，这对负荷识别算法的发展具有重大意义。

对于分解环节的算法，近几年来已取得较多研究成果，主要分为如下几类：

（1）最优化算法寻找最优负荷分解结果。如河南许继与武汉大学的李如意、黄明山等人采用粒子群算法实现非侵入式负荷识别[15]。

（2）基于隐马尔科夫模型的非侵识别[16]。如西安交大的陈思运、高峰等人采用了基于因子隐马尔可夫模型的负荷识别方法[17]，达到了较好的结果。

（3）基于深度学习的非侵识别[18]，包括基于电气量轨迹的图像识别与基于功率时间序列的序列识别。如深圳供电局与武汉大学的刘恒勇、史帅彬等人采用了RNN进行负荷分解[19]，取得了较好的结果；清华大学的王轲、钟海旺等人在RNN的基础上加入了Attention机制[20]，使得基于深度学习的非侵识别准确率更上一层楼。

总体而言，当前分解方法仍存在以下挑战与不足：

（1）现有研究缺乏对各类电器用电模式的关注。

（2）依赖电器高频暂态信息的方法会有明显的数据运算和存储压力。

（3）模型泛化能力弱，即分解模型仅适用于特定住宅的电器，若不重新进行繁琐长期的训练样本采集，模型无法迁移至新的住宅中使用。

针对上述负荷分解研究存在的不足，本书提出三种非侵入式负荷分解模型：

（1）基于用电模式和字典学习的电器负荷分解模型。

（2）基于隐马尔科夫模型的非侵入式负荷分解模型。

（3）基于组贝叶斯优化的非侵入式负荷分解模型，将分别在5.3～5.5节展开叙述。

5.2.2　与增量设备类型识别方法对比

从前面的介绍可以看到，非侵入式负荷分解与增量设备类型识别是两种截然不同的技术路线，这里对两种方法进行对比，让读者有个更直观的认识。增量设备类型识别与非侵入式负荷分解对比见表5-3。

表5-3　增量设备类型识别与非侵入式负荷分解对比

相关要求	增量设备类型识别	非侵入式负荷分解
数据要求	短时电压电流高频数据	长时间用电功率曲线
核心算法	事件检测算法、负荷识别算法、增量数据分离算法	最优化算法、马尔科夫模型、深度学习算法
算力要求	取决于识别模型	取决于识别模型
硬件要求	高	低
实时性	具备	不具备
实用性	高	低
成熟度	研究成熟度低	研究成熟度高
场景适用性	可适用于侵入和非侵入式设备	仅适用于非侵入式监测设备
算法输出	当前接入的设备	各设备使用曲线
应用场景	安全用电识别、设备用电监测、智能家电	设备用电监测、用户行为识别、电量分解
部署成本	取决于监测设备是否侵入用户	低

从数据角度来看，增量设备类型识别方法主要依靠的是设备的高频电压电流数据和特征，因此仅需要较短时间的数据长度即可。而非侵入式负荷分解需要利用设备的用电规律和变化信息进行识别，因此数据往往是长时间的用电功率曲线。由于数据的特点，多设备混叠识别能够做到实时性识别，而非侵入式

负荷分解往往不能做到快速精准地识别。

在核心算法上面，增量设备类型识别方法包含事件检测算法、增量数据分离算法、负荷识别算法，每个环节都会影响到最终的识别准确率，因此算法实现难度更大，当前研究成熟度低，但可研究空间大。而非侵入式负荷分解方法可以根据情况采用最优化算法、马尔科夫模型、深度学习算法，算法实现的灵活度更高，当前研究成熟度更高。

从实际工程来看，增量设备类型识别方法需要更高的硬件条件支撑，其中涉及的事件检测、提取、识别部分都需要用到高频精细数据。非侵入式负荷分解对硬件条件要求低，仅需要满足一定的功率采样、数据存储和计算功能即可。

从应用角度来看，增量设备类型识别方法由于能够快速输入当前接入的设备，因此能够应用于安全用电识别、设备用电监测、智能家电等领域，操作性和实用性高。此外，增量设备类型识别方法由于算法的特殊性，不仅仅能部署在侵入式测控终端，还能够部署在非侵入式监测终端，具备良好的适用性。非侵入式负荷分解能够输出各设备使用曲线，因此多用于设备用电监测、用户行为识别、电量分解领域，以输出建议和结论为主。

为了更好地理解非侵入式负荷分解，并学习非侵入式负荷算法的优点，编者也在非侵入式负荷分解领域做了一些工作，提出了三种非侵入式负荷分解模型，方便读者学习和对比这两种方法。

5.3 基于用电模式和字典学习的电器负荷分解算法

基于用电模式和字典学习的电器负荷分解模型通过聚类提取电器的典型用电模式，根据待测住宅内电器所含用电模式，执行字典学习算法训练各电器的模式字典，再利用模式字典对总负荷进行稀疏表示以实现负荷分解[21]，测试数据集上的分解结果验证了所提方法的准确性以及在住宅迁移上的泛化能力。

5.3.1 稀疏表示模型

稀疏性是自然信号的重要特征，指的是信号中含有的零元素较多。给定稀疏信号，通过一组过完备基向量的线性组合，可以实现对该信号的稀疏表示。字典学习（Dictionary Learning）作为一种无监督学习方法[22]，研究的就是如何构建这组基向量，从而提取信号的稀疏特征。

稀疏表示模型如图5-4所示。图中方格的颜色深浅代表元素取值的不同，零元素以白色表示；原始信号 $X \in \mathbb{R}^{m\times 1}$，$m$是信号维数；$k$个基向量构成的矩阵 $D \in \mathbb{R}^{m\times k}$ 是过完备字典，D的每一列基向量称为原子，其过完备性要求$k>m$；$\alpha \in \mathbb{R}^{k\times 1}$ 称为编码系数。

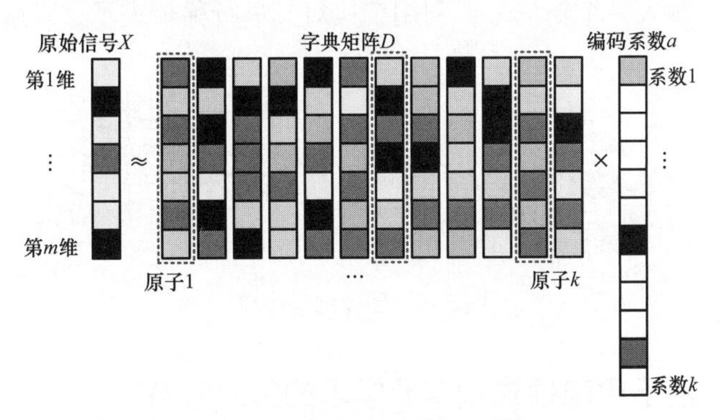

图5-4 稀疏表示模型示意图

根据稀疏表示理论，信号重构的质量依赖于字典的过完备性，然而过完备性会让重构信号的原子冗余，所以一般通过对α进行稀疏约束，来限制其可行域，对应的字典学习问题如下

$$\min_{D,\alpha} \ \frac{1}{2}\|X - D\alpha\|_2^2 + \lambda\|\alpha\|_0 \tag{5-13}$$

式中 λ ——正则参数；

$\|\alpha\|_0$——L_0范数。

上述L_0范数的优化问题在数学意义上非凸，属于NP-hard问题。所以实际运算中常用L_1范数进行凸松弛，转换为如下所示代价函数。

$$\begin{cases} \min\limits_{D,\alpha} \ \dfrac{1}{2}\|X - D\alpha\|_2^2 + \lambda\|\alpha\|_1 \\ \text{s.t.} \ \ \|d_i\|_2^2 \leqslant 1, i = 1,2,\cdots,k \end{cases} \tag{5-14}$$

式中　d_i ——D的第i列原子；

　　$\|\alpha\|_1$——L_1范数。

第一项是拟合误差，也称重构项；第二项是通过λ控制的正则项，增大λ可加强α的稀疏性；原子单位化约束用于避免D的元素值过大以致α的求解值全为零。

稀疏表示的完整过程包括两个部分：①训练，对一组信号样本进行训练，得到过完备字典，如图5-5所示为训练图像信号得到的含有256个patch的字典。②编码，输入一个新信号，利用字典对其进行稀疏表示，求解编码系数。

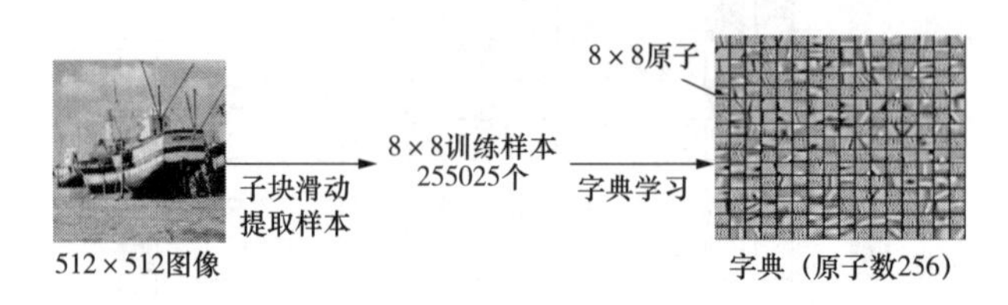

图5-5　图像信号字典

5.3.2　基于用电模式和字典学习的负荷分解

1. 用电模式聚类提取

受工作模式、用户使用时段偏好影响，对电器等间隔采样的日能耗序列$P^{(j)}=[P_1^{(j)}, P_2^{(j)}, \cdots, P_m^{(j)}]^{\mathrm{T}}$天然具备稀疏性，其中$P_t^{(j)}$表示电器$j$在$t$时刻的有功采样值，$m$是采样点数。例如：作为厨房电器的抽油烟机其序列波峰基本集中在饭点时间，冰箱的周期运行特性使得序列呈现较多的近零元素等等。所以，可以利用字典学习对电器的日能耗序列进行稀疏表示，提取这类信号的内在特征。

本节字典学习由电器的用电模式驱动，所谓用电模式即最能代表电器典型运行特性的有限个日能耗序列，可通过聚类来提取。因电器的用电模式数目在提取前未知，本节采用近邻传播算法做聚类处理。这是一种通过迭代传播各样本点之间的隶属信息，自动确定聚类中心和数目的半监督聚类算法。

通过近邻传播提取电器用电模式的步骤如下：

S1、输入电器j标准化的n天的日能耗序列样本$\{P^{(j,1)}, P^{(j,2)}, \cdots, P^{(j,n)}\}$，计算相似矩阵$S\in\mathbb{R}^{n\times n}$，其中$S(i,k)$表示样本点$P^{(j,i)}$和$P^{(j,k)}(i\neq k)$的负欧氏距

离，按算法标准计算S的中位数并将其赋予S（i,k）（$i=k$）和参考度p。

S2、初始化责任信息r（i,k）=0和可信信息a（i,k）=0，其中r（i,k）用于表征$P^{(j,k)}$适合作为$P^{(j,i)}$隶属中心的程度，a（i,k）用于表征$P^{(j,i)}$选择$P^{(j,k)}$作为其隶属中心的程度。

S3、迭代更新两两样本点之间的隶属信息，直到指定迭代次数或隶属中心不再变化

$$r(i,k)=s(i,k)-\max_{k'\neq k}\{a(i,k')+s(i,k')\} \tag{5-15}$$

$$a(i,k)=\begin{cases}\min\left\{0,r(k,k)+\sum\limits_{i'\notin\{i,k\}}\max\left\{0,r(i',k)\right\}\right\} & i\neq k\\ \sum\limits_{i'\neq k}\max\left\{0,r(i',k)\right\} & i=k\end{cases} \tag{5-16}$$

S4、选择$P^{(j,k')}$为$P^{(j,i)}$的聚类中心，k'应满足

$$k'=\arg\max_{k}\{r(i,k)+a(i,k)\} \tag{5-17}$$

S5、将各聚类中心作为电器j的用电模式，把每个日能耗序列样本划分到各自隶属的用电模式中，形成若干个用电模式样本集。返回S1输入下一类电器的样本继续聚类，直到完成所有电器的用电模式提取。

2. 字典学习算法

字典D是稀疏表示模型的核心，可通过学习信号样本获取，相比于用现成基函数构造，通过学习得到的字典更适合表示波动形态不规律的电器日能耗序列。本节采用可逐轮提取样本做训练的在线字典学习算法，来训练每类电器的字典。算法本质是在字典和编码系数之间交替更新，对单个电器的字典学习过程如下：

S1、初始化字典$D_0\in\mathbb{R}^{m\times k}$、正则参数$\lambda$、最大迭代次数$T$，缓存矩阵$A_0\in\mathbb{R}^{k\times k}$、$B_0\in\mathbb{R}^{m\times k}$置零，迭代计数$t$=1。

S2、输入该电器的标准化日能耗序列样本$X_t\in\mathbb{R}^{m\times n}$（样本个数为$n$，序列长度为$m$），利用最小角回归（least angle regression，LARS）求解编码系数[23]。

$$\alpha_{t,i}=\arg\min_{\alpha_{t,i}\in\mathbb{R}^{k\times 1}}\frac{1}{2}\left\|x_{t,i}-D_{t-1}\alpha_{t,i}\right\|_2^2+\lambda\left\|\alpha_{t,i}\right\|_1\ i=1,2,\cdots,n \tag{5-18}$$

式中 $x_{t,i}$、$\alpha_{t,i}$——X_t的第i列样本及与之对应的编码系数。

S3、计算缓存矩阵A_t、B_t

$$A_t = A_{t-1} + \frac{1}{n}\sum_{i=1}^{n}\alpha_{t,i}\alpha_{t,i}^{\mathrm{T}} \tag{5-19}$$

$$B_t = B_{t-1} + \frac{1}{n}\sum_{i=1}^{n}x_{t,i}\alpha_{t,i}^{\mathrm{T}} \tag{5-20}$$

S4、构建$\Theta = \{D \in \mathbb{R}^{m\times k} \mid \forall i = 1,\cdots,k, d_i^{\mathrm{T}} d_i \leqslant 1\}$集合，更新字典

$$D_t = \arg\min_{D\in\Theta}\frac{1}{t}\sum_{q=1}^{t}\left[\sum_{i=1}^{n}\left(\frac{1}{2}\left\|x_{q,i} - D\alpha_{q,i}\right\|_2^2 + \lambda\left\|\alpha_{q,i}\right\|_1\right)\right] \tag{5-21}$$

采用按列更新原子的方法求解式（5-21），以d_i为例，其计算公式为

$$w_i = \frac{1}{A(i,i)}\left(b_i - Da_i\right) + d_i \tag{5-22}$$

$$d_i = \frac{1}{\max\left\{\left\|w_i\right\|_2, 1\right\}}w_i \tag{5-23}$$

式中 $A(i,i)$——A_t的对角元素；

a_i、b_i ——A_t、B_t的第i列。

S5、令t=t+1，返回S2输入新一组样本继续学习，直至达到最大迭代次数。

字典学习中的LARS是典型的特征选择算法，对步骤S2每一列样本$x_{t,i}$，求解$\alpha_{t,i}$的步骤如下：

1）输入样本x（即$x_{t,i}$）、字典D（即D_{t-1}），信号拟合值$\hat{x}_0$和编码估算值$\hat{\alpha}_0$置零，偏差r_0=x，待启动集L={1,2,⋯,k}，启动集H=∅，迭代计数t=1。

2）计算偏差r_t=r_0−$\hat{x}_{t-1}$，查找L中与r_t相关系数最大的原子d_i，将该原子的序号从L移至H

$$\hat{c}_t = \arg\max_{i\in L}\left|d_i^{\mathrm{T}} r_t\right| = \arg\max_{i\in L}\left|< r_t, d_i >\right| \tag{5-24}$$

式中 $\hat{c}_t$ ——相关系数；

$<r_t, d_i>$——取内积。

3）定义符号值s_i=sign($\hat{c}_t$)= ± 1、启动原子矩阵$Y=[\cdots, s_i d_i, \cdots]_{i\in H}$，则搜索方向$u_t$与步长$\gamma_t$为

$$u_t = Yv = Y[I^{\mathrm{T}}(Y^{\mathrm{T}}Y)^{-1}I]^{-\frac{1}{2}}(Y^{\mathrm{T}}Y)^{-1}I \tag{5-25}$$

$$\gamma_t = \min_{i\in L}{}^{+}\left\{\frac{\hat{c}_t - d_i^{\mathrm{T}} r_t}{[I^{\mathrm{T}}(Y^{\mathrm{T}}Y)^{-1}I]^{-\frac{1}{2}} - d_i^{\mathrm{T}} u_t}, \frac{\hat{c}_t + d_i^{\mathrm{T}} r_t}{[I^{\mathrm{T}}(Y^{\mathrm{T}}Y)^{-1}I]^{-\frac{1}{2}} + d_i^{\mathrm{T}} u_t}\right\} \tag{5-26}$$

式中　向量$v = \left[I^{\mathrm{T}}\left(Y^{\mathrm{T}}Y\right)^{-1}I\right]^{-\frac{1}{2}}\left(Y^{\mathrm{T}}Y\right)^{-1}I$；

I　——长度与H的势相同的全I列向量；

$\min^{+}$——取正数的最小值。

4）如下更新信号拟合值$\hat{x}_t$和编码估算值$\hat{\alpha}_t$

$$\hat{x}_t = x_{t-1} + \gamma_t u_t \tag{5-27}$$

$$\hat{\alpha}_t = \alpha_{t-1} + \gamma_t \delta_t \tag{5-28}$$

式中　向量$\delta_t \in \mathbb{R}^{k\times 1}$，$\delta_t$中序号$i\in H$的元素等于$v$中对应序号的元素，其他元素为0。

5）令$t=t+1$，重复执行2）~4)，达到最大迭代次数后，$\hat{\alpha}_t$即为最终所求结果。

3. 负荷分解方法

以电器某几个用电模式样本集进行字典学习，所得字典定义为模式字典，如抽取电视机1、3、4三种用电模式对应的样本集训练得到D（1,3,4），则把D（1,3,4）称为电视机的一种模式字典。以用电模式作驱动来学习每类电器的模式字典，并利用模式字典对总负荷进行稀疏表示，实现负荷分解，具体步骤如下：

S1、样本预处理。从样本住宅中获取每类电器的日能耗序列样本，利用近邻传播聚类提取用电模式，进而划分样本集。

S2、用电模式判别。对待测住宅各电器采集一个典型周（7天）的日能耗序列，通过计算欧氏距离依次判别每个序列归属的用电模式，从而确定该住宅各电器各自含有的用电模式组合。

S3、字典学习。区别于其他负荷分解方法，为验证本方法在住宅迁移上的性能，模型的训练样本并非来源于待测住宅，而是根据步骤S2的用电模式判别结果，从样本住宅中抽取对应样本集，利用字典学习算法训练每个电器的模式字典。

S4、负荷分解。对每个电器的模式字典进行组合，并用该字典对待测住宅总负荷的日能耗序列进行稀疏表示，解得编码系数，实现负荷分解

$$\min_{\alpha_1,\cdots,\alpha_M} \frac{1}{2}\left\| P_{\mathrm{L}} - [D_1 \cdots D_M]\begin{bmatrix}\alpha_1\\ \vdots \\ \alpha_M\end{bmatrix}\right\|_2^2 + \lambda\left\|\begin{matrix}\alpha_1\\ \vdots \\ \alpha_M\end{matrix}\right\|_1 \tag{5-29}$$

$$P^{(i)}=D_i\alpha_i \tag{5-30}$$

式中 D_i ——电器i的模式字典；

α_i ——电器i的编码系数；

M ——电器数目；

$P^{(i)}$——电器i的分解结果。

负荷分解方法的完整流程如图5-6所示，包括训练阶段、测试阶段。

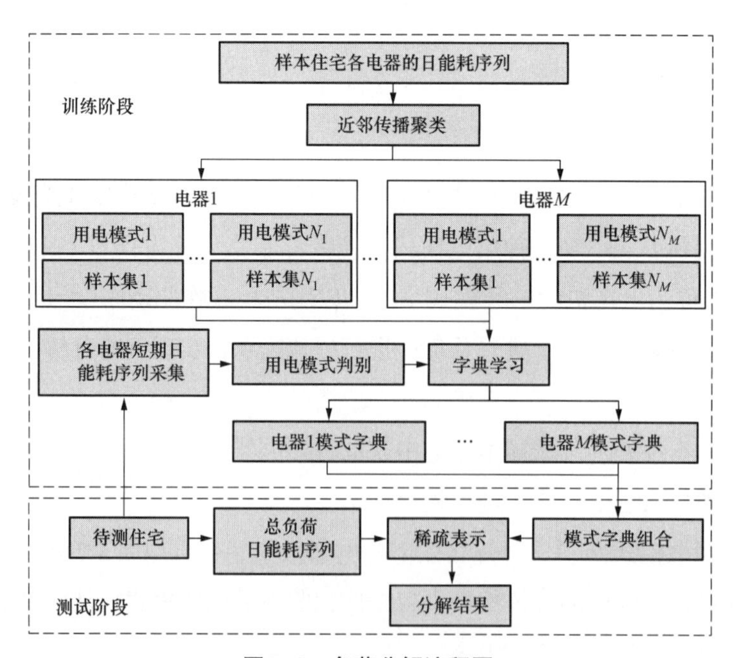

图5-6 负荷分解流程图

5.3.3　算例分析

1. 测试数据集

本书采用开源数据集REFIT进行算例分析，REFIT收集了英国20个住宅独立电器约两年的有功功率数据，采样间隔为8s到十几分钟不等[24]。选择5种电器做研究：WM（洗衣机），TV（电视机），DW（洗碗机），FG（冰箱），MC（微波炉），各电器的住宅选取见表5-4，每种电器的样本来源于9个住宅各500天的功率序列，选择非样本来源的2号住宅做测试，验证模型在住宅迁移上的性能。

表5-4　　各电器的住宅选取

电器类型	样本住宅序号	测试住宅序号
WM	1, 3, 4, 5, 6, 7, 8, 9, 11	2
TV	1, 6, 7, 8, 9, 16, 17, 18, 20	2
DW	1, 3, 5, 6, 9, 13, 16, 18, 20	2
FG	1, 3, 4, 5, 7, 8, 9, 11, 17	2
MC	3, 4, 5, 6, 8, 9, 11, 17, 18	2

2. 用电模式提取及判别

对REFIT的数据进行重采样：每15min计算一次平均功率，作为一个新的采样点，将原始序列转换为96维长度的日能耗序列。利用近邻传播对每种电器的序列样本进行聚类，用电模式提取结果如图5-7所示（曲线已标准化）。可以看出各电器的典型用电特性：作为厨电的洗碗机、微波炉的能耗峰值大多集中于饭点期间；电视机白天为待机状态而到晚上能耗显著上升，符合住户的正常作息规律；冰箱的运行模式为间断启动，使其用电曲线呈现波动特性；洗衣机用电时段无明显偏向性，原因可能是各住户的使用习惯偏差较大。

采集2号住宅内上述各电器一周时长的日能耗序列，依次计算每个序列与已有用电模式的欧氏距离，得到该住宅各电器所含用电模式编号为：WM（1/2/7），TV（2/3），DW（3/4/7），FG（1/2），MC（2/4/5/6）。可以看出每个电器在单一住宅内也会呈现多种用电模式，这也是将采集时长设置为一个典型周的原因。

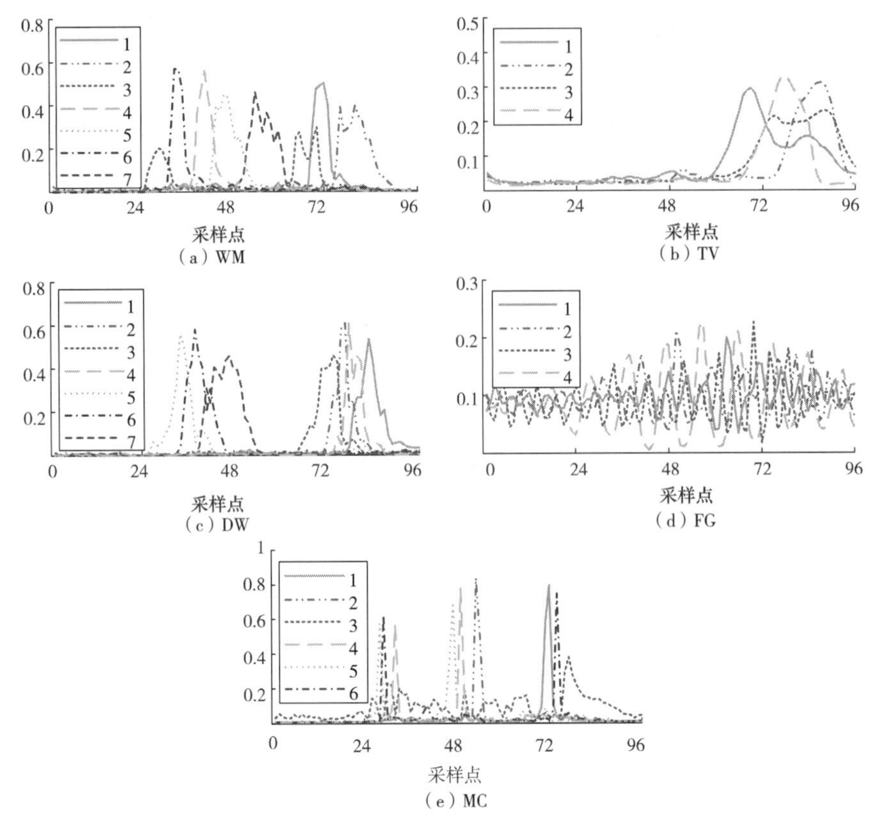

图5-7　用电模式提取结果

3. 字典原子数

本节根据2号住宅的用电模式判别结果，从样本住宅中抽取对应样本集，训练每个电器的字典。字典的原子数是一个关键参数，原子数过多会增加训练时间，且易产生过拟合，原子数太少又难以有效学习日能耗序列的波动特性。此处引入拟合优度R_{NL}，计算公式如下

$$R_{\mathrm{NL}}=1-\sqrt{\frac{\sum_{t=1}^{m}\left(\hat{y}_t-y_t\right)^2}{\sum_{t=1}^{m}{y_t}^2}} \tag{5-31}$$

式中　$\hat{y}_t$ ——采样点t的拟合值；

　　　y_t ——实际值；

m ——序列长度。

综合考虑拟合效果和训练时间，预设R_{NL}阈值为0.85，字典原子数按如下规则确定：原子数按序列长度的整数倍依次递增及训练，直至所得字典对序列样本稀疏表示的R_{NL}平均值超过预设阈值，得到各电器的字典原子数分别为：WM（288），TV（192），DW（288），FG（960），MC（288）。

4. 负荷分解测试

为定量评价负荷分解性能，引入单电器分解准确度p_i和总体分解准确度p_{total}

$$p_i = 1 - \frac{\sum_{t=1}^{m}\left| \hat{P}_t^{(i)} - {}_t^{(i)} \right|}{2\sum_{t=1}^{m}\left| \hat{P}_t^{(i)} \right|} \tag{5-32}$$

$$p_{\mathrm{total}} = 1 - \frac{\sum_{t=1}^{m}\sum_{i=1}^{M}\left| \hat{P}_t^{(i)} - P_t^{(i)} \right|}{2\sum_{t=1}^{m}\sum_{i=1}^{M}\left| P_t^{(i)} \right|} \tag{5-33}$$

式中　$P_t^{(i)}$ ——第i个电器在采样点t的功率实际值；

$\hat{P}_t^{(i)}$ ——功率估计值。

从2号住宅对5种电器抽取连续90天的日能耗序列，将其叠加作为总负荷，同时增加随机噪声成分R_{SN}=10dB，以模拟实际场景中存在的照明设备、充电适配器等未被训练的低功耗电器。将文献立足于组合优化的遗传算法（genetic algorithm，GA）、文献针对组合状态样本的k近邻算法（K-Nearest Neighbor，KNN），以及不考虑用电模式直接用全样本做训练的普通字典学习作为对比，各电器90天的p_i平均值如图5-8所示。

由图5-8可见GA和KNN的准确率明显较低，分析知GA等组合优化类方法仅着眼于电气特征，当总负荷的状态包含多个特征组合情况时，分解判断易出错。KNN考虑了特征的分布特性，使准确率总体上稍有提高，但该方法本质上依赖于电器的离散化状态，由于训练样本来源于样本住宅，其电器的运行状态和测试住宅一般存在差别，所以该方法也不具备良好的住宅迁移能力，准确率同样偏低。

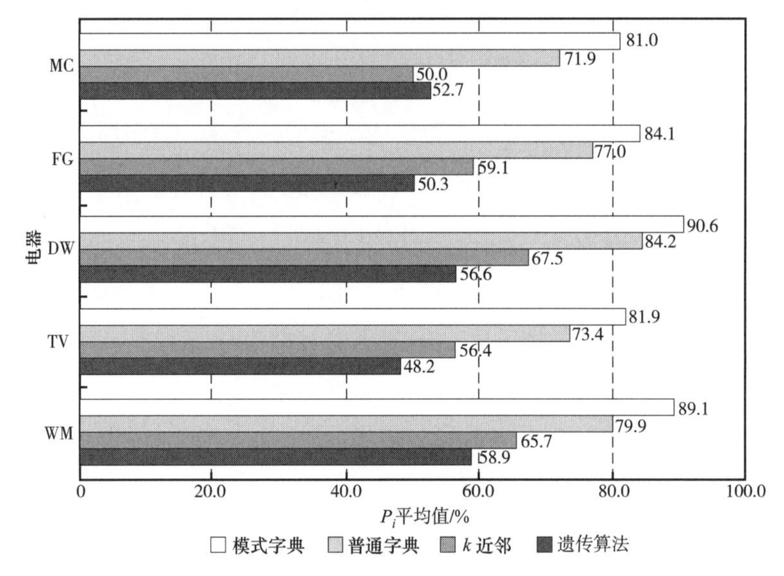

图5-8　各电器90天的 P_i 平均值

字典学习方法不受制于电器的离散化状态，将关注对象转移到其时序用电的全局特性上，即以日能耗序列作为训练样本进行无监督学习，从而取得较高的准确率。模式字典的表现总体优于普通字典，原因在于前者的学习由用电模式进行驱动，训练样本集的抽取依赖于待测住宅各电器所含具体用电模式，因此该字典实质上学习了电器在特定几种用电模式组合下日能耗序列的动态变化特性，所以相比于后者，能以较少训练样本取得更好的分解性能。

注意到模式字典的训练样本并非来源于测试的2号住宅，而是从样本住宅中抽取，但各电器的 P_i 均值仍达81%以上，从而验证了其住宅迁移能力。此外，该模型归属于“分解法”范畴，即不需要采集电器的高频暂态信息，因此数据存储及运算成本压力较小，工程实施可行性良好。

电能分项计量是负荷分解最直观的作用，在测试时段5种电器逐天的电能消耗实际值和估计值对比如图5-9所示。

可以看出，字典学习方法对于间断运行的冰箱以及长时间多状态的洗衣机、洗碗机都能取得较好的能耗追踪效果，对于小功率的电视机和短时运行的微波炉，能耗估计值相比于实际值总体偏小，但曲线趋势基本一致。

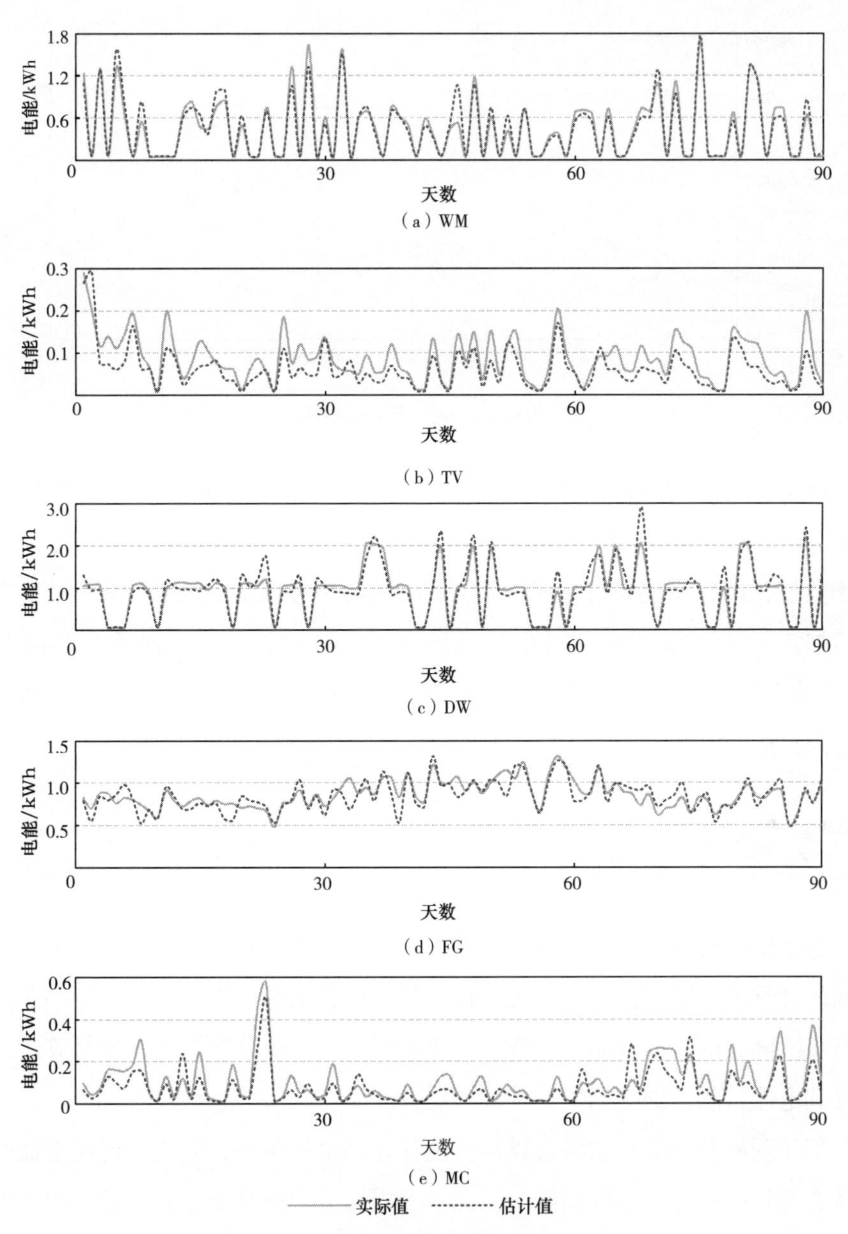

图5-9　电能消耗实际值和估计值对比

在对总负荷进行稀疏表示时，正则项的重要程度由λ控制，该参数会影响负荷分解的总体性能，不同λ下总体分解准确度p_{total}的变化如图5-10所示。

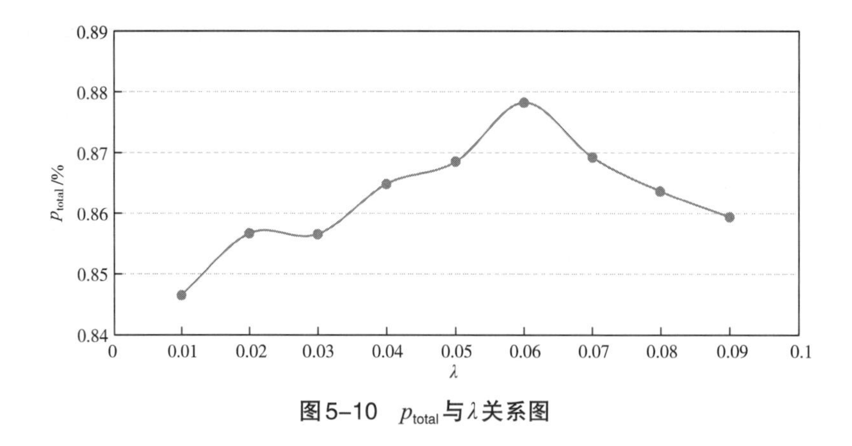

图5-10　p_{total}与λ关系图

可见，p_{total}随着λ的改变呈现先上升后下降的趋势，在λ=0.05～0.07附近达到最大值。分析知编码系数的稀疏程度由λ控制，高λ限制了用于稀疏表示的原子数量，以致不能较好地拟合总负荷，p_{total}相对偏低；随着λ减小，可选原子增加，p_{total}随之上升；但过小的λ容易导致不同电器的原子选择上产生混淆，p_{total}也会下降。非相干性字典学习可以降低字典原子之间的耦合性，有望进一步提高负荷分解性能。

5.4　基于改进隐马尔科夫模型的非侵入式负荷分解算法

除了用电模式可以用来辅助非侵入式负荷分解，有学者认为电器运行状态之间的转移关系能够作为非侵入负荷分解的信息来源，提出了基于隐马尔科夫模型（hidden markov model，HMM）的非侵入式负荷分解算法，使得算法运算速度和电器状态识别准确率得到较大提升。

但是现有基于隐马尔科夫模型方法存在观察值单一、未能考虑到电器的未知状态与新的状态转移等问题，因此本书提出了一种基于二元参数的改进隐马尔科夫模型分解方法[25]，该方法先对电器状态进行聚类并编码，然后建立二元参数隐马尔科夫模型并改进维特比算法使其能考虑到未知电器状态与未知状态转移。计算得到状态序列后，根据电器状态聚类簇统计特征，采用极大似然估计分解负荷功率。

5.4.1 隐马尔科夫模型

隐马尔科夫模型是关于时序的概率模型[26]。隐马尔可夫模型中，存在一条值不可观测的时间序列和一条值由前述时序决定的可观测时间序列。值不可观测的时间序列称为隐含状态序列，值可观测的时间序列称为观测序列。隐马尔科夫模型示意如图5–11所示。

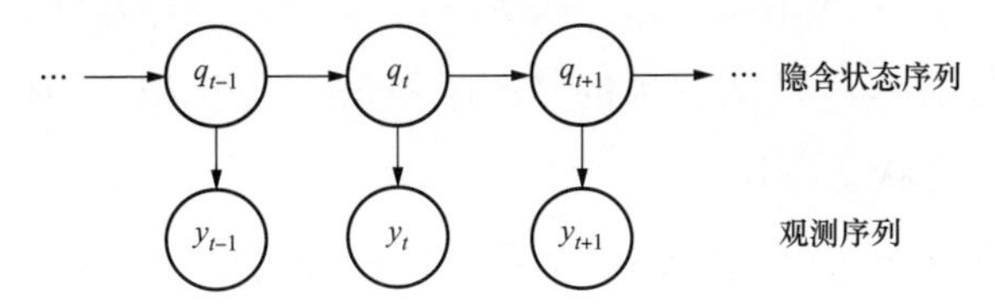

图5–11 隐马尔科夫模型示意

（1）一个HMM模型可由以下参数描述。

1）隐含状态集合S

$$S=\{s_1,s_2,s_3,\cdots,s_N\} \tag{5–34}$$

式中 N——隐含状态数目。

2）观测状态集合V

$$V=\{v_1,v_2,v_3,\cdots,v_M\} \tag{5–35}$$

式中 M——观测状态数目。

3）状态转移矩阵$\boldsymbol{A}$，其中$a_{ij}=P(q_{t+1}=s_j\,|\,q_t=s_i)$

$$\boldsymbol{A}=[a_{ij}]_{N\times N} \tag{5–36}$$

4）输出矩阵$\boldsymbol{B}$，其中$b_{ik}=P(y_t=v_k\,|\,q_t=s_i)$

$$\boldsymbol{B}=[b_{ik}]_{N\times M} \tag{5–37}$$

5）初始概率矩阵$\boldsymbol{\pi}$，其中$\pi_i=P(q_1=s_i)$

$$\boldsymbol{\pi}=[\pi_i]_{N\times 1} \tag{5–38}$$

由上述各式可知：状态转移概率矩阵$\boldsymbol{A}$与初始状态概率向量$\boldsymbol{\pi}$确定了隐含状态序列，观测概率矩阵$\boldsymbol{B}$确定了如何由隐含状态生成观测值，结合状态转移概率矩阵$\boldsymbol{A}$就能产生观测序列，隐含状态个数N和观测状态个数M实际上由以上三个矩阵定义，因此隐马尔可夫模型可以用$\lambda=\{\boldsymbol{A},\boldsymbol{B},\boldsymbol{\pi}\}$表示。

（2）HMM被用于研究以下三类问题。

1）概率计算问题。给定模型$\lambda=\{\boldsymbol{A}, \boldsymbol{B}, \boldsymbol{\pi}\}$和观测序列$O=\{O_1, O_2, \cdots, O_T\}$，计算$P=(O|\lambda)$。

2）学习问题。给定观测序列$O=\{O_1, O_2, \cdots, O_T\}$，估计模型$\lambda=\{\boldsymbol{A}, \boldsymbol{B}, \boldsymbol{\pi}\}$参数，即寻找$P=(O|\lambda)$最大值，也就是用极大似然估计的方法去估计参数。

3）解码问题。已知模型$\lambda=\{\boldsymbol{A}, \boldsymbol{B}, \boldsymbol{\pi}\}$和观测序列$O=\{O_1,O_2,\cdots,O_T\}$，求对给定观测序列条件概率$P=(I|O)$最大的状态序列$I=\{I_1,I_2,\cdots,I_T\}$，即根据给定观测序列预测对应的隐含状态序列。

5.4.2 基于改进HMM的负荷的状态与功率分解

1. 负荷状态确定与表示

负荷特征的选择决定了负荷状态的物理描述，而聚类是负荷状态的确定方法，选择负荷特征和聚类方法是本方法的第一步。

（1）负荷特征选取。

目前，NILM的研究所选取的负荷特征大致可分为暂态与稳态两种。由于暂态特征一般为合成数据，不是由计量装置真实采集的，实用性不强，故选取稳态电气量作为负荷特征。

稳态电气量主要包括有功功率和稳态电流。有功功率是功率分解计算的指标，NILM需要在状态识别完成后给出负荷有功功率的分解值，所以有功功率是大多数NILM研究所采用的特征。然而，稳态功率细微波动较大，稳态电流不受电压波动影响，计算得到的负荷识别精确度更高。因此选取有功功率和稳态电流作为负荷特征。

（2）状态聚类。

各类负荷因自身电气特性或工作条件不同，其运行时的运行状态具有差异，从负荷分解的角度，可依据运行状态将电器分为开关状态型电器、有限多状态型电器、连续变状态型电器三类。前两种类型电器运行状态个数可数，理论上能获得其全部运行状态，但连续变状态型电器工作状态是连续变动的，需要采用聚类算法对运行状态进行聚类，使其离散化转变成有限多状态型电器继续研究。

本节采用基于密度的聚类算法（density-based spatial clustering of applications with noise，DBSCAN）对电器负荷特征进行提取和聚类。DBSCAN由Martin Ester等人在1996年提出[27]，是一种经典具有代表性的基于密度的聚类方法。DBSCAN的核心思想是：从某个选定的核心点出发，不断向密度可达的区域扩张，从而得到一个包含核心点和边界点的最大区域，区域中任意两点密度相连。因此聚类数目不需要事先确定，且可以在含有噪声数据的数据集中识别任意数量和形状的聚类。DBSCAN算法具体执行步骤如下：

S1、用户设定半径参数ε和邻域密度阈值MinPts。

S2、随机抽取一个样本点P，如果落在该点半径范围ε内的点的数目大于等于MinPts，则将其纳入核心点列表，并遍历整个数据集，将其密度直达的点形成对应的临时聚类簇。

S3、对于每一个临时聚类簇，检查其中的点是否为核心点，如果是，将该点对应的临时聚类簇和当前临时聚类簇合并，得到新的临时聚类簇。

S4、重复步骤S3，直到当前临时聚类簇中的每一个点都不在核心点列表，或者其密度直达的点都已经在该临时聚类簇，此时该临时聚类簇升级成为聚类簇。

S5、重复步骤S4，直到全部临时聚类簇被处理。

（3）状态编码。

在多数研究中，一般采用向量来表示某时刻若干种电器的当前状态（以下简称“总状态”），如假设3个电器的状态个数分别为2,3,8，该时刻所处状态分别为0,2,6，那么就能用向量S=[0,2,6]来表示该总状态。然而在HMM应用中，隐含状态并不能用向量表示。为此提出了一种基于二进制的状态编码方式，将多个电器的隐含状态向量编码为一个二进制状态值，结合上面的例子，具体步骤如下：

S1、分配位数。根据电器的状态数确定编码所需要的二进制位数。上面三个电器状态个数分别为2,3,8，则分配给各个电器的二进制位数分别为1,2,3。

S2、确定取值。根据当前时刻电器的十进制状态值计算二进制状态值。当前三个电器十进制状态值分别为0,2,6，则二进制状态值分别为0,10,110。

S3、拼接表示。将所得到的二进制状态值根据电器排序从高到低拼接，得到最终的结果。当前时刻状态向量经拼接表示后的状态值为010110。

部分电器状态编码表示见表5-5。

表5-5　　部分电器状态编码表示

当前时刻	表示方法	电器1	电器2	电器3	总状态表示
1	十进制	1	1	3	
	二进制	0	00	011	000011
2	十进制	1	2	4	
	二进制	0	01	100	001100
3	十进制	2	3	5	
	二进制	1	10	101	110101
4	十进制	2	1	8	
	二进制	1	00	111	100111

2. 二元参数HMM的建立

完成负荷状态的确定与表示后，即可建立HMM模型并计算模型参数。

在NILM研究中，HMM两条时间序列的物理意义很明确：隐含状态序列对应各用电设备的运行状态，观测序列对应可测得的电气量。因此NILM问题就转化为给定HMM模型参数与观测序列，求该观测序列对应的可能性最大的隐含状态序列，即解码问题。

更进一步，把NILM问题建立成如下的HMM模型并计算其参数：

（1）隐含状态集合S：在NILM问题中，S可以表示为各用电设备运行状态组合的集合，也就是总状态的集合。该集合是各用电设备运行状态的全排列，集合元素个数由各用电设备状态聚类数目决定，其值用上节介绍的状态编码方式计算。

（2）观测状态集合V：在NILM问题中，V表示用户用电入口记录到的具体用电信息数据的集合。特别的是，一般HMM模型集合V的元素是总有功功率，但集合V中的元素是由总有功功率和总稳态电流构成的向量v_i=[P_i^L, I_i^L]，这也是二元参数的由来。

（3）状态转移矩阵$\boldsymbol{A}$：a_{ij}指的是从时刻t的各用电设备的总状态$q_t=s_i$转移到$t+1$时刻的总状态$q_{t+1}=s_j$的概率。计算方法为

$$a_{ij}=\frac{h_{ij}}{\sum_{j=1}^{N}h_{ij}} \tag{5-39}$$

式中 h_{ij} ——总状态$q_t=s_i$转移到$t+1$时刻的总状态$q_{t+1}=s_j$的频数；

N ——隐含状态总数。

（4）输出矩阵$\boldsymbol{B}$：b_{ik}表示t时刻各用电设备处于总状态$q_t=s_i$而观测值为$y_t=v_k$的概率。计算方法为

$$b_{ik}=\frac{O_{ik}}{\sum_{k=1}^{M}O_{ik}} \tag{5-40}$$

式中 O_{ik} ——t时刻总状态$q_t=s_i$而观测值为$y_t=v_k$的频数；

M ——观测值总数。

（5）初始概率矩阵$\boldsymbol{\pi}$：$\boldsymbol{\pi}_i$表示初始时刻，各用电设备总状态处于s_i的概率。计算方法为

$$\boldsymbol{\pi}_i=\frac{d_i}{d} \tag{5-41}$$

式中 d ——训练集数据总量，d_i表示训练集中隐含状态s_i出现的频数。

需要指出的是，针对多用电设备的HMM建模，可以采用因子隐马尔科夫模型（Factorial Hidden Markov Model，FHMM），FHMM包含了多条隐含状态链，能分别对应每一个要研究的电器。但相关研究表明，FHMM预测的状态识别精确度偏低。因此本算法在经典HMM模型基础上进行改进，配合1.3所述的状态编码方式将各用电设备状态组合向量转为二进制值，解决了HMM隐含状态难以用向量表示的问题，同时没有使各用电设备的状态转移矩阵解耦，相比FHMM理论上保留了不同电器状态转移之间的相关性的信息。

3. 基于改进维特比算法的状态分解

对NILM问题建立二元参数HMM模型后，即可通过维特比算法进行最优

隐含序列的预测，并基于极大似然估计建立功率分解模型分解负荷功率。

维特比算法（Viterbi algorithm）由美籍意大利科学家安德鲁·维特比于1967年提出[28]。维特比算法是一种动态规划算法，用于求解最短路径问题，被广泛用于解码和自然语言处理等领域。

维特比算法的基本思想是从t=1时刻开始，递归地计算转移到t时刻各个状态i的最大概率为

$$\delta[t,i]=\max_j(\boldsymbol{B}[i,y_t]\cdot\delta[t-1,j]\cdot\boldsymbol{A}[j,i]) \tag{5-42}$$

并记录从t–1时刻出发的，转移到t时刻状态i概率最大的状态为

$$\psi[t,i]=\mathrm{argmax}_j(\delta[t-1,j]\cdot\boldsymbol{A}[j,i]) \tag{5-43}$$

计算到T时刻后，找出$\max_i(\delta[T,i])$，该概率所属的状态就是预测序列终结点q_T^*，从该点开始，根据ψ由后往前逐步求得预测点q_{T-1}^*，…，q_1^*，得到所求预测最优序列$Q^*=(q_1^*,q_2^*,\cdots,q_T^*)$。

基于上述思想，提出了改进维特比算法，并做出如下改进：①考虑到电器采集到的电气数据会与训练集不同，即存在新的观测状态的问题，将输入的电气数据用K–means算法聚类到已知观测状态中；②考虑到状态转移矩阵和观测矩阵的稀疏性，提出稀疏维特比算法，只考虑状态转移概率及观测概率均不为0的计算。

对于给定观测序列$Y=\{y_0,y_1,\cdots,y_T\}$和隐含状态序列$Q=\{q_0,q_1,\cdots,q_T\}$，提出的改进维特比算法计算具体步骤如下：

S1、初始化

S2、递归计算：

$$\delta[t,i]=\max_j(\boldsymbol{B}[i,y_t]\cdot\delta[t-1,j]\cdot\boldsymbol{A}[j,i]) \tag{5-44}$$

$$\psi[t,i]=\mathrm{argmax}_j(\delta[t-1,j]\cdot\boldsymbol{A}[j,i]) \tag{5-45}$$

S3、终止状态计算：

$$p_{\mathrm{T}}^*=\max_i(\delta[T,i]) \tag{5-46}$$

$$q_{\mathrm{T}}^*=\mathrm{argmax}_i(\delta[T,i]) \tag{5-47}$$

S4、最优序列回溯：

$$q_{\mathrm{T}}^*=\psi_{t+1}(q_{t+1}^*),\ t=T-1,T-2,\cdots,0 \tag{5-48}$$

此时得到的序列即是预测最优隐含状态序列$Q^*=(q_1^*,q_2^*,\cdots,q_T^*)$。

4. 基于极大似然估计的功率分解

电器在某一稳定运行状态下的功率存在波动性，而这种波动性可以认为是某一概率分布下的随机观测。采用正态分布来描述电器稳定运行时功率波动的随机性，并用于电器的功率分解计算。

功率分解计算步骤是：①根据各电器样本的聚类簇的平均值与方差，建立各电器各状态的正态分布概率密度函数。②基于极大似然估计建立目标函数，即求联合概率的最大值，并注意到同一时刻各电器功率分解值之和应等于总功率这一约束条件，构建功率分解计算模型如下

$$\begin{cases} f_{[\mathrm{i,j}]}(x)=\dfrac{1}{\sqrt{2\pi}\sigma_{[i,j]}}\exp\left[-\dfrac{(x-\mu_{[i,j]})^2}{2\sigma_{[i,j]}^2}\right] \\ \max\limits_{P^{(1)},\cdots,P^{N}}\prod\limits_{i=1}^{N}f_{[i,j]}(P^{(i)}) \\ \text{s.t.}\ \ \sum\limits_{i=1}^{N}P^{i}=P^{L} \end{cases} \tag{5-49}$$

式中 $\sigma_{[i,j]}$ ——第i个电器的第j个聚类簇的标准差；

$\mu_{[i,j]}$ ——第i个电器的第j个聚类簇的均值；

N ——电器个数；

$P^{(i)}$ ——每个电器的分解有功功率；

P^{L} ——总负荷的有功功率；

$f_{[i,j]}(P^{(i)})$——电器i处于j运行状态时消耗功率$P^{(i)}$的概率。

上述问题将目标函数两边取ln后就是一个常见的凸二次规划问题。

基于BPHMM的非侵入式负荷监测流程图如图5-12所示。

5.4.3 算例分析

1. 测试数据集

本算例选取加拿大学者Stephen Makonin等建立的公共数据集AMPds2，以验证本节所述方法。AMPds2采集的为一户家庭中用电设备的真实电气数据，记录了包括稳态电流、有功功率等11种电气特征，采样频率为1/60Hz，纪录时长2年，适合作为算例分析数据集[29]。

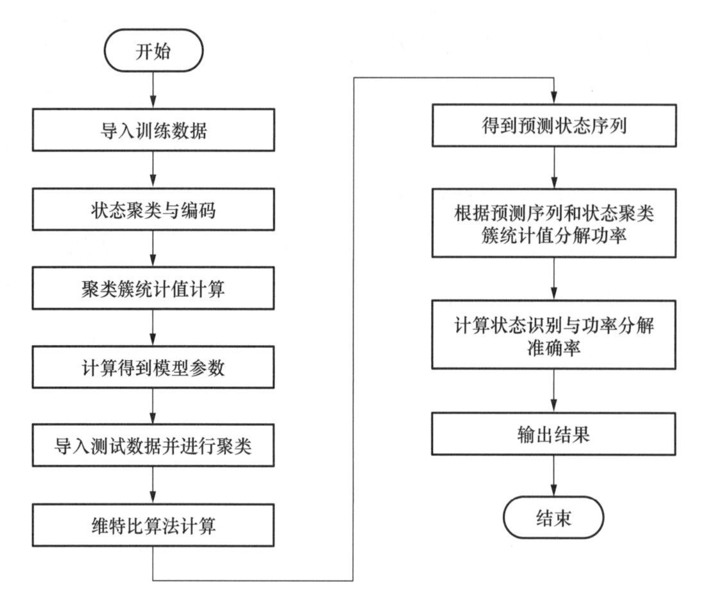

图5-12　基于BPHMM的非侵入式负荷监测流程图

从数据集中选取壁炉（WOE）、衣物烘干机（CDE）、洗碗机（DWE）、电视机（TVE）、洗衣机（CWE）、热泵（HPE）六种电器共10天14400个采样点的有功功率与稳态电流数据并按时间均分为10组，记为test1–test10，进行10折交叉验证，每一次实验依次选取其中9组数据作为训练数据，1组作为测试数据，最后计算平均值。

算例使用的笔记本配置为：16GB RAM/Inter（R）Core（TM）i5–8300H@2.30 GHz，使用Python语言编写。

2. 分解结果

采用基本准确率ACC_{state}评价负荷状态识别准确率，用均方根误差（root mean square error, RMSE）ACC_{power}评价负荷功率分解准确率为

$$ACC_{state}=\frac{\sum_{t=1}^{T}I(s_t=s_t^*)}{T} \tag{5-50}$$

$$ACC_{power}=\sqrt{\frac{1}{T}\sum_{t=1}^{T}(p_t-p_t^*)^2} \tag{5-51}$$

式中 T ——采样时段长度；

S_t，p_t——该电器在t时刻的实际状态和实际功率值；

s_t^* ——预测状态；

p_t^* ——分解功率值；

$I(\ )$——指示函数。

选取某一天六种电器有功功率叠加值作为测试集，其中热泵和电视机的分解结果分别如图5-13和图5-14所示，全部电器分解结果见图5-15。

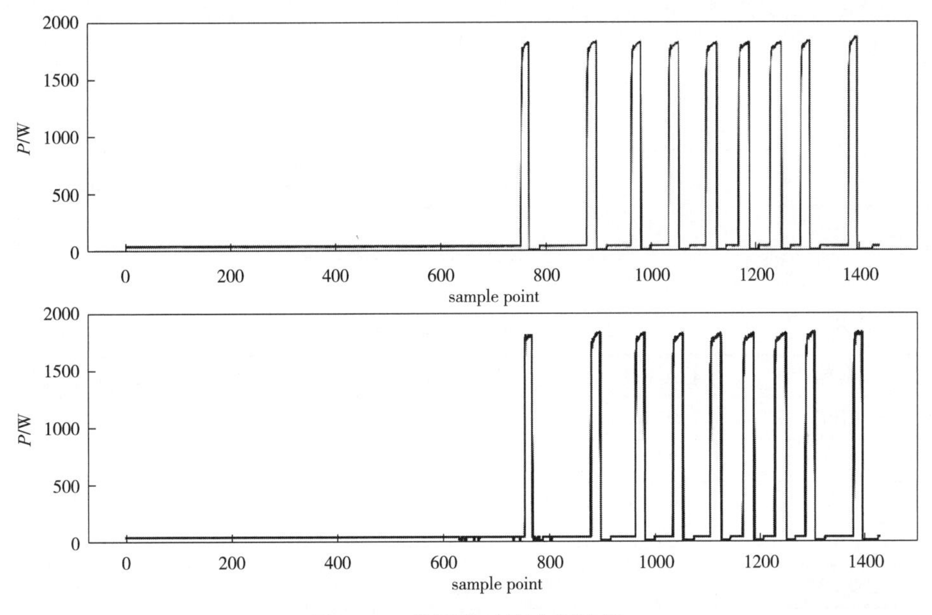

图5-13 热泵的功率分解结果

这里选取基于遗传算法（GA）的分解方法、基于深度序列翻译模型的分解方法以及经典HMM作为对比，采用相同数据分别进行10折交叉验证计算平均值，四种方法的负荷状态识别平均准确率，状态识别平均准确率对比见表5-6，功率分解平均准确率对比见表5-7。可以看出，基于二元参数HMM与改进维特比算法的负荷分解方法对总负荷的状态识别与功率分解效果更好。

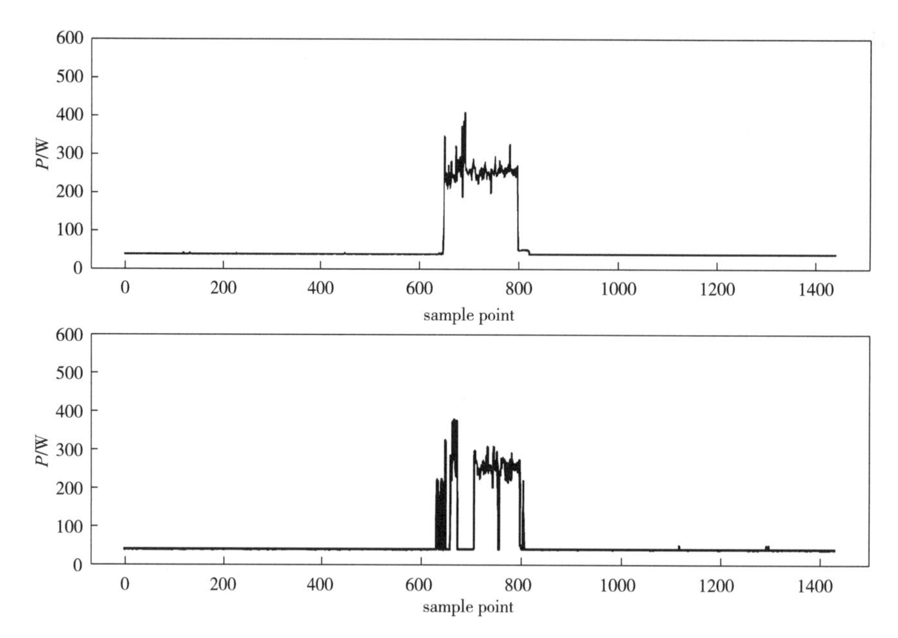

图5-14　电视机的功率分解结果

表5-6　状态识别平均准确率对比

电器	GA（%）	RNN（%）	HMM（%）	本方法（%）
HPE	93.61	93.71	92.72	94.01
TVE	88.41	91.67	91.54	93.02
DWE	99.32	99.83	97.92	98.22
CWE	94.66	94.79	94.75	96.22
WOE	97.97	99.93	99.23	98.75
CDE	96.71	93.40	97.55	98.17

表5-7　功率分解平均准确率对比

电器	GA（W）	RNN（W）	HMM（W）	本方法（W）
HPE	603.88	225.24	288.99	156.85
TVE	73.97	69.89	79.80	49.92
DWE	61.02	45.68	71.24	54.80
CWE	37.20	46.42	92.02	30.51
WOE	166.93	69.50	100.12	104.24
CDE	504.62	414.56	277.23	118.44

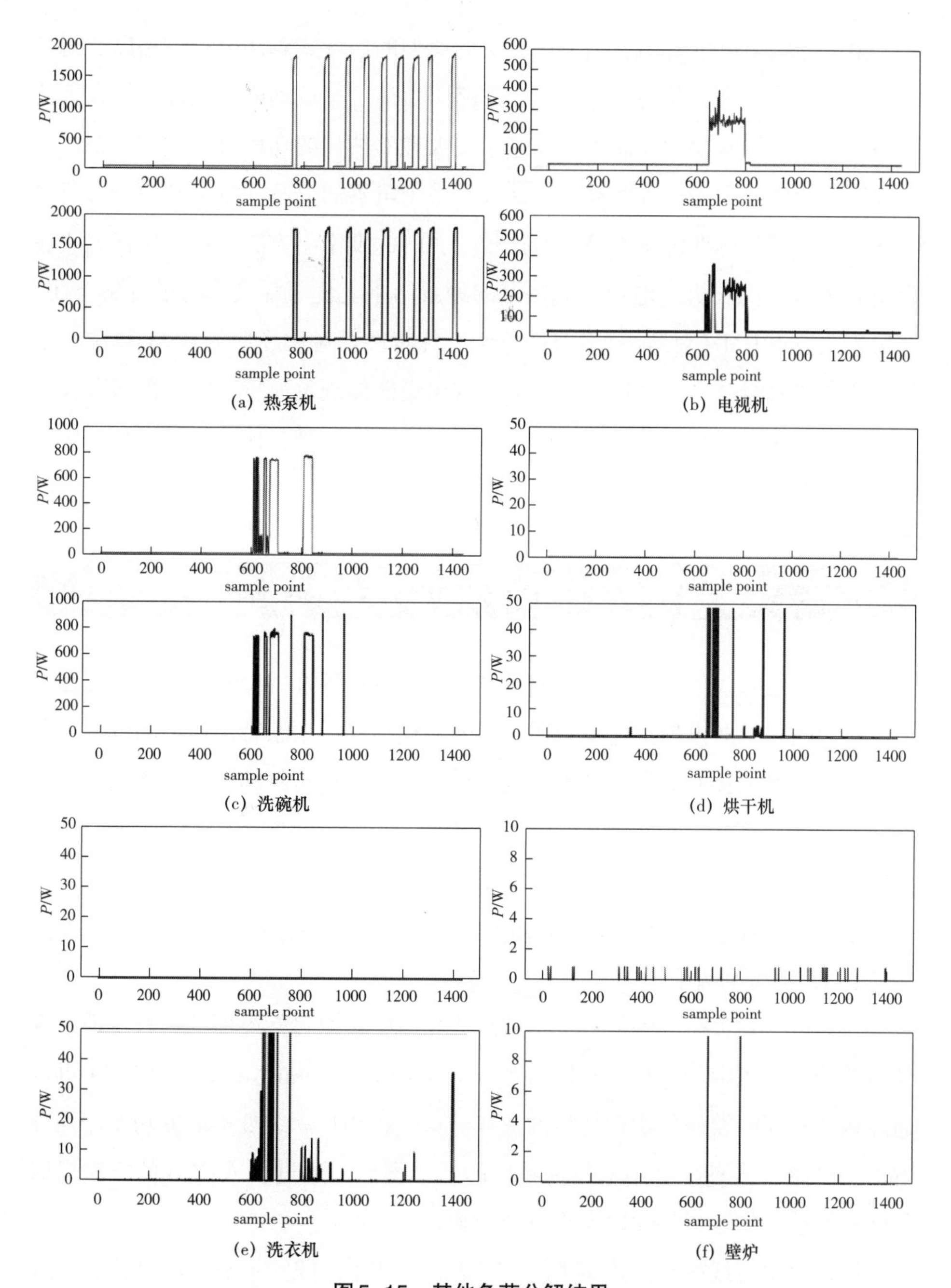

图5-15　其他负荷分解结果

由上述结果可以看出，以遗传算法为典型的启发式算法分解方法以负荷状态聚类中心值作为负荷功率分解值，忽略了负荷功率波动的随机性，导致负荷功率分解结果误差较大。而提出的基于极大似然估计的功率分解优化模型，一定程度上考虑并缓解这种波动性，保证了各个电器的分解功率之和等于总负荷功率，使功率分解准确率更高。对比较新颖的深度学习方法，本节所述方法在衣物烘干机、洗衣机、电视机和热泵的分解结果上优于深度学习的分解方法，这也表明改进HMM对解决NILM问题仍有优越性。对比经典的HMM算法，本节所述方法对组合电气特征的利用能提取出更能体现负荷特性的负荷状态，从而同步提高状态识别和功率分解的准确率，同时改进维特比算法也提高了多工作状态电器如电视机和洗衣机的状态识别准确率。

5.5 基于群体贝叶斯优化的非侵入式负荷分解算法

目前非侵入式负荷分解在已有数据集都能取得很好的分解效果，但存在一个严重的问题，即模型泛化能力弱，即分解模型仅适用于特定住宅的电器，若不重新进行繁琐长期的训练样本采集，模型无法迁移至新的住宅中使用。针对此问题，本书提出一种基于群体贝叶斯优化的非侵入式负荷分解算法[30]，该算法利用深度学习的性能和改进措施来提高模型的泛化能力。

5.5.1 基于深度残差网络的非侵入式负荷分解模型

1. 深度残差网络

在非侵入式负荷分解任务中，从总线功率中提取目标电器的运行特征是实现负荷分解的关键。卷积神经网络（Convolutional Neural Networks, CNN）可以通过构造不同的卷积核实现特征的提取。这里将用户总线处提取的功率序列理解为一个融合多种电器用电行为特性的二维图像，通过引入CNN的方法提取目标电器独特的运行特性以实现负荷分解。

假设给定总线处功率序列$P_{sum}=[P_1, P_2, \cdots, P_T]^T$，按给定滑动窗口长度$W$进行分段，获得$T-k+1$个功率序列$P=[P_1, P_2, \cdots, P_{T-k+1}]^T$，将每一段功率序列按（1, W,1）的形状进行排列，形成一幅融合用户用电行为特征的图像，若卷积

核形状为（H^l, W^l, D^l），则卷积层的前向传播过程可以表示为

$$\begin{cases} z_{n_{out},i,j} = \sum_{n_{in}}\sum_{k_x}\sum_{k_y}\omega_{n_{out},n_{in},k_x,k_y} \times x_{n_{in},i+k_x,j+k_y} \\ y_{n_{out},i,j} = \sigma(z_{n_{out},i,j}) \end{cases} \tag{5-52}$$

定义x为输入数据构成的特征图，ω为卷积核权重，y为输出数据构成的特征图，n_{out}为输出通道序号，n_{out}={1, 2, ⋯, D^l}，n_{in}为输入通道序号，对输入数据仅为总线有功功率的负荷分解模型来说，n_{in}=1，k_x, k_y为卷积核权重位置，k_x={0, 1, 2, ⋯, H^l−1}，k_y={0, 1, 2, ⋯, W^l−1}，i,j为输出特征图的像素位置，$i+k_x, j+k_y$为当前参与卷积的输入特征图的像素位置，σ为激活函数，一般使用Relu函数。

卷积神经网络的性能与网络的深度息息相关，有关研究发现，随着网络层数的增加，梯度消失和梯度爆炸的现象将会阻碍模型的收敛。为了解决这一问题，引入深度残差网络模型对传统卷积神经网络进行改进[31]。

深度残差网络与一般卷积神经网络的不同之处在于前者引入了快捷连接的思想，原始输入通过快捷连接跳过多个卷积层，直接与残差部分叠加到输出中，这种操作使得深度残差网络可以直接从输入中学习到原始特征，从而避免梯度消失或爆炸的问题。

深度残差网络的基本单元残差块的示意图如图5-16所示，图5-16中可以看出残差块分为两部分，左边的连接为恒等映射，右边的连接是残差部分，由两个卷积操作及其对应的批量归一化和Relu激活过程构成，左右两部分相叠加再经过Relu函数激活就能得到残差块的最终输出。图5-16中的weight指卷积操作，bn为批量归一化操作。当残差块输入和输出的通道数不一致时，就不能采用恒等映射，需要采用1 × 1卷积操作进行升维或降维。

残差块的数学表达式为

$$y_l = F(x_l,\Theta_l) + h(x_l) \tag{5-53}$$

$$x_{l+1} = f(y_l) \tag{5-54}$$

式中　x_l ——残差块的输入；

x_{l+1}——残差块的输出；

Θ_l——权重矩阵。

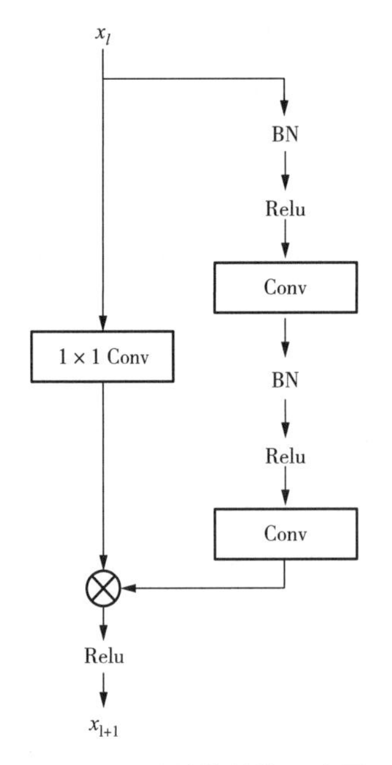

图5-16　残差块结构示意图

在CNN中为卷积操作。当输入和输出通道数一致时，$h(\ )$为恒等映射，当输入和输出通道数不一致时，$h(\ )$为1×1卷积操作。$f(\ )$为激活函数，一般使用Relu函数。

如果不考虑升降维的情况，可以假设$h(\ )$和$f(\ )$都是恒等映射，那么这时候残差块可以表示为

$$x_{l+1} = x_l + F(x_l, \Theta_l) \tag{5-55}$$

那么第L个残差块的输入与第l个残差块的输入的关系为

$$x_L = x_l + \sum_{i=l}^{L-1} F(x_i, \Theta_i) \tag{5-56}$$

由式（5-56）可以发现，第L个残差块的输入可以表示为第l个残差块（$l<L$）的输入以及它们之间的残差部分之和。

残差块的应用使得卷积神经网络进一步加深成为可能，有利于提取功率序列中更高层次的特征，提高模型负荷分解的精度。基于上述深度残差网络理论最终搭建的深度残差神经网络的结构如图5-17所示，它采用滑动窗口截取的

总功率序列作为输入，第一个卷积层提取出负荷的初步特征，然后，卷积层的输出被依次送入残差块中提取更高层次更抽象的用电行为特征，最后的全连接层实现了特征向量到功率序列中点时刻目标电器功率值的非线性映射。深度残差神经网络结构示意图如图5-17所示。

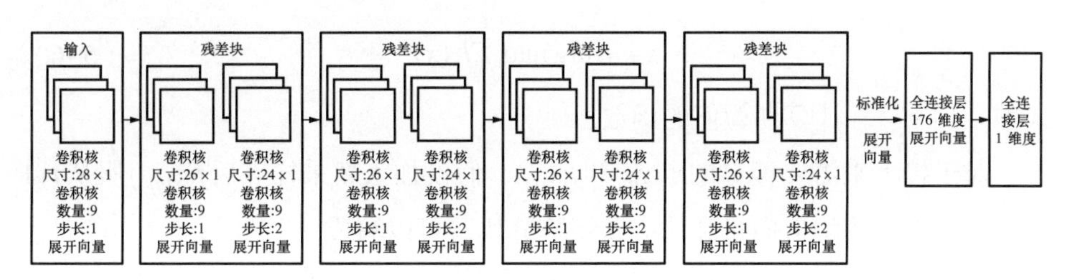

图5-17　深度残差神经网络结构示意图

2. 贝叶斯优化

上面所介绍的基于深度残差网络的非侵入式负荷分解模型具有许多可调节的超参数，如卷积层的卷积核大小、滑动步长、全连接层的神经元数量和滑动窗口大小等。超参数的选取很大程度上会影响模型的性能。为了保证更好的模型分解效果，这里采用贝叶斯优化方法来对超参数进行寻优[32]。

贝叶斯优化利用了高斯过程。对于负荷分解模型$Y=f(x)$，希望通过已知的超参数组合确定下一个搜索点。若已获得t组超参数$x_1, x_2, \cdots, x_t$以及这t组超参数所对应模型的指标值构成的向量$f(x_{1:t})=[f(x_1), f(x_2), \cdots, f(x_t)]$，那么高斯过程假设此向量服从$t$维高斯分布$f(x_{1:t}) \sim N(\mu(x_{1:t}), \Sigma(x_{1:t}, x_{1:t}))$，其中均值向量$\mu(x_{1:t})=[\mu(x_1), \mu(x_2), \cdots, \mu(x_t)]$，协方差矩阵表示为

$$\Sigma(x_{1:t}, x_{1:t}) = \begin{bmatrix} \mathrm{cov}(x_1,x_1) & \cdots & \mathrm{cov}(x_1,x_t) \\ \cdots & \cdots & \cdots \\ \mathrm{cov}(x_t,x_1) & \cdots & \mathrm{cov}(x_t,x_t) \end{bmatrix} = \begin{bmatrix} k(x_1,x_1) & \cdots & k(x_1,x_t) \\ \cdots & \cdots & \cdots \\ k(x_t,x_1) & \cdots & k(x_t,x_t) \end{bmatrix} \tag{5-57}$$

协方差通过高斯核函数进行计算

$$k(x_1,x_2) = \alpha_0 \exp(-\frac{1}{2\sigma^2}\|x_1 - x_2\|^2) \tag{5-58}$$

式中　α_0——核函数的参数。

在获得t组候选解后，建立相应的高斯回归模型，得到任意点处模型指标值的后验概率，利用该后验概率构建采集函数确定下一组需要搜寻的超参数组合。采集函数表达式为

$$EI_{\mathrm{t}}(x)=E\left\{\max\left[f(x)-\max(f(x_1),f(x_2),\cdots,f(x_t))\right]\right\} \tag{5-59}$$

$$x_{t+1}=\arg\max EI_{\mathrm{t}}(x) \tag{5-60}$$

式中　$E\{\}$——计算期望值的函数。

对于接下来需要搜寻的点x_{t+1}和$f(x_{t+1})$，假设加入新采样点后$f(x_{1:t+1})$服从t+1维正态分布，将均值向量和协方差矩阵分块，可以写成

$$\begin{bmatrix} f(x_{1:t}) \\ f(x_{t+1}) \end{bmatrix} \sim \left(\begin{bmatrix} \Sigma(x_{1:t},x_{1:t}) & \kappa \\ \kappa^T & k(x_{t+1},x_{t+1}) \end{bmatrix} \right) \tag{5-61}$$

其中，$\kappa=[k(x_{t+1},x_1),k(x_{t+1},x_2),\cdots k(x_{t+1},x_t)]^T$

因此，模型超参数的搜索过程，可以描述为在已知$f(x_{1:t})$的情况下求$f(x_{t+1})$的条件分布。根据多维正态分布的性质，该条件分布服从一维正态分布$f(x_{t+1})|f(x_{1:t})\sim N(\mu,\sigma^2)$，具体计算公式为

$$\mu=\kappa\left[\Sigma(x_{1:t},x_{1:t})\right]^{-1}\left[f(x_{1:t})-\mu(x_{1:t})\right]+\mu(x_{t+1}) \tag{5-62}$$

$$\sigma^2=k(x_{t+1},x_{t+1})-\kappa\left[\Sigma(x_{1:t},x_{1:t})\right]^{-1}\kappa^T \tag{5-63}$$

其中，μ与$f(x_{1:t})$有关，而σ^2只与高斯核函数所计算出的协方差值有关，与$f(x_{1:t})$无关。

综上，贝叶斯优化超参数的算法流程为：

S1、选择t组超参数，分别计算他们的模型指标值。

S2、根据当前采样数据$x_{1:t}$和$f(x_{1:t})$更新$f(x_{t+1})|f(x_{1:t})$的μ和σ^2。

S3、根据采集函数的极大值确定下一个采样点x_{t+1}。

S4、计算在下一个采样点处的模型指标值$f(x_{t+1})$。

S5、回到步骤1重新计算，达到指定的迭代次数或模型性能达到期望的效果后，算法结束。

3. 群体贝叶斯优化

由于深度残差网络的超参数较多，单单依靠贝叶斯优化寻优效率不高，因此在贝叶斯优化的基础上，引入了集群优化的思想，通过群体的搜索行为和群体内的信息交互实现问题求解的智能性。由此提出的群体贝叶斯优化方法具体步骤如下：

S1、初始化最大搜寻次数和搜寻个体总数，在合理范围内为每个个体赋予初始的超参数组合。

S2、根据每个个体的超参数组合分别构建模型，使用相同的数据集进行训练并获得每个个体对应的超参数组合下模型的指标值。

S3、对每一个个体，将其超参数组合与群体中模型指标值最好的个体对应的超参数组合进行比较，并按以下公式进行更新

$$x_{id}=x_{id}^{'}+rand(0,1)(p_{id}-x_{id})+rand(0,1)(p_{gd}-x_{id}) \tag{5-64}$$

式中 x_{id} ——第 i 个个体第 d 维度的值；

$x_{id}^{'}$ ——上一轮的值；

p_{id} ——第 i 个个体第 d 维度的最优值；

p_{gd} ——群体中第 d 维度的最优值；

$rand(0,1)$ ——0到1之间的随机数。

S4、若未满足结束条件，则返回步骤2，否则算法结束，群体中模型指标值最好的模型对应的超参数组合为搜寻出来的最优解。

4. 训练目标

非侵入式负荷分解属于典型的回归问题，通常使用均方误差（MSE）作为网络训练使用的损失函数，即用真实值与预测值的差值的平方然后求和平均，MSE可以描述真实值与预测值之间总的差距，MSE越小，说明模型的预测精度越高，其数学表达式为

$$\mathrm{MSE}=\frac{1}{N}\sum_{n=1}^{N}(y_n-\hat{y}_n)^2 \tag{5-65}$$

式中 y_n ——模型真实值；

$\hat{y}_n$ ——模型预测值。

5.5.2 算例分析

1. 测试数据集

实验选取5.3.3所用的公开数据集REFIT对搭建的模型进行仿真，REFIT数据集划分情况见表5-8。

表5-8　REFIT数据集划分情况

电器	训练集	验证集	测试集	数据量
Kettle	17,5,6,20,7,13,19	5	17	4000000
Washing machine	10,7,13,18,15,16,17	15	16	4000000
Microwave	4,10,12,17,19	17	4	2400000
Dishwasher	5,7,9,13,16,18,20	18	20	4000000
Fridge	2,5,9,12,15,3,10	12	15	4000000

2. 数据预处理

为了避免总功率水平不同导致负荷分解的结果出现偏差，采用最小最大化归一化方法对原始数据进行预处理，将数据映射到[0,1]区间，归一化函数为

$$x^* = \frac{x - x_{\min}}{x_{\max} - x_{\min}} \tag{5-66}$$

式中　x^* ——归一化后的数据；

$x_{\max}$——功率序列数据中的最大值；

$x_{\min}$——功率序列数据中的最小值。

3. 数据后处理

数据后处理是指根据先验知识对模型的分解结果进行修正。通过研究发现，负荷分解模型的分解结果不仅包括电器的真实开启状态，往往还包括一些零星的“虚假”激活，即模型误认为电器处于开启状态中，从而导致最终的分解值偏高，降低了模型的分解性能。

对于这些“虚假”的激活，往往可以通过简单的逻辑判断进行剔除，从而进一步提升模型性能。这里针对模型分解结果提出后处理方法，包括五个步骤：

S1、使用阈值法提取训练数据中目标电器每一段激活的特征，包括激活的开始时刻、停止时刻和激活的持续时间。记录最长激活时间、最短激活时间和激活序列。

S2、通过阈值法提取目标电器功率分解值每一段激活的特征，包括激活的开始时刻、停止时刻和激活序列。

S3、计算分解值每一段激活所对应的持续时间，若持续时间小于模板特征库中记录的最短激活时间，则将该激活进行剔除。

S4、对剩余激活所对应的总负荷功率区段进行判断，若在该区段内总负荷功率存在相应的功率攀升和下降，那么认为该激活是合理的；否则认为该激活不合理，并将其剔除。

4. 模型性能评价指标

实验采用三种典型指标来评估模型的性能。第一种指标是平均绝对误差（mean absolute error，MAE），它的定义为每个时刻目标电器预测值与真实值之间的绝对误差的平均值，数学表达式为

$$\mathrm{MAE}=\frac{1}{T}\sum_{t=1}^{T}\left|\hat{y}_t-y_t\right| \tag{5-67}$$

式中　y_t——目标用电设备在t时刻的真实功率；

$\hat{y}_t$——目标用电设备在t时刻功率的预测值。

第二种指标为归一化信号聚合误差（signal aggregation error，SAE），它的定义为目标电器预测值与真实值之间总能量的相对误差，数学表达式为

$$\mathrm{SAE}=\frac{\left|\hat{E}-E\right|}{E} \tag{5-68}$$

式中　E——设备的总能量消耗，即$E=\sum_{t=1}^{T}y_t$；

$\hat{E}$——预测的设备能耗，即$\hat{E}=\sum_{t=1}^{T}\hat{y}_t$。

第三种指标为标准分解误差（normalized aggregation error，NDE），它的定义为目标电器功率预测值与真实值之间的平方差的归一化误差，数学表达式为

$$\mathrm{NDE}=\frac{\sum_{t=1}^{T}(\hat{y}_t-y_t)^2}{\sum_{t=1}^{T}{y_t}^2} \tag{5-69}$$

5. 实验结果

为了建立一个更好的负荷分解模型，首先利用群体贝叶斯优化方法，对水壶、微波炉、冰箱、洗衣机、洗碗机负荷分解模型进行了优化，找出了一组合适的超参数。需要优化的超参数包括卷积层卷积核的大小、滑动步长、全连接层神经元数量以及滑动窗口大小。图5-18显示了群体贝叶斯优化的结果。

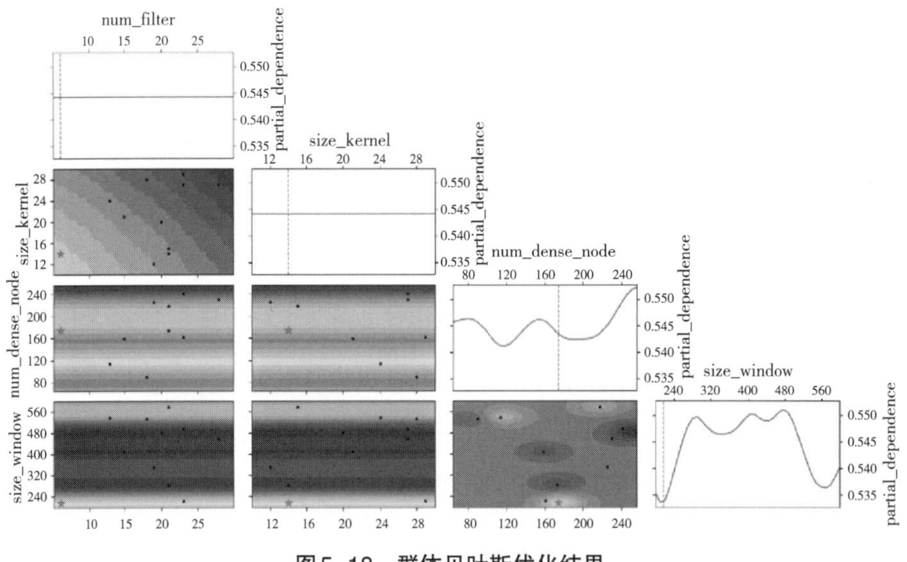

图5-18 群体贝叶斯优化结果

在建立了各电器负荷分解模型后，使用测试集对模型的分解性能进行测试，在模型训练过程中不涉及测试集的数据。图5-19显示了不同电器功率真实值和预测值的对比情况。结果表明，本书提出的深度残差网络模型能够提取电器的工作特性，几乎能准确地捕捉到每一个激活。但是，可以发现，该模型还预测了一些无关的激活，这将损害模型的分解精度。

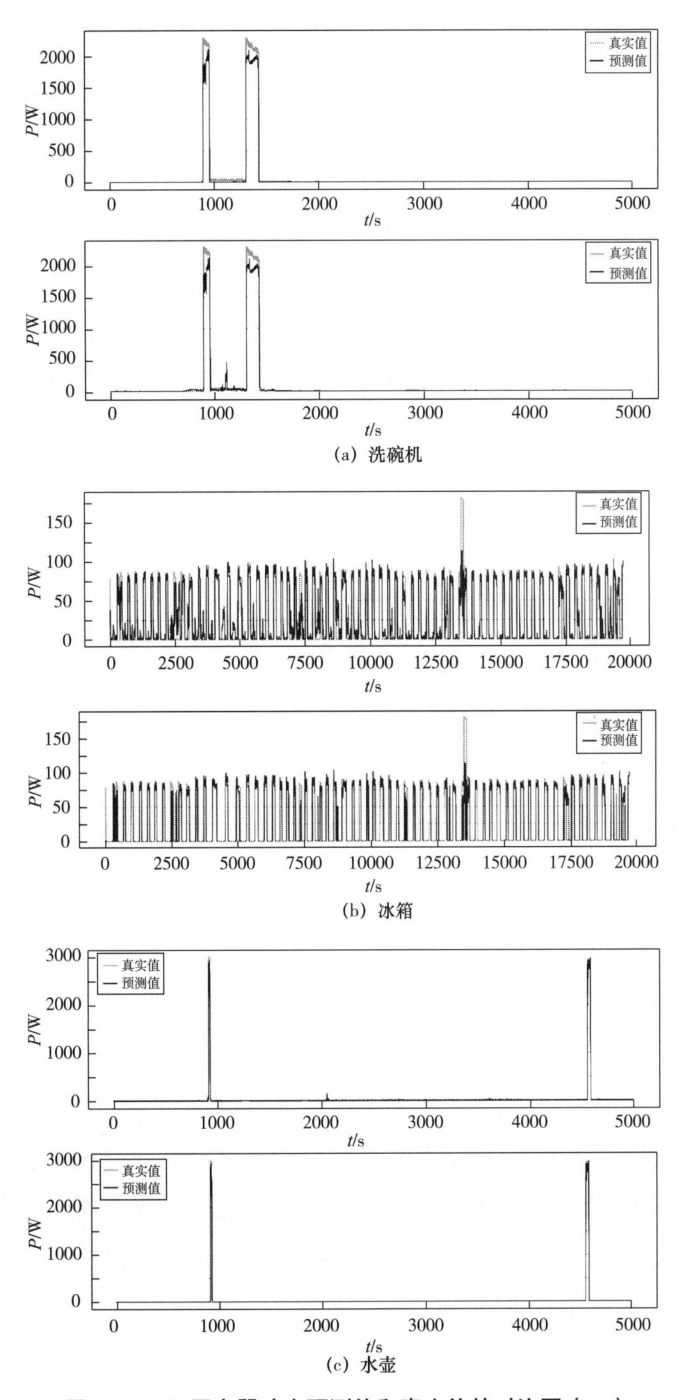

(a) 洗碗机

(b) 冰箱

(c) 水壶

图5-19 不同电器功率预测值和真实值的对比图(一)

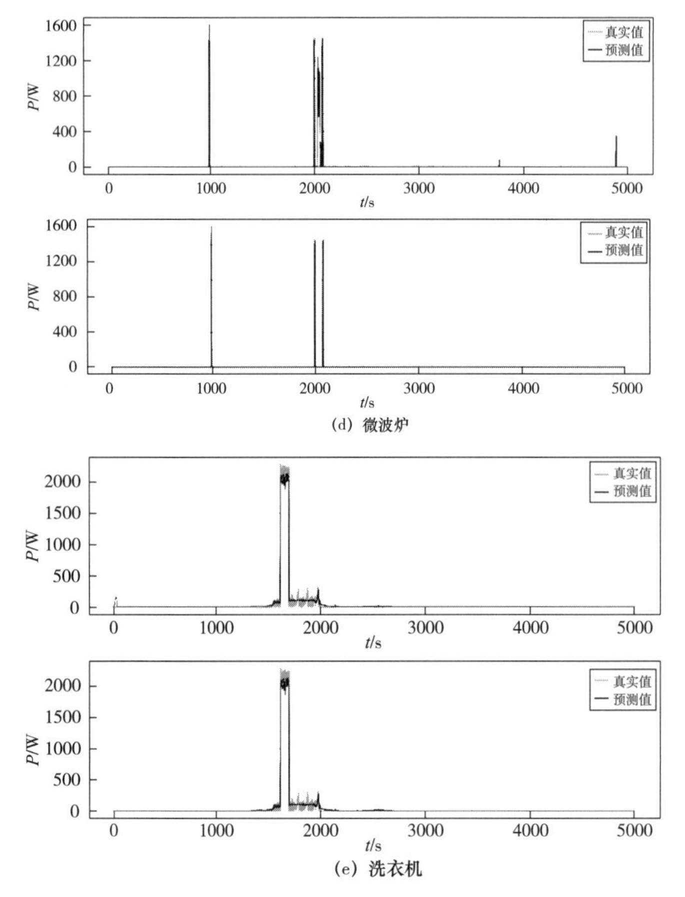

图5-19　不同电器功率预测值和真实值的对比图（二）

在使用后处理算法处理这个问题后，从图5-19可以看出，这些无关的激活被消除，这可以证明本书提出的后处理方法的有效性。

表5-9显示了本方法与普通CNN方法之间各种性能评价指标的比较结果。结果表明，与普通CNN方法相比，本书提出的深度残差神经网络在MAE、SAE和NDE指标方面均达到了最优值。这是因为深层残差神经网络可以很深地堆叠，并且可以提取更深层的特征来实现负载分解。特别是经过后处理后，模型的性能可以在原有的基础上进一步提高。

表5-9 不同方法分解误差对比

电器	CNN			未使用后处理方法			使用后处理方法		
	NDE	SAE	MAE	NDE	SAE	MAE	NDE	SAE	MAE
洗衣机	0.54	2.61	16.85	0.26	0.28	3.73	0.19	0.03	2.04
水壶	0.52	0.13	6.83	0.31	0.1	11.22	0.19	0.07	9.79
冰箱	0.43	0.33	20.02	0.37	0.25	15.12	0.22	0.23	10.96
微波炉	0.71	0.17	12.66	0.57	0.15	4.67	0.51	0.13	4.38
洗碗机	0.44	0.26	12.26	0.31	0.08	9.3	0.3	0.04	8.36

本章小结

在第四章介绍了单个设备的识别方法体系，本章主要围绕多个设备运行时的识别方法进行展开。在5.1节介绍了现实中多设备混叠运行的解决思路，包括增量提取法和非侵入负荷识别，并详细说明了增量提取法的实践过程。5.2节介绍了非侵入式负荷分解的思路，并对两种方法进行了全方位对比。此外，本书也提出三种非侵入式负荷分解模型：基于用电模式和字典学习的电器负荷分解模型、基于隐马尔科夫模型的非侵入式负荷分解模型、基于群体贝叶斯优化的非侵入式负荷分解模型。其中5.3节提出的基于用电模式和字典学习的负荷分解模型通过对电器日能耗序列的近邻传播聚类，提取典型用电模式，以驱动各电器的模式字典学习，利用组合模式字典对非侵入式总负荷执行稀疏表示，由此实现负荷分解。5.4节提出的基于隐马尔科夫模型的非侵入式负荷分解模型采用DBSCAN聚类算法对电器运行状态进行提取，提出一种基于二进制的编码方案对电器状态组合进行编码，然后构建二元参数隐马尔科夫模型并计算其参数，利用改进维特比算法实现电器负荷的状态分解，最后结合极大似然估计，根据电器聚类簇统计特征实现负荷功率分解。5.5节提出的基于群体贝叶斯优化的非侵入式负荷分解模型通过构造不同的卷积核实现特征的提取。可以将用户总线处提取的功率序列理解为一个融合多种电器用电行为特性的二维图像，通过引入CNN的方法提取目标电器独特的运行特性以实现负荷分解。

本章参考文献

[1]Aminikhanghahi, S., Cook, D.J.A survey of methods for time series change point detection[J].Knowledge and Information Systems, 2017, 51（2）, 339－367.

[2]Houidi S, Auger F, Sethom H B A, et al. Multivariate event detection methods for non–intrusive load monitoring in smart homes and residential buildings[J]. Energy and Buildings, 2020, 208: 109624.

[3]Page E S.Continuous inspection schemes[J].Biometrika, 1954, 41（1/2）: 100–115.

[4]Faustine A, Pereira L, Klemenjak C. Adaptive weighted recurrence graphs for appliance recognition in non–intrusive load monitoring[J]. IEEE Transactions on Smart Grid, 2020, 12(1): 398–406.

[5]Hart, G.W.Nonintrusive Appliance load monitoring.Proceedings of the IEEE, 1992, 80: 1870－1891.

[6]Mohassel R R, Fung A, Mohammadi F, et al.A survey on Advanced Metering Infrastructure[J].International Journal of Electrical Power & Energy Systems, 2014, 63: 473－484.

[7]Farinaccio L , Zmeureanu R .Using a pattern recognition Approach to disaggregate the total electricity consumption in a house into the major end–uses[J]. Energy & Buildings, 1999, 30（3）:245–259.

[8]Liang, J., Ng, S.K.K., Kendall, G., et al.Load Signature Study—Part I: Basic Concept, Structure, and Methodology[J].IEEE Transactions on Power Delivery, 2010, 25, 551–560.

[9] Lee K D, Leeb S B, Norford L K, et al.Estimation of variable–speed–drive power consumption from harmonic content[J].IEEE Transactions on Energy Conversion, 2005, 20（3）: 566–574.

[10] Wichakool W, Avestruz A T, Cox R W, et al.Modeling and estimating current harmonics of variable electronic loads[J].IEEE Transactions on power electronics,

2009, 24（12）: 2803–2811.

[11] Laughman C, Lee K, Cox R, et al.Power signature analysis[J].IEEE power and energy magazine, 2003, 1（2）: 56–63.

[12] Lam H Y, Fung G S K, Lee W K.A novel method to construct taxonomy electrical Appliances based on load signaturesof[J].IEEE Transactions on Consumer Electronics, 2007, 53（2）: 653–660.

[13] Hassan T, Javed F, Arshad N.An empirical investigation of VI trajectory based load signatures for non–intrusive load monitoring[J].IEEE Transactions on Smart Grid, 2013, 5（2）: 870–878.

[14]Srinivasan D, Ng W S, Liew A C.Neural–network–based signature recognition for harmonic source identification[J].IEEE transactions on power delivery, 2005, 21（1）: 398–405.

[15]李如意, 黄明山, 周东国, 等.基于粒子群算法搜索的非侵入式电力负荷分解方法[J].电力系统保护与控制, 2016, 44, 30 – 36.

[16]苏晓,余涛,徐伟枫,等.基于隐马尔可夫模型的非侵入式负荷监测泛化性能改进[J].控制理论与应用,2022,39(04):691–700.

[17]陈思运, 高峰, 刘烃, 等.基于因子隐马尔可夫模型的负荷分解方法及灵敏度分析[J].电力系统自动化, 2016, 40, 128 – 136.

[18]彭秉刚,潘振宁,余涛,等.图数据建模与图表示学习方法及其非侵入式负荷监测问题的应用[J/OL].中国电机工程学报:1–15.

[19]刘恒勇, 史帅彬, 徐旭辉, 等.一种关联RNN模型的非侵入式负荷辨识方法[J].电力系统保护与控制, 2019, 47, 162 – 170.

[20]王轲, 钟海旺, 余南鹏, 等.基于seq2seq和Attention机制的居民用户非侵入式负荷分解[J].中国电机工程学报, 2019, 39, 75–83+322.

[21]谈竹奎,徐伟枫,刘斌,等.基于用电模式和字典学习的电器负荷分解方法[J/OL].电测与仪表:1–8.

[22]Mairal, J., Ponce, J., Sapiro, G., et al.Supervised Dictionary Learning[J], in: Advances in Neural Information Processing Systems.Curran Associates, Inc, 2008.

[23]Efron, B., Hastie, T., Johnstone, I., et al.Least angle regression[J].The Annals of Statistics.2004, 32（2）: 494 - 499.

[24]Murray D, Stankovic L, Stankovic V. An electrical load measurements dataset of United Kingdom households from a two–year longitudinal study[J]. Scientific data, 2017, 4(1): 1–12.

[25]Z. Tan, B. Liu, S. Tang, X. Su, and W. Xu .Non–intrusive Load Decomposition Based on Hidden Markov Model Considering Multiple Electrical Features. in Proceedings of 2020 International Top–Level Forum on Engineering Science and Technology Development Strategy and The 5th PURPLE MOUNTAIN FORUM (PMF2020), Singapore, 2021, pp. 343 - 357.

[26]Rabiner, L., Juang, B.An introduction to hidden Markov models[J].IEEE ASSP Magazine, 1986, 3: 4 - 16.

[27]Ester M, Kriegel H P, Sander J, et al.A density–based algorithm for discovering clusters in large spatial databases with noise[C]//kdd.1996, 96（34）: 226–231.

[28]Viterbi, A.Error bounds for convolutional codes and an asymptotically optimum decoding algorithm[J].IEEE Transactions on Information Theory, 1967, 13: 260 - 269.

[29]Makonin S, Popowich F, Bartram L, et al. AMPds: A public dataset for load disaggregation and eco–feedback research[C]//2013 IEEE electrical power & energy conference. IEEE, 2013: 1–6.

[30]T. Zhukui, L. Bin, Z. Qiuyan, D. Chao, and H. Houpeng, Non–intrusive load decomposition model based on Group Bayesian optimization and post–processing, 2021, E3S Web Conf., vol. 252, p. 03007.

[31]He K, Zhang X, Ren S, et al. Deep residual learning for image recognition[C]// Proceedings of the IEEE conference on computer vision and pattern recognition. 2016: 770–778.

[32]Snoek J, Larochelle H, Adams R P. Practical bayesian optimization of machine learning algorithms[J]. Advances in neural information processing systems, 2012, 25.

6

CHAPTER 6

设备建模及电力指纹参数识别技术

电力指纹参数识别，即对设备的模型参数进行识别，因此研究对象以用电设备、柔性负荷、新能源设备等为主。具体来说，参数识别还可以分为物理模型参数识别和数学模型参数识别，物理模型参数识别即对设备进行元件级参数识别，如对用电设备和部分新能源设备的元件参数进行识别，数学模型参数识别则更多的是研究设备的可调和控制特性。参数识别技术可以应用在设备智慧运维、设备实时监测和供需互动等。本章将首先对可调负荷及分布式设备进行建模，接着研究光伏电池参数识别、空调特性参数识别，从各个角度展示不同设备的参数识别思路。

6.1 可调负荷及分布式设备建模

6.1.1 光伏电池模型

光伏电池是一种通过光电效应或者光化学效应太阳的光能转换成电能的一种装置，其中以光电效应工作的薄膜式太阳能电池为主流，而以光化学效应原理工作的太阳能电池则还处于萌芽阶段[1]。所谓光电效应，就是指当光照在半导体的P-N结上，会形成空穴—电子对。在电场的作用下空穴和电子发生定向移动，接通电路后便会形成电流。在该理论的支持下，光伏电池经过多年的研究已经得到迅速发展。目前地面光伏系统大量使用的是以硅为基底的硅太阳能电池，可分为单晶硅、多晶硅、非晶硅太阳能电池。在能量转换效率和使用寿命等综合性能方面，单晶硅和多晶硅电池优于非晶硅电池，而多晶硅的转换效率虽然比单晶硅更低，但是其价格更便宜，得到更广泛的使用。

在一般的该工程应用中，光伏电池的数学模型可用其等效电路来表示，一般可表示为单二极管模型[2]，双二极管模型[3]和三二极管模型[4]。其中由于单二极管模型计算简单，因此得到了广泛应用。

1. 单二极管模型

单二极管模型可以用一个恒定电流源I_{ph}（光生电流）和一个理想二极管的并联来表示。单二极管简化等效电路如图6-1所示。

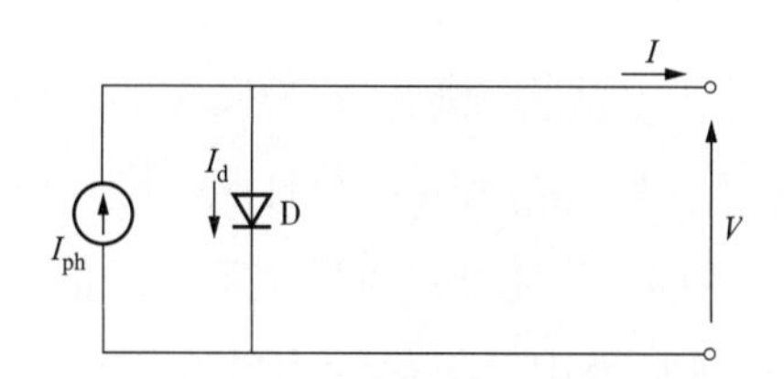

图6-1 单二极管简化等效电路

在真实的光伏电池中，还存在其他因素的影响，仅用理想模型无法解释，这些因素会影响太阳能电池的外部行为，具体包括：①与光伏电池的端电压成比例的电流泄漏；②半导体本身以及金属和半导体接触的损耗。其中，第一个影响因素可用并联电阻R_{sh}来表示，用于说明通过电池、器件边缘和不同极性的触点之间的电流泄漏。第二个因素用串联电阻R_s来表示，其对应于相同的电流流动在结电压和太阳能电池的端电压之间引起的电压降[5]。单二极管等效电路如图6-2所示。

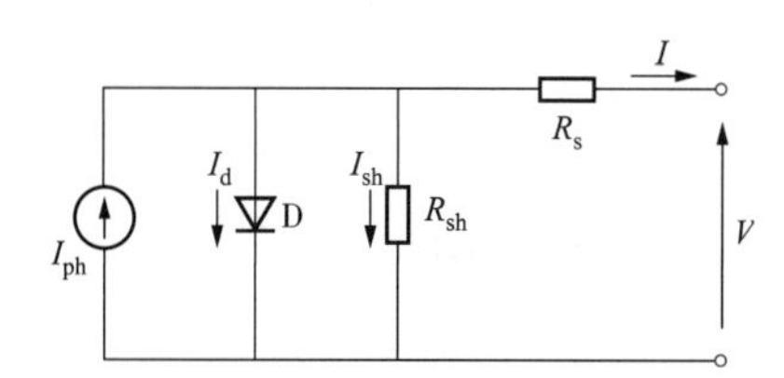

图6-2 单二极管等效电路

在该模型中，电流电压的关系可表达为

$$I = I_{ph} - I_d\left\{\exp\left[\frac{q\left(V + IR_s\right)}{\alpha KT}\right] - 1\right\} - \frac{V + IR_s}{R_{sh}} \tag{6-1}$$

式中 I ——光伏电池的输出电流；

I_{ph} ——光伏电池的光生电流；

I_d ——反向饱和电流；

α ——二极管的理想系数；

R_s ——串联等效电阻；

R_{sh}——并联等效电阻。

式（6–1）是基于光伏电池物理原理的最基本的解析式并在理论分析中被广泛应用，但由于I_{ph}、I_o、R_s、R_{sh}和α均与日照强度和电池温度有关，且难以确定，实际求解也十分困难，只能通过试验获取所求值。

光伏模块生产厂家通常为用户提供的参数为标准测试条件下的开路电压U_{oc}、最大功率点处电压U_m、最大功率点电流I_m、短路电流I_{sc}，利用这些参数经过大量的数据拟合出与实际输出特性精度较高的U–I特性曲线。根据光伏电池U-I关系曲线可得到以下适用于工程计算的输出特性公式[6]。

$$I = I_{sc}\left\{1 - C_1\left[\exp\left(\frac{U}{C_2 U_{oc}}\right) - 1\right]\right\} \tag{6–2}$$

$$C_1 = \left(1 - \frac{I_m}{I_{sc}}\right)\exp\left(\frac{-U_m}{C_2 U_{oc}}\right) \tag{6–3}$$

$$C_2 = \left(\frac{U_m}{U_{oc}} - 1\right)\left[\ln\left(1 - \frac{I_m}{I_{sc}}\right)\right]^{-1} \tag{6–4}$$

式中 U ——光伏电池输出电压；

I ——光伏电池输出电流；

C_1、C_2——修正系数。

在任意环境条件下，U_{oc}、U_m、I_m、I_{sc}会按一定规律发生变化，通过引入相应的补偿系数，经过大量的数据拟合近似推算出任意光照S和电池温度T下四个技术参数[7]。

$$U'_m = U_m\left[1 - c\left(t - t_{ref}\right)\right]\ln\left[e + b\left(S - S_{ref}\right)\right] \tag{6–5}$$

$$U'_{oc} = U_{oc}\left[1 - c\left(t - t_{ref}\right)\right]\ln\left[e + b\left(S - S_{ref}\right)\right] \tag{6–6}$$

$$I'_m = I_m \frac{S}{S_{ref}}\left[1 + a\left(t - t_{ref}\right)\right] \tag{6–7}$$

$$I'_{\mathrm{sc}}=I_{\mathrm{sc}}\frac{S}{S_{\mathrm{ref}}}\left[1+a\left(t-t_{\mathrm{ref}}\right)\right] \tag{6-8}$$

式中 S_{ref}——标准参考太阳辐射强度，取为1000W/m^2；

t_{ref}——标准参考电池温度，取25℃。

补偿系数a、b、c为常数，据大量实验数据拟合，工程使用中其典型值一般取为$a=0.0025$，$b=0.5$，$c=0.0028$。

使用这种环境修正法，只需厂商提供四个基本性能参数就可以拟合出光伏电池的数学模型，从而得到任意辐照度和温度条件下的光伏电池输出特性。

2. 双二极管模型

双二极管模型可以用一个恒定电流源I_{ph}（光生电流）和两个理想二极管的并联来表示。这是为了表示耗尽区的复合损耗，在单二极管模型的基础上增加了一个二极管。双二极管等效电路如图6-3所示。

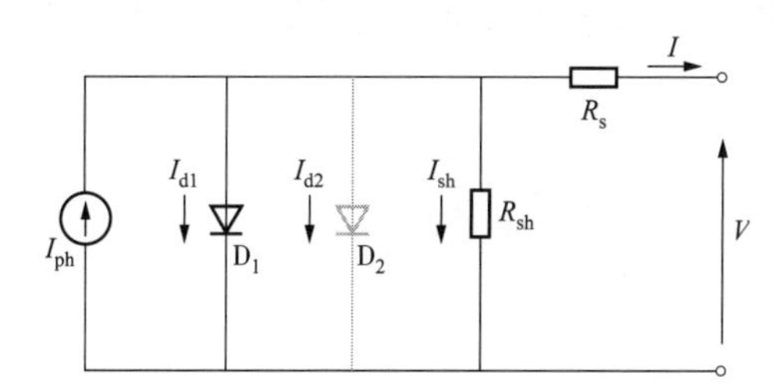

图6-3 双二极管等效电路

在该模型中，电流电压的关系可表达为

$$\begin{aligned}I=I_{\mathrm{ph}}-I_{\mathrm{d1}}\left\{\exp\left[\frac{q\left(V+IR_{\mathrm{s}}\right)}{\alpha_1 V_{\mathrm{T}}}\right]\right\}\\-I_{\mathrm{d2}}\left\{\exp\left[\frac{q\left(V+IR_{\mathrm{s}}\right)}{\alpha_2 V_{\mathrm{T}}}\right]-1\right\}-\frac{V+IR_{\mathrm{s}}}{R_{\mathrm{sh}}}\end{aligned} \tag{6-9}$$

式中 I——光伏电池的输出电流；

I_{ph}——光伏电池的光生电流；

I_{d1}、I_{d2}——反向饱和电流；

α_1、α_2——二极管的理想系数；

R_s ——串联等效电阻；

R_{sh} ——并联等效电阻；

q ——电子电荷量（1.6022×10^{-19}C）；

V_T ——热电压。

V_T可表示为

$$V_T = \frac{KT}{q} \tag{6-10}$$

式中 K ——玻尔兹曼常数，取1.3806×10^{-23} J/K；

T ——光伏电池的温度，K。

3. 三二极管模型

三二极管模型可以用一个恒定电流源I_{ph}（光生电流）和三个理想二极管的并联来表示。该模型在双二极管模型的基础上再增加一个二极管，这样构建的模型更加精确，但计算复杂度更高。三二极管等效电路如图6-4所示。

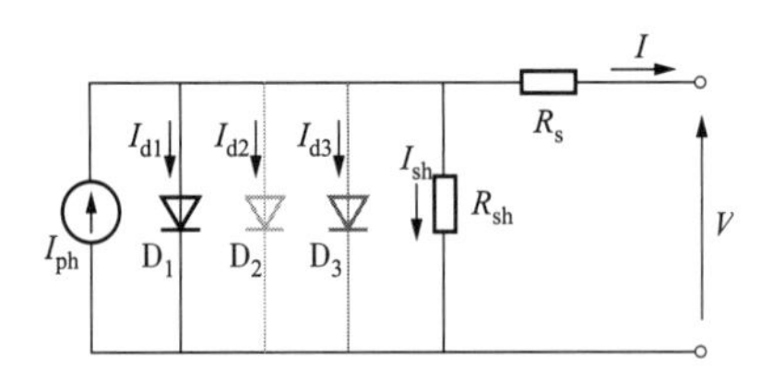

图6-4 三二极管等效电路

在该模型中，电流电压的关系可表达为

$$I = I_{ph} - I_{d1}\left(\exp\left\{\frac{q\left[V + IR_{s0}\left(1 + KI\right)\right]}{\alpha_1 V_T}\right\} - 1\right) - I_{d2}\left(\exp\left\{\frac{q\left[V + IR_{s0}\left(1 + KI\right)\right]}{\alpha_2 V_T}\right\} - 1\right)$$
$$- I_{d3}\left(\exp\left\{\frac{q\left[V + IR_{s0}\left(1 + KI\right)\right]}{\alpha_3 V_T}\right\} - 1\right) - \frac{V + IR_{s0}\left(1 + KT\right)}{R_{sh}} \tag{6-11}$$

式中 I ——光伏电池的输出电流；

I_{ph} ——光伏电池的光生电流；

I_{d1}、I_{d2}、I_{d3} ——反向饱和电流；

α_1、α_2、α_3 ——二极管的理想系数；

R_s ——串联等效电阻；

R_{sh} ——并联等效电阻。

6.1.2 空调负荷模型

1. 普通制冷/制热空调建模方法

空调本体的电气模型描述了在一定的压缩机转速、室外温度等因素下，空调的制冷量与取用功率情况，压缩机环节是产生空调能耗主要的主要机制。对定频空调来说，其工作时压缩机转速恒定，制冷量与电功率之间呈开关控制关系；对变频空调来说，频率的增加会引起变频空调的制冷量和电功率的增加，并且制冷量、电功率与频率之间基本上呈线性关系。

在构建空调所属建筑物的热力学模型方面，目前国内外已有2种比较准确的建模方法：基于电路模拟的等效热参数（equivalent thermal parameters，ETP）建模方法和基于冷（热）负荷计算的建模方法[8]。下面将对两种建模方法进行介绍。

（1）等效热参数建模方法。

空调制冷的基本工作就是将室内的空气与制冷工质做热交换，该热交换过程可以等效为空调电能在各热容、热阻之间的传递、储蓄和消耗过程，该过程能用空调负荷的电热转化方程来表达，其数学模型与一阶储能电路类似。ETP建模方法在此基础上，增加了空调所属房屋的热力学方程，可以将房间环境（室内储热、内部人与负荷产热、相邻房间热交换）、外界环境（太阳辐射、室外温度、空气比热容）以及空调制冷（热）量等参数等效成电路的电阻、电容及电源等相关电路参数，形成模拟热量在房间内的传递过程的效果。ETP建模方法的经典三阶状态方程描述了以下四个热交换过程[9]，ETP三阶模型示意图如图6–5所示。

四个热交换过程为：①太阳能辐射造成的外界温度变化；②外界与房屋的热交换过程，例如墙壁外侧和与外界空气的热交换；③空调系统吸放热过程，该过程取决于室内空气交换速率；④住户活动的放热以及因使用室内负荷造成的热量交换。

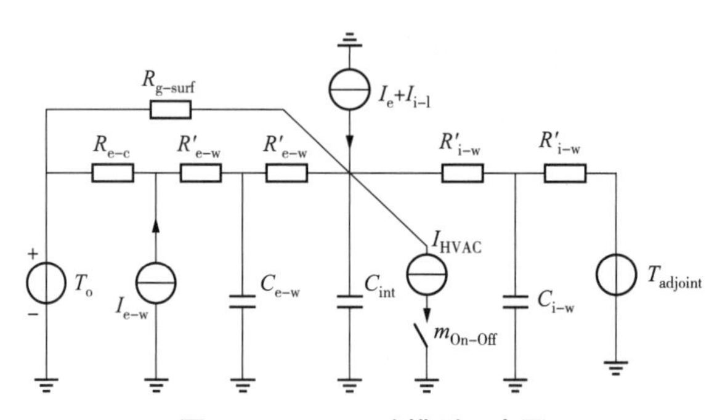

图6–5　ETP三阶模型示意图

图6–5中，R_{e-c}是室外气体和外墙的对流热阻，C_{e-w}是外墙的热容；R'_{e-w}是外墙热阻的一半；I_{e-w}是射在外墙的太阳辐射；R_{g-surf}是光滑表面的等效热阻（窗、玻璃）；C_{int}是室内的热容（空气+家具）；I_e+I_{i-l}是投射进来的太阳辐射+室内负荷产热；I_{HVAC}反映空调制冷量；m_{on-off}是开关；C_{i-w}是内墙的热容；R'_{i-w}是内墙等效热阻的一半。

三阶ETP模型能精确描述空调功率与室内温度的时变关系，但进行计算是过于繁琐，不适合实际应用。对三阶模型进行简化，忽略温度在内外墙之间的差异性时，可以得到空调系统的二阶热力学模型[10]，ETP二阶模型示意图如图6–6所示。

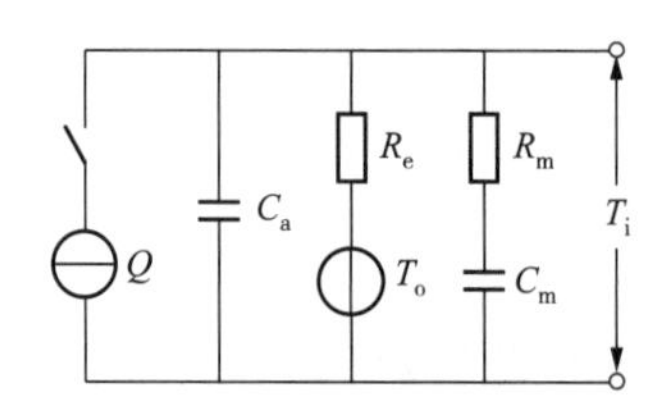

图6–6　ETP二阶模型示意图

图6–6中，C_a代表空气的比热容，R_e代表室内外的热阻，R_m代表固体热阻，C_m为固体比热容。

进一步假设室内空气温度与固体温度相等，可得到当前最常用的空调系统一阶热力学等效热参数模型[11]，ETP一阶模型示意图如图6–7所示。

根据图6–7，可列写出空调系统室内气温的一阶微分方程为

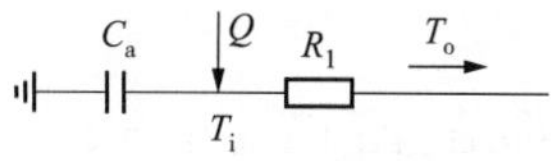

图6-7 ETP一阶模型示意图

$$\frac{\mathrm{d}T_i}{\mathrm{d}t}=\frac{T_{\mathrm{o}}-T_{\mathrm{i}}}{R_1C_{\mathrm{a}}}-\frac{Q}{C_{\mathrm{a}}} \tag{6-12}$$

式中 R_1——房间的等效热阻；

C_{a}——房间的等效热容；

Q——空调的制冷/热量；

T_{o}——室外温度；

T_{i}——室内气体温度。

（2）基于冷（热）负荷计算的建模方法。

根据能量守恒定理，任意时间段的空调负荷所在建筑物的热量变化值等于空调制冷（热）量与建筑物所获得的热量之差，这就是基于冷（热）负荷计算的建模方法的原理[12]，建筑物能量守恒示意图如图6-8所示。

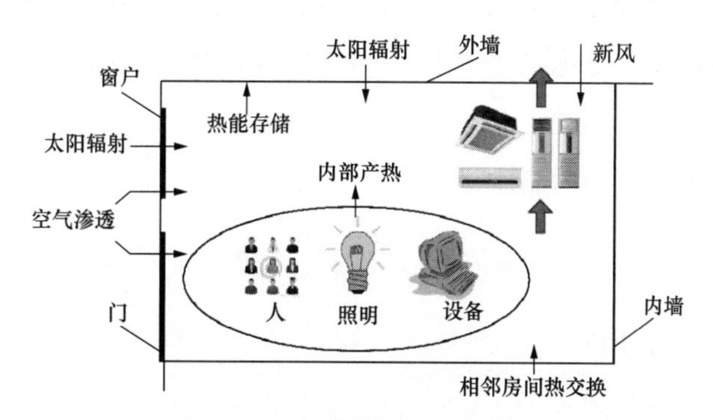

图6-8 建筑物能量守恒示意图

由此可建立建筑物能量变化恒等式，进而推导出室内温度的变化递推公式为

$$\frac{\mathrm{d}T_{\mathrm{i}}}{\mathrm{d}t}=\alpha(T_{\mathrm{o}}-T_{\mathrm{i}})+\beta-\delta Q \tag{6-13}$$

式中 α、β、δ——均为常系数。

（3）建模方法对比。

在原理上两种建模方法都是基于能量守恒定律，对房间与环境之间的热交换情况进行数学建模。其中ETP模型把热交换过程看作一阶储能电路中的充放电过程，故得出的模型较为精确；而基于冷（热）负荷计算的建模方法是基于能量守恒定律，因而在参数的物理意义上没有ETP那么清晰，但计算简便。两种建模方法的对比见表6-1。

表6-1　　两种建模方法对比

建模方法	优点	缺点
ETP建模方法 （二阶和三阶）	精度高	结构复杂 计算量大
ETP建模方法 （一阶）	计算量少	精度较低
基于冷（热）负荷计算的建模方法	原理简单 无需参数识别	冷负荷计算复杂 精度较低

2. 定频空调用电特性

目前，绝大部分存量空调都为分体式的定频空调，故国内外针对空调本体模型的研究与控制理论也主要集中在分体式定频空调，包括所属建筑物热力学建模时也是不考虑太多关于变频控制的复杂因素。定频空调的取用电功率乘以恒定的能效比即可转换为制冷量，故对于定频空调，其模型可根据下式

$$C\frac{\mathrm{d}\theta}{\mathrm{d}t}=\frac{\theta_o-\theta}{R}-\eta P \tag{6-14}$$

式中　C——等效比热容；

R——等效热阻；

θ_o——外界温度；

θ——室内气体温度；

P——空调功率；

η——空调的制冷效率（也称为能效比）。

考虑到在实际的采样系统中，采样值是离散的，故对上述微分方程求解后得到的离散化表达式为：

$$\theta(k)=\theta_o(k)-\eta RP(k)+[\theta(k-1)-\theta_o(k)+\eta RP(k)]e^{-\frac{\Delta t}{RC}} \tag{6-15}$$

式中　$\theta(k)$ 和 $\theta_o(k)$——k时刻的室内温度和室外温度；

$P(k)$——k时刻的空调功率；

Δt——采样时间间隔。

对于定频空调，其工作模式非常简单，只有工作和待机两种状态，处于工作状态时以额定功率P_{rate}运行，待机状态功率可视为0，故各时刻空调功率$P(k)$为

$$P(k)=P_{\text{rate}}S(k) \tag{6-16}$$

式中　$S(k)$——空调当前工作状态，其值为0表示待机，其值为1时表示制冷，其表达式随室内温度的变化可表示如下。

$$S(k)=\begin{cases}1 & \theta(k)\geqslant\theta_{\text{set}}+\delta\\0 & \theta(k)\leqslant\theta_{\text{set}}-\delta\\S(k-1) & \theta_{\text{set}}-\delta\leqslant\theta(k)\leqslant\theta_{\text{set}}+\delta\end{cases} \tag{6-17}$$

式中　θ_{set}——空调设定温度；

δ——空调工作状态变化的死区值。

当空调设定温度为26℃，空调工作状态变化的死区值为1℃时，其用电特性曲线可用图6-9类似表示。

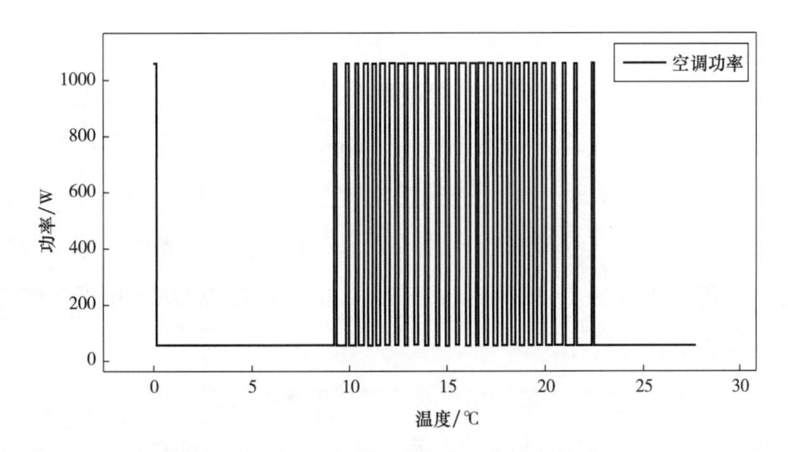

图6-9　定频空调运行时的功率变化曲线（一）

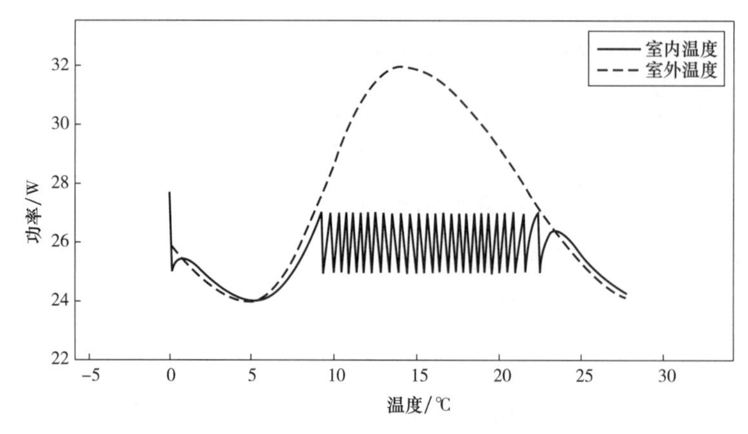

图6-9 定频空调运行时的功率变化曲线（二）

6.2 基于数据预测启发式算法的光伏电池参数识别

近年来，光伏（photovoltaic，PV）系统因具有分布广泛、储量丰富和无温室气体排放等优点，而受到全球的广泛关注。为了对光伏系统进行精确的性能分析、优化设计和最大功率点追踪（maximum power point tracking，MPPT），需要研究其在不同运行状态下的动态行为和输出特性，即对光伏电池进行参数识别。

然而，光伏电池参数识别是一个多变量、多峰值的非线性函数优化问题，因此依赖于制造商所提供的数据信息的解析法，难以满足工程要求。而启发式算法具有收敛速度快、不依赖于系统模型等优点，可以很大程度地弥补上述不足。文献[13]采用人工蜂群（artificial bee colony，ABC）算法来提高光伏电池参数识别的收敛速度。文献[14]采用灰狼优化算法（grey wolf optimization，GWO），基于随机搜索行为，避免算法陷入局部最优，提高了搜寻光伏电池参数最优解的能力。鲸鱼优化算法（whale optimization algorithm，WOA）用于光伏电池参数识别，加快了收敛速度。

另外，测量数据的样本量和精度对于光伏电池参数识别也至关重要。实际工程中，制造商往往不会提供大量的电流—电压（current-voltage，I-V）数据，导致光伏电池模型精度大大降低。为解决上述问题，需要对有限的实测数据进行合理地数据开发。如今，人工神经网络（artificial neural network，人工神经网络）在数据分析和预测方面表现出了令人满意的数据处理效果[16]。值得注意的是，人工神经网络的最优参数获取较大程度上依赖于网络的训练方法，遗传算法GA相对于传统的梯度下降法和牛顿拉夫逊法具有更佳的全局搜索能力和更高的应用灵活性，因此采用GA优化人工神经网络的权值可以显著提高其非线性映射能力[17]。

基于此，本书提出两种光伏电池参数识别方法：①基于数据预测启发式算法的光伏电池参数识别[18]（见本节叙述）；②基于遗传神经网络启发式算法的光伏电池参数识别（见6.3节）。

6.2.1 参数识别模型构建

1. 参数识别目标

目前，不同光伏电池的电路模型具有较大的差异，而实际工程中往往采用双二极管模型，而双二极管需要识别以下七个参数：I_{ph}、I_{sd1}、I_{sd2}、R_s、R_{sh}、a_1、a_2,其目标函数选取均方根误差RMSE以进行定量分析，定义为

$$\mathrm{RMSE}(x)=\sqrt{\frac{1}{N}\sum_{k=1}^{N}[f(V_L,I_L,x)]^2} \tag{6-18}$$

式中 x ——需要识别的未知参数解；

N ——实验数据组数。

其中的$f(V_L, I_L, x)$表示真实电流和预测电流之间的差值，代入双二极管模型的预测电流表达式（6-9）可得

$$\begin{aligned}f_{DDM}(V_L,I_L,x)&=I_{ph}-I_{sd1}\left\{\exp\left[\frac{q(V_L+I_LR_s)}{a_1V_t}\right]-1\right\}\\&-I_{sd2}\left\{\exp\left[\frac{q(V_L+I_LR_s)}{a_2V_t}\right]-1\right\}-\frac{V_L+I_LR_s}{R_{sh}}-I_L\end{aligned} \tag{6-19}$$

因此RMSE（x）为实验数据与模拟数据之间的误差，其值越小，所得的参数越为精确。

2. 极限学习机模型

极限学习机是一类基于单隐层前馈神经网络（single-hidden layer feedforward neural network，SLFN）构建的机器学习系统或方法[19]，主要由广义逆矩阵理论所支撑。在优化过程中随机初始化隐含层节点的权重和偏置值，不存在迭代调

优的过程。与误差反向传播（back propagation，BP）算法等常规前馈网络学习策略相比，极限学习机可以显著提高鲁棒性、学习速度、训练精度和泛化能力。

对于N个任意不同的样本（x_i, y_i），其中$x_i=[x_{i1}, x_{i2}, \cdots, x_{in}]^{\mathrm{T}}\in R^n$，$y_i=[y_{i1}, y_{i2}, \cdots, y_{im}]^{\mathrm{T}}\in R^m$假设SLFN具有$K$个隐含层节点，其激励函数可表示为：

$$\begin{aligned} y_i &= \sum_{i=1}^{K}\beta_i g_i\left(x_j\right) \\ &= \sum_{i=1}^{K}\beta_i g\left(\omega_i x_j + b_i\right), j = 1,2,3,\cdots,N \end{aligned} \quad (6\text{–}20)$$

式中 $\omega_i=[\omega_{i1}, \omega_{i2}, \cdots, \omega_{in}]^T$——第$i$个隐含层节点与输入层节点之间的权值向量；

b_i——第i个隐含层节点的阈值；

$\beta_i=[\beta_{i1}, \beta_{i2}, \cdots, \beta_{in}]^T$——连接输出层与第$i$个隐含层节点的权值向量。

另外，由K个隐含层节点构成的单隐层前馈神经网络，其具有以零误差预测样本的能力，即$\sum_{i=1}^{N}\left\|y_i - t_i\right\| = 0$，因此$\omega_i$、$\beta_i$和$b_i$满足如下关系

$$t_j = \sum_{i=1}^{K}\beta_i g(\omega_i x_i + b_i), j = 1,2,3,\cdots,N \quad (6\text{–}21)$$

上述两个表达式可以简化为

$$H\beta = T \quad (6\text{–}22)$$

$$H = \begin{bmatrix} h(x_1) \\ \vdots \\ h(x_N) \end{bmatrix} = \begin{bmatrix} g\left(\omega_1 x_1 + b_1\right)\cdots g\left(\omega_K x_1 + b_K\right) \\ \vdots \\ g\left(\omega_1 x_N + b_1\right)\cdots g\left(\omega_K x_N + b_K\right) \end{bmatrix} \quad (6\text{–}23)$$

$$\beta = \begin{bmatrix} \beta_1' \\ \vdots \\ \beta_K' \end{bmatrix}_{K\times m}, T = \begin{bmatrix} T_1' \\ \vdots \\ T_K' \end{bmatrix}_{K\times m} \quad (6\text{–}24)$$

式中 H——神经网络的隐含层输出矩阵；

T——期望输出矩阵；

β——由最小二乘范数求解的输出权值矩阵。

$$\left\|H\tilde{\beta} - T\right\| = \min_{\beta}\left\|H\beta - T\right\| \quad (6\text{–}25)$$

当隐含层输出矩阵为列满秩时，可得

$$\tilde{\beta} = \operatorname{argmin}_{\beta} \left\| H\beta - T \right\| = H^{\dagger} T \tag{6-26}$$

式中 $H^{\dagger}$——隐含层输出矩阵H的Moore–Penrose广义逆矩阵，简称伪逆矩阵。

为进一步提高光伏电池参数识别精度，可通过测量输出电流和电压实现。本节选取光伏电池电压和电流分别作为极限学习机的输入和输出，以实现基于极限学习机的输出I–V数据预测。

3. 基于数据预测的启发式算法

基于预测的数据，启发式算法可通过不断更新适应度函数以充分发挥自己的全局优化能力。其中适应度函数为RMSE（x），且所有优化变量均限定在所属的上界和下界内，如下：

$$\mathrm{RMSE}(x) = \sqrt{\frac{1}{N+N_{\mathrm{p}}} \sum_{k=1}^{N+N_{\mathrm{p}}} \left[f\left(V_{\mathrm{L}}, I_{\mathrm{L}}, x\right) \right]^2} \tag{6-27}$$

式中 N_{p}——预测数据的数量。

基于数据预测的启发式算法的整体运行框架主要由三部分组成，基于ELM数据预测的光伏电池参数识别框架如图6–10所示。首先，将各光伏电池

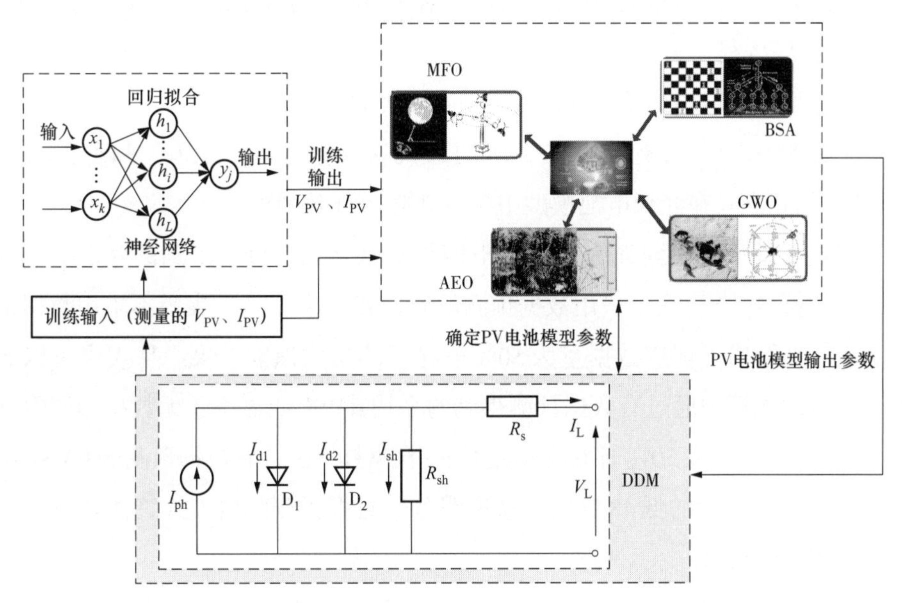

图6–10 基于ELM数据预测的光伏电池参数识别框架

实测输出I–V数据输入至极限学习机；其次，利用实测数据训练极限学习机以预测新的数据，从而建立更可靠的适应度函数来评估各启发式算法的优化性能；最后，启发式算法通过更新最优位置和最优适应度值来获得最优的光伏电池参数。

6.2.2 算例研究

1. 算例结果

本节运用四种启发式算法，即回溯搜索优化算法（backtracking search optimization algorithm，BSA）[20]、灰狼优化算法（grey wolf optimizer，GWO）[21]、飞蛾扑火算法（moth–flame optimization，MFO）[22]以及人工生态系统优化算法（artificial ecosystem–based optimization，AEO）[23]对光伏电池进行参数识别以验证该方法的有效性。

天气条件设定为G=1000W/m^2，T=33°C，在直径为57mm的R.T.C.France光伏电池中取26组用于模拟I–V数据。为验证启发式算法在测量数据不足情况下的优化性能，再从26组测量数据中随机抽取50%、60%、70%、80%、90%和100%的数据。为获得启发式算法可靠的适应度函数，将每次使用的训练数据和预测数据的总数设为50组，例如，对于100%的数据，训练数据为26组，预测数据为24组。另外，对每种启发式算法在两种工况下进行评估，即无数据预测（只有选定的测量数据）和有数据预测。

为公平比较，所有启发式算法的最大迭代数（k_{max}=120）和种群大小（n=50）均相同。在光伏电池模型中各自独立运行100次。

表6–2显示了不同训练数据量下四种算法运行100次得到的RMSE平均值，其中符号“Y”表示采用数据预测的启发式算法，“N”表示不采用数据预测。表6–3给出了训练数据量为50%情况下的参数识别结果。从表中可以看出，各启发式算法通过有数据预测得到的平均RMSE明显小于无数据预测得到的RMSE。例如，在50%训练数据量下采用GWO算法，有数据预测的RMSE平均值比无数据预测的低48.19%。这说明基于数据预测的启发式算法具有良好的全局搜索能力。

表6-2 各启发式算法得到的平均RMSE

算法		平均RMSE					
		训练数据量（%）					
		50%	60%	70%	80%	90%	100%
BSA	N	1.30×10^{-2}	1.26×10^{-2}	1.01×10^{-2}	1.18×10^{-2}	1.19×10^{-2}	1.04×10^{-2}
	Y	8.97×10^{-3}	1.02×10^{-2}	8.48×10^{-3}	1.11×10^{-2}	7.29×10^{-3}	1.02×10^{-2}
GWO	N	2.22×10^{-2}	1.87×10^{-2}	1.53×10^{-2}	1.54×10^{-2}	1.70×10^{-2}	1.50×10^{-2}
	Y	1.15×10^{-2}	1.58×10^{-2}	1.46×10^{-2}	1.52×10^{-2}	1.26×10^{-2}	1.43×10^{-2}
MFO	N	4.88×10^{-3}	2.79×10^{-3}	2.78×10^{-3}	3.61×10^{-3}	2.43×10^{-3}	2.71×10^{-3}
	Y	3.64×10^{-3}	2.55×10^{-3}	2.46×10^{-3}	2.74×10^{-3}	2.43×10^{-3}	2.50×10^{-3}
AEO	N	2.12×10^{-3}	1.77×10^{-3}	1.77×10^{-3}	1.78×10^{-3}	1.76×10^{-3}	1.73×10^{-3}
	Y	1.97×10^{-3}	1.73×10^{-3}	1.81×10^{-3}	1.70×10^{-3}	1.74×10^{-3}	1.77×10^{-3}

表6-3 各启发式算法的参数识别结果

算法		训练数据量50%时的参数						
		I_{ph}	I_{sd1}	R_s	R_{sh}	a_1	I_{sd2}	a_2
BSA	N	0.7612	3.26×10^{-7}	0.0360	54.5966	1.7906	2.49×10^{-7}	1.4638
	Y	0.7606	9.49×10^{-8}	0.0341	65.6139	1.6230	4.69×10^{-7}	1.5288
GWO	N	0.7590	3.47×10^{-7}	0.0353	70.1971	1.6648	2.04×10^{-7}	1.4592
	Y	0.7611	5.64×10^{-7}	0.0354	72.3603	1.6095	6.70×10^{-8}	1.4049
MFO	N	0.7609	9.99×10^{-7}	0.0377	57.0569	1.8727	1.13×10^{-7}	1.3962
	Y	0.7612	8.12×10^{-7}	0.0368	44.7226	1.7398	7.06×10^{-8}	1.3706
AEO	N	0.7612	2.23×10^{-7}	0.0364	51.7989	1.4544	2.65×10^{-7}	1.7371
	Y	0.7601	3.12×10^{-7}	0.0360	54.4832	1.6625	1.83×10^{-7}	1.4469

图6-11比较了四种算法在六种不同训练数据量下的平均RMSE。当实验数据通过预测数据扩展后，每种算法均能更容易地找到全局最优值，从而更准确、稳定地进行光伏电池参数识别。

图6-12给出了各种算法的箱形图，可以发现，100%训练数据量下的

算法与50%训练数据量下的算法相比，RMSE中的异常值更少，上界和下界也更小。这表明，在光伏电池参数识别中，增加基于数据预测的训练数据可有效提高求解质量和寻优稳定性。其中，AEO具有最佳的参数识别性能。

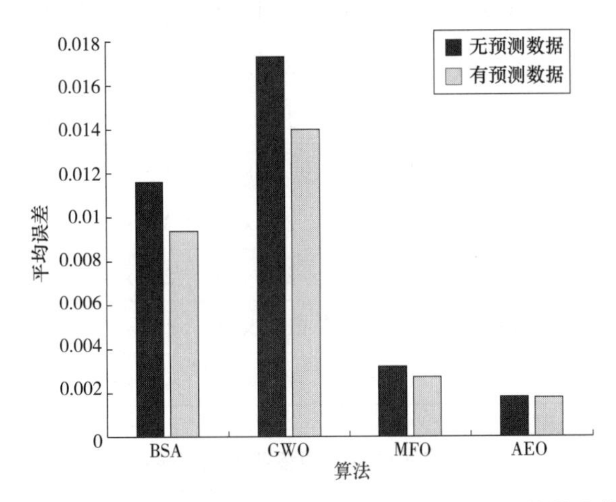

图6-11　六种不同训练数据量下的总平均RMSE值的比较

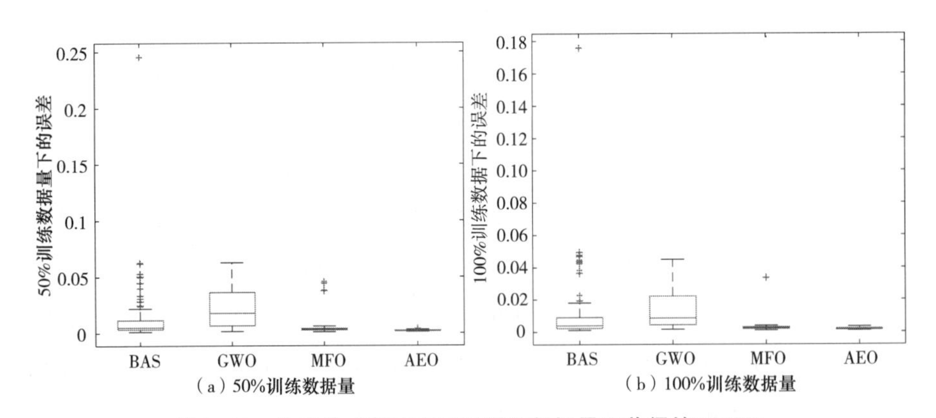

图6-12　各启发式算法在不同训练数据量下获得的RMSE

图6-13和图6-14分别是在50%训练数据量和100%训练数据量下，AEO依据最优数据预测和实际数据得到的I-V曲线和P-V曲线。由图可见，AEO得到的模型曲线与实际数据具有较高的一致性。

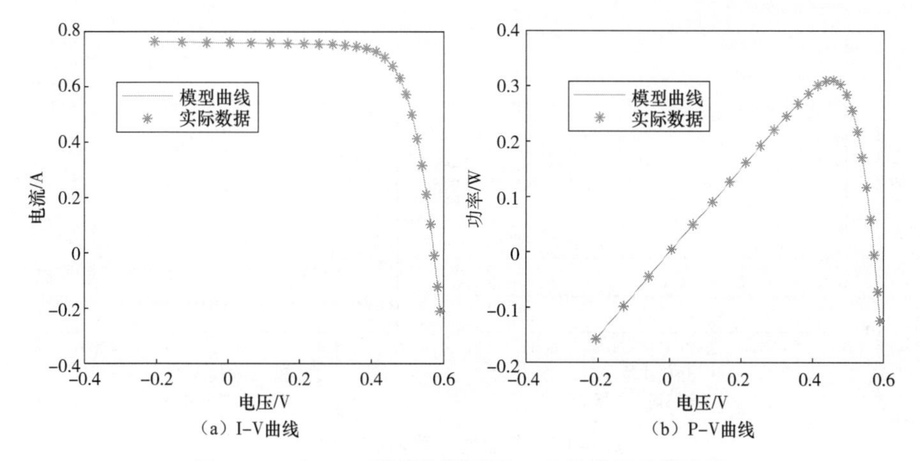

(a) I–V曲线 (b) P–V曲线

图6–13 在50%训练数据量下AEO的模型曲线比较

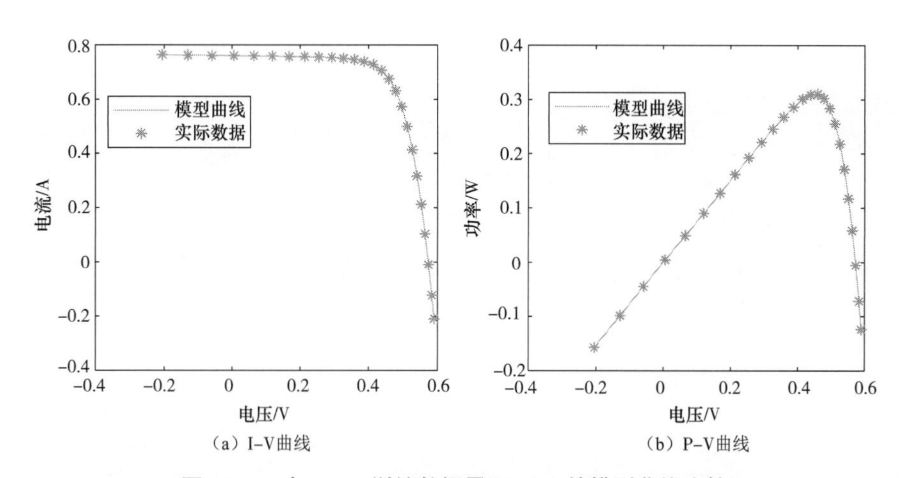

(a) I–V曲线 (b) P–V曲线

图6–14 在100%训练数据量下AEO的模型曲线比较

此外，图6–15给出了所有算法进行数据预测的收敛曲线，可见在训练数据量低于50%的情况下，GWO收敛速度最慢，MFO收敛速度最快。在两种训练数据量下，AEO的误差值均为最小。

最后，图6–16给出了六组不同训练数据量下各启发式算法的平均RMSE雷达图，其中符号“+”表示有数据预测。可以看出，在不同训练数据量下，通过数据预测得到的每一种算法的平均RMSE都比不采用数据预测得到的要小，从而有效验证了本方法在光伏电池参数识别中的有效性。

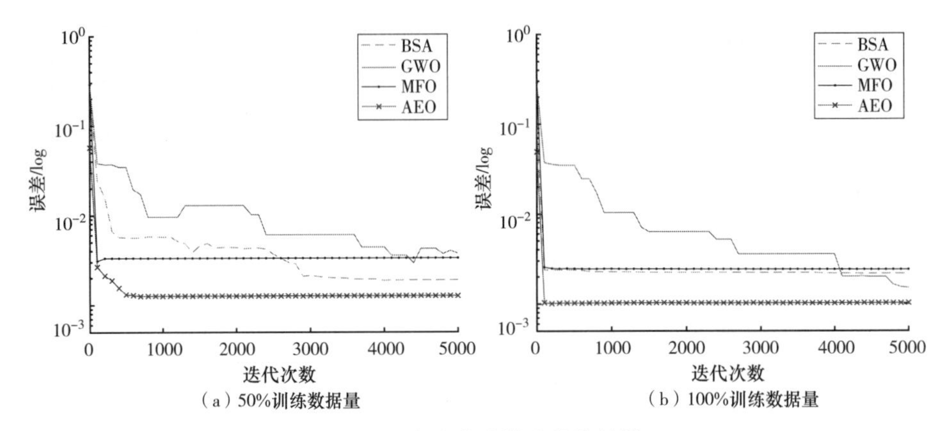

图6-15　各启发式算法的收敛性

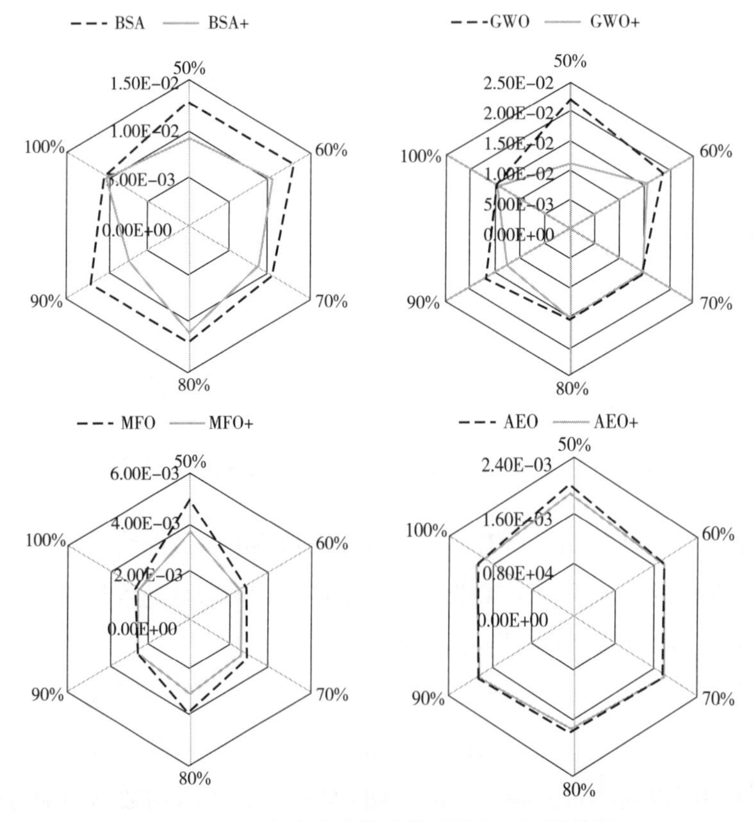

图6-16　不同启发式算法的平均RMSE雷达图

2. 测试结论

针对光伏电池提出了一种基于数据预测的启发式算法参数识别策略，其贡献可概括为以下三个方面：

（1）基于的数据预测使得各启发式算法能够在测量输出I–V数据不足的情况下，对光伏电池参数识别进行更有效地全局探索和局部搜索；

（2）光伏电池参数识别中，基于数据预测的启发式算法能够扩大数据范围，相比于启发式算法有更高的收敛精度，更小的误差；

（3）算例研究表明，与基于原始测量输出I–V数据相比，数据预测的启发式算法可显著提高光伏电池参数识别的准确性、鲁棒性和收敛速度。

6.3 基于遗传神经网络启发式算法的光伏电池参数识别

除了能够用基于极限学习机的启发式算法进行光伏电池参数的预测，还可以将遗传神经网络与启发式算法相结合，其中，遗传神经网络的引入可有效弥补光伏电池中由于参数选取不当或不足带来的收敛性较差的问题，并显著提高全局搜索能力，以较快的收敛速度、更高的准确性对光伏电池进行参数识别。

本小节所用双二极管模型和目标函数与上一节相同，故不再赘述。

6.3.1 参数识别模型构建

1. 遗传神经网络概述

本节采用人工神经网络前馈网络，每个神经元由k个输入（$x_1, x_2, x_3,\cdots,x_k$）和一个偏置值输入所构成。另外，第j个神经元的输出表示为

$$y_i = F\left(\sum_{i=1}^{k} w_{ij} x_i - b_j\right) \tag{6–28}$$

式中 w_{ij} ——第j个神经元的第i个权值；

x_i ——神经元的输入；

b_j ——第j个神经元的偏置值；

k ——输入数量；

$F(\ )$ ——传递函数，定义为

$$F(z)=\frac{1}{1+e^{-z}} \tag{6-29}$$

式中 z ——函数变量，$z=\sum_{i=1}^{k}w_{ij}x_i-b_j$。

各层之间的权值和偏置值可以表示为

$$W^l=\begin{bmatrix}\omega_{11}^l & \cdots & \omega_{1n}^l\\ \vdots & \ddots & \vdots\\ \omega_{1m}^l & \cdots & \omega_{mn}^l\end{bmatrix}_{m\times n} \tag{6-30}$$

$$B^l=\left[b_{11}^l\cdots b_{1n}^l\right] \tag{6-31}$$

式中 W^l、B^l ——l层和（l+1）层神经元之间的权值和偏置值；

m、n ——l层和（l+1）层中的神经元个数。

人工神经网络的数据输入选取为测量输出I–V数据从而实现光伏电池的I–V数据预测，通过优化权值和偏置值最小化目标函数

$$\min f_{\text{train}}(W,B)=\sum_{h\in H}\left(I_{\text{L}}^h-\hat{I}_{\text{L}}^h\right)^2 \tag{6-32}$$

$$\text{s.t.}\begin{cases}W_{\text{lb}}\leqslant W\leqslant W_{\text{ub}}\\ B_{\text{lb}}\leqslant B\leqslant B_{\text{ub}}\end{cases} \tag{6-33}$$

式中 W ——权值向量；

B ——偏置值矢量；

I_{L}^h ——人工神经网络的第h个训练样本的测量输出电流；

W_{lb}、W_{ub} ——权值下限和上限；

B_{lb}、B_{ub} ——偏置值下限和上限。

为得到人工神经网络的最优参数，采用GA优化人工神经网络初始权值和偏置值，GA训练人工神经网络的具体步骤如图6–17所示。

2. 基于遗传算法的启发式算法

完成训练的遗传神经网络可生成多组精确的光伏电池I–V预测数据，从而不断更新启发式算法的适应度函数。其中适应度函数选择为RMSE，且所有优

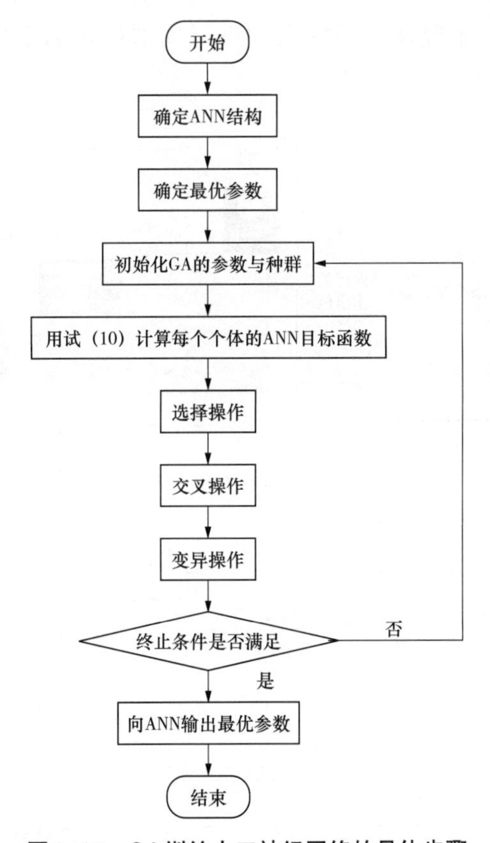

图6-17　GA训练人工神经网络的具体步骤

化变量均限定在所属的上界和下界内，如下

$$\mathrm{RMSE}\left(x\right)=\sqrt{\frac{1}{N+N_{\mathrm{p}}}\sum_{k=1}^{N+N_{\mathrm{p}}}\left[f\left(V_{\mathrm{L}},I_{\mathrm{L}},x\right)\right]^{2}} \tag{6-34}$$

式中　N_{p}——预测数据的数量。

基于遗传神经网络启发式算法的光伏电池参数识别框架如图6-18所示，基于遗传神经网络的启发式算法总体优化流程主要由三个部分组成。首先，将各种光伏电池的实测输出I-V数据用于遗传神经网络训练。其次，通过遗传神经网络获得预测数据从而建立更可靠的适应度函数来评估各启发式算法的优化性能。最后，启发式算法通过不断更新迭代来获得最优的光伏电池参数。表6-4给出了基于遗传神经网络的启发式算法的基本步骤，其中各种算法之间的差异主要体现在全局探索和进行局部搜索的个体以及搜索机制的不同。

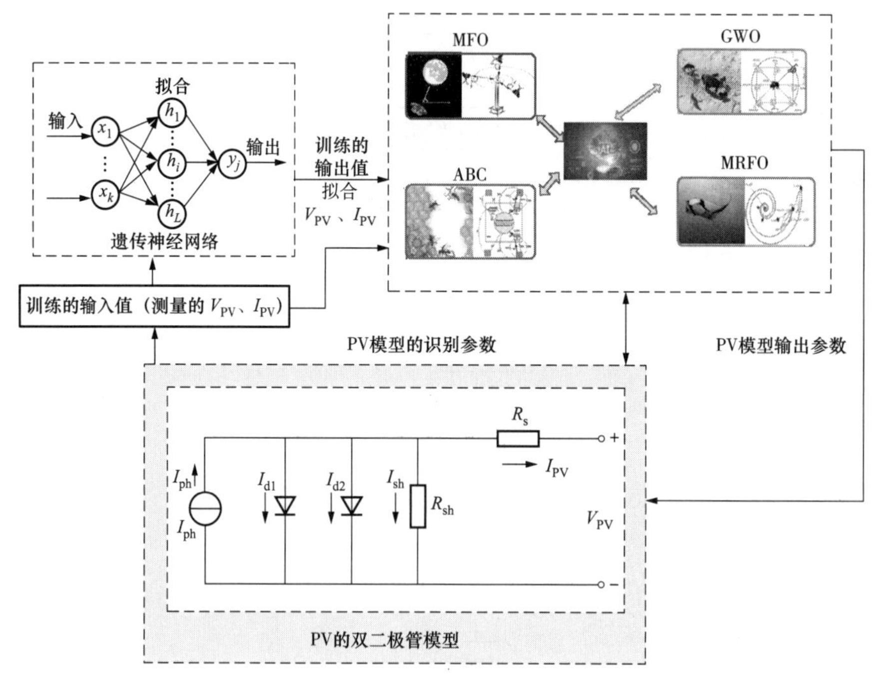

图6-18　基于遗传神经网络启发式算法的光伏电池参数识别框架

表6-4　基于遗传神经网络启发式算法的光伏电池参数识别流程

1：输入测量I–V数据；
2：完成遗传神经网络的训练；
3：得到I–V预测数据；
4：初始化算法参数；
5：设置k=0;
6：**WHILE**$_k \leqslant k_{max}$;
7：**FOR1**$_i$=1:n;
8：通过式（6–34）计算第i个个体的适应度函数；
9：**END FOR1**；
10：算法根据适合度值进行迭代；
11：**FOR2**$_i$=1:n;
12：根据全局最优解和局部最优对第i个个体进行更新迭代；

续表

13：**END FOR2**；
14：Set k=k+1；
15：**END WHILE**；
16：输出光伏电池的最佳参数

6.3.2　算例研究

1. 算例结果

本算例运用四种启发式算法，即ABC[24]、GWO[25]、MFO[26]以及蝠鲼觅食优化（manta ray foraging optimization，MRFO）[27]对光伏电池进行参数识别以验证该策略的有效性。天气条件设定为G=1000W/m^{2}和T=33°C，从直径57mm的R.T.C.France光伏电池中取26组用于模拟I–V数据。为验证测量数据不足时启发式算法的优化性能，从26组测量数据中随机选择50%，60%，70%，80%，90%和100%的数据。为获得启发式算法更可靠的适应度函数，将每次使用的训练数据和预测数据的总数设置为50，例如，50%训练数据量，训练数据为13组，预测数据为37组。另外，在两种工况下评估每种启发式算法的优化性能，即无数据预测（只有选定的测量数据）和有数据预测。

为公平比较，所有启发式算法的最大迭代次数均设定为300，以及种群大小均为50，在光伏电池模型中各自独立运行80次得到优化结果。

遗传神经网络主要由五层网络所构成，即一个输入层，三个隐藏层，其中第一个隐藏层包含5个神经元，其余两层均各包含3个神经元，以及一个输出层。图6–19给出了不同训练数据量下遗传神经网络进行数据预测的收敛性。特别地，在训练数据量为50%的工况下，遗传神经网络的权值和偏差如下

$$W^1=\begin{bmatrix}0.6537 & -7.1844 & -1.7803 & -0.2099 & 1.6838\end{bmatrix}$$

$$B^1=\begin{bmatrix}0.4259 & 3.2080 & 3.149841 & -2.0999 & -3.8189\end{bmatrix}$$

$$W^2=\begin{bmatrix}-2.9396 & -4.1996 & -3.09572 & 5.0775 & 1.1991\\ 1.8545 & -5.9097 & -5.2801 & -0.5460 & 8.8733\\ 5.9810 & 8.4175 & -4.7475 & 2.5929 & -5.722\end{bmatrix}$$

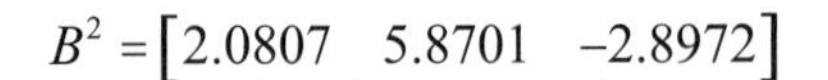

$$B^2 = \begin{bmatrix} 2.0807 & 5.8701 & -2.8972 \end{bmatrix}$$

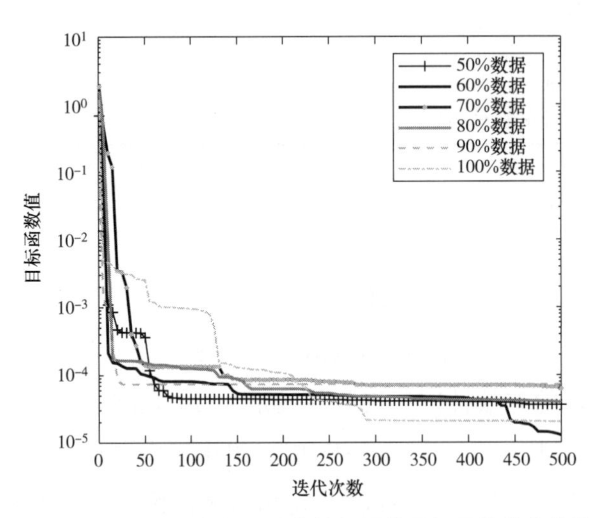

图6-19　不同训练数据下遗传神经网络目标函数的收敛性

表6-5给出了不同训练数据量下各启发式算法运行80次得到的RMSE平均值，从表中可以看出，预测数据可显著提高启发式算法的全局搜索能力和鲁棒性。例如，在50%的训练数据量下，遗传神经网络-ABC获得的RMSE平均值比没有进行数据预测的ABC低23.47%。表6-6显示了在50%训练数据量下，各算法得到的DDM参数。

表6-5　在各种算法下获得的平均均方根误差的统计结果

算法	RMSE平均值					
	测量数据数（%）					
	50%	60%	70%	80%	90%	100%
ABC	3.28×10^{-3}	2.73×10^{-3}	2.58×10^{-3}	2.90×10^{-3}	2.54×10^{-3}	2.50×10^{-3}
遗传神经网络-ABC	2.51×10^{-3}	2.44×10^{-3}	2.52×10^{-3}	2.63×10^{-3}	2.34×10^{-3}	2.78×10^{-3}
GWO	1.55×10^{-2}	1.20×10^{-2}	9.74×10^{-3}	1.10×10^{-2}	1.31×10^{-2}	1.36×10^{-2}
遗传神经网络-GWO	1.32×10^{-2}	1.23×10^{-2}	7.53×10^{-3}	1.35×10^{-2}	1.17×10^{-2}	9.80×10^{-3}

续表

算法	RMSE 平均值					
	测量数据数（%）					
	50%	60%	70%	80%	90%	100%
MFO	4.29×10^{-3}	2.39×10^{-3}	2.88×10^{-3}	4.17×10^{-3}	2.93×10^{-3}	2.72×10^{-3}
遗传神经网络–MFO	3.31×10^{-3}	2.33×10^{-3}	2.44×10^{-3}	2.43×10^{-3}	2.20×10^{-3}	2.91×10^{-3}
MRFO	2.24×10^{-3}	1.76×10^{-3}	1.59×10^{-3}	1.74×10^{-3}	1.64×10^{-3}	1.58×10^{-3}
遗传神经网络–MRFO	1.75×10^{-3}	1.70×10^{-3}	1.69×10^{-3}	1.74×10^{-3}	1.54×10^{-3}	1.71×10^{-3}

表6–6　　50%训练数据量下各种算法获得的最优模型参数

算法	I_{ph}(A)	I_{sd1}(μA)	R_s(Ω)	R_{sh}(Ω)	α_1	I_{sd2}(μA)	α_2
ABC	0.7615	3.87E–07	0.0355	57.7640	1.4995	0.0001	1.7460
遗传神经网络–ABC	0.7617	4.30E–07	0.0343	48.1162	1.5128	0.0001	1.9747
GWO	0.7614	9.74E–07	0.0362	61.2878	1.7866	1.23E–07	1.4151
遗传神经网络–GWO	0.7609	3.06E–07	0.0361	56.5596	1.4927	4.23E–08	1.4624
MFO	0.7603	5.54E–07	0.0341	100	1.5375	0.0001	2.0000
遗传神经网络–MFO	0.7609	4.95E–07	0.0362	65.3874	2.0000	2.90E–07	1.4733
MRFO	0.7610	1.24E–07	0.0363	54.7035	1.8795	2.98E–07	1.4748
遗传神经网络–MRFO	0.7613	4.74E–07	0.0367	55.8042	1.7539	1.63E–07	1.4301

图6–20和图6–21分别给出了有数据预测和无数据预测时不同训练数据量下各算法的收敛性。可以发现，无数据预测时，50%训练数据量下GWO的收敛速度较慢，同时ABC容易陷入局部最解。相比之下，遗传神经网络预测数据可显著提高各算法的收敛性能。

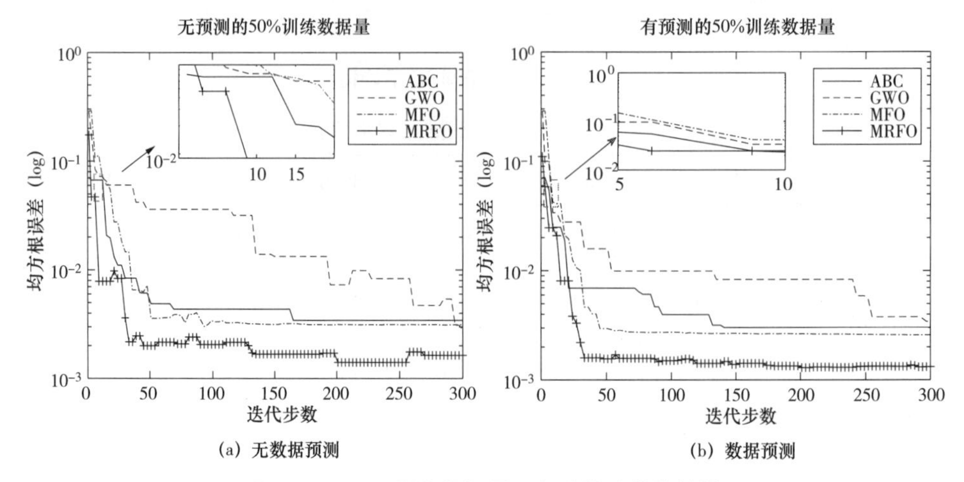

（a）无数据预测　　（b）数据预测

图6-20　50%训练数据量下各种算法的收敛性

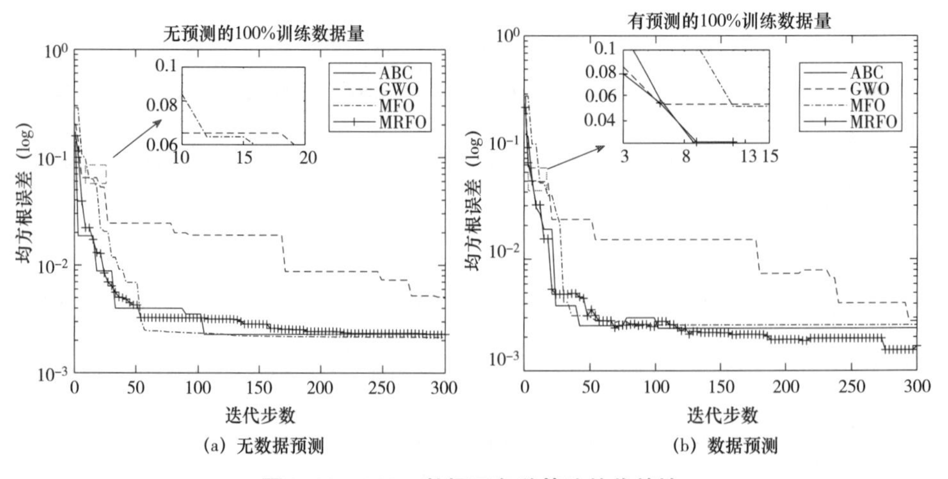

（a）无数据预测　　（b）数据预测

图6-21　100%数据下各种算法的收敛性

图6-22对比了各种算法在有数据预测和无数据预测时获得的平均RMSE。由图可见，基于遗传神经网络的数据预测使每种算法均可在更短时间内找到全局最优解。图6-23给出了在50%训练数据量下不同算法的箱形图。从中可以发现，与无数据预测的情况相比，所有基于遗传神经网络的启发式算法都具有更小的误差上下限。这表明预测数据的增加可有效提高启发式算法在光伏电池参数识别中寻优性能。

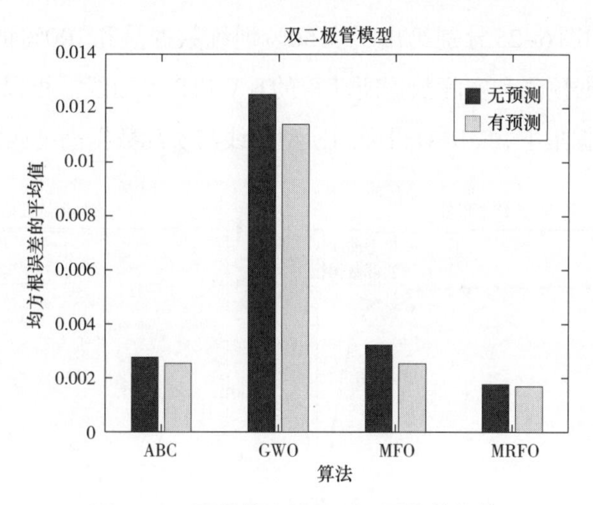

图6-22　四种算法的RMSE平均值比较

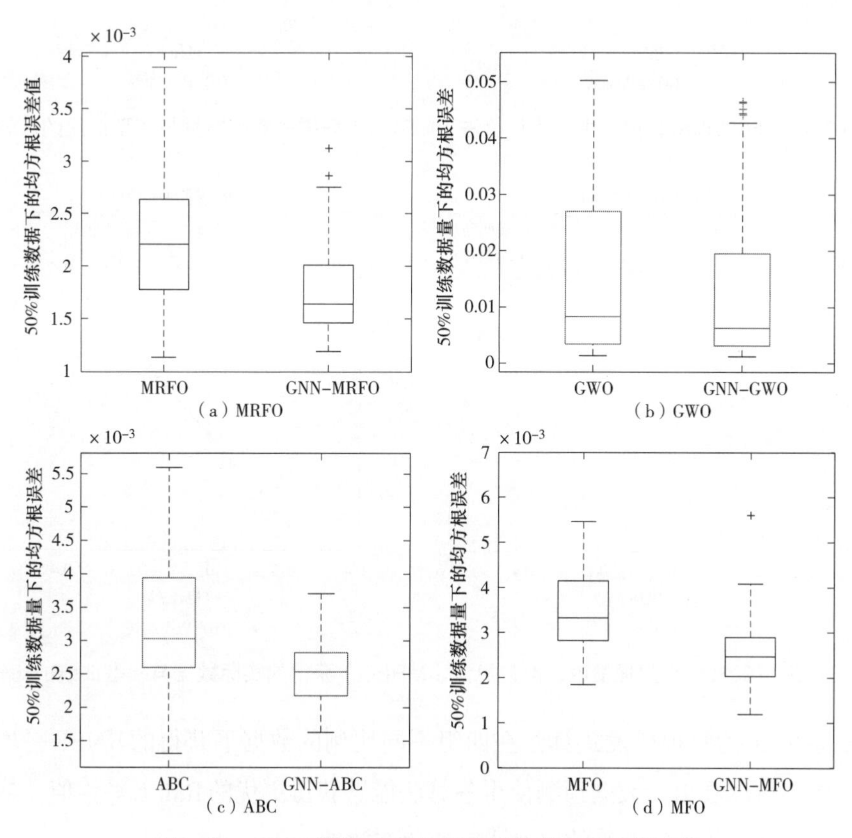

图6-23　50%训练数据量下四种算法的RMSE箱形图

图6-24和图6-25分别给出了在50%训练数据量和100%训练数据量下，MRFO依据数据预测和实际数据所获得的I-V和P-V曲线。可以看出，在两个不同的训练数据集下，MRFO得到的模型曲线与实际数据高度匹配。

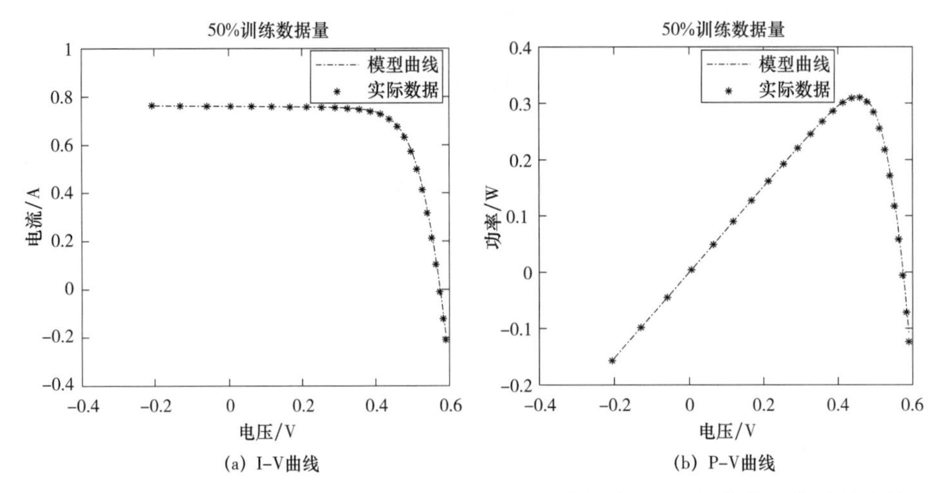

图6-24　50%训练数据量中，最佳算法（MRFO）获得的实际数据与模型曲线的比较

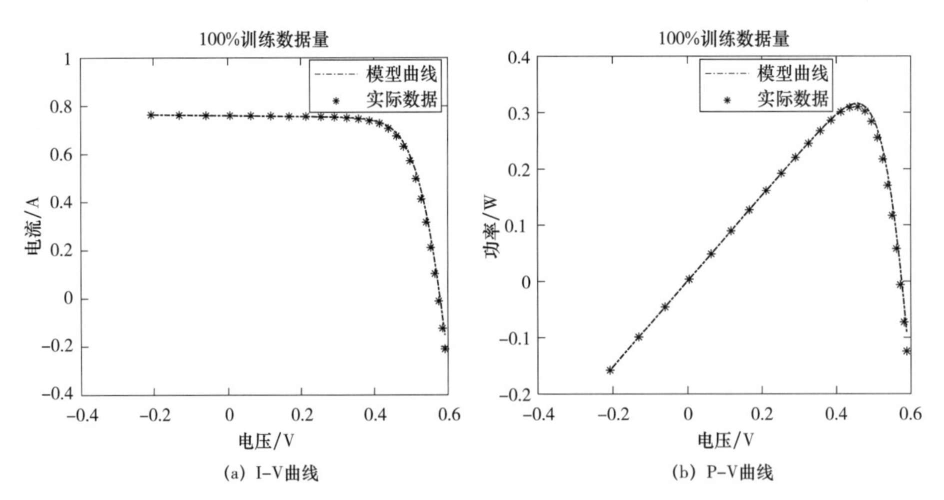

图6-25　100%训练数据量中，最佳算法（MRFO）获得的实际数据与模型曲线的比较

图6-26为每种启发式算法在四组不同比例的数据下获得的RMSE平均值雷达图。可以看出，数据预测使得各算法能够获得更优的RMSE平均值，从而验证了基于遗传神经网络的启发式算法的有效性。

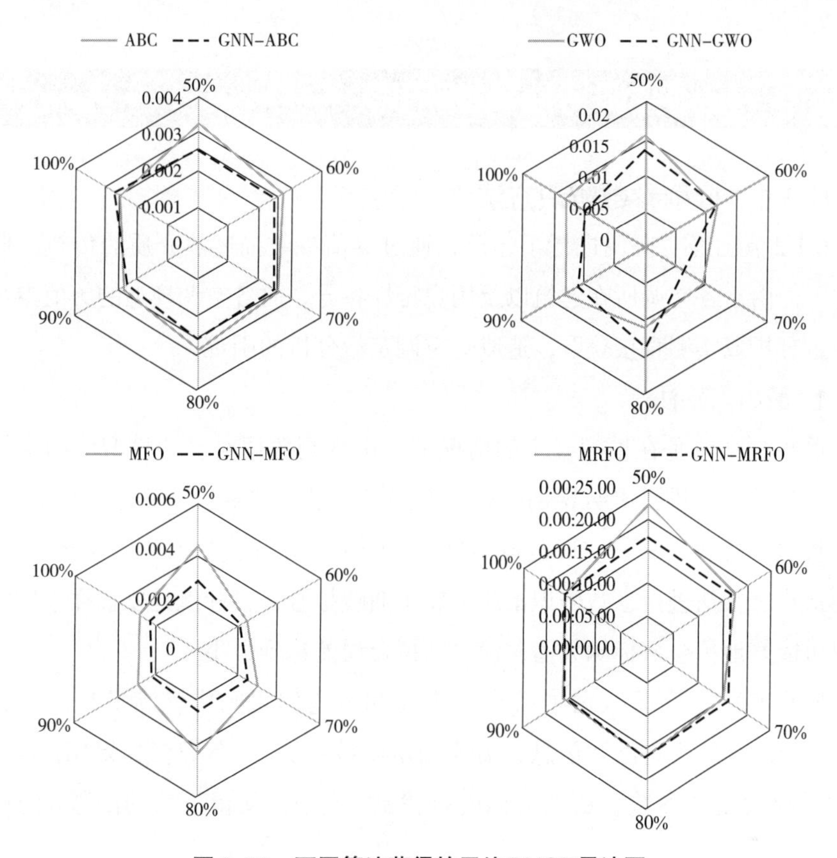

图6-26　不同算法获得的平均RMSE雷达图

2. 测试结论

本小节针对光伏电池提出了一种新型基于遗传神经网络启发式算法的参数识别策略，其贡献可概括为如下三个方面：

（1）基于遗传神经网络的数据预测可有效弥补测量输出I–V数据不足的缺陷，其所生成的预测数据可为启发式算法提供更加可靠的适应度函数；

（2）光伏电池参数识别中，该策略能够有效地扩大数据范围，从而提高收敛精度；

（3）算例研究表明，与基于原始测量输出I–V数据相比，基于遗传神经网络的启发式算法可显著提高优化精度和收敛速度。

6.4 定频空调特性参数辨识

6.4.1 模型参数辨识方法

6.1.2节已经对空调进行了建模，通过等值参数描述热介质的传热、储热特性，但由于各空调所在建筑以及用户特性各异，故各空调模型的等值参数不易通过分析或实测直接获取，造成对空调定量分析的困难。

1. 最小二乘法

最小二乘法是在模型确定的情况下，由观测数据对已知模型中的未知参数进行估计，是进行参数识别的有效方法[28]。最小二乘法（又称最小平方法）是一种数学优化方法，它通过最小化误差的平方和寻找数据的最佳函数匹配。利用最小二乘法进行参数辨识本质上属于曲线拟合，目标就是要求样本回归函数尽可能好地拟合目标函数值，使总的拟合误差达到最小。

假设有一组实验数据（x_i,y_i），事先知道它们之间应该满足某函数关系 $y_i=f(x_i)$，通过这些已知信息，需要确定函数f的一些参数。如果用p表示函数中需要确定的参数，那么目标就是找到一组p，使得下面的函数S的值最小，即

$$\min S(p)=\sum_{i=1}^{n}[y_i-f(x_i,p)]^2 \tag{6-35}$$

当误差最小的时候可以理解为此时的系数为最佳的拟合状态。特别地，当$f(x_i,p)$为线性函数时，上式中的问题求解相对简单，仅需将上式对参数p求偏导，使偏导等于零时的参数值即为最佳拟合的参数值，具体如下

$$\frac{\partial S(p)}{\partial p}=-2\sum_{i=1}^{n}\left[y_i-\frac{\partial f(x_i,p)}{\partial p}\right] \tag{6-36}$$

2. 空调模型参数辨识流程

定频空调模型参数辨识流程图如图6-27所示，为基于最小二乘法的定频空调模型参数辨识的流程图。

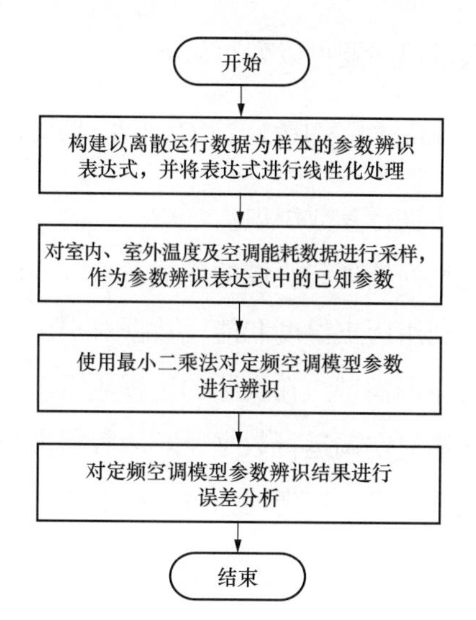

图6–27 定频空调模型参数辨识流程图

具体的流程步骤可描述如下。

（1）构建参数辨识表达式。

由上可知，进行空调模型参数辨识的第一步工作首先是要提供其理论模型的数学表达式，且当表达式为线性函数时，将使得问题的求解变得简单和方便，故以式（6–15）中的空调温度离散模型为基础，构建以离散运行数据为样本的参数辨识表达式如下

$$\theta(k)=e^{-\frac{\Delta t}{RC}}\theta(k-1)-(1-e^{-\frac{\Delta t}{RC}})\eta RP(k)+(1-e^{-\frac{\Delta t}{RC}})\theta_o(k) \tag{6–37}$$

当考虑离散采样时间间隔 Δt 保持恒定时，可认为 $e^{-\frac{\Delta t}{RC}}$ 项为常数，而在离散采样时间间隔较短的情况下，室外温度在每个采样间隔内也可认为是常数，则上式可简化为

$$\theta(k)=A\theta(k-1)-BP(k)+C \tag{6–38}$$

$$\begin{cases}A=e^{-\frac{\Delta t}{RC}}\\B=(1-A)\eta R\\C=(1-A)\theta_o(k)\end{cases} \tag{6–39}$$

故空调的模型参数辨识问题可以列写如下：

$$\min S=\sum_{k=1}^{n}[\theta(k)-\hat{\theta}(k,A,B,C)]^2 \tag{6-40}$$

（2）使用最小二乘法进行参数辨识。

由上可知，在上述系列处理和假设的前提下，空调模型中的温度变化表达式可以看作是线性的，利用历史温度和能耗数据对空调进行参数识别得到符合用户习惯和建筑特性的空调模型。在实际的工程应用中，室内温度和空调能耗可通过用户侧的智能终端对空调运行数据及环境数据进行采样获得，而室外温度则可通过区域气象数据获得，三者均为方便获取的样本数据。空调模型参数辨识如图6–28所示。

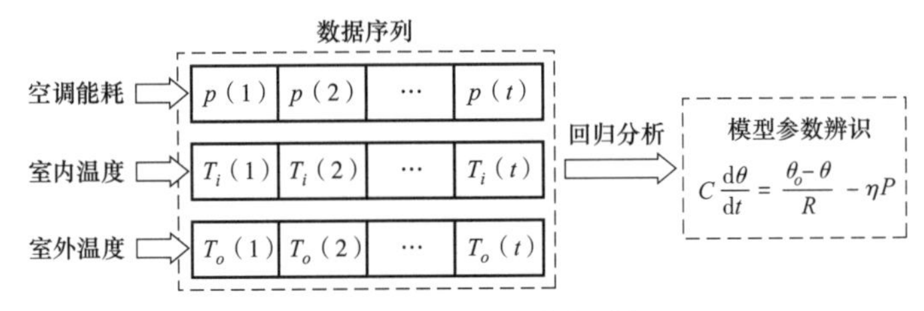

图6–28　空调模型参数辨识

（3）参数辨识结果分析。

将上一步中求解得到的参数代入空调模型表达式中，并生成理论数据，与实测数据进行对比，误差分析中采用均方根误差RMSE作为指标评价参数识别的准确性。

$$E_{\mathrm{RMSE}}=\sqrt{\frac{1}{n}\sum_{t=1}^{n}[\hat{\theta}(t)-\theta(t)]^2} \tag{6-41}$$

式中　$\theta(t)$——t时刻的实际室内温度；

$\hat{\theta}(t)$——根据参数辨识结果，根据空调数学模型计算得出的室内温度。

6.4.2　算例研究

在某一天对单台空调的连续监控数据中，以10s作为离散采样的时间间隔，取30min的温度和功率数据共180个数据点，对该空调的模型参数进行回归分析，模型计算室内温度与实际室内温度对比如图6–29所示。

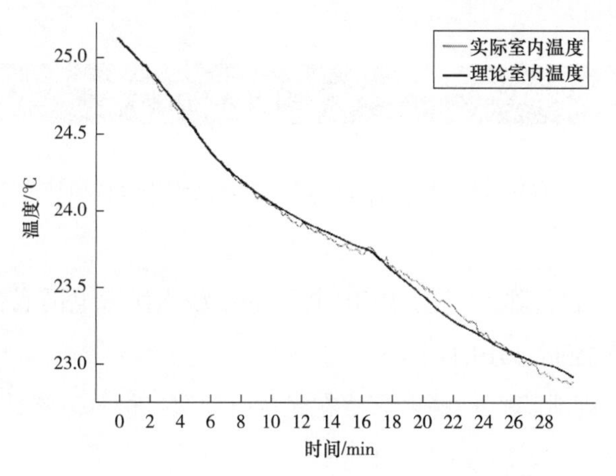

图6-29　模型计算室内温度与实际室内温度对比

由图6-29可以看出，使用上述参数辨识表达式计算得出的空调模型计算其室内温度随时间的变化曲线，与实际测量所得的温度曲线十分接近，进一步计算，室温计算的均方误差为0.039，可认为此时模型能较准确地对实际空调运行特性进行描述。

本章小结

本章将首先对可调负荷及分布式设备进行建模，具体包括光伏电池、储能电池、燃料电池、空调负荷和电动汽车负荷。6.2小节研究了基于数据预测启发式算法的光伏电池参数识别，通过数据预测的方式克服光伏电池中由于参数选取不当或不足导致的收敛性差的缺点，显著提高预测精度。6.3小节研究了基于遗传神经网络启发式算法的光伏电池参数识别，通过将遗传神经网络与启发式算法相结合，弥补光伏电池中由于参数选取不当或不足带来的收敛性较差的问题。6.4节通过最小二乘法实现了空调的等效热参数的辨识，并在利用单台空调的连续监控数据进行算法验证。

本章参考文献

[1]蔡世杰.太阳能利用技术研究现状及发展前景[J].中国高新科技，2018（21）,50 - 52.

[2]董润楠,刘石,郭芳.基于PVPT控制的小型光伏微电网混合控制研究[J].电力系统保护与控制,2019,47（05）:77–87.

[3]简献忠，魏凯，郭强.蜂群算法在光伏电池双二极管五参数模型中的应用[J].光子学报，2015, 44（1）: 174–178.

[4]Qais M H, Hasanien H M, Alghuwainem S.Identification of electrical parameters for three-diode photovoltaic model using analytical and sunflower optimization algorithm[J].Applied Energy 2019, 250: 109–117.

[5]邵维廷.基于神经网络光伏电池模型的建立[D]（硕士）.山东大学，2020.

[6]杨金孝,朱琳.基于Matlab/Simulink光伏电池模型的研究[J].现代电子技术,2011,34(24):192–194+198.

[7]魏超,施火泉,许伟梁.基于单二极管模型的光伏阵列建模与研究[J].电子设计工程,2017,25(15):141–144.

[8]杨辰星.公共楼宇空调负荷参与电网调峰关键技术研究[D]（博士）.东南大学，2017.

[9]李娜,褚晓东,张文,等.考虑参数空间差异的多区域空调负荷聚合模型[J].电力系统及其自动化学报,2012,24(05):19–24.

[10]包宇庆，成丽珉.空调负荷二阶等效热参数模型参数辨识方法[J].电力系统自动化，2021, 45: 37 - 43.

[11]丁小叶.变频空调参与需求响应的调控策略与效果评估[D]（硕士）.东南大学，2016.

[12]宋梦,高赐威,苏卫华.面向需求响应应用的空调负荷建模及控制[J].电力系统自动化,2016,40(14):158–167.

[13]简献忠，魏凯，郭强.蜂群算法在光伏电池双二极管五参数模型中的应

用[J].光子学报, 2015, 44: 174－178.

[14]徐明, 焦建军, 龙文.改进灰狼优化算法辨识光伏模型参数[J].中国科技论文, 2019, 14, 917–921+926.

[15]施佳锋, 雷海, 石城.基于鲸鱼优化算法的光伏系统参数识别[J].信息技术, 2020, 44: 160－165.

[16]毛健, 赵红东, 姚婧婧.人工神经网络的发展及应用[J].电子设计工程, 2011, 19, 62－65.

[17]刘浩然,赵翠香,李轩,等.一种基于改进遗传算法的神经网络优化算法研究[J].仪器仪表学报,2016,37(07):1573–1580.

[18]刘斌,谈竹奎,唐赛秋,等.基于数据预测启发式算法的光伏电池参数识别[J].电力系统保护与控制,2021,49(23):72–79.

[19]Huang G B, Zhu Q Y, Siew C K.Extreme learning machine: Theory and Applications[J].Neurocomputing, 2006, 70（1/3）: 489－501.

[20]Yu K J, Liang J J, Qu B Y, et al.Multiple learning backtracking search algorithm for estimating parameters of photovoltaic models[J].Applied Energy, 2018, 226: 408–422.

[21]徐明, 焦建军, 龙文.改进灰狼优化算法辨识光伏模型参数[J].中国科技论文, 2019, 14（8）: 917–921+926.

[22]Allam D, Yousri D A, Eteiba M B.Parameters extraction of the three diode model for the multi–crystalline solar cell/module using moth–flame optimization algorithm[J].Energy Conversion and Management, 2016, 123: 535–548.

[23]Zhao W, Wang L, Zhang Z, Artificial ecosystem–based optimization: a novel nature–inspired meta–heuristic algorithm[J], Neural Computing and Applications, 2020, 32: 9383–9425.

[24]Oliva D, Cuevas E, Pajares G.Parameter identification of solar cells using artificial bee colony optimization[J].Energy, 2014, 72: 93–102.

[25]Nayak B, Mohapatra A, Mohanty K B.Parameter estimation of single diode PV module based on GWO algorithm[J].Renewable Energy Focus, 2019, 30: 1–12.

[26]Allam D, Yousri D A, Eteiba M B.Parameters extraction of the three diode model for the multi–crystalline solar cell/module using moth–flame optimization algorithm[J].Energy Conversion and Management, 2016, 123: 535–548.

[27]El–Hameed M A, Elkholy M M, El–Fergany A A.Three–diode model for characterization of industrial solar generating units using Manta–rays foraging optimizer: Analysis and validations[J].Energy Conversion and Management, 2020, 219（8 - 10）:113048.

[28]李泽宇，王晓磊，张世彪，等.基于递推最小二乘法的锂离子电池等值参数在线识别[J].山东电力技术，2021, 48, 1–6+16.

7

CHAPTER 7

电力指纹用电行为识别技术

电力指纹行为识别，即通过电信号获取用户对各用电设备的使用情况，进而挖掘用户的用电行为和用电规律，进而实现用电侧节能和需求响应等应用。本章首先分析了用电行为识别研究的需求，进而提出基于用户设备级特征的用电识别与预测方法，并通过用电行为特征库构建实例来说用电行为识别方法。此外，本章还研究了如何基于用电行为进行智能用电管理，通过制订用电效能策略和滚动优化的方式实现了用户节能管理。

7.1 用电行为识别需求分析

7.1.1 基于行为识别的节能用电需求

在现实生活中，用户不会时时刻刻持续性地用电，如果能够精确地识别用户当前是否在真实用电，则可以在不影响用户正常用电的情况下降低无效用[1]或低效用的消耗，为用户提供更节能的用电建议[2]。研究表明，低效用或负效用的情况主要出现在以下几种用电场景。

（1）设备待机性耗电。

设备待机耗电包含两类，一类是传统意义上的待机耗电情况。例如电视机在遥控关闭时仍有部分模块正在运行，进行持续性耗电，这种情况下对其进行切断可以节省电能，同时不会对用户造成影响。另一类是待机耗电为常开型设备在无人使用时的持续性耗电[3]。例如饮水机、热水器等设备在无人使用时仍循环工作，这部分工作状态不产生任何效用，对其进行管理并不会影响用户的正常使用。这里将这种工作状态同样定义为待机状态，故饮水机等设备的待机耗电定义为无人使用时的耗电。

（2）遗忘性工作耗电。

遗忘性工作耗电是指用户在电器使用结束后忘记对设备进行关断处理所导致的工作功率下的持续耗电，如离开时忘记关闭空调、电灯等，由于冰箱门忘记关闭带来的额外耗电也属于此类。这部分耗电量属于无效用的电量，对其进行关断处理能达到节能的效果。

（3）温控型设备耗电。

大部分温控型设备耗电可以设置挡位和工作模式，当用户设置的挡位与当下环境不匹配，则会产生无效益的额外耗电。如夏天时空气能热水器过早地加热会产生无意义的能耗，如果能够根据用户的用电行为，自动调节这类设备的工作时间，则可以达到降低用电能耗的效果，同时不影响用户的正常用电体验。又如某设定温度下的空调，通过环境温度实时调节设定温度，则可以实现用电能耗的降低，同时不会对用户的温度舒适度造成明显影响。设备状态用户需求匹配图如图7-1所示。

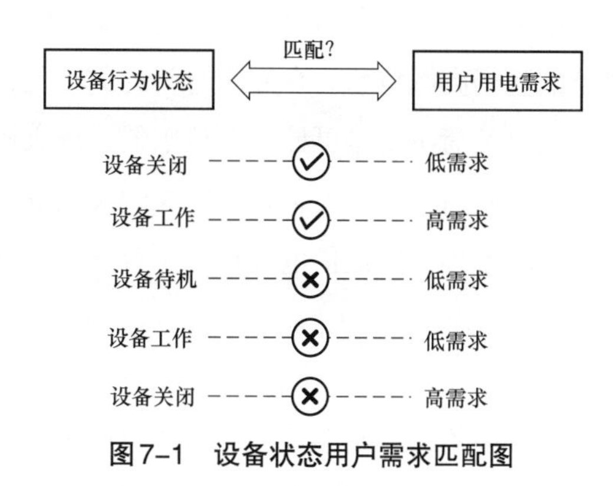

图7-1　设备状态用户需求匹配图

由以上各种低效用情况的介绍可知，判断用户用电的效用情况的具体方法是比较设备的实际行为状态和用户对该电器的使用需求是否匹配，并对不匹配的状态进行处理。如图7-1所示，设备关闭且用户使用需求低下即是一种匹配情况，设备工作且用户使用需求较高也是一种匹配，而以上的待机耗电和用电遗忘时的工作耗电则分别是设备待机用户低需求和设备工作用户低需求的不匹配情况。另外，为不影响用户对电器的正常使用，还需避免设备关闭但用户使用需求高的不匹配情况发生。

7.1.2　基于行为预测的需求响应需求

除了基于行为识别的节能用电需求外，用电行为识别还能够应用在负荷调度和需求响应领域。随着近年来经济的发展，居民生活水平的提高，各类高中挡家庭用电设备的使用越来越普及，居民用电占全社会用电的比重越来越重，特别是经济发展比较快的地区。由于居民用电的高峰多为18～22时，直接导致系统的晚高峰的形成。由于居民生活用电要求供电可靠性较高，即使在系统电力供应紧张的时刻也不能对居民采取拉闸限电的措施，如果能够根据用户的用电行为对用户负荷进行柔性控制，则可以保证用户用电需求的同时，减轻电网的供电压力，同时用户获得一定的经济回报，达成双赢的目标。

现阶段家庭用电耗能大部分由电冰箱及电热水器等家庭用电设备组成，其中电热水器只在要用热水时才打开使用，因此这部分负荷变为峰值负荷；空调及取暖器构成家庭用电的季节性负荷且集中在晚间高峰时使用；彩电及照明灯、电脑等则是典型的晚间高峰负荷。在使用时间的分布上，居民主要在电网高峰用电，可转移的用电负荷主要是可控的电热水器、洗衣机。其中电热水器年用电量在居民年用电中所占比例最大且其用电时间又较好调整，若采用蓄能电热水器在夜间低谷时段使用，用低价电加热水至合适的温度保温到白天或傍晚使用则移峰潜力较大。

上述这些用电负荷属于用户的用电刚需，与用户的生活需求息息相关，如果采用无差别、硬性的调控策略，则会极大影响用户的生活。而如果能够根据用户的行为习惯进行个性化调整，则可以既满足用户用电需求，又达成需求响应的目标。这其中的关键之处在于如何刻画出用户的用电行为画像，并基于此准确地预测用户的用电行为，达到智能化调控水平。因此准确地识别用户的用电行为，是未来实时需求响应技术得以应用的基础。

根据前面的需求分析可知，用户的行为识别包含两个维度，一个是与用电设备本身的特性相关，需要通过设备实时监测数据来分析设备行为状态。另一个是与用户的生活习惯、外部环境有关，需要用较长的数据才能进行分析。因此后续内容将会围绕这两部分展开。

7.2 用电行为识别与预测方法研究

7.2.1 设备行为特征构建与识别方法

1. 典型用电设备行为特征

用电设备行为特征是指在较短时间内设备被用户正常使用的情况，它反映的是设备当前的运行状态。由7.1.1小节可知不同电器类型的运行状态判断方法并不相同，因此不同电器类型的设备行为特征也有所差别。

由于即时工作型设备在工作时功率会出现明显的功率跃升，仅通过设定相应的功率阈值即可判断其工作和关闭情况。类似的情况还有，控温型设备的状态识别可以在功率判断的基础上，增加设定温度与真实温度的温差判别，因此即时供电型和可控温型设备的设备行为特征相对简单，因此不再详细描述，此处仅对间歇型设备的行为特征进行分析。

间歇型负荷是工作、待机持续循环交替变换的一类负荷，因此加热类型的负荷大多属于这类。此处将该类负荷在高功率下的持续时间称为加热时间，将负荷在低功率下的持续时间称为保温时间。

（1）加热时间。

图7–2为办公室饮水机加热持续时间在某两天的变化规律。由图的前半部分可知，间歇性负荷在设备无人使用时，加热时间稳定维持在某个值无明显变化，比如图中前一天23时至第二天8时。9时左右开始用户使用该设备导致加热时间加长，当设备在某段时间无人使用时，其加热时间又恢复至无人使用时的值。

图7–2中可以明显发现在无人使用时加热时间最少，原因是当无人使用时加热时间即为温度从开始加热的温度阈值上升到结束加热的温度阈值的过程，且该过程中无外部水源注入。用户使用间歇型设备时只能在加热时段或保温时段使用，在加热时段使用时，相当于在加热过程中抽去部分被加热的水并自动注入冷水，明显加热时间会延长；在保温时段使用时，注入的冷水会导致设备在开始加热时的温度低于加热温度阈值，从而加热时间也随之增多，所以在当用户使用设备时，设备的加热时间一般会有所延长。

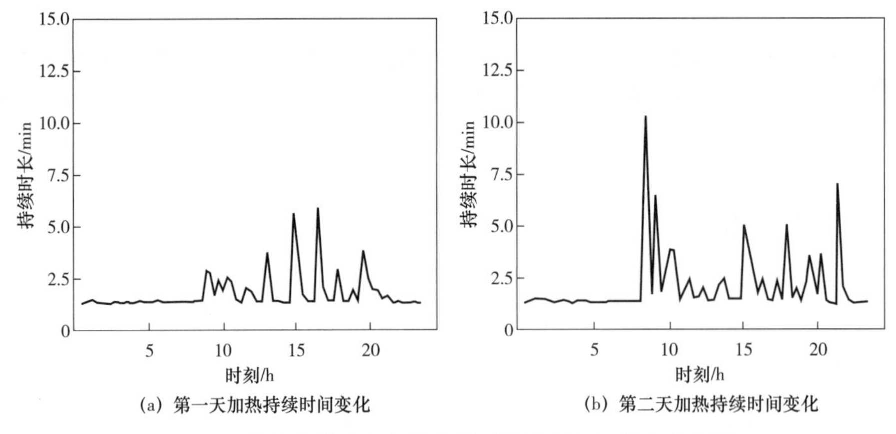

(a) 第一天加热持续时间变化　　(b) 第二天加热持续时间变化

图7–2　办公室饮水机加热持续时间在某两天的变化规律

（2）保温时间。

图7–3为办公室饮水机保温持续时间在某两天的变化规律。可知间歇性负荷的保温时间在设备无人使用时，例如图7–3中前一天23时至第二天8时，保温时间变化不大。9时左右开始用户使用该设备导致保温时间减短，当设备在某段时间无人使用时，其保温时间又恢复至无人使用时的值。可以发现在设备有人使用时一般比无人使用时保温时间要长，原因是当用户使用间歇型设备时，水箱中会随之注入冷水，温度低于开始加热的温度阈值，设备开始加热，提前结束了设备的保温时段进入加热时段，所以一般无人使用时保温时间最长。

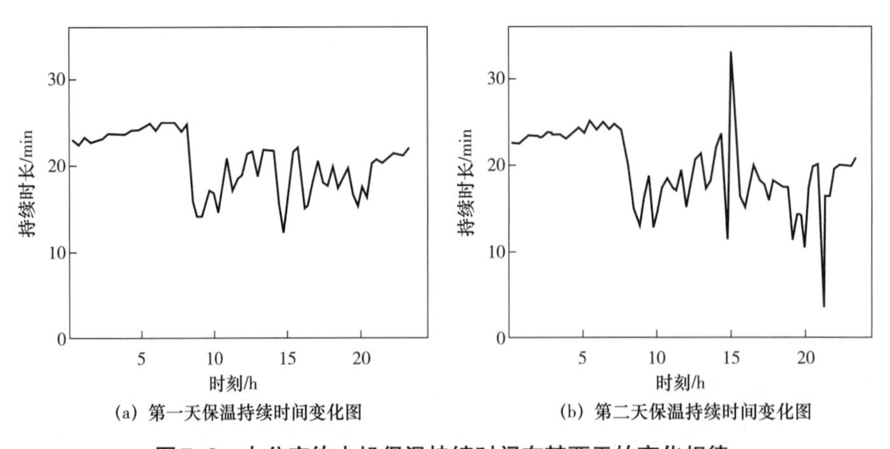

(a) 第一天保温持续时间变化图　　(b) 第二天保温持续时间变化图

图7–3　办公室饮水机保温持续时间在某两天的变化规律

（3）加热时间与保温时间之比。

图7–4为办公室饮水机加热保温持续时间比值在某两天的变化规律。可知间歇性负荷的加热保温时间比值在设备无人使用时，例如图中前一天23时至第二天8时变化不大。9时左右开始用户使用该设备因此比值增大，因为用户使用设备时，不仅延长了加热时间还缩短了保温时间，所以时间比值变化比单纯加热时间变化更明显。而当设备在某段时间无人使用时，其时间比值又恢复至无人使用时的值。

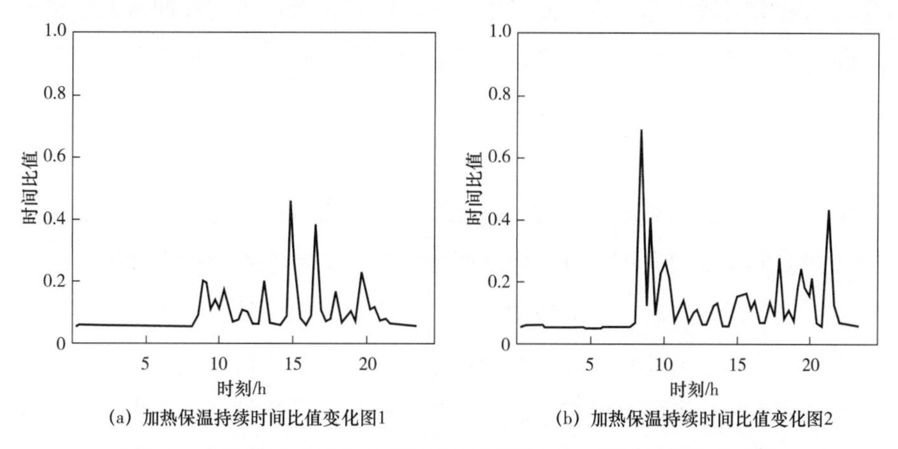

（a）加热保温持续时间比值变化图1　　（b）加热保温持续时间比值变化图2

图7–4　办公室饮水机加热保温持续时间比值在某两天的变化规律

2. 设备行为数据预处理

为避免电力指纹插座采样异常所造成的运行状态误判，在完成不同电器类型的短期行为模式识别前还需对所采集到的数据进行平滑处理，达到数据的降噪效果，提高用户短期行为模式的识别的准确率。平滑也称为滤波，它的目的主要是模糊和消除噪声，所以“平滑处理”也被称为“模糊处理”，它是一项简单且使用频率很高的信号处理方法，包括限幅滤波法、中位值滤波法、算数平均滤波法、递推平均滤波法和中位值平均滤波法等[4]。其中两种方法原理和优缺点如下。

（1）限幅滤波法。

限幅滤波法的实现步骤为：首先根据经验判断，确定两次采样允许的最大偏差值，在每次检测新值时计算新值与上一个值之差，若偏差小于最大偏差值则该值有效，若超出了最大偏差值，则该值无效，应放弃该值且用上次值进行替代，这种方法能有效解决因偶然因素引起的幅值较大的异常值，但该方法只能抑制脉冲干扰而无法抑制周期性干扰。

对于电力指纹插座所采集到的用电数据，异常点或某些电器特性会引发电流脉冲，这种电流脉冲无论对于哪种设备的行为状态模式识别都是没有用处的，而限幅滤波法正是解决该问题的有效方法。但是限幅滤波法在应用时需根据经验判断设定最大偏差值，而对于不同用电设备所产生的脉冲值大小也不相同，即为较好滤波，不同类型设备的偏差值设定应与相应类型设备相对应，否则将会带来方法抑制效果过弱或过强的问题。

（2）中位值滤波法。

中位值滤波法的实现步骤为：首先连续采集奇数次用电数据，然后把所采集的数据按采样值的大小进行排列，取中间值作为本次数据的有效值。该方法能有效克服因偶然因素引起的波动干扰，但由于当前值的数是由前一段时间的数据进行计算中位值获得，计算后的数据会有一定的延后现象。当计算所使用的数据量较小时，无明显数据延后现象但降噪滤波效果较差，而当所使用的数据量越大时效果越好，但数据延后的现象也越明显。中位值滤波法的计算示意图如图7–5所示。

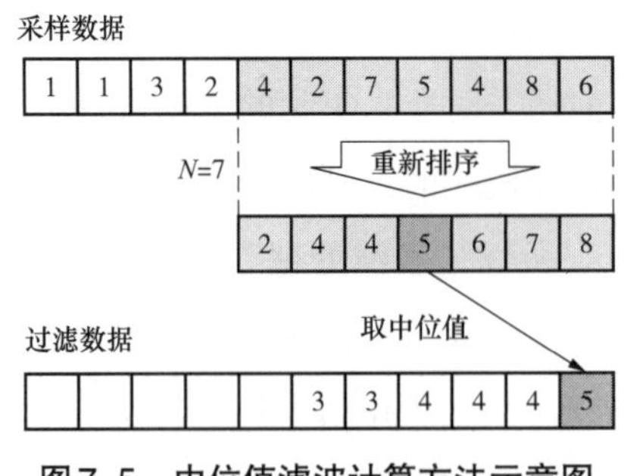

图7–5　中位值滤波计算方法示意图

中位值滤波法的核心思想是牺牲数据的部分实时性换取稳定性，一般适用于采样时间间隔短的场景，即使用中值也能够快速察觉设备状态的变化。当采样间隔较长时，会出现设备当下发生了状态变化，但由于采样率较低而导致中值没有及时更新而产生延迟的问题，将影响用户的数据准确性。

图7–6为对打印机数据进行中位值滤波法处理后的波形曲线，从图中可以发现，随着计算中位值的数据量增多，波形曲线越平滑，但数据波形往后偏移的现象也越明显，所以不能为追求波形光滑而一味扩大窗口宽度，这将导致算法出现明显延迟现象。

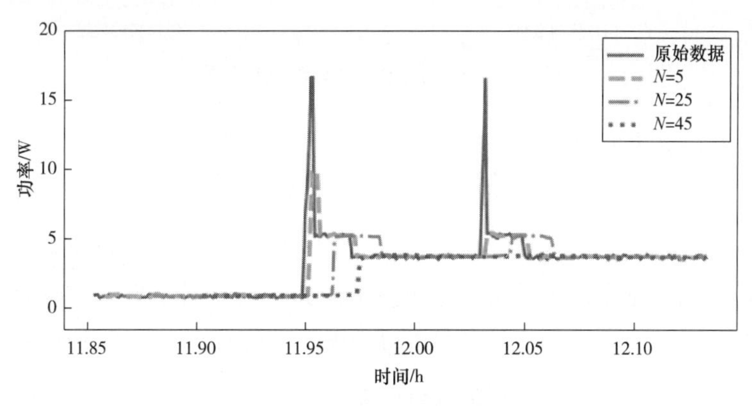

图7–6　打印机数据预处理

3. 基于分类模型的短期行为识别

如何通过数据预处理后的电气信息获取设备的状态，如关闭状态、待机状态和工作状态[5]，这类问题为典型的多分类问题。在训练数据对应的工作状态已知的情况，对该分类问题应用分类模型求解将可实现用电状态的准确识别。以下将列举常见分类模型k近邻算法在短期行为识别问题中的应用，并说明为何分类模型不适用于该短期行为的识别。

k近邻算法。在本场景中，利用某饮水机几天的用电数据进行分析，提取出该饮水机分别在加热时段和保温时段的持续时长，并利用这些时长数据对饮水机的短期用电行为进行分析。选取某两天数据作为已知数据，另外选取一天数据作为测试数据。图7–7为已知数据在二维图上的表示以及第三天数据的测试结果，结果表明使用K近邻算法进行短期行为识别的准确率达到95.8%。

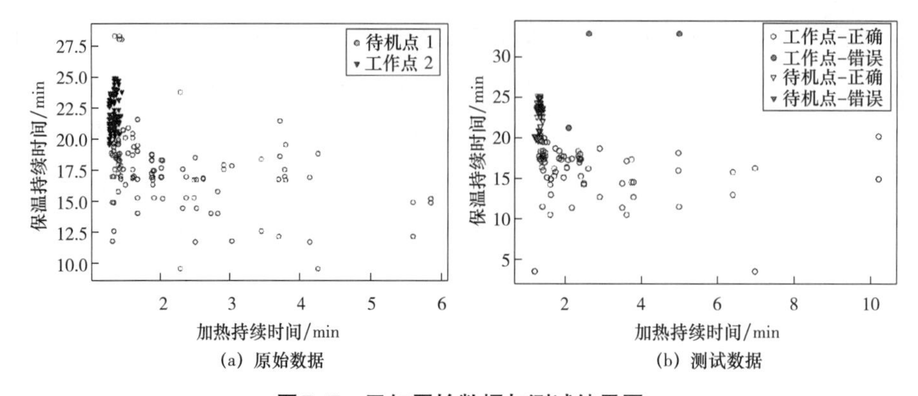

图7-7　已知原始数据与测试结果图

图7-8表示的是训练数据的分布情况，可以发现，在该饮水机长时间无人使用时饮水机的保温时间和加热时间维持在一定值小范围波动，即待机点集中在某一小范围内，当用户使用该设备时，加热时间或保温时间开始发生变化，状态开始远离二维平面上的待机范围。下图为利用训练好的k近邻模型对另外一天的数据进行测试的情况，由图可以发现测试出的结果工作点与待机点的分布情况与训练数据相同，仅有少数点分类出现错误，模型的识别准确率较高。

从识别结果上看，使用k近邻算法进行短期行为识别准确率较高，在众多的监督学习算法中，k近邻算法的优势很明显，算法思想简单、易于理解、过程容易实现，不包含对算法的训练过程，通常不需要过多调节就可以得到不错的性能。但是k近邻算法在运行过程中，需要将测试数据与所有训练数据都进行比对，所以当样本数量和特征维度都较大时，计算量很大，预测速度较慢，而且，该算法还会受到训练集样本分布的影响，当训练集中样本集中在某一输出值而其他值样本数量较少时，由于该算法只计算最近的k个样本邻居的平均值，这样就会出现预测值偏向于较集中的样本值中的问题。此外，使用该模型进行训练是建立在数据标签已知的前提下，而在工程上一般能获取的信息只有原始数据，对于该数据代表什么意义并不了解，这便需要耗费大量的人力进行数据标签的确定。另外，分类方法在应用时过分依赖于已知数据，导致所训练出的模型泛化性能严重不足。因此分类模型并不适用于本问题。

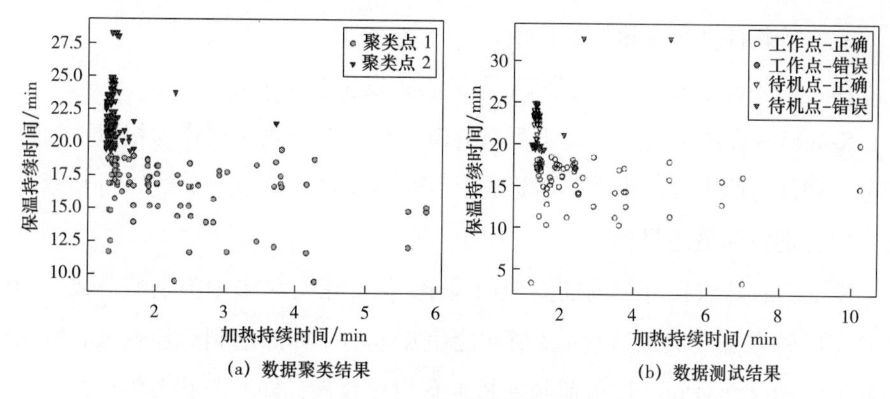

(a) 数据聚类结果　　(b) 数据测试结果

图7-8　饮水机数据聚类分析结果

4. 基于聚类模型的短期行为识别

分类模型适用于已知数据标签类型情况下的分类问题，而对于大多数应用场景，数据的标签类型是未知的，即用电数据所对应的用电状态是未知的，这是因为大多数场景下为数据打标识是耗费大量人力的工作。而面对训练数据状态类型未知的分类问题，分类模型已无法解决，因此需要一种训练时不依靠数据标签便能完成状态分类的算法。聚类模型便是解决无标签分类问题的算法，即无监督学习分类算法，以下将列举几种经典聚类算法在短期行为识别问题中的应用。

（1）K-means 聚类。

K-means 聚类是一种典型的基于距离进行聚类的聚类方法[6]。首先构造样本空间，选取k个样本点，并将这k个点作为k个类的聚类中心，计算其他样本到这k个聚类中心的距离，将其他的点分别划分到距离最近的聚类中心所在的类中。然后，重新计算k个类的中心点，以及重新计算所有样本到k个聚类中心的距离，重新划分所有样本。往复迭代直到满足某个终止条件，迭代停止则聚类完成。终止条件：①没有样本点被重新分配给不同的类；②聚类中心不再改变；③误差平方和局部最小。

K-means 算法步骤：

S1、从n个数据样本中选择k个样本作为初始聚类中心。

S2、计算每个样本与聚类中心的距离，将各样本重新归类至距离最小的类别中。

S3、重新计算每个聚类的均值。

S4、循环S2、S3步，直到每个聚类不再发生变化为止。

K-means算法是典型的基于距离的聚类算法，采用距离作为相似性的评价指标，即认为两个样本的距离越近，其相似度就越大。这种算法以得到紧凑且独立的类别作为最终目标。

K-means算法在计算前需要提前设定k值即聚类结果中类别的个数，因此需要专门的方法确定最适合的k值才能使K-means算法达到最佳效果。针对短期行为识别仅针对间歇性负荷判断是否有用户介入，即判断状态为待机或是工作两种状态，因此对于本问题k的值为2。

研究针对某饮水机在某几天的用电数据进行分析，提取该饮水机的加热和待机持续时间作为聚类数据[7]，图7-8（a）为训练数据的聚类结果，可以发现即使模型事先未知数据的标签类型，通过K均值算法进行聚类后仍能达到较好的效果，聚类后的数据分布情况与真实情况比较符合。图7-8（b）表示的是利用图7-8（a）训练出的模型对另外一天数据进行测试的结果。图中显示仅有少数数据识别出错，最终测试结果表明模型准确率为93.2%。因此，无监督算法K-means在工程应用上优于监督算法KNN，且在此场景下K-means模型的状态判别能力并无明显下降，即该场景K-means比KNN更适用。

K-means算法的时间复杂度为O（IKN），其中N为样本点个数，K为中心点个数，I为迭代次数。K-means算法的优点是运算速度快、简单，聚类效果较好，适用于高维，缺点是对离群点敏感，对噪声点和孤立点很敏感，聚类个数k需要提前设定，初始聚类中心的选择，不同的初始点选择可能导致完全不同的聚类结果。

（2）均值漂移聚类。

均值漂移聚类是一种基于滑动窗口的均值算法，算法不断寻找样本数据点中密度最大的区域[8]。该方法的二维表述比较形象，首先将数据点置于二维平面中，在空间中随机选取一定数量的点，以这些点为圆心，选取定值为半径画一个圆形窗口，计算出该窗口内数据点密度最大的点，用密度最大的点替换之前的点，然后以替换后的密度最大的点为圆心，定值为半径继续画圆形窗口，重复迭代。这样窗口会不断向数据点密集的位置移动，直到到达数据点最密集的位置，当窗口重叠或者所有窗口不再移动时算法结束，即可完成聚类，窗口中心点即为聚类中心点。该算法显然使用了爬山法的思想，使窗口中心不断向数据点密度高的地方移动，最终达到聚类的目的。

具体步骤如下：

S1、首先以随机选取的点为圆心，r为半径做一个圆形的滑窗。其目标是找出数据点中密度最高点并作为中心；

S2、在每次迭代后滑动窗口的中心将向着高密度方向移动；

S3、连续移动，直到任何方向的移动都不能增加滑窗中点的数量，此时即滑窗收敛；

S4、将上述步骤在多个滑窗上进行以覆盖所有的点。当多个滑窗收敛重叠时，其经过的点将会通过其滑窗聚类为一个类；

同样针对饮水机的数据进行分析，图7–9和图7–10为应用均值漂移聚类的聚类结果。相对于K–means算法来讲，该方法不需要提前指定聚类数目，聚类数目自行确定，因此模型训练结果可能得到不止两个类别，图7–9的模型

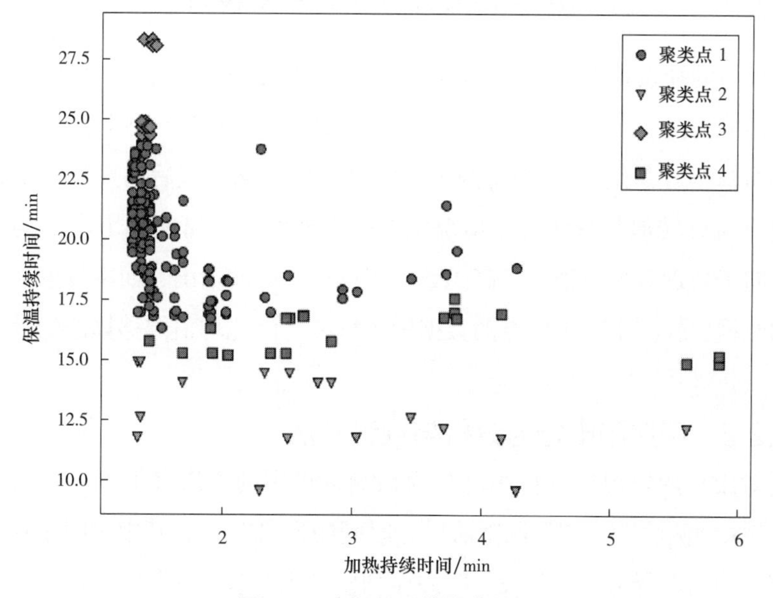

图7–9　未经处理的聚类结果

便将数据划分了4类。通过加大核函数带宽达到减小聚类数目的效果即得到图7-10将数据聚成两类，但其中一类数据占了大多数，仅有少部分数据被划分为另一类，其分布结果显然与使用KNN和K-means的结果相差较远。

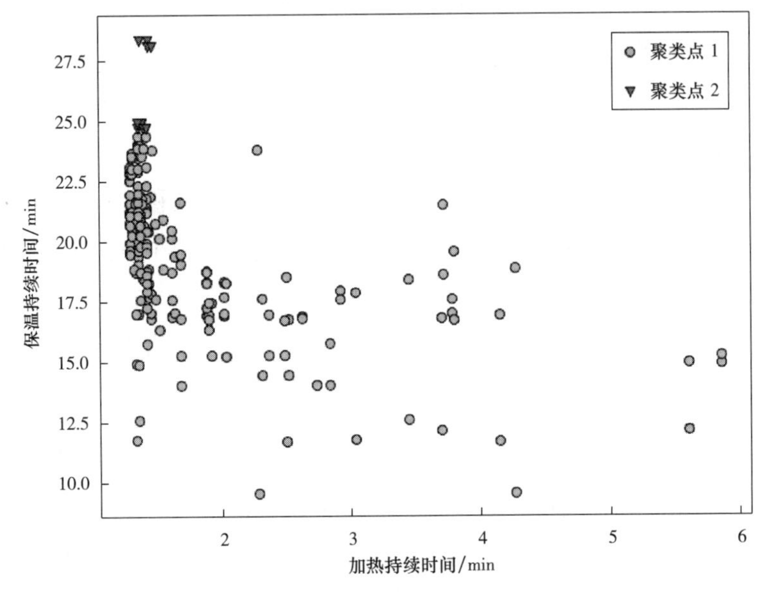

图7-10　调整核函数带宽后的聚类结果

该模型的缺点是滑动窗口半径的选取，对聚类的结果有很大影响，在样本含多属性的情况下，使用该方法应对指标值进行适当的量纲预处理，使其适应选取的窗口半径。图7-11为将两类时间进行归一化处理后的聚类结果，其分布情况有所好转但与真实分布情况仍有较大差距，其可能原因在于均值漂移算法偏向于处理对多个密度较高的数据团进行聚类的情况，而本场景下只有待机点的数据比较集中，工作点的数据较为分散，因此均值漂移算法的处理效果较差。

7.2.2　用户用电行为分析与预测方法

针对用户用电习惯进行用电行为预测，可用的方法有很多，如回归预测法[9]、专家预测法[10]、神经网络法[11]、时间序列法[12]等，其中时间序列模型是最为有效的用电行为预测手段。时间序列模型主要包括平稳时间序列模型和非

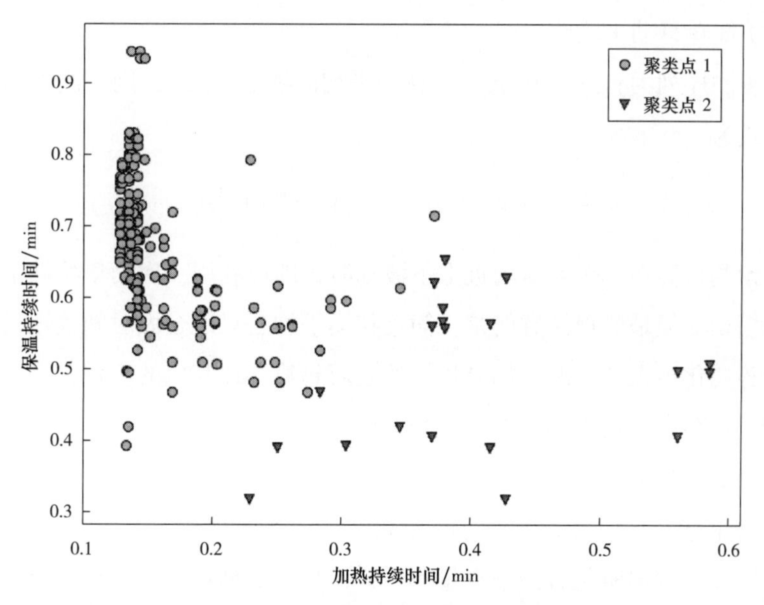

图7-11 数据标准化后的聚类结果

平稳时间序列模型。由于平稳时间序列在现实生活中少见，因此实际中非平稳时间序列使用更多。平稳时间序列是指序列的统计特性不随时间的平移而变化，即均值和协方差不随时间的平移而变化。常见的非平稳时间序列模型则包括移动平均模型、指数平滑法和差分整合移动平均自回归模型（Autoregressive Integrated Moving Average model，ARIMA）等，因此使用时需要依据不同的数据特征选择合适的时间序列模型。

针对用电行为预测问题，编者对同一时段的电器使用情况构建了长时间序列，并尝试用上述模型预测用户的用电行为。

1. 移动平均法

移动平均法是根据时间序列资料逐渐推移，依次计算包含一定项数的时序平均数，以反映长期趋势的方法。当时间序列的数值由于受周期变动和不规则变动的影响，起伏较大，不易显示出发展趋势时，可用移动平均法，消除这些因素的影响，分析、预测序列的长期趋势。移动平均法有简单移动平均法，加权移动平均法，趋势移动平均法等。下面对这几种方法做进一步地介绍。

（1）简单移动平均法。

设观测序列为$y_1, y_2, \cdots, y_T$，取移动平均的项数$N < T$，则一次平均移动的计算公式为

$$M_t^{(1)} = \frac{1}{N}(y_t + y_{t-1} + \cdots + y_{t-N+1}) = M_{t-1}^{(1)} + \frac{1}{N}(y_t - y_{t-N}) \quad (7-1)$$

当预测目标在一个常量附近上下波动时，即可利用一次简单移动平均法建立预测模型。但是值得注意的是，简单移动平均法只适合做时间较短且预测目标的趋势变化不大的情况。如果目标的发展趋势存在其他的变化，采用简单移动平均法就会产生较大的预测偏差和滞后。

（2）加权移动平均法。

在简单移动平均公式中，每时刻数据在求平均时的作用是等同的。但是，往往每阶段的数据所包含的信息量不一样，近期数据往往更能反映对未来的预测情况。因此，把各时段的数据等同看待是不尽合理的，应按时间来表征数据的重要性，对近期数据给予较大的权重，这就是加权移动平均法的基本思想。

设观测序列为$y_1, y_2, \cdots, y_T$，取移动平均的项数$N < T$，则加权平均移动的计算公式为

$$M_{tw} = \frac{w_1 y_t + w_2 y_{t-1} + \cdots + w_N y_{t-N+1}}{w_1 + w_2 + \cdots + w_N} \quad (7-2)$$

式中　$w_1, w_2, \cdots, w_N$——赋予数据$y_1, y_{t+1}, \cdots, y_{t-N+1}$的权数。

一般来说，近期数据赋予的权数大，远期数据赋予的权数小。而权数具体的取值，往往需要预测值根据序列的实际情况进行分析来确定。

（3）趋势移动平均法。

简单移动平均法和加权移动平均法，在时间序列没有明显的趋势变动时，能够准确反映实际情况。但当时间序列出现直线增加或减少的变动趋势时，用简单移动平均法和加权移动平均法来预测就会出现滞后偏差。因此，需要进行修正，修正的方法是作二次移动平均，利用移动平均滞后偏差的规律来建立直线趋势的预测模型。这就是趋势移动平均法。

根据简单平均移动法知道，一次移动平均的公式为

$$M_t^{(1)} = \frac{1}{N}(y_t + y_{t-1} + \cdots + y_{t-N+1}) = M_{t-1}^{(1)} + \frac{1}{N}(y_t - y_{t-N}) \tag{7-3}$$

在此基础上再进行依次移动平均即为二次移动平均，其计算公式为

$$M_t^{(2)} = \frac{1}{N}(M_t^{(1)} + M_{t-1}^{(1)} + \cdots + M_{t-N+1}^{(1)}) = M_{t-1}^{(2)} + \frac{1}{N}(M_t^{(1)} - M_{t-N}^{(1)}) \tag{7-4}$$

总的来说，趋势移动平均法对于同时存在直线趋势与周期波动的序列，是一种既能反映趋势变化，又可以有效地分离出周期变动的方法。

（4）实例计算。

这里以Eco数据集中某居民灯具用电数据为例[13]，分别利用加权移动平均法和趋势移动平均法对该用户一天内各时间段的用电行为进行预测。

这里将一天按小时划分成24个时间段，将各时间段内用户的开灯时长占总时长的比例视为用户在该时段的用电概率，将连续六天各时间段内的用户用电概率构成时间序列，对第七天各时段的用户用灯概率进行预测。

加权移动平均法的计算为

$$\hat{y}_{t+1}^{(1)} = \frac{6y_t + 5y_{t-1} + 4y_{t-2} + 3y_{t-3} + 2y_{t-4} + y_{t-5}}{6+5+4+3+2+1} \tag{7-5}$$

得到第七天各时段用户用灯概率预测结果与实际结果的比较如图7-12所示。

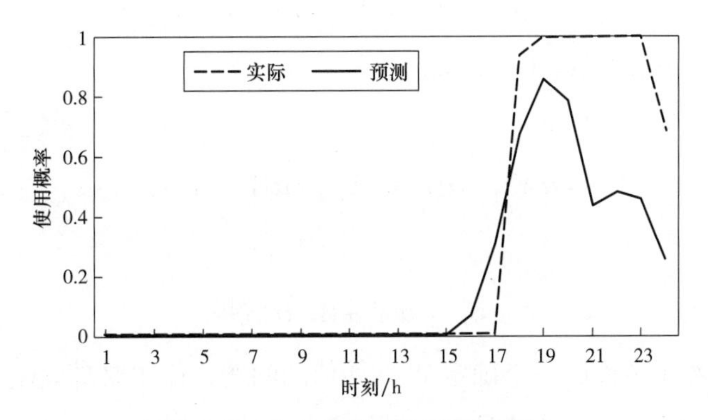

图7-12　加权移动平均法预测结果

利用二次趋势移动平均法得到第七天各时段用户用灯概率预测与实际结果比较如图7-13所示。

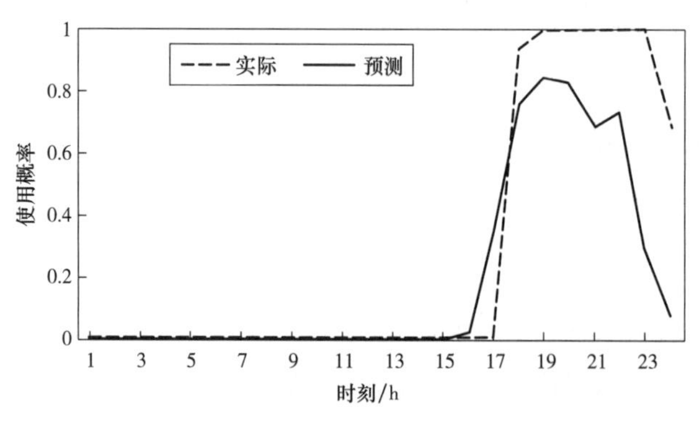

图7-13　二次移动平均法预测结果

可以看到预测和实际从整体趋势来看是相近的，但是平均化处理会丢失了一些细节信息，因此具体到某一天时会有较大的出入。

2. 指数平滑法

前面的移动平均法实际上就是用一个简单的加权平均数作为某一期趋势的估计值。而为了更好地反映不同时期的数据对未来预测的影响程度，指数平滑化令各期权重随时间间隔的增大而呈指数衰减，这就是指数平滑法的基本思想。不考虑季节因素的影响，常用的一次指数平滑公式为

$$S_t^{(1)} = \alpha X_t + \alpha(1-\alpha)X_{t-1} + \alpha(1-\alpha)^2 X_{t-2} + \cdots \tag{7-6}$$

式中　α——平滑系数，$0<\alpha<1$。

又因为

$$S_{t-1}^{(1)} = \alpha X_{t-1} + \alpha(1-\alpha)X_{t-2} + \alpha(1-\alpha)^2 X_{t-3} + \cdots \tag{7-7}$$

因此

$$S_t^{(1)} = \alpha X_t + (1-\alpha)S_{t-1}^{(1)} \tag{7-8}$$

简单指数平滑面临一个确定$S_0^{(1)}$初始值的问题，往往取$S_0^{(1)}=X_1$。平滑系数α的值由经验给出。对于变化较为缓慢的序列，取较小的α值，对于变化较为迅速的序列，常常取较大的α值。

一次指数法虽然克服了移动平均法的缺点，但当时间序列的变化出现直线趋势时，使用一次指数平滑法仍会出现较大的滞后偏差。因此，往往利用二次指数平滑法，利用滞后偏差的规律建立直线趋势模型。二次指数平滑公式如下：

$$S_t^{(2)} = \alpha S_t^{(1)} + (1-\alpha) S_{t-1}^{(2)} \tag{7-9}$$

式中 $S_t^{(2)}$——二次指数的平滑值；

$S_t^{(1)}$——一次指数的平滑值。

同样，当时间序列的变化出现二次曲线趋势时，需要采用三次指数平滑法，与二次指数平滑类似，三次指数平滑法在二次指数平滑的基础上，再进行一次平滑。

取平滑系数α=0.3，以Eco数据集中某用户前六天的灯具用电数据构建时间序列，利用三次指数平滑法预测第七天的用电概率与实际结果比较如图7-14所示。

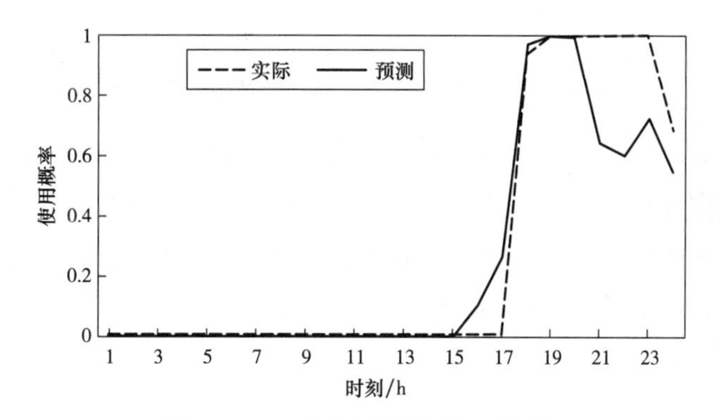

图7-14 三次指数平滑法预测结果

由图7-15可见，三次平滑法的预测效果要优于移动平均法，不仅在整体趋势上贴合实际值，在细节的预测上也比移动平均法要好。

3. ARIMA模型

如果一个系统在t时刻的响应仅与此前时刻的响应X_{t-1}, X_{t-2}, …, X_{t-n}有关，而与以前时刻进入系统的扰动a_{t-1}, a_{t-2}, …, a_{t-n}无关，该系统称为自回归系统（AR）。它适用于预测与自身前期相关的现象。AR（n）模型的表示形式为

$$X_t = \varphi_0 + \varphi_1 X_{t-1} + \cdots + \varphi_n X_{t-n} + a_t \tag{7-10}$$

式中 φ_0, φ_1, …, φ_n——常数。

相反，如果一个系统在t时刻的响应只与此前时刻的扰动$a_{t-1}, a_{t-2}, \cdots, a_{t-m}$有关，而与此前时刻的响应$X_{t-1}, X_{t-2}, \cdots, X_{t-m}$无关，那么它就是移动平均系统（MA）。它更关注于自回归模型中误差项的累加，能够有效的消除预测中的随机波动。MA（m）模型的表示形式为

$$X_t = d_0 + a_t - \theta_1 a_{t-1} \cdots - \theta_m a_{t-m} \tag{7-11}$$

式中　$d_0, \theta_1, \theta_2, \cdots, \theta_m$——常数。

如果一个系统的响应，不仅与此前时刻的响应有关，还与此前时刻的扰动有关，那么它就是自回归移动平均系统（ARMA）。ARMA模型本质上是一个线性差分方程。例如一个ARMA（n, m）模型可表示为

$$X_t - \varphi_1 X_{t-1} - \cdots - \varphi_n X_{t-n} = a_t - \theta_1 a_{t-1} - \cdots - \theta_m a_{t-m} \tag{7-12}$$

即

$$X_t = \varphi_0 + \varphi_1 X_{t-1} + \cdots + \varphi_n X_{t-n} + a_t - \theta_1 a_{t-1} - \cdots - \theta_m a_{t-m} \tag{7-13}$$

随机平稳序列是创建ARMA模型的基础和前提。但在实际情况中，大多数待处理的数据往往是非平稳的。有些序列存在周期性，例如对于季度或月度数据，就需要消除年周期，则需做周期为4或12的季节差分，以消除季节性；有些序列有明显的上升或下降的趋势，则序列显然是非平稳的，一般也需要通过差分使得数据变平稳。

差分整合移动平均自回归模型（ARIMA）是将非平稳时间序列转化为平稳时间序列然后将因变量仅对它的滞后值以及随机误差项的现值和滞后值进行回归所建立的模型，它在ARMA模型的基础上增加了对数据进行差分的过程，使非平稳的时间序列转化为平稳的时间序列。ARIMA的建模过程如下。

对初始时间序列进行差分处理，并经过平稳性检验得到平稳时间序列。对于经过处理后的非白噪声序列，往往利用自相关图（auto-correlation figure，ACF）和偏自相关图（partial auto-correlation figure，PACF）进行直观判定，初步选择一个特定的模型类型用以拟合所分析的时间序列，同时采用最佳准则函数定阶法对模型进行定阶，即确定n、m值。最佳准则函数定阶法是通过确定出一个准则函数，该函数既要考虑模型对原始数据拟合的接近程度，同时又要

考虑模型中所含待定参数的个数。

采用最大似然估计法对识别阶段所提供的粗模型进行参数估计与模型检验。模型检验包括参数的显著性检验与模型残差检验。若参数检验不显著，则调整n、m值，重新估计参数并检验，建立最精简的模型。残差检验实质上是对残差序列进行白噪声检验，只有当残差序列成为完全随机，具有恒定的方差且均值为0的白噪声序列时，才能通过残差检验。若残差不满足白噪声，提示信息提取不够差分，则应返回上一阶段重新建模。利用ARIMA模型进行预测的具体流程如图7–15所示。

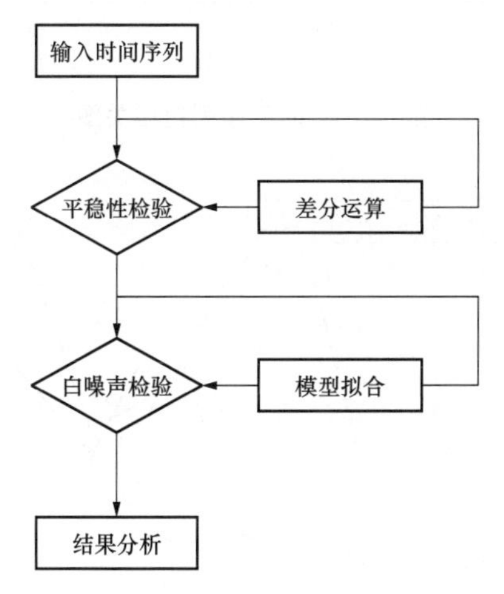

图7–15 ARIMA模型预测具体流程图

以Eco数据集中某用户连续40天的灯具晚10:00–11:00的用电数据作为训练集对ARIMA模型进行拟合，并进一步对后10天该时段的用电情况进行滚动预测。首先绘制时间序列的自相关图，如图7–16所示。

通过观察自相关图，可以发现时间序列存在前8至10个滞后的正相关，这可能对前5个滞后很重要。因此将模型的AR参数的起点设置为5。此外使用一阶差分使时间序列平稳，并通过比较模型赤池信息准则（akaike information criterion，AIC）、贝叶斯信息准则（bayesian information criterion，BIC）、汉南—奎因信息准则（hannan–quinn information criterion，HQIC）的值，使用二阶平均移动模型。

得到预测值与实际值的比较结果如图7–17所示。

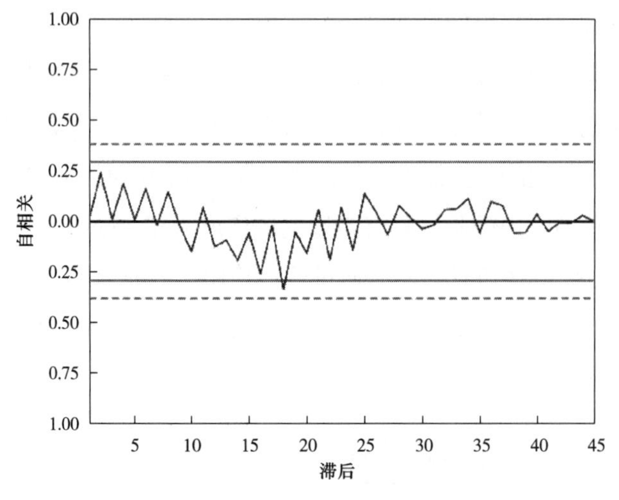

图7–16　时间序列自相关图

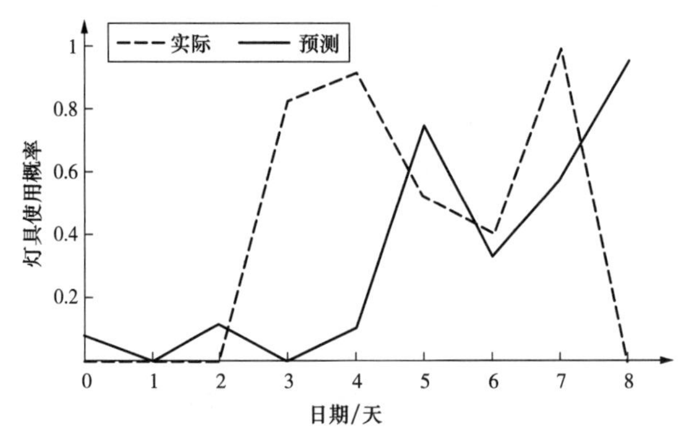

图7–17　ARIMA模型预测结果

通过线图可以看出，ARIMA模型能够实现对用电行为变化趋势的判断和追踪。

同时，ARIMA模型还可以实现对电器使用时长的预测。利用前36天的灯具数据，选择最优模型参数（p,d,q）为（4,2,0），得到后14天的灯具用电时长预测结果如图7–18所示。

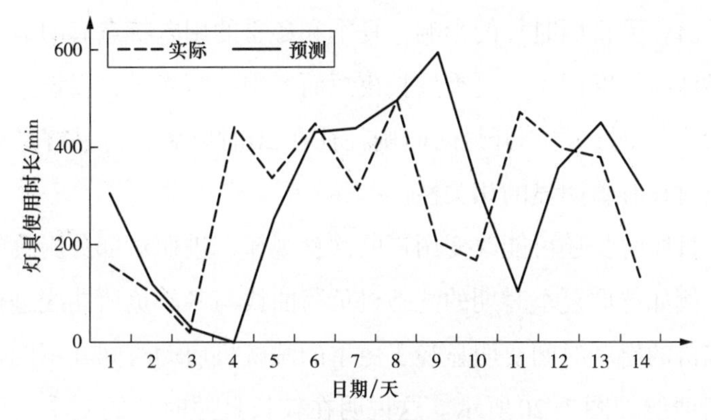

图7-18 ARIMA模型预测结果

7.2.3 相关用电行为影响因素分析

受到环境、社会等因素的影响，用户的用电行为也会随之产生规律性的变化。通过研究普遍影响用户用电行为的重要因素，可以对用户的行为特征作进一步的分析。以下将对影响用户长期用电行为的重要因素做出详细说明。

（1）日照时间。

日照时长主要影响的是照明类电器的用电行为，随着日出、日落的时间变化，用户开灯的时间也会相应提前或推后。对此，本章利用Eco数据集，以瑞士苏黎世一户人家的灯具负荷数据为基础，绘制冬季和夏季的平均日负荷曲线，如图7-19所示。

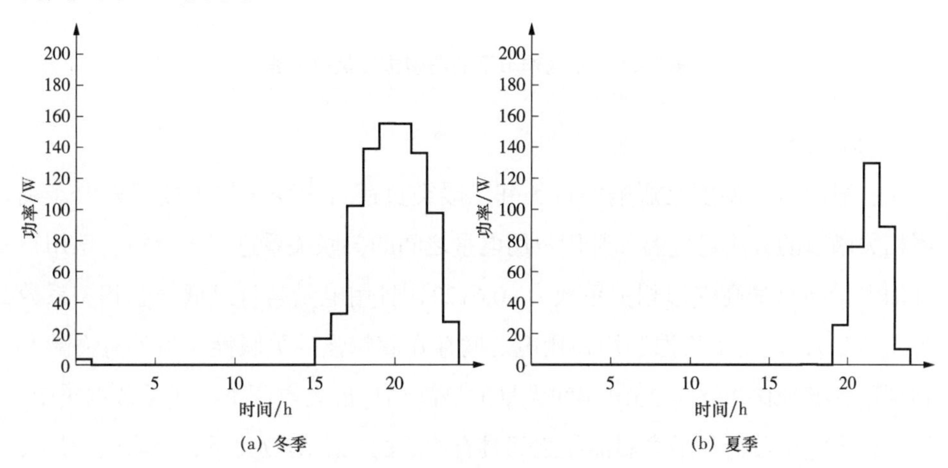

图7-19 冬季和夏季的平均日负荷曲线

可以看出，受日照时长的影响，夏季和冬季的用电特点有明显不同。由于瑞士是北半球高纬度国家，夏季昼长夜短而冬季昼短夜长，而该户人家冬季开灯时间一般为16时，夏季开灯时间则往往在20时以后，可见灯具类负荷用电特征与日照时长有着明显的相关性。

此外，日照时长还可能改变用户的饮食规律，进而对部分厨具的用电行为造成影响。例如选取夏季时期的洗碗机负荷曲线与冬季负荷曲线进行对比，发现夏季洗碗机的启动时间要明显晚于冬季的洗碗机启动时间，不同季节下的洗碗机日负荷曲线如图7–20所示。这说明在较长日照时长的夏季，居民的用餐时间要明显晚于冬季，进而使厨房电器的使用时段也出现相应推迟。

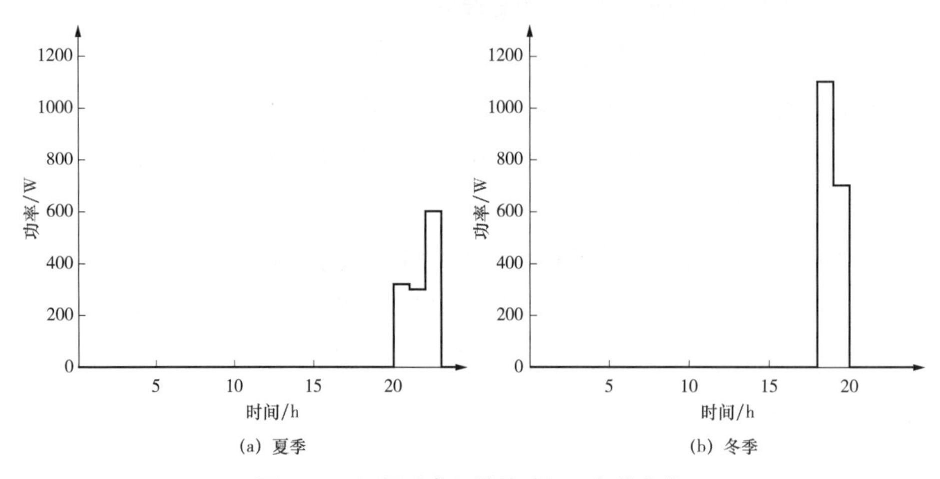

图7–20　不同季节下的洗碗机日负荷曲线

（2）气温。

一般而言，温度是影响空调类和供暖类负荷行为变化的直接因素[14]。利用相关函数的方法对气温和某用户用电量之间的关联关系进行了分析，该用户日用电量与日最高气温相关系数为–0.6123，日用电量与日最低气温相关系数为–0.5419，证明了气温和用户用电之间存在着较强的关联性。另外有文献[15]则利用常德地区2007～2010年间大量的最高温与最大空调负荷相关数据绘图，发现最大空调负荷与最高温曲线之间具有明显的二次函数关系，最高温与最大空调负荷关系曲线如图7–21所示。

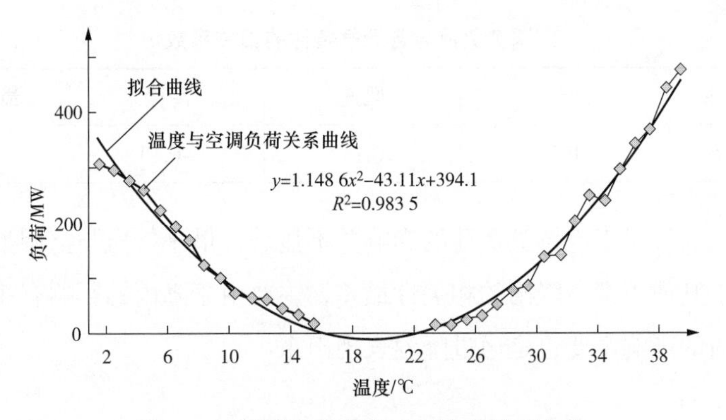

图7-21 最高温与最大空调负荷关系曲线

（3）天气状况。

利用数据集数据绘制用户开灯时间与降雨量、湿度、气压和能见度等天气条件之间的关联图，发现灯具类负荷与能见度之间有较强的关联性，如图7-22所示，往往能见度的高低会影响用户的开灯时间，而灯具类负荷与降雨量、气压、湿度等因素间则没有明显的关联关系。

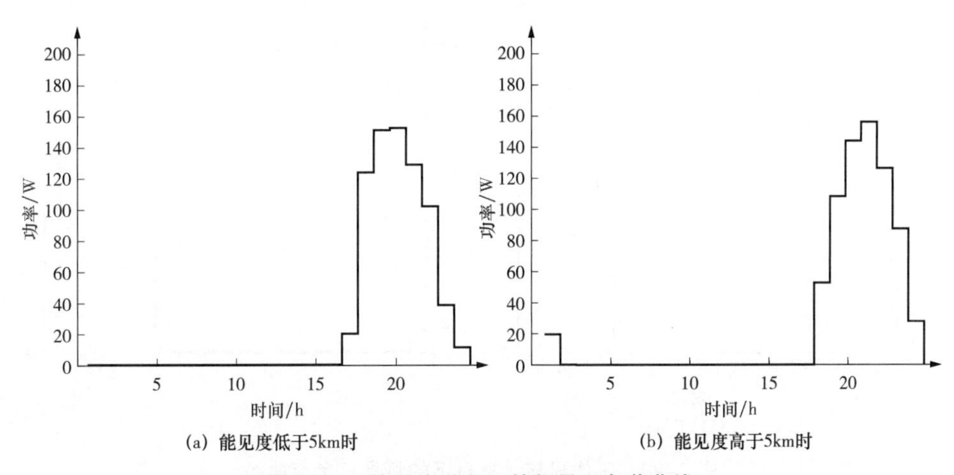

图7-22 能见度差异下的灯具日负荷曲线

通过相关系数判断，空调类负荷与各天气条件的相关系数指标关系见表7-1。

表7-1 空调类负荷与各天气条件的相关系数

天气条件	湿度	风速	降雨	最小气压
相关系数	0.18	0.15	–0.13	0.26

可见，天气对于空调类负荷的影响并不显著，最小气压与空调类负荷的相关性稍大于其他因素，降雨的相关性最差，主要由于降雨的影响有滞后性，并对空调负荷的影响主要也是通过降温表现出来。

（4）日期。

通常用户负荷具有按照工作日和周末呈周期性的变化规律，即周一到周四工作场合的负荷用电较高，家庭负荷用电较低。周五开始，工作场合的负荷用电逐渐下降，周日为最低；而家庭负荷的用电则随之升高，周日为最高。

以Eco数据集中瑞士居民用户的灯具负荷数据为例，分别绘制双休日和工作日的日负荷曲线图，工作日与休息日下的灯具日负荷曲线如图7-23所示。

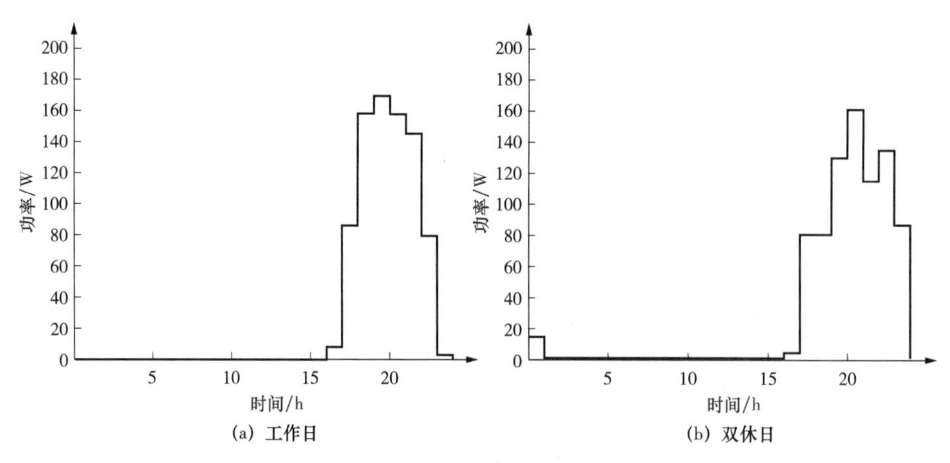

图7-23 工作日与休息日下的灯具日负荷曲线

一般而言，假日用电特点有几个：①开灯时间稍有变晚；②熄灯时间亦有变晚；③会出现不开灯情况。总的来说，双休日的开灯时间要普遍长于工作日的开灯时间。

节假日的用户行为较普通日有较大不同，但从日负荷曲线来看，同一节日不同年份中用户的用电行为习惯是相似的。此外，受节日风俗或活动的影响，节假日中不同地区用户的用电行为也会有所不同。例如，在部分地区除夕存在的吃“早年饭”的风俗，会使得部分餐厨电器的使用时间大大提前。此外，如除夕的守岁、元宵的赏灯等节日活动，也都会不同程度地影响用户的用电行为。

以欧洲某户居民的电视类负荷为例，分别绘制该户居民在工作日的电视负荷曲线与圣诞节当日的电视负荷曲线，不同类型日的负荷曲线如图7–24所示。

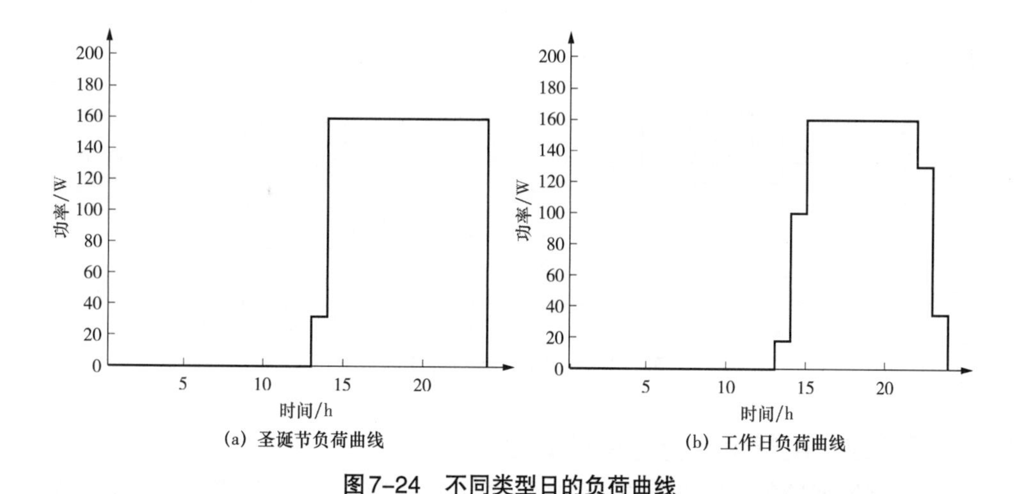

图7–24 不同类型日的负荷曲线

可见，相较于工作日，圣诞节当天居民使用电视的时间要明显更长，说明节假日会对电视类负荷的使用行为造成影响。

7.3 用电行为特征库构建实例

7.3.1 用电行为特征库框架

用电行为特征库主要由两部分组成，一部分是基于用户各类设备用电数据所构建的表层用电行为特征，如用户内各设备的开启时间、运行时长、模式选择、关联关系等统计数据，其中前三个属于设备个体的行为特征，与设备间关联关系相对应；另一部分是深层用电行为特征，需要根据用户的表层用电行为特征分析用户总体用电情况得到，如用户在不同情况下（日期、外界环境等）的用电习惯和真实用电需求，通常会涉及用户用电概率预测。两者的关系如下图所示，这里主要介绍更实用以及更易于计算的表层用电行为特征。用电行为特征库组成如图7–25所示。

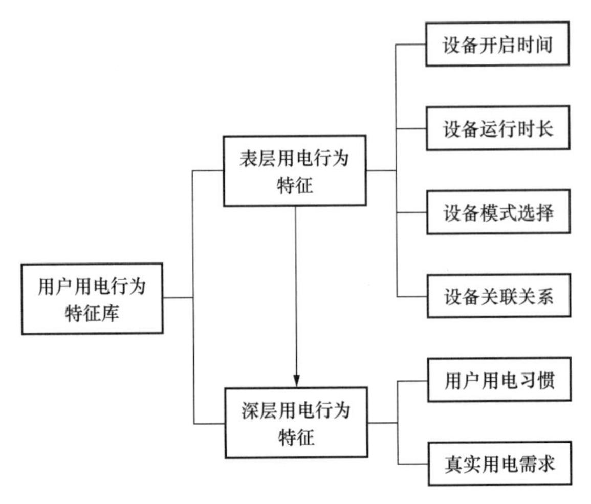

图7–25　用电行为特征库组成

7.3.2　设备个体行为特征提取

前面提到设备个体行为特征包括开启时间、运行时长、模式选择，这些特征体现在各个设备的用电曲线中，因此本小节将会介绍不同情形下不同设备的用电行为特征差异。

1. 照明类电器

这里利用Eco数据集，以瑞士苏黎世一户人家的灯具负荷数据为基础，按照季节、天气状况、类型日构建的照明电器用电行为特征集如下。不同季节下的灯具日负荷曲线如图7–26所示。能见度差异下的灯具日负荷曲线如图7–27所示。工作日与休息日下的灯具日负荷曲线如图7–28所示。

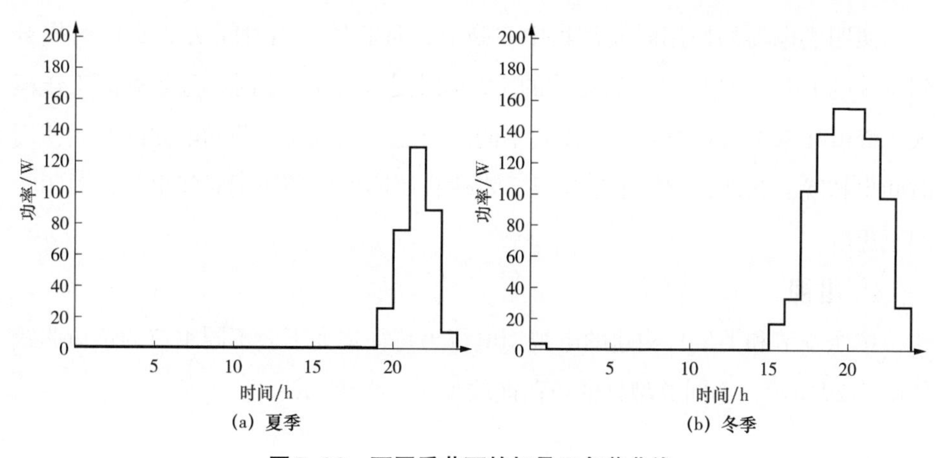

（a）夏季

（b）冬季

图7-26 不同季节下的灯具日负荷曲线

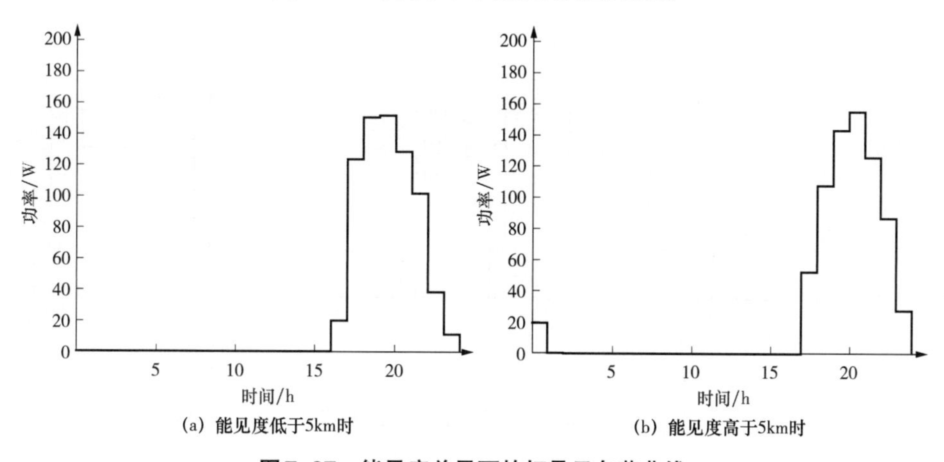

（a）能见度低于5km时

（b）能见度高于5km时

图7-27 能见度差异下的灯具日负荷曲线

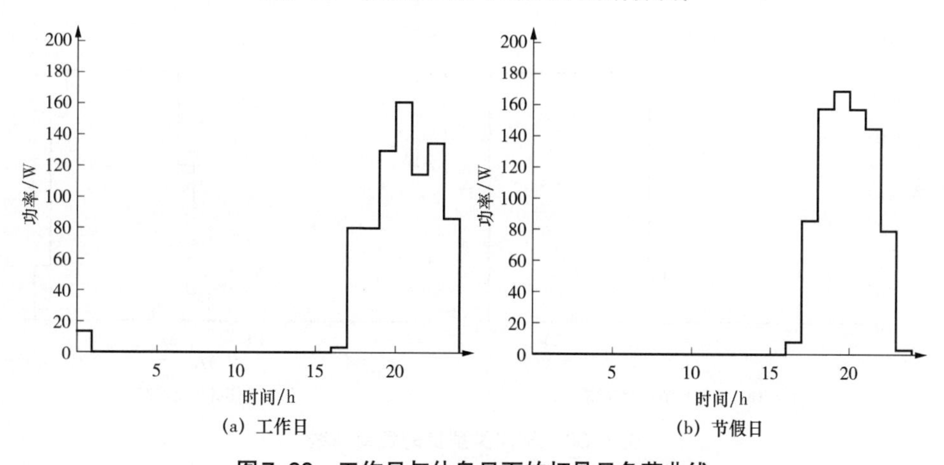

（a）工作日

（b）节假日

图7-28 工作日与休息日下的灯具日负荷曲线

照明类电器的使用时间都集中在晚上，且起始使用时间从夏季19时提升到冬季的15时，使用时间从夏季的5个小时提升为9个小时，且冬季的工作模式（峰值功率）与夏季的工作模式不同。而能见度越高，照明电器的开始使用时间也越晚。此外，相较于工作日，双休日照明电器的使用时间更长，关闭时间也更晚。

2. 电视

按照季节和类型日构建的电视用电行为特征集如下。不同季节的负荷曲线如图7-29所示。不同类型日的负荷曲线如图7-30所示。

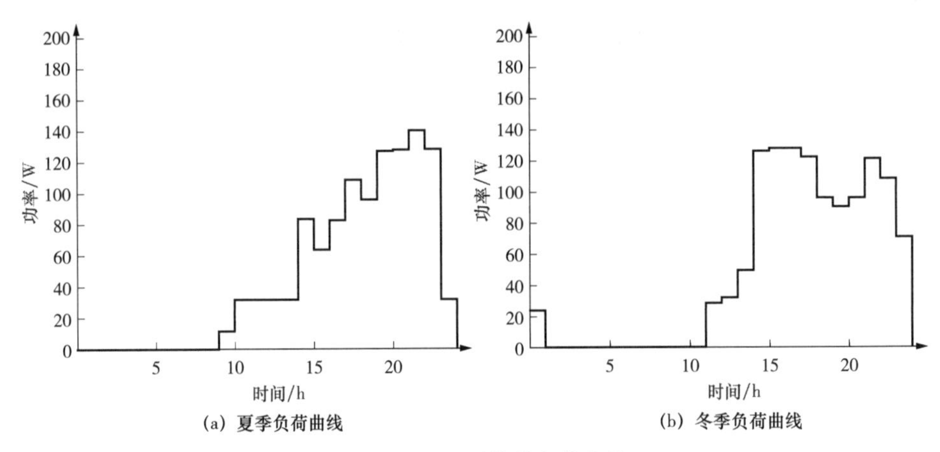

(a) 夏季负荷曲线　　(b) 冬季负荷曲线

图7-29　不同季节的负荷曲线

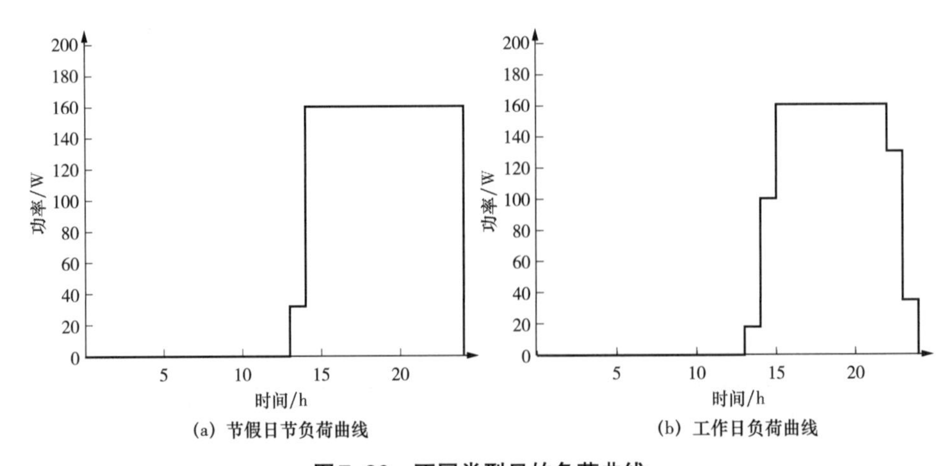

(a) 节假日节负荷曲线　　(b) 工作日负荷曲线

图7-30　不同类型日的负荷曲线

电视的使用时间主要集中在下午和晚上，且夏季电视的使用时段相比冬季提早约一个小时，每次观看都超过了12h，因此可能存在无效用电的可能，即人不在电视机前但是电视仍在工作。此外，可以看出节假日电视的使用时间明显要多于工作日，可以推断出该家庭周末期间更多的是留在室内活动，这也与大部分家庭的生活习惯相符。

3. 电脑

按照季节和类型日构建的电脑用电行为特征集如下。不同季节的负荷曲线如图7–31所示。不同类型日的负荷曲线如图7–32所示。

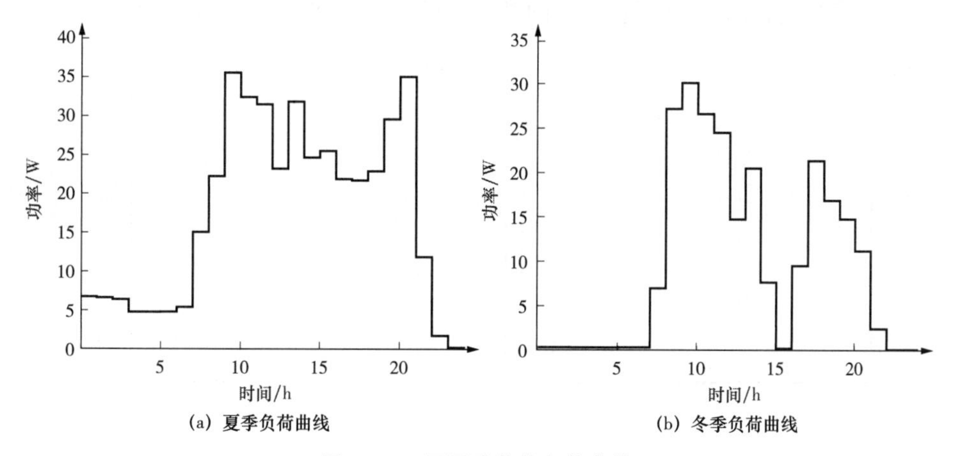

图7–31 不同季节的负荷曲线

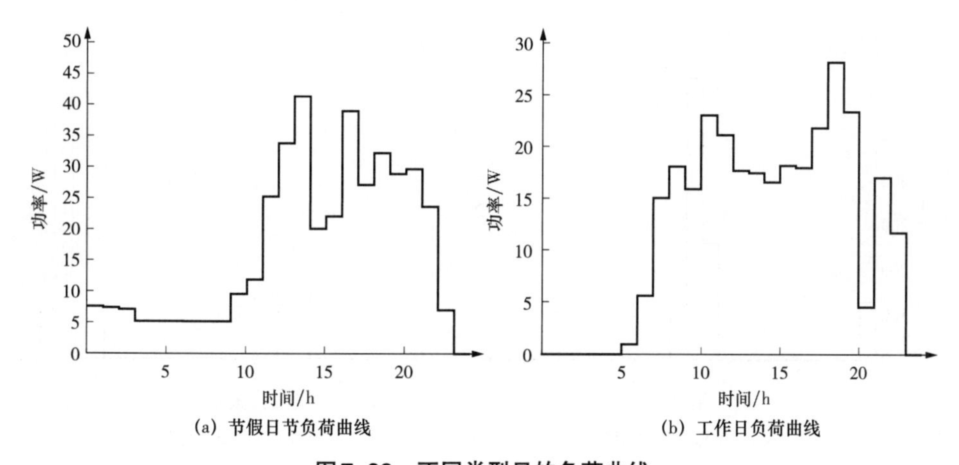

图7–32 不同类型日的负荷曲线

由图可见，电脑基本在一天各时段内均有使用，且存在夜间连续工作的情况，可能的情况是用户在使用完电脑没有关闭的习惯，而是让电脑进入待机状态，用户真正的用电行为集中在功率陡增的7～22时。电脑在夏季的使用频率要高于冬季，且工作时间也要更长。电脑用电行为在季节上的差异可能与用户自身工作方式的改变有关。此外，可以看出工作日下电脑的行为特征与工作时段高度关联，且相较于工作日，电脑在节假日中的使用时间更长。

4. 洗碗机

按照季节和类型日构建的洗碗机用电行为特征集如下。不同季节下的洗碗机日负荷曲线如图7–33所示。不同类型日的负荷曲线如图7–34所示。

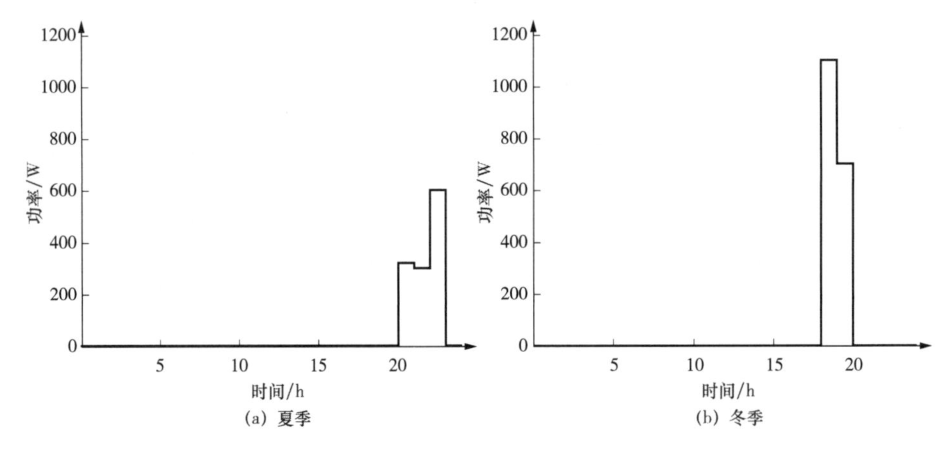

图7–33　不同季节下的洗碗机日负荷曲线

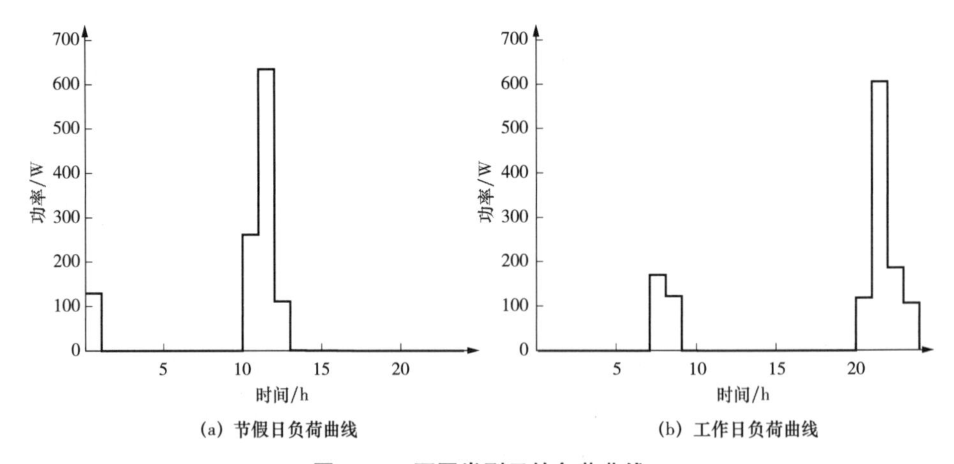

图7–34　不同类型日的负荷曲线

洗碗机的启动时间主要集中于中午和晚上。夏季洗碗机的启动时间要明显晚于冬季的洗碗机启动时间，这说明在较长日照时长的夏季，居民的用餐时间要明显晚于冬季，进而使厨房电器的使用时段也出现相应推迟。从用电曲线上看，用户在夏季和冬季选择了不同的工作模式，夏季是功率较低，工作时间更长，冬季是功率较高，工作时间更短。在工作日，受限于用户的工作习惯，洗碗机的启动时间一般集中于7～21时和20时以后，而在节假日，洗碗机的工作时间则主要是10～13时和24时左右。

7.3.3 设备关联关系特征提取

理论上各个电器是独立工作的，但由于电器本身的运行特性或用户习惯等，某些电器常常是配合使用的。例如，用户在使用洗碗机时，热水器会同时工作；同为气温敏感型负荷的空调和电风扇往往存在关联运行的用电模式等。相关性强的电器其运行状态往往存在联动切换的现象，因此设备之间的关联关系也是一个重要的用电行为信息来源。这里简单介绍一种高效和自动搜索关联关系的算法——Apriori算法。

1. 基于Apriori算法的关联规则提取

关联规则（Association Rule，AR）是一种表征事物之间关联性的规则，是形如$R \rightarrow S$的蕴涵式，其中R和S分别称为关联规则的先导和后继[16]。布尔型关联规则是关联规则中的一种，其R和S均为离散的种类变量，因此可用其描述两个电器之间运行状态的关联性，例如电磁炉的工作模式A和抽油烟机的工作模式B相互之间有较强的依存关系，则构成如下布尔型关联规则：电磁炉模式$A \rightarrow$抽油烟机模式B。

Apriori算法是用于挖掘出数据关联规则的算法，它用来找出数据值中频繁出现的数据集合，又称频繁项集。Apriori通过重复扫描数据集并逐层剪枝与拼接，最终过滤出满足要求的所有频繁项集[17]。在使用Apriori算法搜索关联规则之前，需要定义频繁项集的标准，一般标准有三种：支持度、置信度和提升度。

（1）频繁项集评价指标。

支持度就是关联的数据在所有数据的占比，例如某个家庭记录了100条用电信息数据，其中有8条数据是抽烟机和电磁炉同时运行的，那么这两个设备的关联运行的概率是8/100=0.08。这个过程抽象到数学表达式为

$$Support(X,Y)=P(XY)=\frac{num(XY)}{num(Total)}$$

其中X，Y表示设备，$Total$表示所有设备，$num(\ )$表示计数。一般来说，支持度高的集合不一定构成频繁项集，但是支持度较低的集合肯定不构成频繁项集。

置信度就是一个设备运行后，另一个设备出现的概率，在数学上称为条件概率。如某个家庭记录了10条电磁炉运行的数据，其中有8条数据是抽烟机在同时运行，那么这个条件概率为8/10=0.8。这个过程抽象到数学表达式为

$$Confidence(X\leftarrow Y)=P(X\mid Y)=\frac{P(XY)}{P(Y)}=\frac{num(XY)}{num(Y)}$$

假设存在X和Y独立的情况，且X出现的概率很高，如$P(X)$=0.8，那么无论Y的概率多大多小，都会得出置信度$P(X\mid Y)$=0.8的情况，置信度判别在这种情况下失去作用，因此引入提升度的概念。提升度表示置信度$P(X\mid Y)$，与X总体发生的概率之比，提升度相比于置信度，还考虑了X和Y的相关性情况。若X和Y相互独立，那么提升度计算结果为1。若小于1，即使置信度再高，也是无效的关联规则。若大于1，说明Y设备的出现确实提升了X设备出现的概率。

（2）Apriori算法。

这里用支持度作为频繁项集来简单介绍Apriori算法的思想。Apriori算法的目标是找到符合评价指标的最大的k项频繁集，如设备组合AB和ABD都满足支持度大于0.1标准，那么Apriori算法只保留ABD组合，将会抛弃AB组合。Apriori首先通过迭代的方式寻找符合支持度的集合，具体过程为：首先搜索组合数量为1的项集及对应的支持度，然后去掉低于支持度的1项集。这里隐含了一个朴素的思路，即某个设备总体的出现概率已经低于支持度，那么它与其他设备组合出现个概率必然是低于支持度，因此在后续搜寻多个组合时无需考虑该设备了，便于节约计算时间。在得到符合条件的频繁1项集之后，对这些频繁1项集进行两两组合，得到候选2项集，然后去掉低于支持度的2项集，

得到频繁2项集。以此类推，直到无法找到k+1项集为止，输出寻找结果。

可以看到，Apriori算法的实现思路非常简单，应用到设备关联关系中来的步骤如下：

S1、支持度D_{sup}、置信度D_{con}的阈值。输入强关联度电器对的状态样本集，记为候选1项集C_1。

S2、对于候选i项集C_i，统计C_i中出现的所有的状态组合，计算D_{sup}和D_{con}，将低于阈值的设备组合剔除，得到频繁i项集L_i。

S3、将L_i中的项目进行两两组合，形成新一层候选集C_{i+1}。

S4、计算L_i中所有状态组合的调和阈值D_{KULC}，超过该阈值的状态组合输出为第i层的关联规则（过滤）。调和阈值D_{KULC}的计算公式为

$$D_{KULC}=\frac{1}{2}[D_{con}(X\leftarrow Y)+D_{con}(Y\leftarrow X)]$$

S5重复步骤S2～S4，直至完成所有层级的关联规则输出。

Apriori算法挖掘电器状态关联规则的完整执行流程如图7-35所示。算法的扫描范围限定在强关联度电器对中，因此候选集的拼接仅上升至C_2层级，减少了不必要的数据扫描工作。

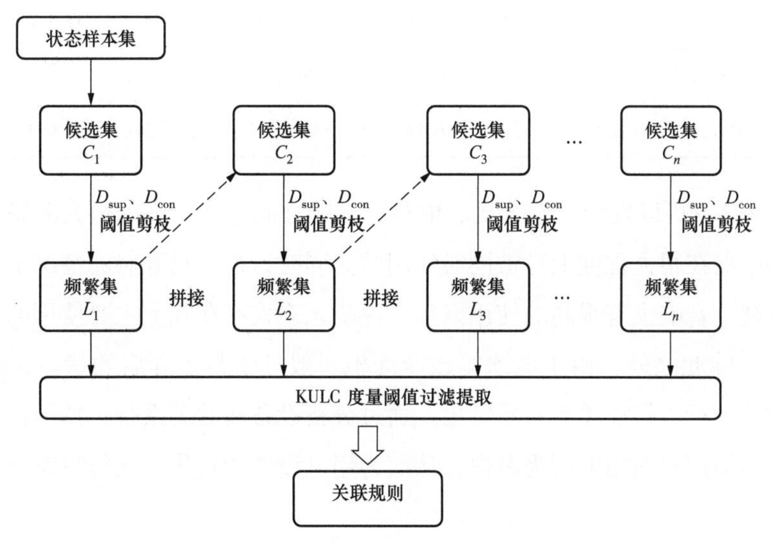

图7-35　Apriori算法执行流程图

2. 设备关联规则提取实例

为研究用电设备间行为特征关联，这里选取ECO数据集中某用户家庭中洗碗机、冰箱、游戏机、冷冻箱、热水壶、灯具、笔记本电脑、电视和音响共九种常用家庭电器多天内的运行状态，并进一步分别分析各电器之间的用电行为特征关联情况。

由于该用户家庭内电器数量较少，这里仅做了置信度的计算，即各电器处于工作状态下时其他电气也在同时工作的概率分布情况，结果见表7-2。

表7-2　设备间置信度统计情况

	洗碗机	冰箱	游戏机	冷冻箱	热水壶	灯	电脑	电视	音响
洗碗机	1	0.43	0.1	0.318	0	0	0	0.007	0.1
冰箱	0.0384	1	0.466	0.425	0.00537	0.243	0.182	0.4	0.466
游戏机	0.0085	0.31	1	0.44	0.00385	0.5	0.35	0.89	1
冷冻箱	0.033	0.3	0.47	1	0.0073	0.24	0.175	0.414	0.471
热水壶	0	0.322	0.4	0.67	1	0.2	0.13	0.4	0.4
灯	0	0.323	0.995	0.451	0.0032	1	0.276	0.887	0.999
电脑	0	0.296	0.889	0.392	0.0028	0.307	1	0.767	0.889
电视	0.00057	0.3	1	0.44	0.0044	0.5	0.33	1	1
音响	0.00853	0.3	1	0.44	0.00385	0.5	0.346	0.889	1

由表7-2可以发现，游戏机、电视、音响之间存在很高的行为关联，证明这三种电器在很大程度上是被同时使用的。同时，在灯具开启的情况下，游戏机、电视、音响也有很高的使用概率，说明该户人家在晚上主要使用的是这三种电器。除此之外，由于电冰箱、冷冻柜一般处于常年开启的状态，因此与其他电器的行为特征关系并不突出。通过分析设备间的关系行为特征，可以更准确地掌握用户的用电行为习惯，从而为用电设备的自优化运行策略提供决策依据。

7.4 基于行为识别的智能用电管理技术

上一节完成了对用户用电行为特征的提取与识别，本小节将根据上述研究所提取到的特征完成对用户用电的智能管理，在不影响用户用电情况下节约用户用能。这里主要从两个角度来实现，一是基于用电效能策略的节能管理，另一个是基于行为预测的滚动优化节能管理。

7.4.1 基于用电状态判别的节能管理

基于用电状态判别的节能管理思路是：首先实时监测电器的运行状态和分析用户当前用电需求，当电器运行状态与用户用电需求不相符时，即认为这个电器处于低效用工作状态，则按照该设备的调控策略对电器进行管控，达到节能的效果。因此本思路关键之处在于如何获取各个电器的运行状态以及如何结合用户用电需求判定当前的效用等级。

1. 各电器运行状态和效用等级

这里按照用电特性将各电器分为即时供电型负荷、间歇供电型、热惯性负荷，每种负荷的运行状态和效用等级区分方法如下：

（1）即时供电型负荷。即时供电型负荷主要有热水壶、电吹风等设备，其特点是当电器的运行功率达到工作功率阈值或待机功率阈值时，认为电器处于工作状态或待机状态，当电器运行功率小于待机功率阈值时，认为电器处于关断状态，因此这类设备的典型用电曲线为：设备开启后功率上升到定值，一直持续到关闭状态。

对于用户用电需求，这里用概率值根据7.2.2节提供的方法，可以预测该用户在每个时间段使用该电器的概率，当电器当前运行概率大于10%且电器处于工作状态，或电器关断时，则判定为高效用；当电器当前运行概率低于10%且电器处于工作状态时，判定为低效用；电器处于待机状态时判断为负效用。即时供电型负荷日运行状态与效用示意图如图7–36所示，以电脑运行状态为例，当监测数据判定为工作模式，且用户当前时段使用电脑的概率较高，则为高效用；当监测数据判定为待机模式，且用户当前时段使用电脑的概率较低，则为低效用。

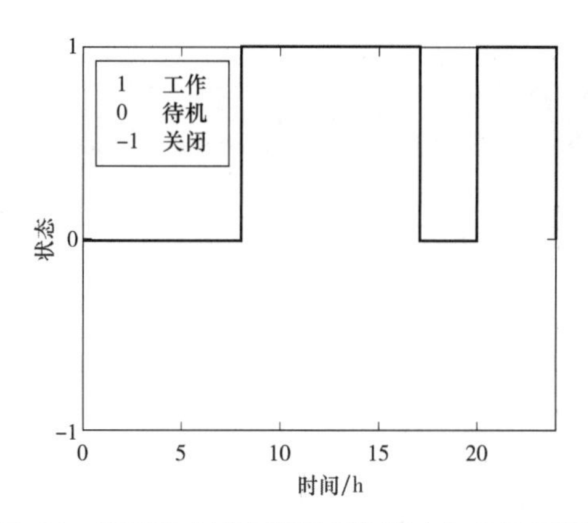

图7–36　即时供电型负荷日运行状态与效用示意图

（2）间歇供电型负荷。间歇供电负荷主要有饮水机、冰箱、电磁炉等，其特点是设备工作一段时间会进入间歇状态，当由用户使用或者触发设定条件时，又恢复工作模式。针对这类设备，首先计算无人使用情况下电器一个运行周期内的平均占空比（加热时间/加热时间、保温时间之和），若当前电器运行占空比超过无人使用下电器运行平均占空比的1.3倍，认为电器处于工作状态，若当前电器运行占空比低于无人使用时电器运行占空比的1.3倍，认为电器处于待机状态，当电器运行功率小于待机功率阈值时，认为电器处于关断状态。

对于用户用电需求，需要预测该用户在每个时间段使用该电器的概率，当电器当前运行概率大于30%且电器处于工作状态，或电器关断时，判定为高效用；当电器当前运行概率高于10%且电器处于待机状态时，判定为低效用；电器当前运行概率低于10%且处于待机状态时判断为负效用。以饮水机为例，依照用户数据得到的某日内运行状态与效用示意图如图7–37所示。

（3）热惯性型负荷。热惯性型负荷主要有热水器、空调等电器，其特点是工作周期长，工作时间与实际环境情况相关。当电器处于开启状态，且实际温度与设定温度之差超过设定阈值时，判定为电器处于工作状态，当电器处于开启状态，且实际温度与设定温度之差小于设定阈值时，判断电器处于待机状态，当电器运行功率小于待机功率阈值或没有设定温度时，认为电器处于关断状态。当电器当前处于工作状态，或电器关断时，判定为高效用；当电器设

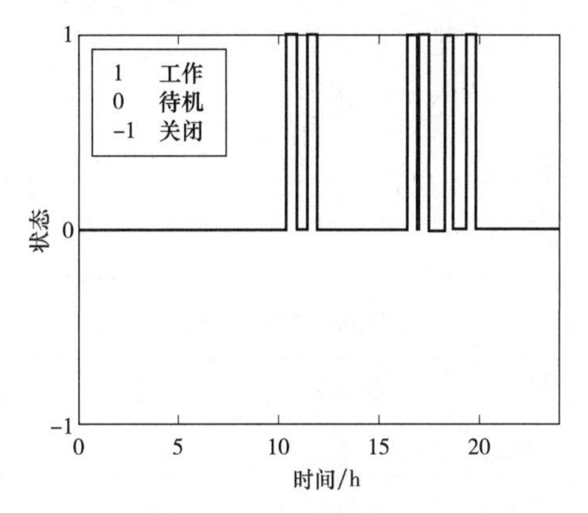

图7-37 间歇供电型负荷日运行状态与效用示意图

定温度与实际温度之差在设定阈值之内且电器处于待机状态时，判定为低效用；当电器设定温度与实际温度之差超过设定阈值且处于待机状态时判断为负效用。以空调为例，依照用户数据得到的某日内运行状态与效用示意图如图7-38所示。

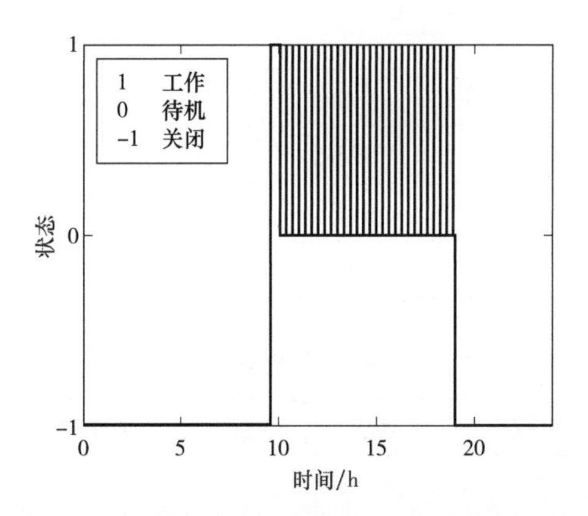

图7-38 热惯性负荷日运行状态与效用示意图

2. 实例验证

为了能体现智能用电管理的有效性，编者选取了大型办公室、单人办公室、居民住房三种场景下一年的电器用电数据。按照上述方法得到各电器的状态与效用数据后，依照运行优化策略对各电器进行节能管理。对于即时供电型负荷和间歇供电型负荷，当在深夜其处于低效用或负效用的时间超过设定的时间阈值时，对其进行关断处理；对于热惯性负荷，当其处于低效用时，对其设定温度进行优化设置，当其处于负效用时，对其进行关断处理。依据该优化策略对仿真数据进行节能管理，计算得到三场景下各电器的节电情况及整体节电情况分别见表7–3 ~ 表7–5。

表7–3　　大型办公室节电情况

大型办公室	电脑	饮水机	打印机	空调	总体
数量	10	1	2	2	15
仿真时长（天）	360	360	360	360	360
耗电量（kWh）	6146.77	322.97	43.15	1549.4	8062.29
节电量（kWh）	525.18	54.4	7.2	66.01	652.79
节电率（%）	8.54	16.8	16.69	4.3	8.1

表7–4　　单人办公室节电情况

单人办公室	电脑	饮水机	打印机	空调	总体
数量	1	1	1	1	4
仿真时长（天）	360	360	360	360	360
耗电量（kWh）	516.63	325.6	22.3	608.05	1472.58
节电量（kWh）	36	54.35	3.6	18.46	112.41
节电率（%）	7	16.7	16.14	3	7.63

表7–5　　居民住房节电情况

居民住房	电脑	饮水机	电视	热水器	空调	总体
数量	1	1	2	1	2	7
仿真时长（天）	360	360	360	360	360	360
耗电量（kWh）	525	434.5	314.5	1579.16	1022.14	3875.3
节电量（kWh）	36	54.5	36	262.53	67.4	456.43
节电率（%）	6.86	12.54	11.45	16.6	6.6	11.78

由表7–3 ~ 表7–5可见，在三场景下，计算得到优化运行策略在三场景下应用的节电率均达到5%以上，且对各类电器均有良好的节能效果。其中，优化策

略对于饮水机等间歇供电型负荷的节能效果最佳，达到10%以上，验证了策略能够实现对长时间待机负荷的有效关断。空调类负荷的节电率较低，平均为5%左右，其原因在于对空调类负荷的低效用状态采取的是调节温度而非关断的策略，且调节尺度偏向保守，若加强空调在低效用下的调节力度，可以进一步提高空调的节电量。

7.4.2　基于行为预测的滚动优化节能管理

1. 滚动优化节能策略

除了通过监测设备的用电情况来施行节能策略，还可以通过预测用户的用电需求，进而以总运行成本最低和不影响舒适度的目标下进行节能优化控制，即基于行为预测的滚动优化节能管理。与上一小节不同之处在于，滚动优化的方法不仅仅考虑了用户的用电需求和概率，同时还考虑当前用电状态的延续性。具体滚动优化分三步进行，总体计算过程如图7–39所示。

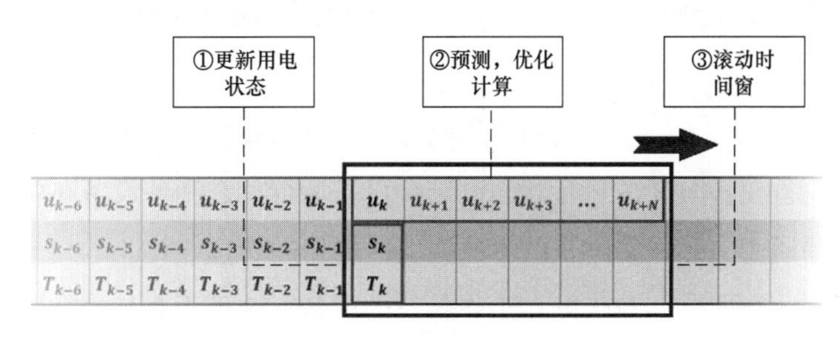

图7–39　滚动计算流程图

u—相应时刻的操作；S—对应时刻的状态；T—相应时刻的时间

S1、获取当前时刻的用电状态S_k，此处的用电状态为上一小节分析得到的设备状态，包括开启、待机、关闭等。同时为了考虑历史时刻对当前时刻的影响，这里引入一个新的状态序列S_k，其表达式如下：

$$S_k=\begin{cases}\alpha S_{k-1}+(1-\alpha)\varepsilon, & S_k=1\\ \alpha S_{k-1}-(1-\alpha)\varepsilon, & S_k=0\\ \alpha S_{k-1}, & S_k=-1\end{cases}$$

式中　α ——调和系数；

ε ——任意正值。

当用电状态持续为S_k=1时，即用户持续使用该电器，则S_k逐步趋向于ε；当用电状态持续为S_k=0时，即用户长时间没有使用该电器但在空载运行，则S_k逐步趋向于$-\varepsilon$；当用电状态持续为S_k=−1时，即用户关闭了电器，则S_k逐步趋向于0。则可以通过S_k来判断当前设备的用电状态累计情况。

S2、在用电设备模型和设备长期行为特征即用户用电需求的基础上，结合代表过去信息的参量S_k进行分析，实现用户未来1小时的用电预测。并基于预测得到的用户行为，不断优化操作序列$\mu_k, \mu_{k+1}, \cdots, \mu_{k+N}$，在不影响舒适度的情况下达到目标函数的最大值。通过这种方式，使得模型不仅仅依靠用户长期的用电概率预测用户的行为，还结合了当前的运行情况，能够更好地贴合用户当下的用电需求。另外，必要时还可为计算加上一定约束条件，例如操作间隔时长的约束等。

S3、当下一时刻来临时，则重复上述步骤，滚动时间窗进行未来时间窗计算，及时调整操作序列$\mu_k, \mu_{k+1}, \cdots, \mu_{k+N}$，完成用户最优用电管理。

2. 实例验证

这里同样选取了上一小节的用户用电数据进行仿真实验，过与上节相同的方法获取各设备在各时间的运行状态，结合设备运行状态和各设备在各时间段的使用概率并通过上述滚动优化的方法完成对电器的管理。

需要特别注意的是，对于处在工作状态的设备，这里不对其进行控制，以免对用户用电造成较大影响。对于空调设备，考虑到对其进行关断的话用户再手动开启较不方便，因此仅对空调进行温度调整处理而不进行关断。几种用电场景下应用该策略的典型效果分别如图7–40和图7–41所示。

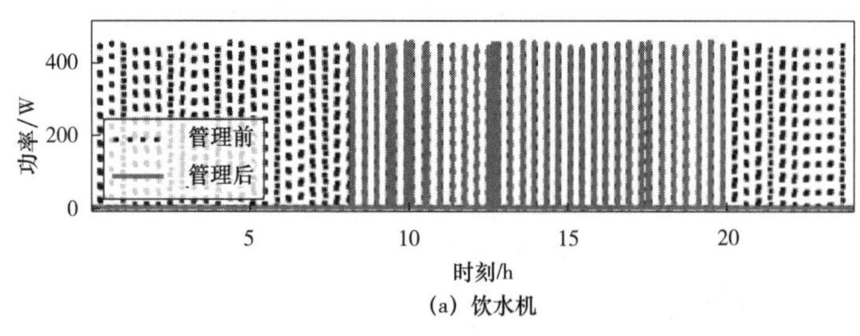

(a) 饮水机

图7–40 办公场景一优化情况图（一）

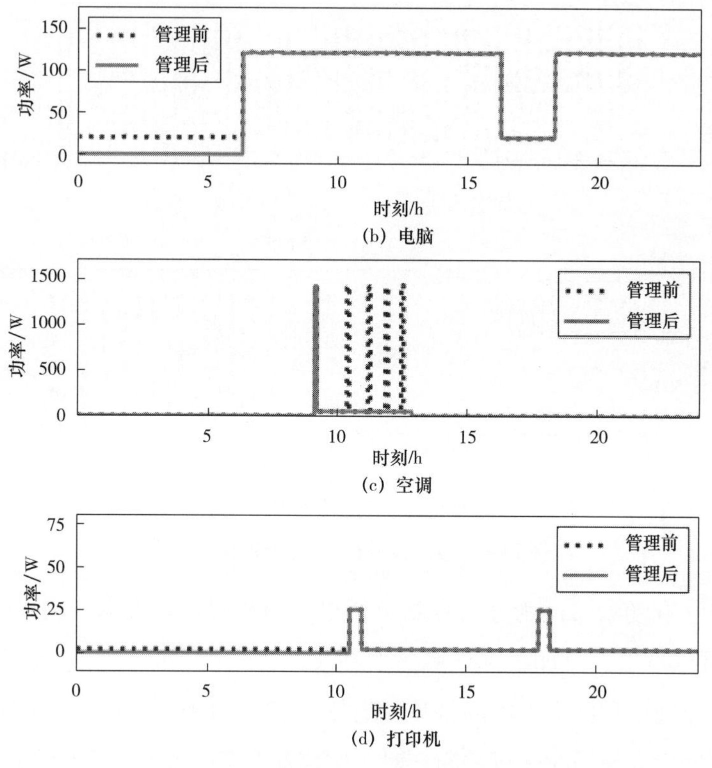

图7-40　办公场景一优化情况图（二）

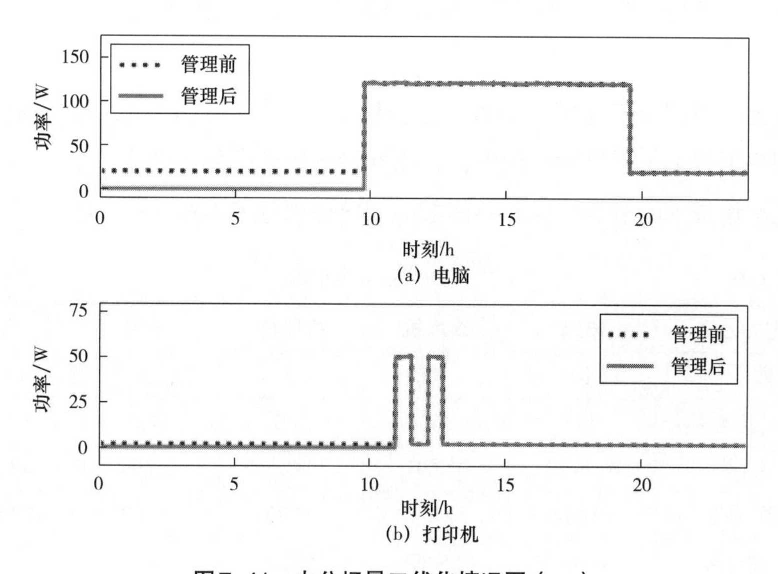

图7-41　办公场景二优化情况图（一）

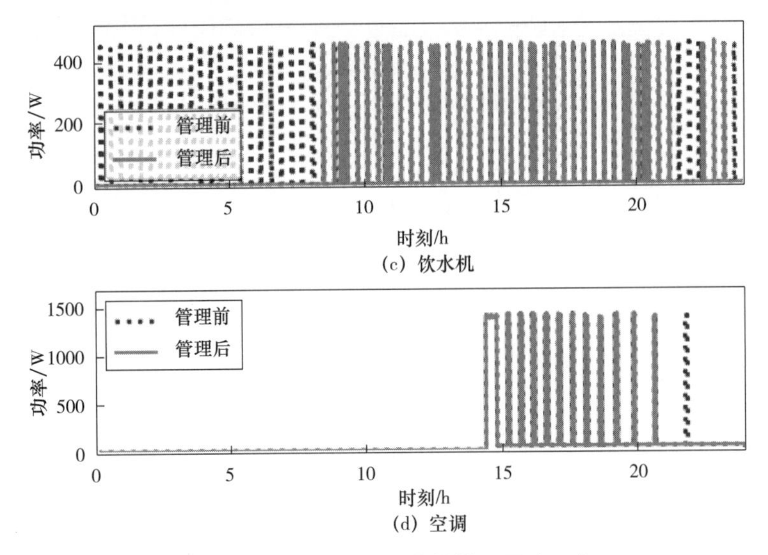

(c) 饮水机

(d) 空调

图7-41 办公场景二优化情况图（二）

场景一和场景二同为办公场景，用电习惯相对比较类似。由图7-40和图7-41中可以看出，打印机和电脑主要在夜间无人使用的时候进行管理，饮水机则除了夜间识别出无人使用将其关闭外，其余时间也会对用户行为进行监测并在长时间无人使用时进行关断。对于空调仅在室内温度达到设定温度并保持一段时间的稳定运行后才对其进行升温处理。家庭场景优化情况图如图7-42所示。

由上图可明显发现家庭场景与办公场景用电习惯和用电设备的选择不同，家庭用户更集中于下班时间用电，且家庭设备的种类更多样化。

几个场景下的节点情况和整体节能情况分别见表7-6～表7-8。

表7-6　　大型办公室节电情况

大型办公室	电脑	饮水机	打印机	空调	总体
数量	10	1	2	2	15
仿真时长（天）	360	360	360	360	360
耗电量（kWh）	6146.77	322.97	43.15	1549.4	8062.29
节电量（kWh）	557.94	179.85	23.89	75.03	836.71
节电率（%）	9.08	55.69	55.37	4.3	10.38

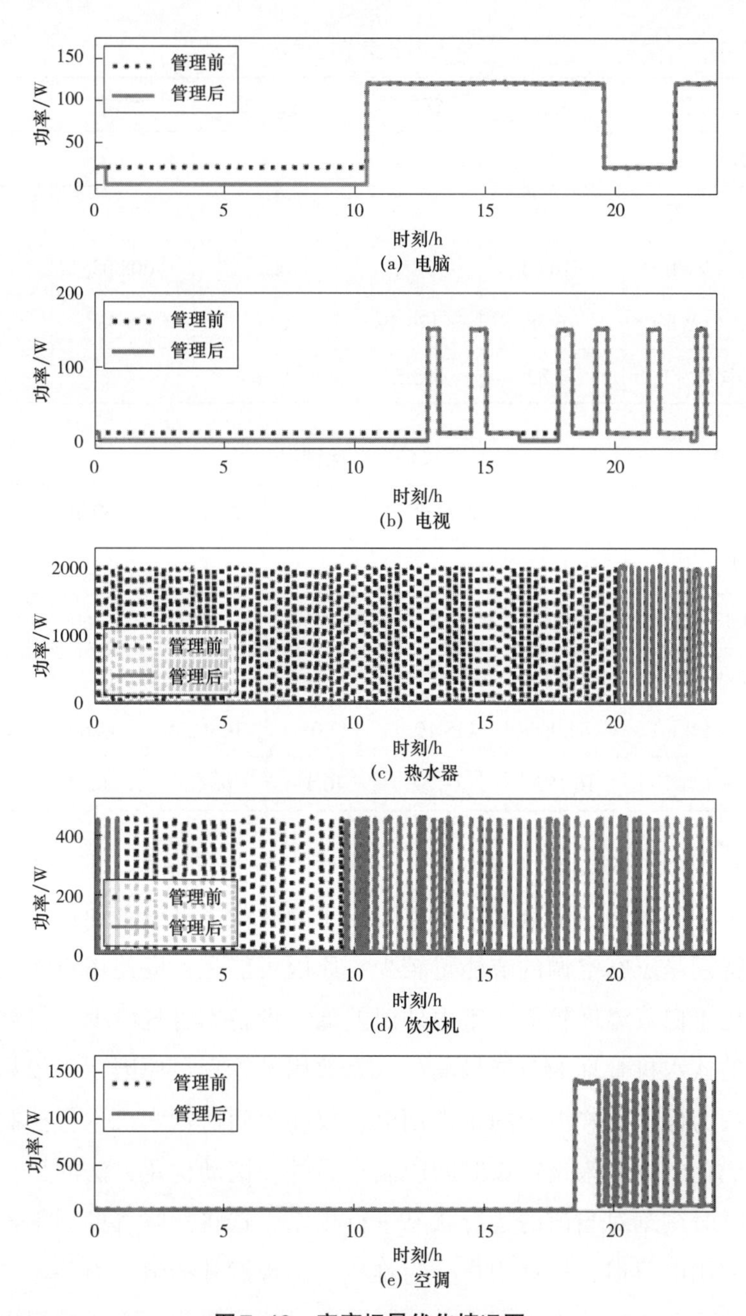

图7-42 家庭场景优化情况图

表7-7 单人办公室节电情况

单人办公室	电脑	饮水机	打印机	空调	总体
数量	1	1	1	1	4
仿真时长（天）	360	360	360	360	360
耗电量（kWh）	516.63	325.6	22.3	608.05	1472.58
节电量（kWh）	76.58	174.49	14.02	25.53	290.63
节电率（%）	14.82	53.59	62.84	4.2	19.74

表7-8 居民住房节电情况

居民住房	电脑	饮水机	电视	热水器	空调	总体
数量	1	1	2	1	2	7
仿真时长（天）	360	360	360	360	360	360
耗电量（kWh）	525	434.5	314.5	1579.16	1022.14	3875.3
节电量（kWh）	84.95	118.19	127.054	1086.54	5.84	456.43
节电率（%）	16.182	27.2	40.4	68.81	0.57	11.78

由上几个表的数据可以发现，在各个场景中都获得了较高的节能率，其中对于各类场景，节电的重心主要在于间歇供电型设备如饮水机和热水器上，特别是家庭空调的节能量较少，原因可能是家庭使用空调一般在晚上，相比于白天温度较低，室内外温差低，设备本身耗电少。另外基于滚动优化的饮水机管理的节能量高于依靠效用的管理，原因在于依靠效用管理的方法为保证用户白天的正常用电，仅在夜间对饮水机进行控制，而基于滚动优化的方法未设定该时间限制。另外，滚动优化方法的另一个优势在于其时时刻刻对当前的运行状态进行校正，这将意味着模型不再单单依赖用户的用电习惯，毕竟用户行为难免会出现意外的情况而并非按照以往最常见的状况进行，当出现少数情况时通过滚动优化的方法模型也能得出合理的管理建议。

本章小结

本章围绕电力指纹用电行为识别技术展开研究，7.1节首先分析了用电行为识别的需求，通过实时掌握用户的用电情况已经用电习惯，实时精准的节能用电、需求响应与负荷调控等。7.2节重点介绍了设备用电行为特征的识别方法，包括基于分类模型和基于聚类模型，同时提出了用户的长期用电行为预测方法，并介绍了几种影响用户行为的关键因素，如日期、季节、环境等。7.3节综合前面信息提出了用电行为特征库框架，把用户的用电行为分为表层用电行为和深层用电行为，其中表层用电行为主要是以各类设备的运行数据统计为主，深层用电行为主要是以用户的用电习惯和用电需求为主。此外，还介绍了设备个体行为特征以及设备关联关系特征的提取方法。7.4节提出了基于行为识别的智能用电管理技术，通过制订用电效能策略和滚动优化的方式实现了用户节能管理。

本章参考文献

[1]赵雪霖,何光宇.生活电器用电效用概念及其评估方法[J].电力系统自动化,2016,40(01):53-59.

[2]阳小丹，李扬.家庭用电响应模式研究[J].电力系统保护与控制，2014,42: 51－56.

[3]胡宾.基于数据挖掘的建筑电器待机能耗及行为节能潜力分析[D]（硕士）.湖南大学,2017.

[4]王颖,金志军.常用数字滤波算法.中国计量,2012,99－100.

[5]王伯燕,张立民,叶至壮,等.家庭用电设备待机功率和关机功率测试研究[J].家电科技,2021,580－583.

[6]Hartigan, J.A., Wong, M.A.Algorithm AS 136: A K-Means Clustering Algorithm[J].Journal of the Royal Statistical Society.Series C（Applied Statistics）,

1979, 28: 100 - 108.

[7]柳萌,吴育坚,伍人剑,范帅,何光宇,郑琨琪.基于用电效用与电器参数特征化的用户侧节能自趋优方法及其应用[J].电力建设,2017,38(10):69–75.

[8]Comaniciu, D., Meer, P.Mean shift: a robust Approach toward feature space analysis[J].IEEE Transactions on Pattern Analysis and Machine Intelligence, 2002, 24: 603 - 619.

[9]杨博宇, 陈仕军.电力负荷预测研究综述及预测分析[J].四川电力技术, 2018, 41, 56–60+91.

[10]沈百新.利用专家系统预测地区用电负荷[J].电力需求侧管理, 2005, 49 - 50.

[11]陆俊, 陈志敏, 龚钢军, 等.基于极限学习机的居民用电行为分类分析方法[J].电力系统自动化, 2019, 43: 97 - 104.

[12]雷绍兰.基于电力负荷时间序列混沌特性的短期负荷预测方法研究[D]（博士）.重庆大学, 2005.

[13]C. Beckel, W. Kleiminger, R. Cicchetti, T. Staake, and S. Santini, The eco data set and the performance of non–intrusive load monitoring algorithms, in BuildSys' 14: Proceedings of the 1st ACM Conference on Embedded Systems for Energy–Efficient Buildings, M. Srivastava, Ed. New York: ACM, 2014, pp. 80 - 89.

[14]李顺昕, 远振海, 丁健民, 等.基于聚类的用户用电行为及其影响因素分析[J].电力需求侧管理, 2019(3).

[15]廖峰, 徐聪颖, 姚建刚, 等.常德地区负荷特性及其影响因素分析[J].电网技术, 2012, 36(7):117–125.

[16]孙丰杰，王承民，谢宁.面向智能电网大数据关联规则挖掘的频繁模式网络模型[J].电力自动化设备，2018，38（05）：110–116.

[17]郭晓利，于阳.基于云计算的家庭智能用电策略[J].电力系统自动化，2015，39（17）：114–119+133.

8

CHAPTER 8

电力指纹技术支撑系统及案例

8.1 能源互联网设备与电力指纹技术支撑系统

在介绍电力指纹技术支撑系统之前，首先引出能源互联网接入设备的概念，电力指纹技术软硬件系统架构是基于这个概念而产生的。同时介绍能源互联网接入设备的作用以及特征，方便读者更好地理解能源互联网的运行方式，以及电力指纹技术如何部署应用在能源互联网中。

8.1.1 能源互联网接入设备概念

在第1章提到了能源互联网是一个可实现资源整合、能源交易和需求响应的巨大“能源资产市场”，其中能源以Peer-to-Peer的形式在市场上进行自由对等的交易和兑换，用户则是能源的产销者。在这个“能源资产市场”中，能源路由器是核心设备，是能源生产、消费、传输等基础设施的接口，控制着全系统的能量流动。

1. 能源路由器

能源路由器（Energy-Router）的概念由美国北卡莱罗纳州立大学Alex Q.Huang团队提出[1]，该团队将电力电子技术和信息技术引入电力系统，在未来配电网层面实现能源互联网理念，效仿计算机网络技术的核心路由器，从而提出能源路由器的理念。中国电力科学研究院将“能源路由器”定义为：它是融合电网信息物理系统的具有计算、通信、精确控制、远程协调、自治，以及即插即用地接入通用性的智能体。它具有如下基本特点：采用全柔性架构的固态设备；兼具传统变压器、断路器、潮流控制装置和电能质量控制装置的功能；可以实现交直流无缝混合配用电；分布式电源、柔性负荷（分布式储能、电动汽车）装置即插即用接入；具有信息融合的智能控制单元，实现自主分布式控制运行和能量管理；集成坚强的通信网络功能。

能源路由器作为能源互联网的核心装置，具有能源交互、智能分配、缓冲储能等一系列功能。但能源互联网中所接的设备，不仅只是能量交换，能量分配和能量缓冲的设备，还有大量的普通的各类用能设备。这些设备接入能源互联网需要的不是能源路由器而是能源互联网接入设备。不仅是用能设备，包括能量源也需要接入能源互联网，可以说，除能量交互和分配的节点外，所有的能源互联网终端和部分节点都需要通过能源互联网接入设备接入能源互联网。传统电网中，绝大部分设备是不需要能源互联网接入设备就直接接入了电网，这种接入方式，接入的是传统的电网，而不是能源互联网，这些设备将不具有能源互联网的开放、互联、对等、分享等特征。

2. 能源互联网接入设备

能源互联网接入设备，是将各类用能设备接入能源互联网的设备，是用能设备接入能源互联网的媒介，它使得用能设备可观和可控，并将能源互联网的各种特征在用户端体现，是能源互联网各类服务最终执行的设备。能源互联网接入设备既可能是一种设备实体，也有可能内嵌在具体终端用能设备内部，随着能源互联网的发展，越来越多的设备将内置能源互联网接入设备，具有直接接入能源互联网的能力。但在能源互联网发展初步阶段，大量的用能设备接入能源互联网还是需要借助能源互联网接入设备。

能源互联网接入设备与能量路由器不同，首先，它是面向终端用户的或者是面向具体终端设备的；其次，它是用户接入能源互联网的媒介，更是用能设备与能源互联网交互的媒介，可使用能设备可观可测、甚至可控，并将能源互联网的各种特征在用户端体；最后，它还是能源互联网各类服务最终执行的执行设备。因此，能源互联网接入设备与能源路由器有着明显区别，见表8-1。

表8-1　能源互联网接入设备与能源路由器之间的区别

类别	能源路由器	能源互联网接入设备
地位	能源互联网的核心设备，实现各种能源转换存储等	面向终端用户的，是能源互联网的接入设备
作用	主要实现大功率高电压能源的变换和交换	更侧重对具体用能设备的接入和控制
着重点	面向主网能量流动，更多考虑的是大电网之间的安全稳定运行	面向最终用户，更多考虑的是具体用户的经济性、舒适性以及相关增值服务
控制手段	控制整个能源互联网的能量流动	控制具体的能源分配和用能设备最终的用能行为

8.1.2 能源互联网接入设备作用

如果把能源互联网整体比作一个有机生物体，那信息通信系统可以比喻为能源互联网的神经，具体说就是传入/传出神经和中枢神经，其中调度控制中心就是能源互联网的中枢神经系统。不少专家和学者都有这个比喻，中国电科院王继业副院长明确指出："信息通信技术（information and communication technology，ICT）系统在能源互联网中的作用类似于人体高度发达的智慧系统。"但这个神经系统中缺少了能够感知到所接入设备的感受器和执行动作的效应器。为了弥补这个缺陷，一般需要在能源互联网中的设备内置可以向调度控制中心通信，以便告知设备类型、健康状态的模块，以及接收调度控制中心信息并控制本设备的执行模块，这些虽然也是能源互联网中相关设备的发展方向，但一方面现有大量的设备不具备这些功能模块；另一方面，能源互联网中不可能所有的设备（如简单的白炽灯）都有必要内置这些模块。因此这种技术路线必然导致很多设备与能源互联网绝缘了。

既然能源互联网接入设备是将各类用能设备接入能源互联网的设备，那通过该设备须能让能源互联网感受到接入网络的是什么设备，并能够感受到设备的正常和异常状态，并能够实现对设备的控制。如果依然从有机生物体来比喻，那能源互联网接入设备的作用至少包含了生物体神经系统的反射弧、感受器和效应器。为了说明能源互联网接入设备的作用，先来说明神经系统的反射弧的基本结构。

1. 反射弧的基本结构

反射弧（Reflex Arc）是指执行反射活动的特定神经结构。从外周感受器接受信息，经传入神经，将信息传到神经中枢，再由传出神经将反应的信息返回到外周效应器。实质上是神经元之间的特殊联络结构。典型的模式一般由感受器、传入神经、神经中枢、传出神经和效应器五个部分组成。

简单地说，反射过程为：一定的刺激被一定的感受器所感受，感受器发生了兴奋；兴奋以神经冲动的方式经过传入神经传向中枢；通过中枢的分析与综合活动，中枢产生兴奋；中枢的兴奋又经一定的传出神经到达效应器，根据神经中枢传来的兴奋对外界刺激做出相应的规律性活动；兴奋又由神经中枢传至效应器。如果中枢发生抑制，则中枢原有的传出冲动减弱或停止。在实验条件下，人工刺激直接作用于传入神经也可引起反射活动，但在自然条件下，反射活动一般都需经过完整的反射弧来完成，如果反射弧中任何一个环节中断，反射即不能发生。反射弧的组成如下。

（1）感受器。一般是神经组织末梢的特殊结构，它能把内外界刺激的信息转变为神经的兴奋活动变化，所在感受器是一种信号转换装置。某一特定反射往往是在刺激其特定的感受器后发生的，这特定感受器所在的部位称为该反射的感受器。

（2）传入神经。具有从神经末梢向中枢传导冲动的神经称为传入神经。相当于所有的感觉神经。

（3）中枢神经系统。由大量神经元组成的，这些神经元组合成许多不同的神经中枢。神经中枢是指调节某一特定生理功能的神经元群。一般地说，作为某一简单反射的中枢，其范围较窄，例如膝跳反射的中枢在腰脊髓，角膜反射的中枢在脑桥。但作为调节某一复杂生命活动的中枢，其范围却很广，例如调节呼吸运动的中枢分散有延髓、脑桥、下丘脑以至大脑皮层等部位内。延髓是发生呼吸活动的基本神经结构，而延髓以上部分的有关呼吸功能的神经元群，则调节呼吸活动使它更富有适应性。

（4）传出神经。传出神经是指把中枢神经系统的兴奋传到各个器官或外围部分的神经。

（5）效应器。传出神经纤维末梢及其所支配的肌肉或腺体一起称为效应器。这种从中枢神经向周围发出的传出神经纤维，终止于骨骼肌或内脏的平滑肌或腺体，支配肌肉或腺体的活动。

2. 能源互联网接入设备的作用

传统概念的电网神经系统主要包括传感器和信息通信网络，神经中枢（控制中心）通过信息通信网络直接联络传感器。这种神经网络恰如生物体的刺激直接进入大脑，忽略了感觉和感知的环节。这时电网的神经中枢（控制中心）直接处理大量的传感器信号。在过去，电网的传感器数量有限，可控制设备的数量有限，那么这种方式是可行的。随着传感器的无所不在，控制中心不仅计算能力不足，而且会将有用的信息会淹没在大量的无用信息中；更严重的是，控制中心甚至可能混淆了不同设备、不用负荷、不同用户间的信息，造成决策错误。

之所有存在这样的问题，是因为简单的传感器并不是感受器，最多能够形成感受到的内外环境变化的信号，或称为刺激，不能形成感知。电力指纹技术就是把感受到的内外环境变化的信号（或称为刺激）形成感知的一种技术。该技术能够把基本的信号（刺激）的信息加工并形成事物个别属性或整体属性的反应，实现了从刺激到感知。正是有了这种技术，能够自动感知接入能源互联网的各类设备，实现了设备即插即用。嵌入了电力指纹技术等相关技术的能源互联网接入设备就是能源互联网神经系统的感受器。

能源互联网接入设备不仅实现对设备的感知，作为设备接入能源互联网的智能终端，还能够实现对设备的控制。因此，能源互联网接入设备也可以理解为也是能源互联网神经系统的效应器。

生物体中的某一简单反射的中枢，其范围较窄，并不需要进入高级中枢神经系统，只需要进入低级中枢神经系统，典型的如前面所说的膝跳反射的中枢在腰脊髓。同样类似于反射的中枢神经系统，能源互联网接入设备本身具有一定的边缘计算处理能力，在接收某类能源互联网的感知时，能够根据感知、环境等参数计算出优化控制策略，并对所接入的设备直接进行控制，并不需要进入高级中枢神经系统。例如在发现为危险用电行为或者违规用电设备时，不需要通知调度控制中心，可以由能源互联网接入设备发现后直接切除设备。此时能源互联网接入设备还部分替代了低级神经中枢的作用。总结来说，能源互联网接入设备的三个作用如下。

（1）对设备的感知作用。

（2）对设备的控制作用：包括可以作为调度控制终端和自动需求响应终端，以及各类自动化系统的执行终端。

（3）边缘计算终端作用：可以根据所感知的设备和外界环境等条件进行边缘计算，因此可以作为家庭能量管理控制器，进而实现家庭能量自动管理。还能够作为综合能源服务或节能服务的控制主机，甚至可以作为微网控制器。

（4）计量作用。由于能源互联网接入设备内置了采集电网需要特征参量的传感器，因此，它本身具有计量作用。因此它可以替代现有的信息采集终端，包括表计。

（5）用户与能源互联网的交互作用。由于能源互联网接入设备具有良好的交互特性，因此可以作为售电公司的售电终端，售电公司可以通过能源互联网接入设备全面分析了解用户的用能和供能设备、分布式电源发电能力和发电负荷预测、用户用电习惯等，用能用户可以通过设备了解售电信息、电价信息，并进行需求响应等。此外，能源互联网接入设备可成为电力市场主体进行报价、合约传送、合约执行跟踪等媒介，成为能源交易终端。

（6）能源互联网增值服务的入口。通过能源互联网接入设备识别接入的用电设备相关信息和用户的用电行为特征，实现客户画像和客户信用评级，为用户提供综合能源解决方案，并更精准地为用户提供增值服务。比如能源金融服务、用户设备维护服务、能源供应服务、客户设备运维服务、综合能源服务的众包模式等。

8.1.3 能源互联网接入设备特征

前面提到了能源互联网接入设备的作用，基于此，编者尝试性定义接入设备的形态及特征。首先应该定位于配网侧/需求侧，实现最终用户的分布式发电、用电设备、电动汽车和其他能源设备的接入。为了实现对所接入的分布式发电、用电设备、电动汽车和其他能源设备的监测和控制，保证能源互联网节点具备供能和用能设备能统一接入、插即用，体现能源互联网具备的开放、互联、对等、分享等特征，能源互联网接入设备应该具有以下特征。

（1）实时性：能源互联网接入设备应能够实时准确地监测所接入设备的运行状态。

（2）可控性：能源互联网接入设备能使能源互联网每个节点可以级联甚至自组网以形成区域自治，或直接上云端组成更大的系统，从而实现对电网各电源、各负荷、甚至用户的行为特征的全面态势感知。

（3）分布式能源接入能力：为了满足能源互联网的特征，能源互联网接入设备应能够将分布式发电装置、储能装置、负载装置甚至微电网的能源联络联合起来，从而构成能源互联网的基本节点。分布式能源接入能力还包括可以控制分布式设备的潮流，包括方向和大小。

（4）互联性：为了使能源互联网每个节点能够形成一个整体，能源互联网接入设备还应该具有互联性。

（5）即插即用：为了满足能源互联网的开放性特征，实现对等、平等、能源信息双向流动，能源共享网络，能源互联网接入设备应能够实现发电装置，储能装置和负载装置即插即用。不需要繁琐的接入设备配置等就可以了解设备的特性，实现对设备的控制。

（6）智能性（自治性）：为了满足能源互联网的智能性特征，能源互联网接入设备必须具有一定的计算能力，能够根据预置的策略和当时的能源利用情况自主做出判断和响应。

（7）可感知性（可观性）：能源互联网接入设备能够细致全面识别和感知所接入的电源、负荷的运行状态和输出量，并利用大数据等技术感知用户的用电行为特征。

（8）多能互补性：能源互联网接入设备应能够自主地管理用户的各类能源的利用，实现“横向多能互补”。

（9）多方交互性：能源互联网接入设备具有良好的用户交互界面，能够让用户清楚了解电源和设备的运行情况并提出优化建议。该设备还应具有用户和售电公司交互的功能，包括需求管理合约确认、实时电价下发、综合能源利用改进建议。甚至可以用于售电公司做增值服务用。

目前在配网侧/需求侧接入的设备有多种类型，也有一些用能终端借助一些中间设备接入电网，例如有些电网公司投资的配网自动化设备，智能插座等智能家居设备，以及在智能表计上增加控制功能的接入设备。其中配网自动化设备主要用于配电的运行维护，严格意义上不属于配网侧/需求侧接入的设备，智能家居设备、有控制功能的智能表计设备虽然具有一定的接入能力，但也不是严格意义上的能源互联网接入设备。表8-2将能源互联网接入设备与智能家居设备、有控制功能的智能表计设备进行比较。

除了上述设备之外，随着能源互联网的发展，诸如能量集线器、能量弹簧等概念陆续提出。这些设备也具有一定的能源互联网接入能力，所以未来能源互联网接入设备的发展将是多元化的。

表8–2 能源互联网接入设备与其他接入设备比较

特征	能源互联网接入设备	智能家居设备	可控智能表计
实时性	具有	具有	部分具有
可控性	具有	具有	具有
分布式能源接入能力	具有	不具有	不具有
互联性	具有	部分具有	不具有
即插即用	具有	不具有	不具有
智能性	具有	不具有	不具有
可感知性	具有	不具有	不具有
多能互补性	具有	不具有	不具有
多方交互性	具有	具有	不具有

从能源互联网接入设备的特征，尤其是即插即用性和可感知性的特征来看。这两个特征是实现能源互联网开放对等接入的关键特征，也是区别于智能家居设备，可控智能表计等设备的关键特征。即插即用性和可感知性的关键在于必须有一种能够实现对所接入设备进行感知的技术，这种感知技术就是电力指纹技术（或类似技术）。正是有了这种技术并应用于能源互联网，才能够实现从万物互联到万物感知。电力指纹技术就是能源互联网即插即用技术的一种解决方案，有了它，能源路由器、能源集线器、微网、代理、集群、虚拟电厂等才有了设备即插即用的手段。

8.1.4 电力指纹技术支撑系统整体架构

电力指纹技术的一系列识别和感知都是需要通过一定的硬件系统和软件系统来实现，该系统首先应实现对设备的可观可测，在此基础上，具备对设备和负荷的感知和识别。为了实现具体的电力指纹技术应用，应具备对设备的控制等功能。电力指纹技术系统要么集成在一个能源互联网接入设备中，要么系统本身就是一个能源互联网接入设备。未来的电力指纹技术和可能嵌入用电设备内部，甚至集成为一个电力指纹芯片。在当前技术手段下，设计为一个完整的能源互联网接入系统更为合适。

1. 电力指纹技术硬件支撑架构

在前面提到，电力指纹技术能够实现各类感知识别，前提在于能够获取足够的相关数据，如设备级的类型识别、参数识别需要在设备端进行监测，用户级的行为识别需要长时间记录各个设备的用电数据等。根据能源互联网设备的架构，支撑电力指纹技术的硬件系统至少包含两个层级：一是设备级测控终端，用于对设备直接进行高精度测量；一个是总线级测控终端，用于对用户整体数据进行监测和收集，同时作为硬件系统与平台的中继点。本书将这两种终端分别命名为电力指纹测控终端和电力指纹智能集中器。着两种终端统称为电力指纹智能终端。

电力指纹测控终端主要为智能插座的形式，是电力指纹工程实施的关键设备，集用电数据采集、处理、传输功能于一体，同时具备负荷控制功能，是电力指纹监测和高级应用的基础终端设备。本书又把智能插座的形式电力指纹测控终端称为电力指纹插座。

电力指纹智能集中器（又称电力指纹集中器）是一种安装于用户电力总线处的智能装置。电力指纹智能集中器监控用户总的用电信息，并且与电力指纹插座相互通信，获得用户内各处的细节用电信息，凭借较强的计算能力承担了各类算法本地实现平台的角色，智能集中器与测控终端在家庭住户的接入形式如图8-1所示。

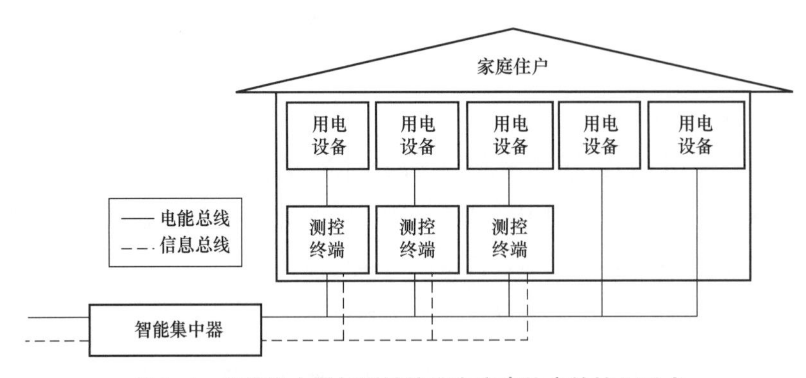

图8-1　智能集中器与测控终端在家庭住户的接入形式

2. 电力指纹技术软件支撑架构

硬件是实现整个系统的基础，除此之外还需要一套合适的软件来适配硬件，电力指纹技术软件系统包含广义上所有的软件部分：电力指纹测控终端中的嵌入式系统、电力指纹集中器上搭载的本地系统、云平台系统以及配套的数据采集系统。

电力指纹测控终端中的嵌入式系统主要包含硬件驱动、数据采集、数据处理、数据通信、智能控制等部分，是电力指纹测控终端稳定运行的必要组件；电力指纹集中器上搭载的本地系统主要为用户管理交互软件，主要包含设备监测、数据查询、模式设置、设备控制等功能供用户使用，同时具备与云平台交互的能力。云平台系统主要搭载在专有服务器中，通常包含数据库、后台系统、交互接口、前台展示界面等部分，属于整个软件系统的大脑部分，是信息汇聚、集中管理，以及高级算法的承载平台。配套的数据采集系统主要用于构建设备数据库，实现电器用电信息的采集、标记和存储功能，因此通常包含数据存储，标签设置，模式设置等模块，是算法研究的重要环节。电力指纹技术软硬件框架图如图8–2所示。

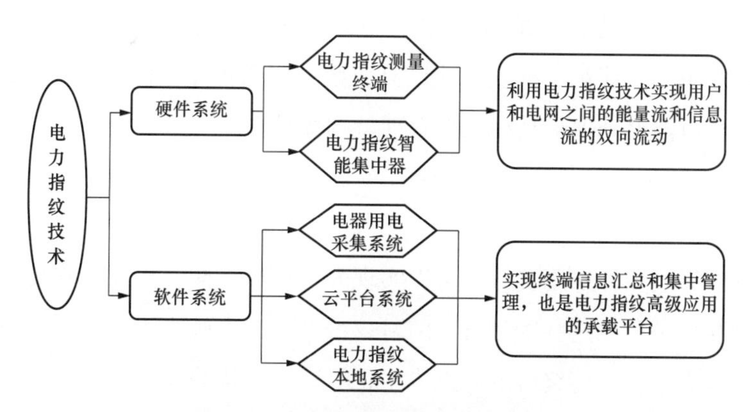

图8–2　电力指纹技术软硬件框架图

8.2　电力指纹技术硬件设计

8.2.1　基础硬件功能及模块简介

电力指纹技术硬件要满足数据采集、数据处理、数据传输、算法计算等要求，无论其形态如何设计，其基础的核心结构应该包括控制单元、采样电路、模数转换、通信单元，以满足基础的功能需求。所有这些模块共同组成电力指纹智能终端。下面将简单介绍几个功能模块的作用。

1. 控制单元

控制单元是整个硬件的大脑，程序的流程管理，目前常用的控制单元器有微控制单元、DSP、STM32。

微控制单元（Microcontroller Unit，MCU），俗称单片机，是一种集成只读存储器ROM、随机存取存储器 RAM和外围输入输出设备的具有数据处理功能的CPU芯片级计算机。按照基本操作处理的数据位数MCU一般可划分为8位、16位和32位的处理器，目前随着技术的迅速发展及市场需求的激增，32位的MCU越来越成为市场主流，其中DSP和STM32是微处理器市场中的两类典型产品。

DSP是一种独特的微处理器，是一种能实现数字信号处理技术的芯片。它强大的数据处理能力和高运行速度，是最突出的两大特点。在电力指纹技术的终端开发中采用的是TI公司的一款TMS320F28335芯片，该芯片的精度高，成本低，功耗小，性能高，外设集成度高，数据以及程序存储量大，A/D转换精确快速，与市面上其他产品相比具有独特的优越性。

STM32是ST公司开发的32位微控制器。在如今的32位微控制器市场中，STM32取得了巨大的成功。作为第一款采用ARM Cortex-M内核的32位MCU，STM32可以集成多种应用接口，可以实现多种拓展功能，再加上它具有丰富的开发工具和多种可供选择的型号，STM32得到了越来越广泛的应用。因此这类处理器在电力指纹智能终端的开发当中也具有一定优势。

2. 通信单元

物联网通信技术是物联网产业中的核心环节，不可替代，起到束上起下的作用。向上，对接传感器等产品，向下，对接终端产品及行业应用。作为一项基础技术，通信技术对于物联网产品与方案来说十分重要。如今硬件产品一个非常普遍的现象就是功能同质化，比如市场上形形色色的智能手环产品，主要功能都大同小异，难有竞争力。在物联网产业里，通信技术的地位可谓举足轻重，电力指纹技术作为产业里的新型产物，其通信层包含目前已成熟广泛应用的通信协议，如WiFi、Zigbee、载波通信、RS232或RS485以及TCP/IP等。

WiFi实现了电子设备连接到一个无线局域网的功能，通常使用2.4G UHF或5G SHF ISM 射频频段。在世界范围内，无线网络的频段是不需电信运营执照的，因此WLAN无线设备提供了一个世界范围内可以使用的无线空中接口，不仅费用极其低廉而且数据带宽极高的。WiFi芯片有很多厂商和很多型号。Marvell公司生产的88W8801则主要应用于物联网、智能家居，例如在小m智能模块、Broadlink智能家居产品中使用。值得一提的是，2014年上半，针对物联网市场，乐鑫推出了一款名为ESP8266 WiFi芯片，ESP8266是一个完整且自成体系的WiFi网络解决方案，能够独立运行，也可以作为从机搭载于其他主机MCU运行。该芯片是当时行业内集成度较高的WiFi MCU芯片，同时ESP 8266 也只有7个外围器件，大大降低了ESP8266的模组BOM成本，也迎合了价格要求，ESP 8266让乐鑫成了物联网芯片黑马。

ZigBee是一种新型的低功耗近距离无线通信技术，它的特点是简单高效。与其他无线通信技术相比，ZigBee能源消耗很低，如果在休眠模式下，所需功率更低。而且研发和使用成本偏低。此外，ZigBee具有较高的安全可靠性，在使用中需要反复进行检测匹配。与蓝牙的点对点传输方式相比，ZigBee 协议的优势在于自组网能力，可采用星状、片状和网状网络结构。它可与254个节点联网。节点可以包括仪器和家庭自动化应用设备。它本身的特点使得其在工业监控、传感器网络、家庭监控、安全系统等领域有很大的发展空间[5]。同时主节点还可由上一层网络节点管理，最多支持 65000个设备组网。目前，随着我国物联网的发展加快，ZigBee也被国内越来越多的用户接受。家居房屋面积都不是很大，为ZigBee在电力指纹智能终端的应用创造了条件。

蓝牙（Bluetooth）是一种支持设备短距离通信的无线电技术，目前在可穿戴智能产品、智能家居等领域举足轻重。蓝牙的连接中涉及多次的信息传递与验证过程，反复的数据加解密过程和每次连接都需进行的身份验证对于设备计算资源是极大的浪费。但随着蓝牙技术的发展，蓝牙协议已经进行了多次更新，从音频传输、图文传输、视频传输，再到以低功耗为主打的物联网数据传输。一方面维持着蓝牙设备向下兼容性，另一方面蓝牙也正应用于越来越多的物联网设备。2016年，蓝牙5.0问世，实现在低功耗模式下具备更快更远的传输能力，传输速率速度上限达到为 2Mbp，有效传输距离可达300m，数据包容量是蓝牙4.2的八倍，更加适用于物联网的要求。物联网将是未来蓝牙的新主场。

3. 采样电路

采样电路，具有一个模拟信号输入，一个控制信号输入和一个模拟信号输出。它在某个规定的时刻接收输入电压，并在输出端保持该电压直至下次采样开始为止。采样电路通常有一个模拟开关，一个保持电容和一个单位增益为1的同相电路构成。在采样状态下，开关接通，跟踪模拟输入信号的电平变化，直到保持信号的到来；在保持状态下，开关断开，跟踪过程停止，一直保持在开关断开前输入信号的瞬时值。采样分为电流采样、电压采样、直流采样、交流采样。图8-3是一个常见的采样电路。

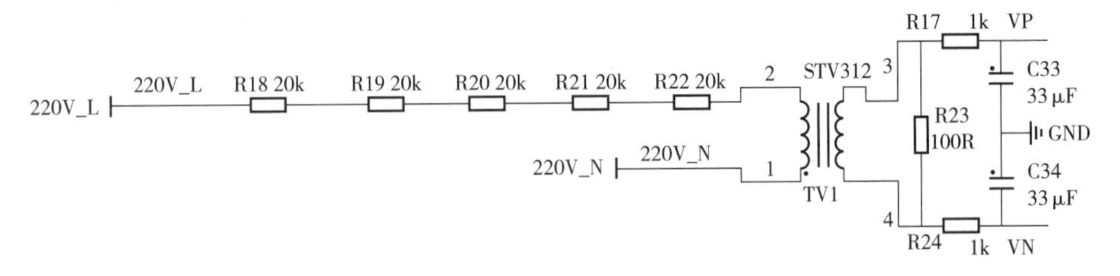

图8-3　采样电路图

4. 模数转换

在采集到电压和电流数据之后，要做的就是将这些采集到的模拟电量信号转换成可以被DSP或STM32处理的数字信号，这时就必须要用到AD转换技术，在具体的开发过程中，主要考虑采用以下两种方法实现AD转换的功能。

第一种方法首先用电压和电流互感器采集到三相电压和电流量，接着利用已经集成了AD转换处理功能的芯片AD7606实现模拟电量转换为数字量的AD转换过程。AD7606是一种16位通道同步采样模数数据采集系统，采用5V单电源供电。互感器的输出直接与AD7606连接，且AD7606提供并行接口、串行接口和并行字节接口 3 种接口，可以和MCU直接连接。这里采用MCU的串口与AD7606的串行接口连接，实现电压、电流数据同步采集功能。

另一种方法是单相交流信号通过互感器和滤波电路后直接采用ATT7053C芯片一举实现电量数据采集和AD转换的功能。ATT7053C是一款带有SPI和UART通信接口的高精度单相多功能计量芯片。这里采用的是芯片的SPI通信接口与MCU串口相连实现同步串行数据传输。可以看到，上面的两种方法都采用了集成AD转换功能的芯片，这样做既减少了开发时间，也有利于实现设备的集成化。在AD转换采样率的问题上，一般每个电压电流周期在波形上采集128个数据点，采5～10个波形周期不等，利用傅里叶变换的原理，根据公式求得电压和电流的有效值，功率，谐波相位等。

8.2.2 电力指纹插座

电力指纹插座是电力指纹技术工程实施的关键设备，是实现智能负荷识别和控制功能的终端产品。其集数据采集、处理、传输、存储功能于一体，能够实时有效获取用户负荷信息，并做出初步的负荷分类。配合相关产品，能让用户方便快速了解精细用电信息并实现定制化的智能用电管理，为实现安全用电监管、自动负荷调度、智能节电控制的落地实施提供设备产品支持。

1. 功能设计

电力指纹插座需要实现以下功能。

（1）具备采集电力总线处电力数据的能力，包括：电压有效值、电流有效值、功率、功率因数、电流谐波等电力指纹算法所要求的输入数据。

（2）搭载电力指纹算法，对装置所采集的数据进行电力指纹分析并给出分析结果。

（3）具备一定的通信能力，包括目前各种应用成熟广泛的通信协议，如WiFi、Zigbee、蓝牙等，能与电力指纹集中器进行可靠通信。

（4）具备本地远程双重控制，支持自动控制、手动控制、远程控制插座产品继电器通断，具备快速、安全、可控地连接或断开用电设备的能力。

（5）易安装、易拆卸、安全性高。

2. 外插型插座结构设计

基于上述功能，电力指纹插座（外插型）的模块化设计硬件结构如图8–4

所示，其主要功能模块包括：电压、电流采样及放大电路、ADC模块（模数转换电路）、电源电路、DSP芯片及其外围电路、LCD液晶显示屏、ZigBee无线通信模块、环境温湿度传感器、TVOC浓度传感器、存储部分。

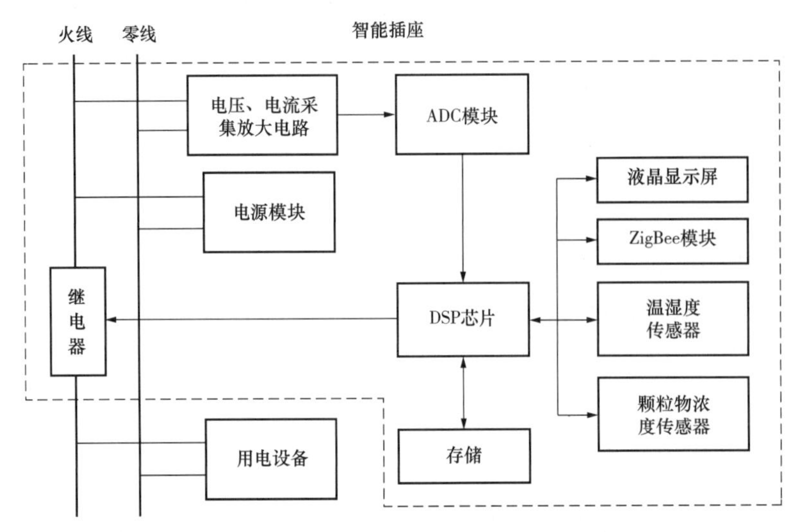

图8-4　电力指纹插座（外插型）硬件结构框图

（1）电气量及环境量数据采集部分：采样及放大电路对配电网进线电压、负载电流的模拟量实现采样及放大，然后把将检测信号传输至ADC芯片，实现电压、电流采样模拟量向数字量的转换，最后ADC芯片将模数转换后的数字量传输给DSP芯片进行后续功率、用电量、谐波等数据的计算。温湿度传感器实现对室内环境温度、湿度的采集，直接输出数字量传输至DSP芯片处理；TVOC颗粒物浓度传感器可以测量空气中有害气体的浓度（氨气、甲醛、一氧化碳等有机化合物气体等），直接输出数字量传输至DSP芯片进行后续处理。

（2）供电部分：整个插座正常工作所需的电源由该部分电路提供，供电电路实现将配电网用户进线的220V交流市电整流成5V和3.3V直流电，给各模块供电。

（3）数字信号处理部分：DSP芯片实现模拟采样信号向数字信号的转换，并将转换结果输出至DSP芯片进行后续处理。

（4）无线通信部分：ZigBee无线通信模块实现插座和集中器之间的通信，将检测的数据量和环境量等信息无线传输给集中器，同时接收集中器下达的指令并作出响应。

（5）保护部分，继电器能接收集中器下达的用电设备通断的指令，从而按需通断负载，也可在负载短路等情况下快速安全地断开用电设备，从而实现过流保护。

（6）存储部分，设置一片EEPROM以存储部分关键修正参数和重要的检测数据，防止掉电后重新上电的情况下数据的丢失。

（7）人机交互部分，采用LCD液晶显示屏显示电压、电流、功率、用电量、温度、湿度及TVOC浓度等关键数据，实现检测数据的可视化，与用户进行信息交互。

（8）DSP主控芯片，作为整个插座的控制核心，控制着各部分模块的正常工作以及实现各模块之间的相互协调。

电力指纹插座的尺寸约为110×65×35（mm×mm×mm），电力指纹插座（普通型）实物图如图8-5所示。

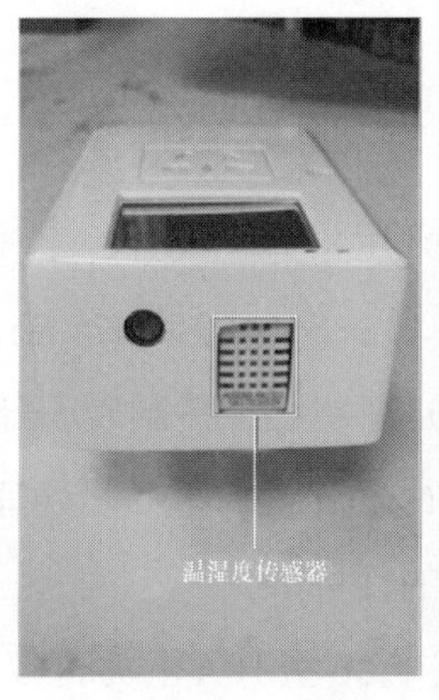

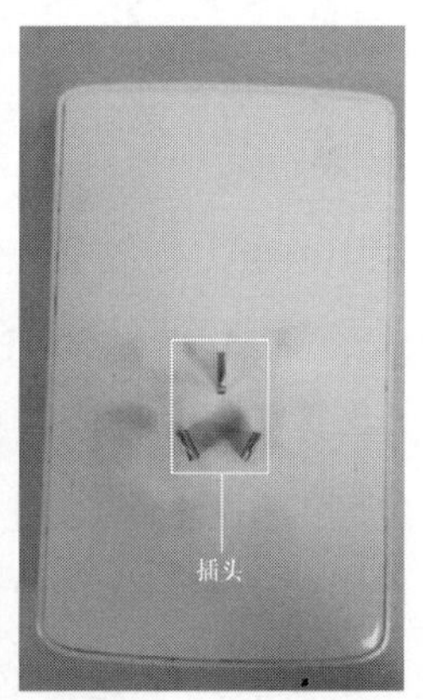

图8-5　电力指纹插座（普通型）实物图

3. 86型插座结构设计

为了尽量不影响用户的用电体验、保证电力指纹技术工程的顺利实施，86版电力指纹插座应运而生。86型10A插座延用国家86盒插座标准进行工艺设计，适用于家庭、店铺等用户的一般用电设备，安装方便、人工费低，与外插型10A插座相比，占用空间小，用户接受程度较高，并且具备远程更新功能，软件升级时无需拆卸，满足智能电网和智能家居框架协议的要求，推广方便。86型10A插座的结构设计示意图如图8-6所示。

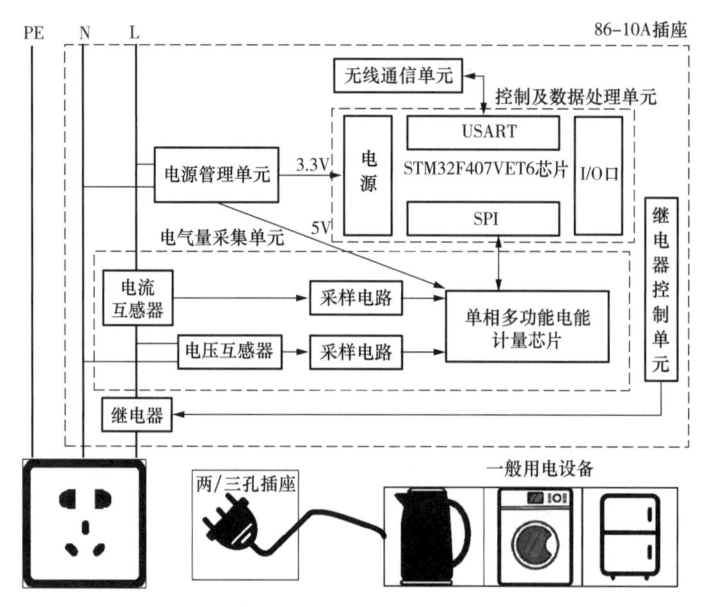

图8-6 86型10A电力指纹插座的结构示意图

86型10A电力指纹插座采用单元化设计，主要包括了以下5个部分

（1）控制及数据处理单元：STM32F407VET6主控芯片，作为整个86型10A电力指纹插座的控制及处理核心，控制着各部分模块的正常工作以及实现各模块之间的相互协调。进行电气量的进一步处理，承担着电器负荷功率、用电量、谐波等数据边缘计算的任务。

（2）电源管理单元：整个86型10A电力指纹插座正常工作所需的电源由该部分电路提供，供电电路实现将配电网用户进线的220V交流市电整流成5V和3.3V直流电，给各模块供电。

（3）电气量采集单元：采样电路对配电网进线电压、负载电流的模拟量实现采样，采样得到的小电压信号传输至单相多功能电能计量芯片，实现电气量的计量，通过SPI通信将计量后的电气量传输至STM32F407VET6芯片。

（4）无线通信单元：通过ESP8266模块与集中器之间进行WiFi通信，将检测的数据量、继电器的开关状态、空调的状态和环境量等信息，通过局域网无线传输给集中器，同时接收集中器下达的指令并作出响应。

（5）继电器控制单元：STM32F407VET6芯片通过I/O口发出控制信号，驱动三极管通断，进而控制继电器通断，实现用电设备的控制。

86版电力指纹插座实物图如图8-7所示，与普通86面板插座体积相当，外观相像。

图8-7　86版电力指纹插座实物图

为节省空间，电力指纹插座设计主要分为顶板（强电板）、底板（MCU板）和按键板，通过多层板的设计能最大程度地节约空间。86版电力指纹插座内部结构图如图8-8所示。

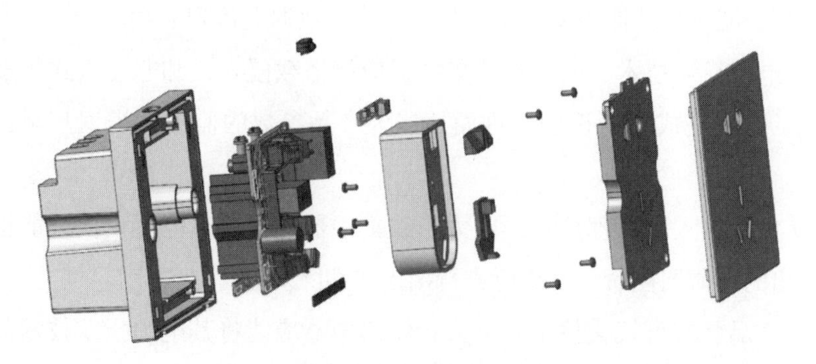

图8-8　86版电力指纹插座内部结构图

强电板与市电相连，为用户供电的同时，板上的电源模块能将市电转换成低压直流电，也为电力指纹插座的其他模块供电。另外强电板还搭载电压互感器和电流互感器，能将电压、电流信号转换成弱电压信号送入底板上的中央处理器进行计算、处理；底板，即MCU板，其搭载的嵌入式中央处理器芯片将电气测量模块输出的数字信号进行处理，计算出电压有效值、电流有效值、功率等电气信息，同时其搭载电力指纹算法，为电力指纹技术的实现提供保证。另外，底板上还具有通信单元，其搭载WiFi芯片，通过MCU驱动实现WiFi通信；按键板则与电力指纹插座的继电器相连，可通过按键来控制火线的通断。

8.2.3　电力指纹集中器

电力指纹集中器，与电力指纹插座的应用场景和实现方式相区别，是一种安装于用户电力总线处的电力指纹智能装置。电力指纹集中器监控用户总的用电信息，并且与电力指纹插座相互通信，获得用户内各处的细节用电信息。下面介绍电力指纹集中器的功能、框架结构和关键技术。

1. 功能设计

（1）电力指纹集中器的关键技术可总结为以下几部分。

1）数字信号处理技术。电力指纹集中器的中央处理器应能迅速高效地将电气测量单元所采集的模拟信号转换成数字信号，同时利用FFT算法实现相关电气量的后续处理。

2）物联网通信技术。电力指纹集中器应能通过无线通信方式方便地将数据上传到云端或与其他相关产品进行连接或将数据上传到云端。

3）电力指纹技术。电力指纹集中器应能搭载侵入式和非侵入式等多种负荷识别的方法完成负荷识别，进而拓展为产品参数的监视、辨识甚至铭牌的识别。

4）负荷接入和管理技术。电力指纹集中器应内置继电器模块，能根据云端所发出的负荷调控命令对负荷进行接入或切除。

5）产品状态可视化技术。电力指纹集中器应能将其电力指纹技术的识别结果和控制结果进行实时显示。

（2）在这些技术基础上，电力指纹集中器具备以下功能：

1）采集电力总线处电力数据的能力，包括电压有效值、电流有效值、功率、功率因数、电流谐波等电力指纹算法所要求的输入数据。

2）搭载电力指纹算法，对装置所采集的数据进行电力指纹分析并给出分析结果。

3）一定的通信能力，包括目前各种广泛应用的通信协议，如WiFi、Zigbee、RS232或RS485以及TCP/IP等，能与云端和电力指纹插座进行可靠通信。

4）实现电力指纹算法高级应用的能力。如基于实时需求响应、负荷预测等高级应用的快速、安全、可控地连接或断开用电设备的能力和电力指纹算法分析结果的数据上传和显示能力等。

5）具备易安装、易拆卸、安全性高的特点。

2. 入墙式电力指纹集中器结构设计

入墙式电力指纹集中器采用普通家庭配电箱的样式，设备主体嵌入墙内，采用1进线（火线+零线+地线）4出线（火线+零线+地线）模式，所有进线、出线均以暗线形式埋入墙体，并分别与空气开关串联后连接市电，外壳能方便翻盖。软件具备远程更新功能，升级时无需拆卸，满足智能电网和智能家居框架协议的要求，推广方便。入墙式集中器结构示意图如图8-9所示。该集中器不需要外挂式电流互感器，可广泛应用在功率不大的家庭用户场合。

入墙式集中器采用单元化设计，主要包括了以下五个部分。

（1）中央处理单元：STM32F407VET6主控芯片外扩一片SRAM，作为入墙式集中器的控制及处理核心，控制着各部分模块的正常工作以及实现各模块之间的相互协调。进行电气量的进一步处理，承担着各路负荷功率、用电量、谐波等数据边缘计算和储存的任务。

（2）供电单元：入墙式集中器正常工作所需的电源由该部分电路提供，供电电路实现将配电网用户进线的220V交流市电整流成12、5V和3.3V直流电，给各模块供电。

（3）电气测量单元：采样电路对配电网进线电压、各路出线负载电流的模拟量实现采样，采样得到的小电压信号通过ADC模块传输至STM32F407VET6芯片。

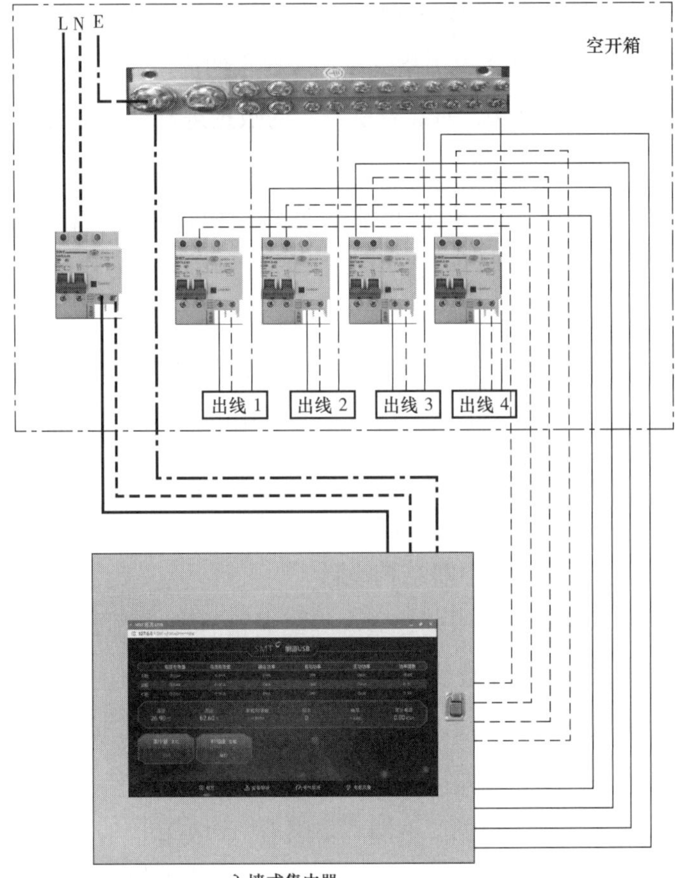

图8-9　入墙式集中器结构示意图

（4）通信单元：通过HLK-RM08K无线路由模块放出WiFi热点，与底层侵入式设备之间进行WiFi通信。能够通过无线局域网接收底层设备采集的信息并对底层非侵入式设备下发控制指令。同时，集中器内置USB 4G上网模块，能够将数据上传至云端。

（5）开关单元：STM32F407VET6芯片通过I/O口发出控制信号，驱动三极管通断，进而控制继电器通断，实现对各路出线的开断控制。

入墙式集中器内部拓扑图如图8-10所示。

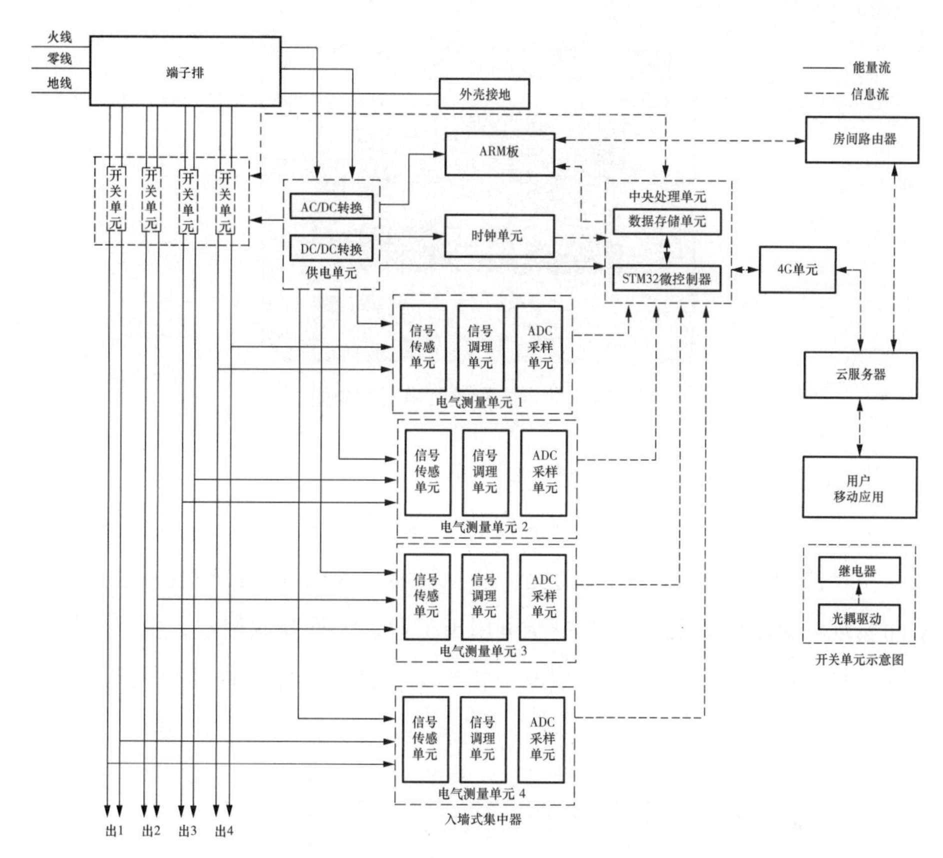

图8-10 入墙式集中器内部拓扑图

集中器上外接的ARM平板一体机采用10.4寸卡扣式电阻触摸屏安卓一体机YJ104YT，屏幕对比度1000:1，屏幕分辨率1024×768，屏幕比例4:3，显示色彩16.7M，采用RK3188 Coretex A9四核ARM芯片，最高主频1.6GHz，配备8GB eMMC NAND芯片和1GB DDR3芯片，eMMC芯片上搭载了安卓M1系统，并安装了本项目专门开发的本地系统，用于显示测得的数据结果，并利用多目标能量管理优化算法进行综合能源管理优化，优化结果发送给DSP芯片，由DSP芯片经过ZigBee模块控制各个智能终端的工作状态。电力指纹集中器实物图如图8-11所示。

图8-11　电力指纹集中器实物图

3. 并联型电力指纹集中器结构设计

集中器并联接入用户的入户总线，兼容单相三线制或三相五线制接线方式，用于监测房间内总的用电情况，并且能够与底层硬件接口装置进行组网，从而实现对终端的管理。该集中器可用于工业、大型商业用户，由于电流大，需要外挂式电流互感器。并联型电力指纹集中器的总体设计框架图如图8-12所示。

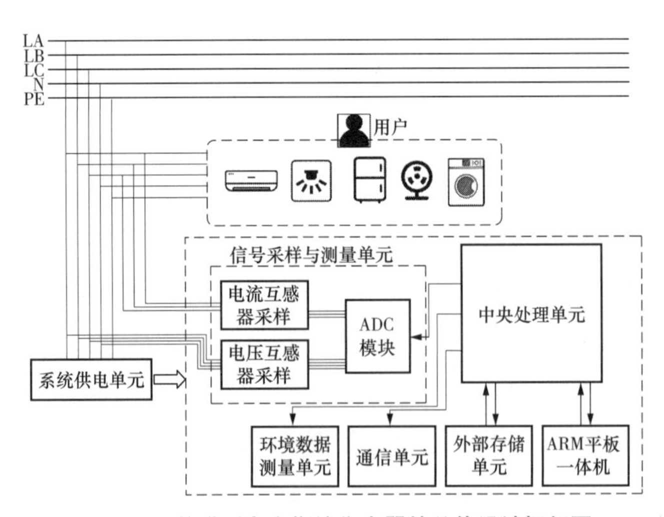

图8-12　并联型电力指纹集中器的总体设计框架图

类似地，集中器主要功能模块包括：系统供电单元、中央处理单元、电压电流信号采样与测量单元、环境数据测量单元、通信单元、外部存储单元，这几部分共同组成集中器的主电路板，除此以外，集中器还包含ARM平板一体机。

主电路板集电气数据测量、环境信息采集、数据分析、通信等多种功能于一体，通过信号采样与测量单元对用户总线上的电气信息进行测量、通过环境采集单元对环境信息进行测量，测量得到的原始结果经中央处理单元进行计算处理后，可以得到电压、电流、频率、视在功率、有功功率、无功功率、功率因数、用电量、0～11次电压谐波、0～11次电流谐波、环境温湿度等数据，经过通信单元可以将数据发送到ARM平板一体机。

ARM平板一体机内部搭载了Linux系统，安装了专为本装置研发的集中器本地软件，负责与电网调度中心间的通信交互，将主电路板和统一硬件接口的测量数据上传到云端，并可以接收电网调度指令，进而将指令下达至特定的分布式可控资源统一硬件接口装置。此外，ARM平板一体机具备边缘计算能力，可依据测量数据就地进行相应的计算分析。

并联型集中器主电路板的实物展示图如图8-13所示。

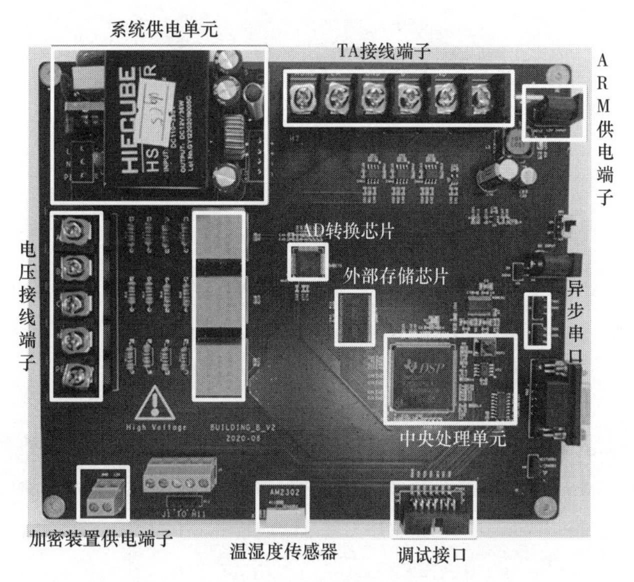

图8-13　并联型集中器主电路板实物图

除在详细设计方案中提及的主要组成部分外，还进行了如下设计：电路板左边的5P电压接线端子用于接入交流市电，为并联型集中器提供电源和电压测量接口，接线端子从上到下依次对应接入A相火线LA、B相火线LB、C相火线LC、零线N及地线E（三相五线制接线方式，若采用单相三线制接线方式时无需接入B相火线及C相火线）。加密装置供电端子则用于将变换后的12V直流电压提供给加密装置，以保证其正常工作，同理，ARM供电端子则用于ARM平板的供电，两者间通过双圆头电源线连接。此外，电路板还留有调试接口，方便主电路板程序的就地维护。

并联型集中器的整体外观图以及加密装置外观图如下图所示，在实际应用中，并联型集中器正面为ARM平板配套的高清触摸屏，用于提供人机交互界面，左侧的开槽则是所有接线的统一出口。并联型集中器外观示意图如图8-14所示。

图8-14　并联型集中器外观示意图

8.3 电力指纹技术软件设计

8.3.1 电力指纹插座嵌入式软件开发

随着移动互联网、物联网的迅猛发展，嵌入式技术日渐普及，嵌入式应用领域日益亲民，在通信、网络、工控、医疗、电子等领域，嵌入式发挥着越来越重要的作用[2]。嵌入式开发就是指在嵌入式操作系统下进行开发，包括在系统化设计指导下的硬件和软件以及综合研发。嵌入式系统开发大致可以分为嵌入式驱动开发、系统开发、软件开发。电力系统智能终端的软硬件设计就是对微处理器、ARM嵌入式处理器的移植开发，包括设计硬件原理图，根据器件数据手册完成相关驱动调试，操作系统的设计，电力指纹技术高级软件应用的设计等。

考虑到电力指纹技术的复杂性和完备性，电力指纹插座的中央处理器应具备多任务、多功能协调运行的能力，因此需要一套实时、高效的操作系统作为支撑。在这之下则涵括电力指纹技术各种功能性软件的设计，主要包括：FFT算法的实际应用、基于TMS320F28335和STM32的实时操作系统应用开发以及远程在线更新等。快速傅里叶变换，是电力指纹插座监测电能质量的重要工具，通过对电网采集信号的傅里叶分解，能构建信号中的频谱信息并获得电网中各次谐波的成分，这在电力指纹技术的特征提取中是至关重要的；实时操作系统，是电力指纹插座系统实现的重要框架，也是多功能实现并行的前提条件。

1. 快速傅里叶变换模块

快速傅里叶变换，即利用计算机实现DFT的高效、快速计算方法的统称[3]。FFT是DTF的一种快速算法,利用了旋转因子的特性对DFT进行了化简，采用这种算法能使计算机计算离散傅里叶变换所需要的乘法次数大大减少，特别是被变换的抽样点数N越多，FFT算法计算量的节省就越显著。

FFT的基本思想是把原始的N点序列，依次分解成一系列的短序列。充分利用DFT计算式中指数因子所具有的对称性质和周期性质，进而求出这些短序列相应的DFT并进行适当组合，达到删除重复计算，减少乘法运算和简化结构的目的。一系列的短序列不断划分可以看作是两两一组的DFT运算单元，而两点的DFT运算称为蝶形运算，蝶形运算单元如图8-15所示。整个FFT就是由若干级迭代的蝶形运算组成，而且这种算法采用原位运算，故只需N个存储单元。将此种运算方法运用到智能终端的电气测量中，对采样转换得到的数字信号序列进行2点分解，便能快速计算出基波及各次谐波幅值及相位。通过双重ADC同时采样，比较电压电流过零点序列计算进而得到功率因数角。以上方法是电力指纹插座电气测量的基本方法，对于搭载不同MCU的电力指纹插座，由于误差来源不同，最终实现结果也会稍有不同。

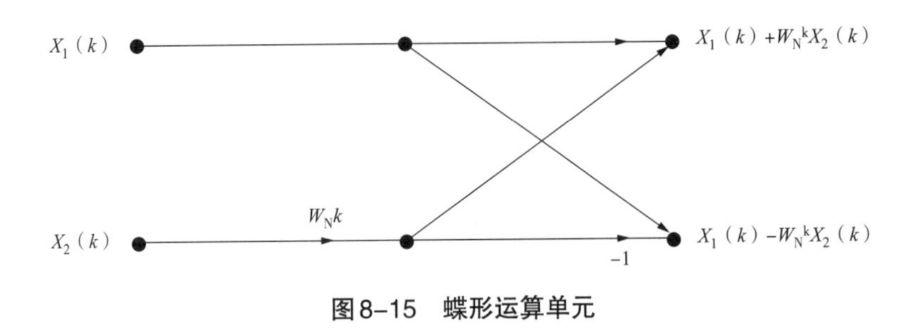

图8-15　蝶形运算单元

2. 实时操作系统

实时操作系统（real time operating system，RTOS）是指当外界事件或数据产生时，能够接受并以足够快的速度予以处理[4]，其处理的结果又能在规定的时间之内来控制生产过程或对处理系统做出快速响应，调度一切可利用的资源完成实时任务，并控制所有实时任务协调一致运行的操作系统。在嵌入式领域中，嵌入式实时操作系统已经得到越来越广泛的应用。采用嵌入式（RTOS）可以更合理、更有效地利用CPU的资源，简化应用软件的设计，缩短系统开发时间，更好地保证系统的实时性和可靠性。RTOS大体上要求：多任务、处理能被区分优先次序的进程线、一个中断水平的充分数量。以上三点要求充分说明了RTOS在电力指纹插座中发挥着举足轻重的作用。

不同公司的MCU所用到的RTOS不尽相同，电力指纹插座用到的两款MCU为TI公司的TMS320F28335芯片和ST公司的STM32F407芯片，两者所用的RTOS分别是TI-RTOS和FreeRTOS。TI-RTOS是TI设备的一个可扩展、一站式嵌入式工具生态系统。它从实时多任务内核（SYS/BIOS）扩展到完整的RTOS解决方案，包括附加的中间件组件和设备驱动程序。FreeRTOS是一个迷你的实时操作系统内核。作为一个轻量级的操作系统，功能包括：任务管理、时间管理、信号量、消息队列、内存管理、记录功能、软件定时器、协程等，可基本满足较小系统的需要。由于DSP的广泛应用，嵌入式市场中TI-RTOS的使用占比常年保持在8%左右（近年有所下降），相比之下，FreeRTOS能支持更多不同硬件架构以及交叉编译器，故在市场中要比TI-RTOS取得更多的份额，且占比逐年上升，应用更加广泛，也更为安全。以上介绍的两种RTOS在电力指纹智能终端中的应用主要体现在根据功能划分出了不同的任务，如对采样转换得到的数字信号序列进行相应的计算任务、数据传输任务、屏幕显示及LED灯指示任务、网络传输等任务，定义的这些任务函数分别对应着多个应用函数模块，它们之间是通过一些标志位的置位/复位以及消息队列或者信号量等的发送和接收来配合完成的。

3. 远程更新模块

鉴于电力指纹智能终端的应用场景，为了满足电力指纹插座灵活便捷的管理和在线升级需求，在线升级指MCU可以在对外通信中获取新代码并对自己重新编程，即可用程序来改变程序。电力指纹智能终端的在线更新是指芯片在引导（Bootloader）程序中能够通过接收上位机的指令、判别应用程序版本号来对原有的软件进行升级。在线更新最核心的问题就是对MCU的内部FLASH进行操作。DSP在线更新的基本思想是通过底层程序烧写应用程序。底层程序指已经固化在DSP指定Flash空间中的程序，不允许用户修改和擦除，在该程序中加入在线更新的时机判断、更新包的获取和烧写等供能模块，则能实现新程序的在线更新；应用程序则是指真正实现用户所需功能的程序，该程序存放于与底层程序不同的Flash空间。通过底层程序和应用程序两者的相互配合，最终可实现DSP的在线更新。

相比于对DSP内部FLASH进行读写操作的复杂，STM32在线更新设计实现分为两个部分内容：Bootloader+用户程序App，两者都是完整的STM32工程，区别在于工程所实现的功能和占用Flash的大小。STM32内部FLASH的起始地址为0X08000000，Bootloader程序文件就从此地址开始写入，存放App程序的首地址设置在紧跟Bootloader之后。当程序开始执行时，首先运行的是Bootloader程序，然后Bootloader收到BIN文件并将其复制到App区域使固件得以更新，固件更新结束后还需要跳转到App程序开始执行新的程序。对于Bootloader程序设计需要确定存放App程序的首地址，App程序中的FLASH地址设置与前者对应的值，具体体现在中断向量表偏移的位移偏移量的设置。

8.3.2 电力指纹集中器软件开发

1. 软件介绍

集中器软件系统的主要功能包括数据展示、智能算法、数据通信和提供用户交互接口。各底层设备采集的电气数据经数据采集接口进行处理后，由集中器接收并保存到数据库文件，数据库文件在上传到云端服务器的同时也会在本地的网页上进行展示，用户也可通过此软件系统实现对设备的远程控制。

集中器软件系统以DSP核心数据高效处理技术和Linux系统的嵌入式ARM技术为基础，使用特定的通信协议、通信方式、连接方式，搭建物理层和软件层之间的信道，实现数据的传输和基本通信。结合人工智能算法实现用电设备类型的识别、违规用电监测等高级功能。

2. 程序结构

集中器软件分为宿主和插件程序，宿主和插件的启动、重启等操作，由systemctl来进行管理。宿主在集中器开机时自启动，负责管理实时通信通道、维护软件运行参数和管理插件，提供各插件的路由。插件可以由服务端下发命令来安装、更新、删除、回滚等操作（对于每个插件保留一个历史版本），可以由外部调用插件的控制方法。集中器软件结构如图8-16所示。

（1）WebSocket/MQ数据通信。

WebSocket是一种在单个TCP连接上进行全双工通信的协议[5]，使得客户端和服务器之间的数据交换变得更加简单，并且允许服务端主动向客户端推送数据。用来实现上行实时数据和下行控制命令。

实时通信支持的功能有：安装或更新插件，启用或禁用已安装的插件，删除指定版本的插件，查询设备可以运行的插件，调用插件的方法；上送设备信息，上送设备采集的测点数据，上送集中器的电路配置。上行的测点数据通常

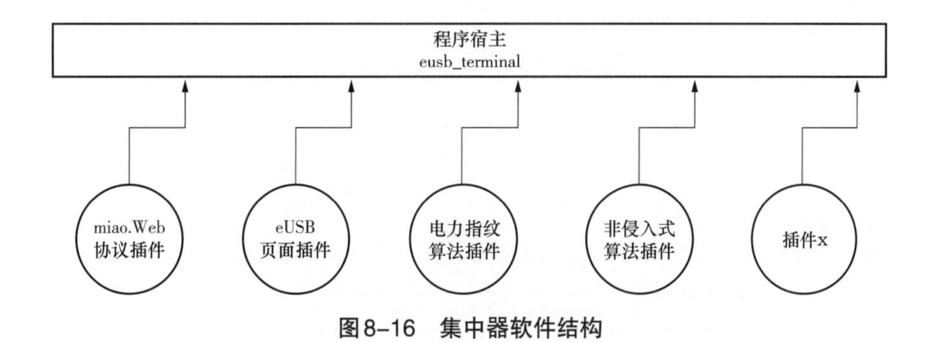

图8-16 集中器软件结构

是秒级数据，为了减少带宽压力，会对测点进行变更检查，只发送变更的测点数据。

MQ作为数据存储主线，测点数据会先保存在终端内存中，每隔一分钟打包一次发送到云端。如果断线则把测点数据保留在本地，等到联网时再发送到云端。

（2）插件响应外部操控。

插件需要使用WebApi的形式来对外提供接口，当外部通过WebSocket下发控制命令后，宿主会先解析控制命令的目标插件、方法名称和参数，然后发送HTTP请求去调用。调用完成之后，再把计算结果通过WebSocket反馈。

（3）程序框架热更新技术。

系统中每个插件都作为一个独立的站点来安装，当插件主体需要更新时会先停止该插件然后备份（每个插件保留最近一次可以正常运行的备份用于回滚），然后用新的文件来覆盖，最后启动该插件。当插件的部分程序需要更新时，不用停止插件，只需要创建自定义的Assembly Load Context加载新的文件来更新插件。

3. 通信流程

硬件设备分为集中器和插座，设备传输数据会经历握手、下发命令、回馈、上行数据等，集中器和插座通信流程如图8-17所示。

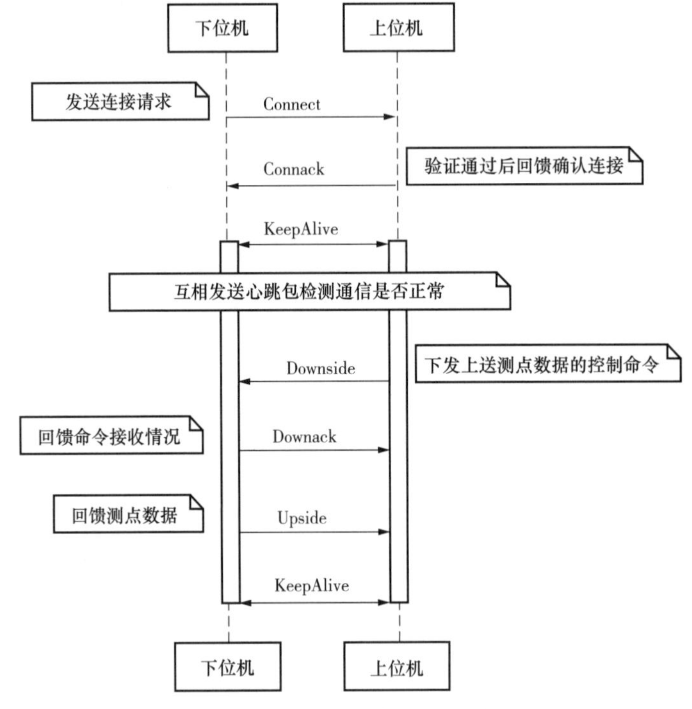

图8-17 集中器和插座通信流程

4. 数据通信

集中器数据交互采用串口方式，电力指纹插座可分别使用 WiFi 和 ZigBee 来传输数据，每种传输方式都有唯一的服务来管理与之相连的每个连接。服务在启动时会先绑定监听（WiFi绑定IPAddress和Port，SerialPort与ZigBee 绑定PortName和BaudRate），然后启动监听等待客户端的连接。服务中内置了心跳检测（keep_alive_timer, 3s），超过4s未收到数据会主动下发心跳包，超过超时时间则主动关闭连接。

（1）串口传输方式。

集中器与ARM板通信采用串口方式，串口通信流程如图8-18所示。

（2）WiFi 传输方式。

电力指纹插座与集中器数据传输采用WiFi方式，每个插座都是独立的通信通道，可以多个插座同时传输数据，WiFi通信流程如图8-19所示。

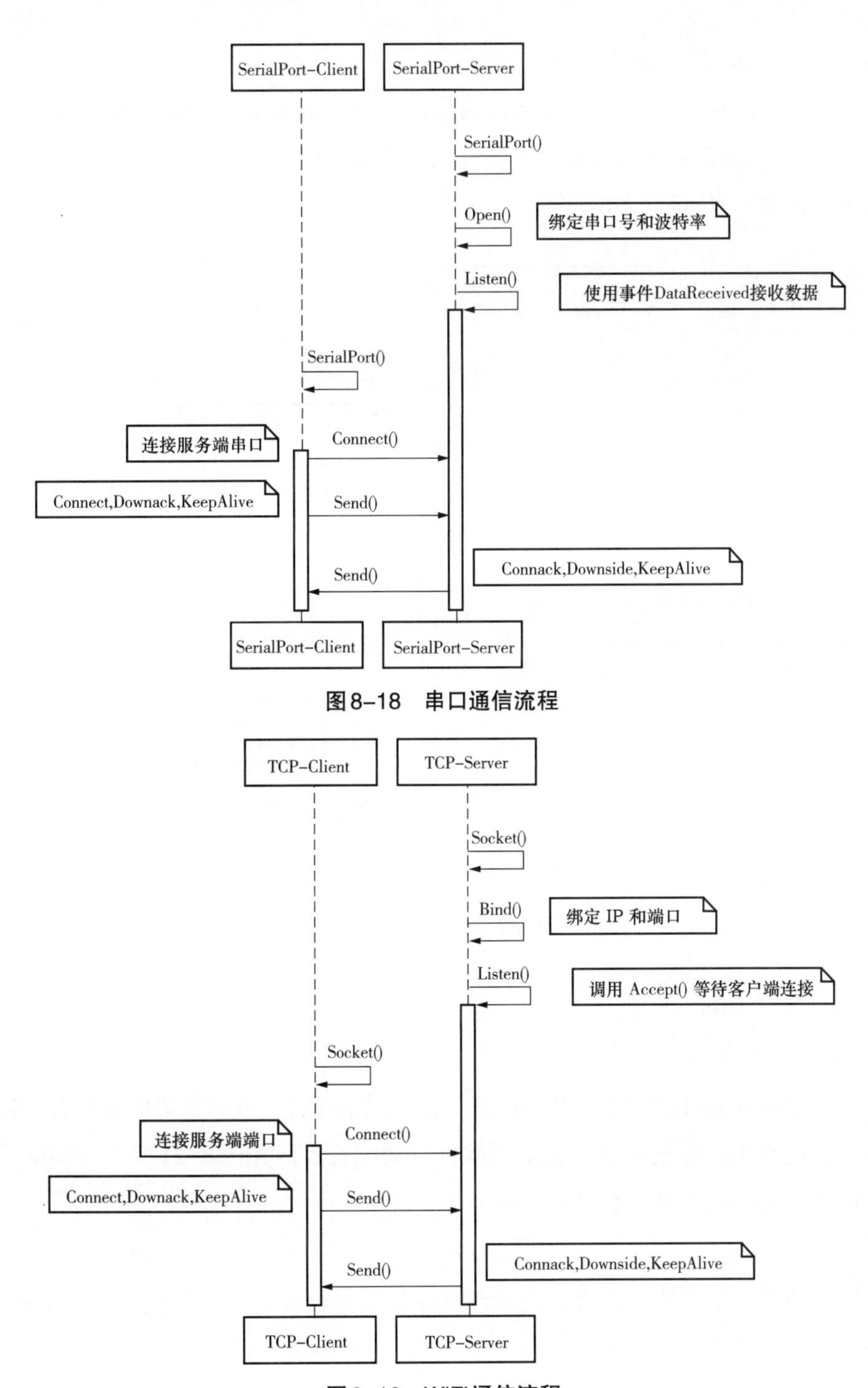

图8-18　串口通信流程

图8-19　WiFi通信流程

（3）ZigBee传输方式。

电力指纹插座与集中器数据传输采用ZigBee方式，所有插座使用同一个通道，依靠 ZigBee 协议来拆解来源地址和数据，可以多个插座同时传输数据，ZigBee通信流程如图8-20所示。

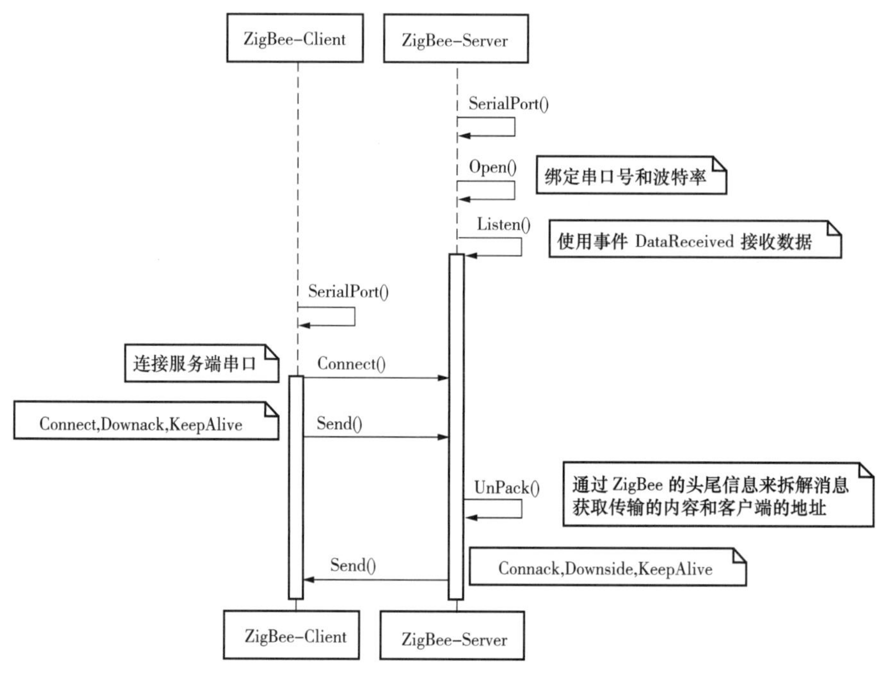

图8-20 ZigBee通信流程

5. 系统功能

（1）系统配置。

实现系统的启动配置、电路信息配置、网络配置、数据采集信息配置、测点配置以及实时数据展示。集中器软件启动配置界面如图8-21所示。集中器软件数据采集配置界面如图8-22所示。

（2）概览。

用于展示集中器和配套电力指纹插座的信息概况，包括各相电压、电流、视在功率、有功功率、无功功率、功率因数、温湿度、累计电量等，通过点击右侧方框可切换显示的设备信息，插座信息还会显示其电力指纹识别结果。集中器软件主界面如图8-23所示。

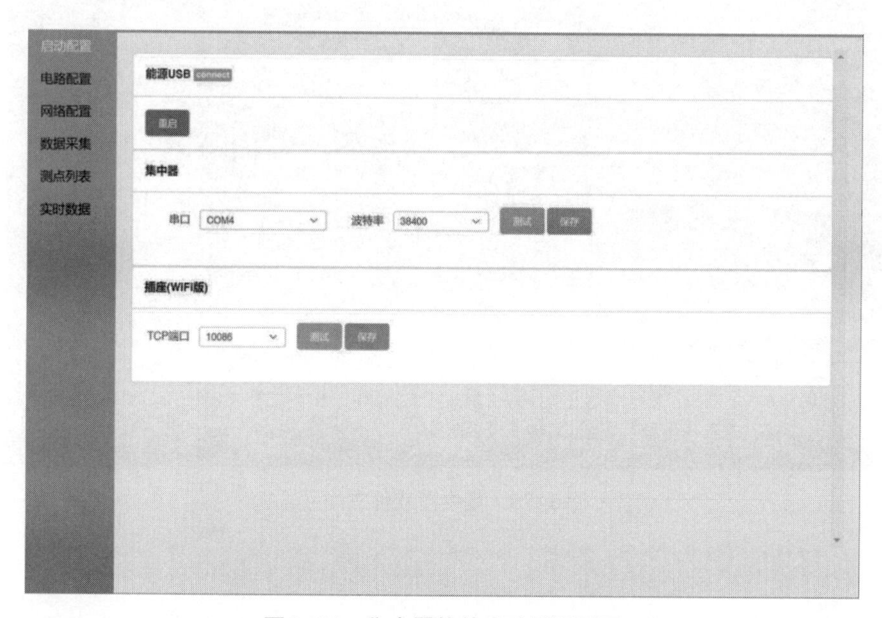

图8-21　集中器软件启动配置界面

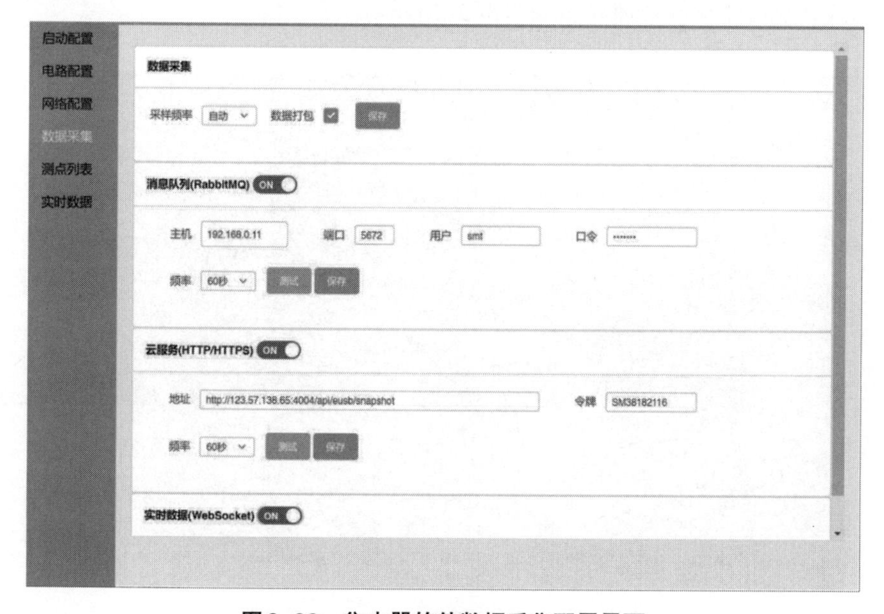

图8-22　集中器软件数据采集配置界面

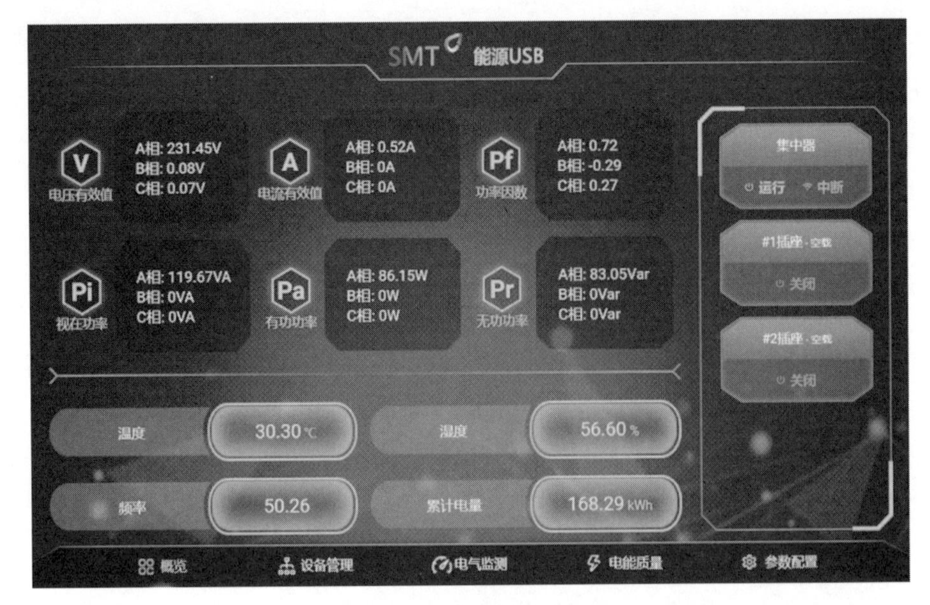

图8-23　集中器软件主界面

（3）设备控制。

实现用户在设备管理界面上可以通过点击相应的按钮，对底层设备进行控制。集中器软件设备管理界面如图8-24所示。

图8-24　集中器软件设备管理界面

（4）电气监测。

电气监测界面主要用于实时展示一天内集中器的各相电压曲线、电流曲线、有功功率曲线以及各个插座的电压曲线、电流曲线、有功功率曲线。软件电气监测界面如8–25所示。

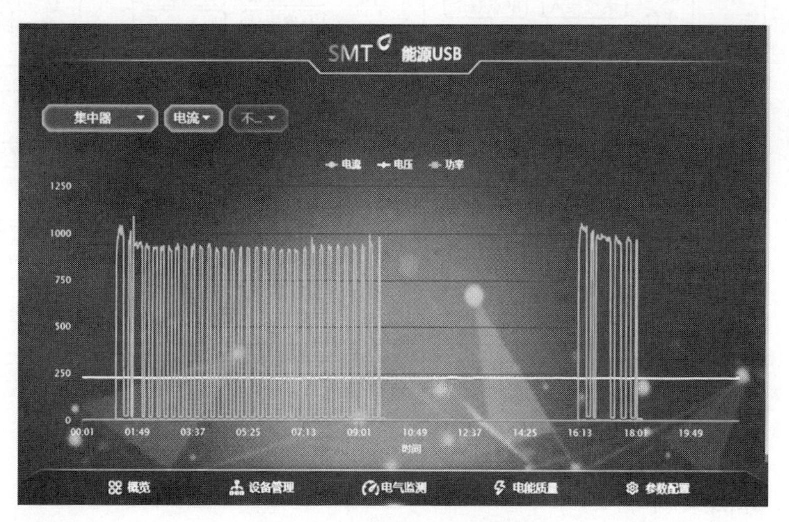

图8–25 软件电气监测界面

8.3.3 云平台系统

1. 云平台介绍

云平台主要实现电力指纹智能设备数据采集、分析、识别及控制等功能，系统整体设计方案以云计算和大数据为技术支撑，运用大数据存储技术实现物联网数据的采集，以及业务数据等信息的融合建模，运用大数据计算技术构筑满足用电设备数据计算、分析应用的平台。

2. 平台结构

系统采用Java开发语言，以微服务、微应用架构为核心，用模块化开发的方式，采用先进的技术、产品、规范，实现业务设计和IT基础架构松耦合，确保IT架构对业务多样性的支持。

前端采用HTML（Vue或React）以ajax请求方式通过Nginx网关调用具体Restful API服务。通过Zuul建立API网关，对外提供跨模块的HTML页面访问、跨业务领域数据访问、使用Nginx便于服务横向扩展负载均衡。整体架构如图8-26所示。功能模块结构如图8-27所示。

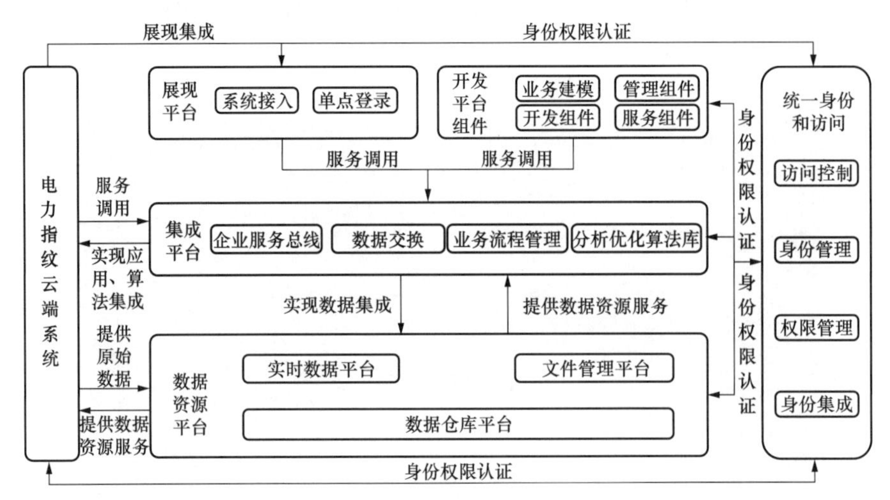

图8-26　整体架构

3. 算法集成

云端系统针对指纹识别、用电违规规则等各种算法实现算法集成接入平台，算法集成结构如图8-28所示。

（1）支持多语言算法，包括Java/Python/C++等。

（2）提供标准统一调用接口，http请求及Application/json数据交互。

（3）支持自动识别，动态加载算法包/库。

（4）支持微服务架构集成（Spring Cloud Eureka）。

（5）支持算法访问权限控制（zuul网关代理拦截）。

4. 数据安全

系统数据安全包括数据存储安全和数据交互安全，平台支持数据库单节点部署，也支持便捷可靠的扩展多节点副本集部署模式，副本集中的副本节点在主节点故障后通过心跳机制检测到后，在集群内发起主节点的选举机制。

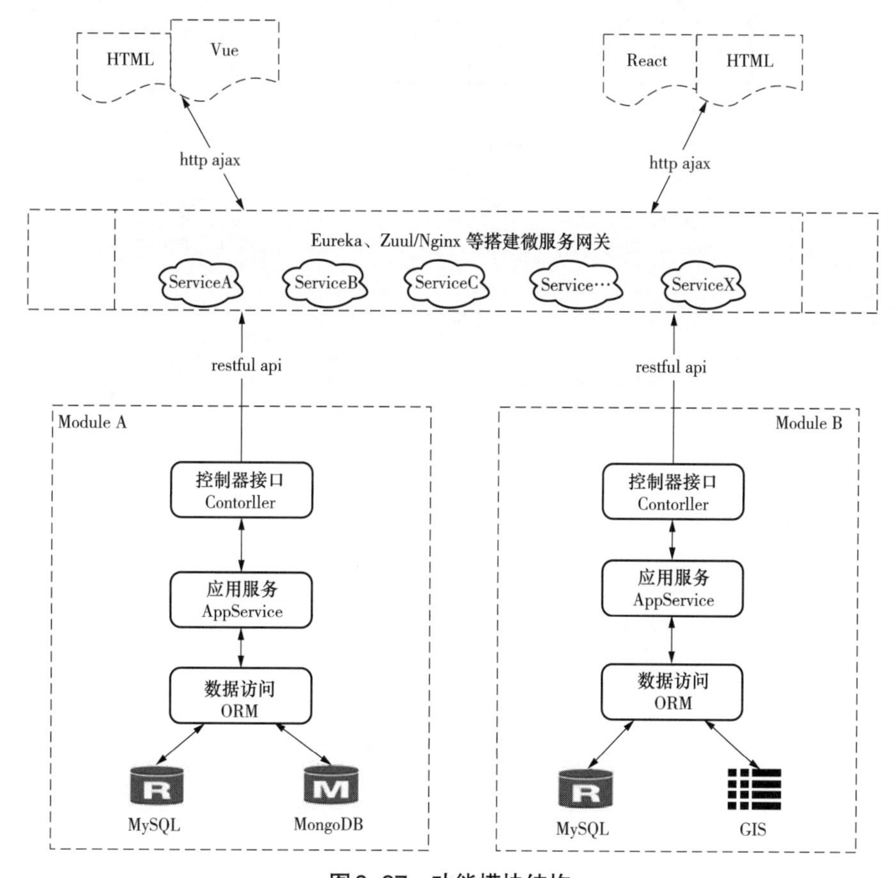

图8-27　功能模块结构

数据库设计满足结构化数据的存储要求，同时满足非结构化数据的存储，包括视频、音频、文档等；满足海量数据的存储，满足PB级别的海量数据存储，需采用分布式存储模型，能进行动态存储扩展，并建立长期有效的数据备份与安全管理的机制。数据安全如图8-29所示。

5. 系统功能

（1）概览。

以图形化展示设备运行状态，包括正常运行、关闭、离线、违规设备的数量及设备的主要运行参数，点击集中器可显示对应的电力指纹插座运行数据及当前用电设备类型。楼层监控界面如图8-30所示。房间数据展示界面如图8-31所示。

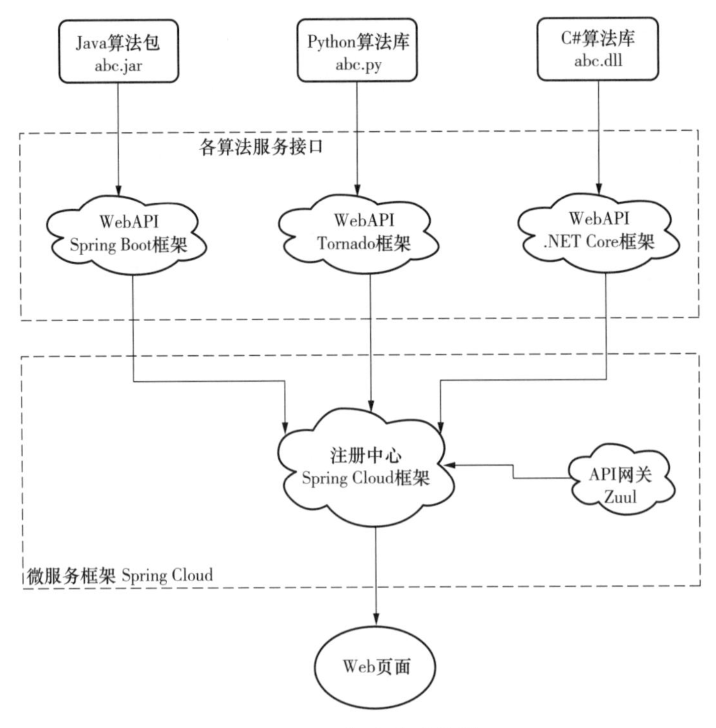

图8-28　算法集成结构

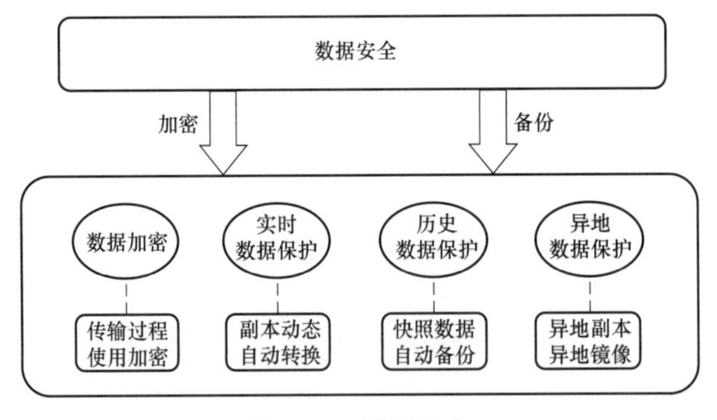

图8-29　数据安全

（2）数据监测。

监测设备运行实时数据，并识别当前设备上运行的用电设备类型，以趋势图形式展示当天功率、电流、电压等趋势。数据趋势界面如图8-32所示。

图 8–30　楼层监控界面

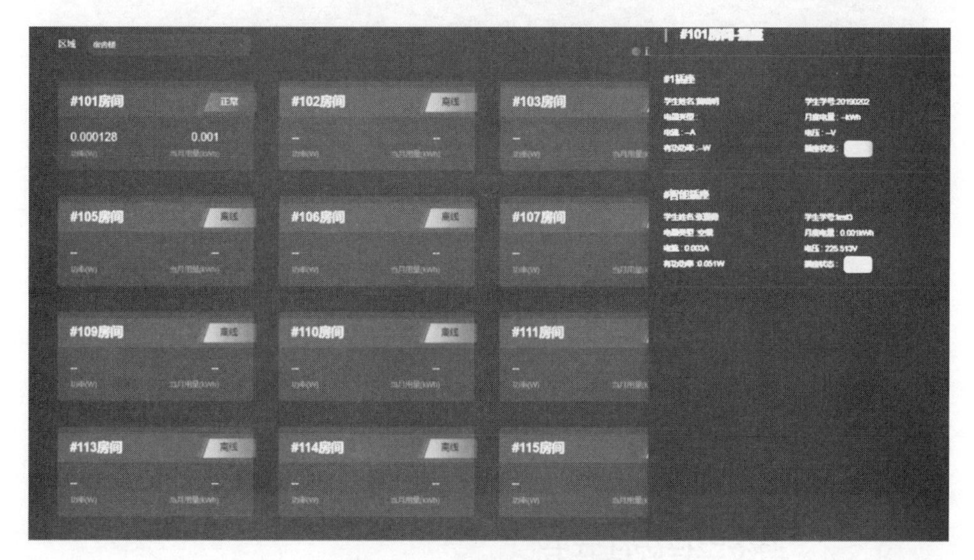

图 8–31　房间数据展示界面

（3）设备监控。

用于监测智能设备运行状态，并可直接对设备进行控制。设备控制界面如图 8–33 所示。

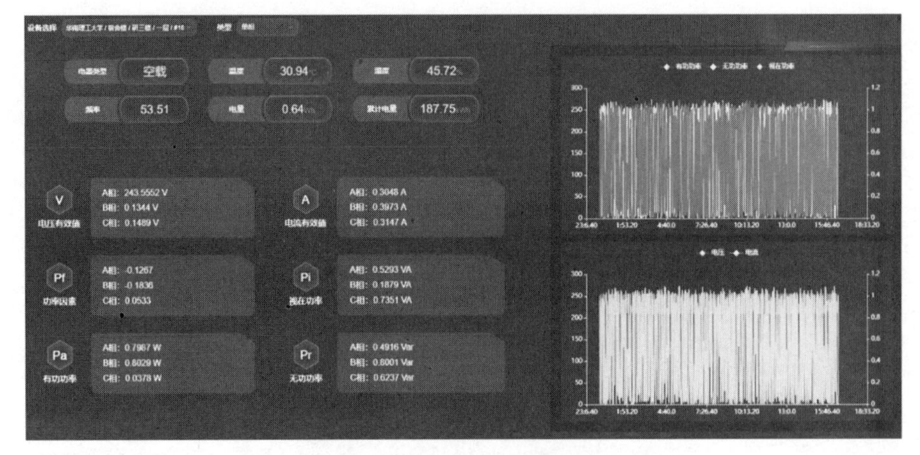

图 8–32　数据趋势界面

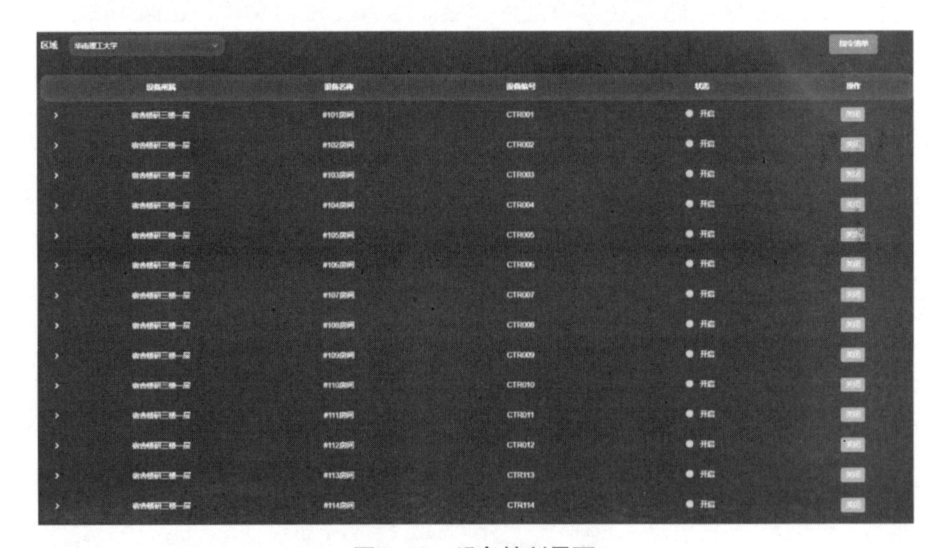

图 8–33　设备控制界面

8.3.4　指纹采样软件开发

1. 采样系统简介

就目前大量的实验和工作证明，数据集的大小直接影响了电力指纹模型训练的性能，如果数据集过小，在模型训练的过程中往往会造成过拟合，这对模型建立的准确性和最终得出结论的可靠性是有很大危害的。因此，为了保证电力指纹技术的准确实现，需要先设计一套数据采样系统以构建大量用电设备运行状态数据库。

采样系统是基于电力指纹智能终端的电气数据采集系统，该系统通过电力指纹通信协议与电力指纹智能终端进行相互通信，智能终端接收到采样系统发出的控制命令后，开始对电气数据进行采样和保存，并将数据无线传输回采样系统中构建相应的电气数据库。在这个过程中，采样频率和采样时间是人为可调的，采样数据类型如下。

（1）功率型数据：有功功率、无功功率、视在功率、功率因数。

（2）电压型数据：电压峰—峰值、电压1-11次谐波峰—峰值。

（3）电流型数据：电流峰—峰值、电流1-11次谐波峰—峰值。

（4）采样终端数据：终端代号、测试时间、测试地点、测试次数。

（5）被采样用电设备信息：被采样用电设备型号与额定电气数据，用电设备（指纹）代码，采样时工作状态。

（6）暂态电气数据：用户开启暂态采样模式后，当电力指纹终端测得电流突变时，采样系统会以6400Hz的采样频率记录电压突变波形的峰—峰值。

采样系统界面友好，操作方便，功能多样实用，是研究电力指纹的基础性工具之一。

2. 采样系统软件平台介绍

采样系统由C++编写。C++是一个现代的、通用的、面向对象的编程语言，它是由微软（Microsoft）开发的，由Ecma和ISO核准认可的。C++是由Anders Hejlsberg和他的团队在.Net框架开发期间开发的。C++是专为公共语言基础结构（CLI）设计的。CLI由可执行代码和运行时环境组成，允许在不同的计算机平台和体系结构上使用各种高级语言。采样系统采用C++最主要的原因是利用.Net Core的跨平台特性，构建全平台的采样终端，实现多用与数据统一，提高研发效率。

3. 数据库

数据库存储单元用于对原始采集数据库信息以及后期信息处理以及演示平台信息的数据集存储，便于提取分析数据；电力指纹研究需要一个公开，具有大量，多种类且高质量的数据供研究人员研究，因此采用高效合适的数据库储存数据是相当有必要的。采样系统采用SQLite作为数据库语言。

4. 采样程序结构

采样程序由通信协议与采样系统主体构成。电力指纹通信协议是一个用于采样系统与电力指纹终端，和电力指纹终端相互通信的协议。该协议的特征如下。

（1）采用变长的消息结构。长度灵活可变，从较短的连接消息到较长的暂态采样消息都能较好地传输。

（2）采用Keep-Alive机制。心跳机制能很好地监测通信的掉线与终端死机问题，对提高采样稳定性和可维护性有很关键的作用。

（3）多通信方式兼容。目前电力指纹通信协议兼容有线网络，WiFi，Zigbee，蓝牙等主流网络通信和物联网通信方式，研究人员能很方便地采集数据进行更深入的电力指纹研究。

采样系统主体有登录界面，主界面，采样界面，数据浏览页面组成，各页面的功能与结构分别如下。

（1）登录界面。登录界面是采样系统的门户，登录界面需要提供账号和密码验证，有控制用户权限、记录用户行为，保护电力指纹数据安全的作用。登录界面如图8-34所示。

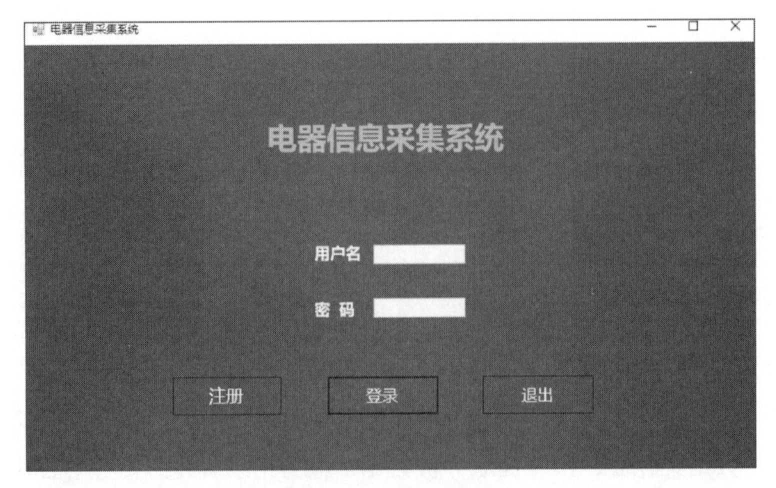

图8-34　登录界面

（2）主界面。主界面是系统功能的交互界面，用户可在主界面打开采样界面与数据浏览界面，同时也可得到当前在线的电力指纹终端信息，用户亦可对用电设备信息进行增删查改等操作。主界面如图8-35所示。

图8-35　主界面

（3）采样界面。采样界面是用户采样的主要交互界面，目前最多可支持同时采样3台用电设备。采样模式有稳态采样和暂态采样模式，默认启动稳态采样模式。稳态采样模式以1Hz的采样频率采样功率型、电压型、电流型数据，数据保存在稳态数据表内。当用户启动暂态采样模式时，一旦终端监测到电流波形突变，终端会以6400Hz采样频率将突变波形记录下来，并传输到采样系统，采样系统将暂态信息记录在暂态数据表内。在上面两种模式下，被采样用电设备数据需由用户填写并选择，采样系统会记录采样终端数据。

（4）数据浏览界面。用户能在数据浏览页面对所有数据进行导出，对稳态数据，暂态数据，用电设备数据进行浏览，删除操作，对浏览用户数据和用电设备类型数据进行浏览操作。数据浏览界面如图8-36所示。

（5）总体而言，采样系统程序包含通信，采样，数据库，交互界面四大结构，是电力指纹技术闭环的一环。

5. 采样流程

采样系统采样流程如下。

（1）用户登录，电力指纹终端开启。

（2）进入采样系统主界面，用户记录需采样的用电设备数据，如型号和额定电气数据，点击“开始通信”寻找电力指纹终端。

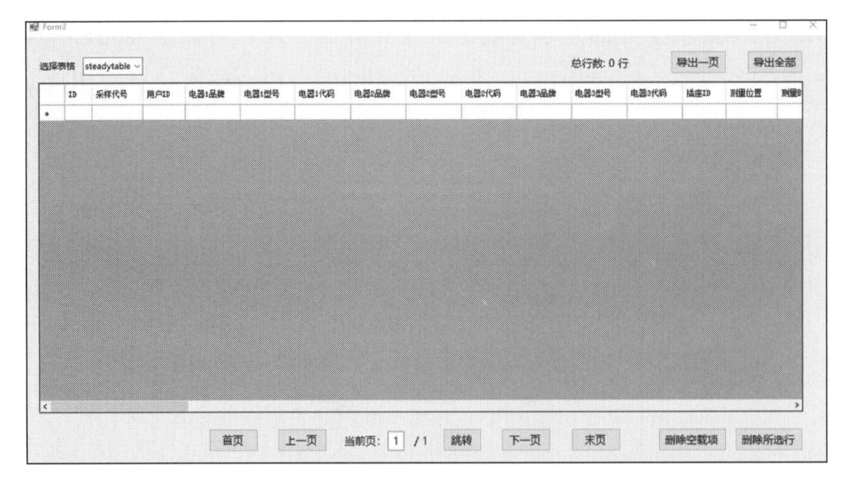

图8–36　数据浏览界面

（3）返回能进行通信的电力指纹终端列表，用户寻找到目标终端，点击进入采样界面。

（4）用户填好用电设备信息后开始采样，采样系统将以1Hz的频率对稳态电气量进行采样，若选择开启暂态采样模式，采样系统会以6400Hz采样频率记录电压波形。

（5）测试完成后，点击停止采样，采样停止。用户可在数据浏览页面对数据进行增删查改等操作，也可导出至Excel进行更深入的研究。

8.4　校园安全用电实例

在本章的前面几节介绍了电力指纹软硬件的设计，为了便于读者理解软硬件与算法的结合过程，接下来将介绍基于电力指纹的校园安全用电的应用实例。

8.4.1　安全用电系统架构

据统计，近五年来全国发生学生宿舍火灾达两千余起[6]，平均每天就有一起火灾发生，而且绝大多数都是违规使用大功率用电设备、线路老化等电气原因引起的火灾。虽然各个学校都实行了严格的用电规定，但管理的手段是难以实时监控到违规用电的行为。此外，线路短路、发生电弧等恶性电气事件更是难以预料。因此通过电气监测的手段来实现安全用电管理是更为有效的手段。图8–37为宿舍电气监测示意图，在总开关处装设入户集中器，用来监测整个房间的用电情况，以及控制插座；房间里的每个位置都安装电力指纹86插座，一方面用来监测每个插座的用电情况，另一方面作为控制终端具备切除用电的能力，对于照明和空调往往是有独立的线路因此无须安装插座。

基于图8–37构建的安全用电流程图如图8–38所示。

（1）插座端：当有设备接入插座时，插座会持续地采集设备的运行数据，包括波形、预处理后的数据。然后插座内部进行快速地计算，判断是否过压、过流、短路，并进行简单的电力指纹算法计算，如利用瞬时的功率以及电压电流曲线特性判断用电设备是否为电阻型或者加热设备。

（2）集中器端：插座将数据源源不断地发送至集中器，集中器通过一段时间的运行数据进行深度计算，判断接入插座的用电设备类型、是否有接入插排等。此外集中器还可以通过监测宿舍总线的数据，并监测是否存在异常事件如故障电弧发生，或者监测到某个设备长时间运行未关闭等。

（3）软件：插座和集中器的计算和识别结果传输至集中器上搭载ARM的管理软件系统，通过设置违规规则来判定当前用电是否存在违规或者危险行为，如果触发违规条件，软件会自动报警并下发指令至集中器和插座，及时切除用电。

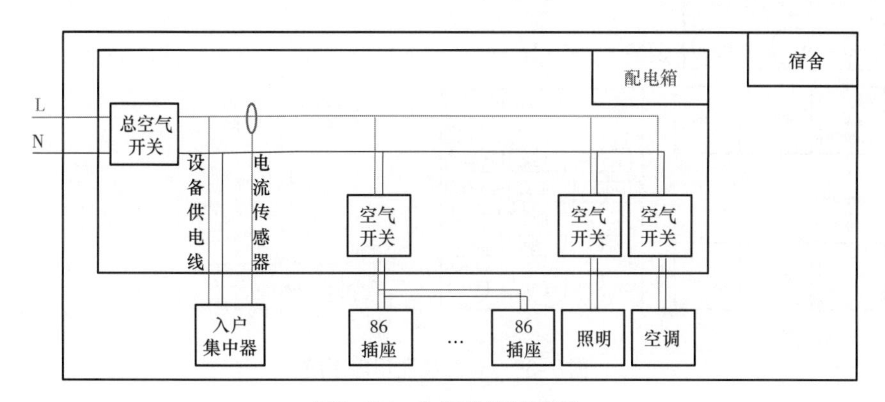

图8–37　电气监测示意图

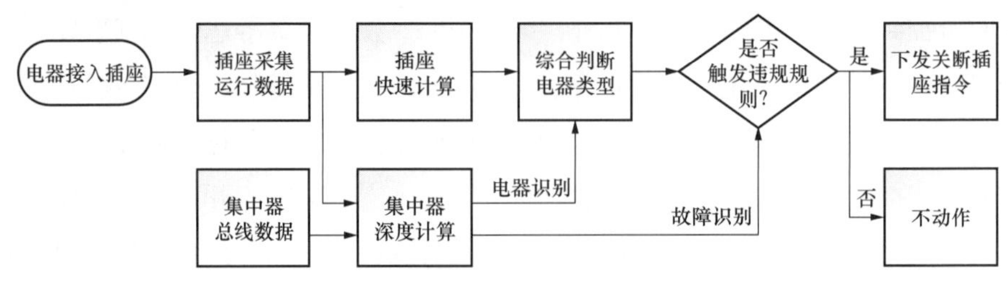

图8-38　安全用电流程图

若在通信网络良好的环境，可以基于楼层建立完整的智慧校园用电系统，进一步开发用电管理、用电计量等水电管理功能，实现校园用电精细化管理，智慧校园用电系统如图8-39所示。在宿舍内部依旧是每个位置部署电力指纹插座，不同之处在于每个宿舍不再单独配备集中器，而是多个插座共同接入到一个集中器上共用集中器的算力。这个方案的优点在于成本较低，适合大面积推广，缺点是对通信要求、计算要求高。集中器作为终端设备的桥梁与云端管理平台相连，接收平台的规则更新和算法更新，并上传数据至平台中。平台则与水电中心相连，提供计量数据和违规记录，并下发各类通知至用户账户上。

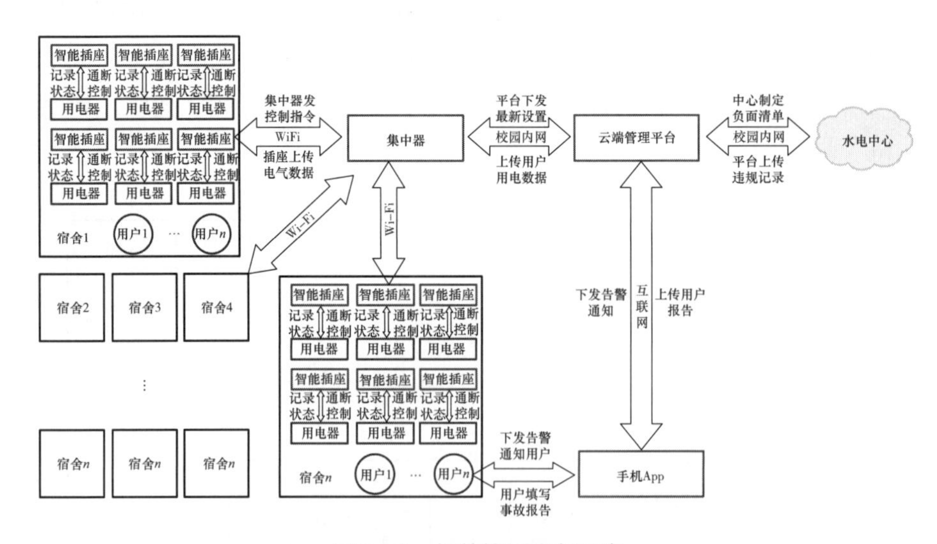

图8-39　智慧校园用电系统

8.4.2 系统实现

结合4.2小节的方法，编者训练了宿舍常用用电设备的识别模型，并将模型写入软硬件系统中，如图8-40所示，可以看到屏幕上显示当前的基本电压电流以及其他信息，此时类型框显示为空载；云端管理平台查看设备情况与插座屏幕显示内容一致。

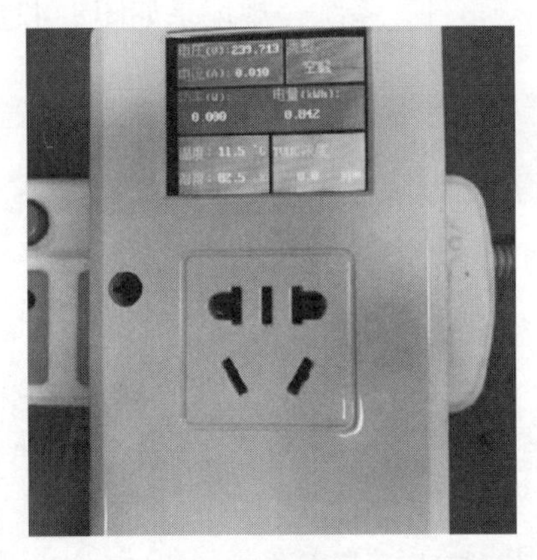

(a) 插座空载运行

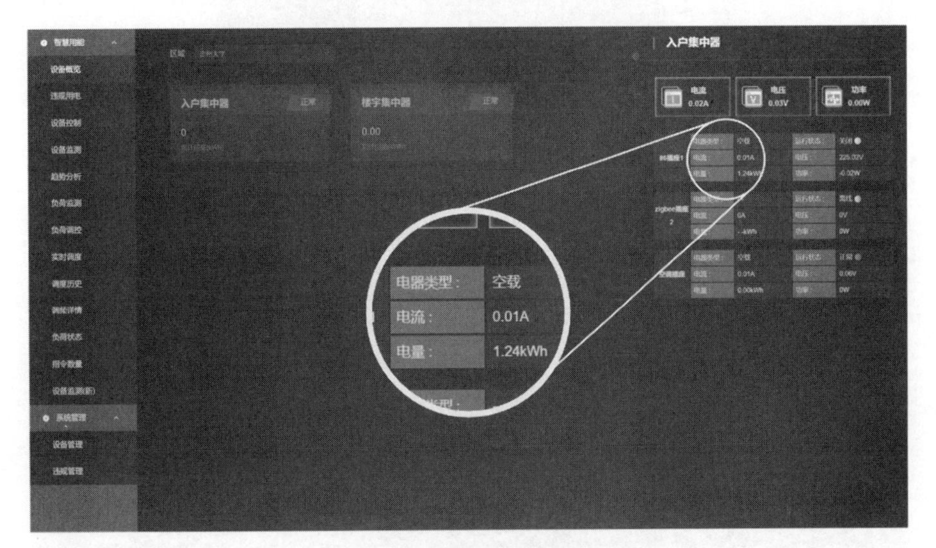

(b) 云端管理平台查看设备情况

图8-40　宿舍常用用电设备的识别模型

一旦出现违规用电的情况，软件系统会自动识别，并根据设定的规则进行报警或切除设备。这里选取热水壶作为测试对象，把热水壶作为违规用电设备写入规则库。规则设定好后，接入插座中查看测试效果，电力指纹插座识别热水壶如图 8-41 所示。规则设置界面如图 8-42 所示，通过设置规则，判定热水壶为违规用电设备。系统检测到实际运行设备与违规规则冲突后，便会下发指令切除设备，并记录违规事件，系统违规记录如图 8-42 所示。

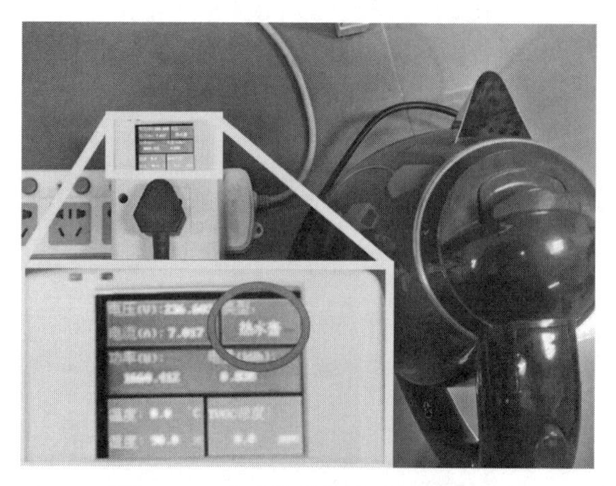

图 8-41　电力指纹插座识别热水壶

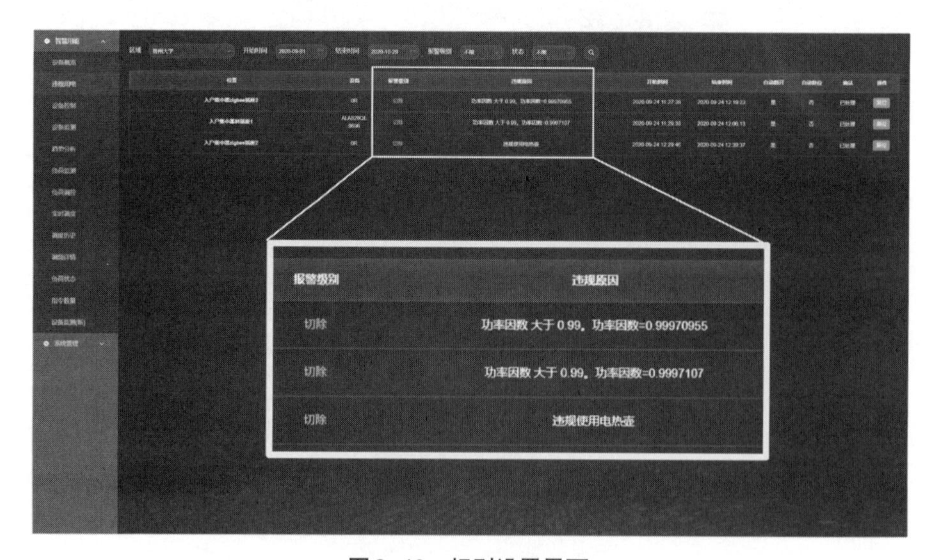

图 8-42　规则设置界面

本章小结

本章重点介绍了电力指纹技术软硬件支撑系统的组成架构。

电力指纹硬件装置主要有两类：电力指纹智能测控终端和电力指纹智能集中器。智能测控终端用于对设备直接进行高精度测量，一般为智能插座的形式；智能集中器安装在总线端，用于对用户整体数据进行监测和收集，同时作为硬件系统与平台的中继点。

电力指纹系统软件由四部分组成：电力指纹测控终端中的嵌入式系统、电力指纹集中器上搭载的本地系统、云平台系统以及配套的数据采集系统。电力指纹测控终端中的嵌入式系统是电力指纹测控终端稳定运行的必要组件；电力指纹集中器上搭载的本地系统主要为用户管理交互软件，具备与云平台交互的能力。云平台系统主要搭载在专有服务器中，属于整个软件系统的大脑部分，是信息汇聚、集中管理，以及高级算法的承载平台。配套的数据采集系统主要用于构建设备数据库，实现用电设备信息的采集、标记和存储功能，是算法研究的重要环节。

最后介绍了基于电力指纹的校园安全用电的应用实例，结合电力指纹的识别功能和软硬件系统实现校园违规用电设备的监测和安全用电控制，保障了宿舍用电安全的同时，展示了构建的电力指纹实验室。

本章参考文献

[1]Huang, A.Q., Crow, M.L., Heydt, G.T., et al.The future renewable electric energy delivery and management（FREEDM）system: the energy internet[J]. Proceedings of the IEEE, 2010, 99（1）: 133–148.

[2]申斌，张桂青，汪明，等.基于物联网的智能家居设计与实现[J].自动化与仪表，2013, 28: 6－10.

[3]Watson T J .The Fast Fourier Transform and Its Applications（Book）[J].

American Scientist, 1990.

[4]Barabanov M .A Linux-based Real-Time Operating System[J].Masters Thesis New Mexico Institute of Mining & Technology, 1999.

[5]Fette I, Melnikov A.The WebSocket Protocol.URL: https://www.hjp.at/（en）/doc/rfc/rfc6455.html, 2011（accessed 3.4.22）.

[6]王阳，施式亮，李润求，等.2013～2016年全国火灾事故统计分析及对策[J].安全，2018，39（11）：60－63.

9

CHAPTER 9

电力指纹的应用场景与商业模式

9.1 电力指纹应用场景

本书第2章明确了电力指纹识别分为五个层次，依次为类型识别、参数识别、特性识别、行为识别、身份识别，五个识别层次层层递进，构成完整的电力指纹识别体系。下面根据这五个层次分别说明相关应用场景。

9.1.1 类型识别的应用场景

1. 基于电力指纹的安全用电技术

用电安全始终是用户和电网最关注的问题。由于低压用电设备不当使用引发的各类社会公共安全和人身伤害事件也呈现快速递增趋势。据中华人民共和国应急管理部统计，2012～2021年，全国共发生居住场所火灾132.4万起中，电气火灾占42.7%，在人员密集的地方以及传统木质结构建筑，电气火灾问题尤为突出。此外动力电池（特别是电动自行车）通过家用电设施充电造成安全事故屡见不鲜：2021年9月20日，北京通州一小区电动自动化电池入户充电爆炸起火造成5人死亡；2020年65起全国较大火灾中16.9%由电动自行车引发。

在安全用电上，电力指纹可以从违规用电设备的识别和控制，以及电气隐患的识别和主动防御两个方面着手，从而将安全隐患就会降到最低。

对于学校、工厂宿舍等人员集中的场景，传统手段难以准确判定不安全用电行为，无法在用电安全和用户满意度之间取得好的平衡。相比传统的一刀切管理方式，电力指纹技术在对负荷的类型进行识别的基础上进行监控，既能够保证用户正常的用电不会受到影响，又能够对于违规用电行为能够迅速控制。例如某学校而言不允许学生使用电水壶等大功率用电设备，同时电吹风不允许使用超过三分钟。为了满足这样的管理需求，很多学校动用了大量的人力和物力来进行管理，检查收缴等。却往往取不到相应的效果，安全隐患依然很高。有了电力指纹之后，需要给学生宿舍的每一个插座换成电力指纹插座。每个插座对应每一个学生。学生一旦插入烧水器，电水壶等用电设备，电力指纹插座就会迅速识别出它属于违规电器发出警报，并且马上切除这些用电设备。同时该学生的行为还会记录在案。8.4节的应用案例就是基于电力指纹的安全用电技术应用。

为了实现电气隐患的识别和主动防御，以电力指纹算法为基础，采集火灾高风险用电设备电气特征参数，构建针对高危用电设备的电力指纹数据库，以先进机器学习算法为驱动，实现高危用电设备状态的实时在线检测。研究基于电力指纹突变参量在线传感的用电设备异常检测与火灾征兆智能感知技术，实时监测用户的电气状态的并及时发现异常用电行为。通过电力指纹插座等硬件终端和大数据云平台，实现危险隐患的快速阻断和报警等安全用电管理，并对可能的危险发出预警。

2. 农村农田水利灌溉用电与电能替代用电等用电类型核实

在广大农村国家，为了鼓励农村水利灌溉，给农村水利灌溉给予了相应的补贴，从而电费比较低廉[1]。在中国的北方，为了减轻大量的煤炭散烧造成环境污染问题，政府鼓励大家用电能取暖并给予了相应的电费补贴，取代用煤取暖。为了获得这些不同，可能有人会以名义上的水利灌溉或电能替代，而实际上利用这一部分电去转为商业或者是工业使用。

有了电力指纹的类型识别后，通过馈线或插座等的电力指纹监测和识别，能够准确识别出该馈线或者插座对应的负荷的类型，从而避免骗取补贴现象的发生。

3. “站—线—变—户—设”关系的拓扑识别

在电网的运营中，建立“站—线—变—户—设”准确的营配关联关系是非常重要的[2]。电力指纹可以实现一级级的级联，不仅能够识别“站—线—变—户—设”的关系，还可以通过非侵入式识别实现到每一户中所有的用电设备。从而实现了从变电站到输电线路，到低压变压器，到每个相位，到每个用户，再到每个设备的五级拓扑关系识别。根据自动的拓扑识别，能够自动建立电网拓扑模型，自动生成相关的配网接线图，自动分析每个台区所接入的负荷设备数量和特点。它为实现客户报修准确定位、配网故障快速研判、停电计划科学制订、业扩报装可视化接入、三相不平衡管理、线损实时准确统计奠定了坚实基础，还能够实现用户的安全用电。这种自动的电网拓扑也将成为透明电网的一部分。

4. 智能家居

传统的智能家居中，用户必须为每个设备配置一个智能开关，并且为这个智能开关指定一个对应的具体设备，把所有的相关设备设置好了之后，整个智能家居才能发挥作用。基于电力指纹的智能家居，则无需对设备类型的设置，任何设备只要是接入电力指纹插座等相关设备，电力指纹则会自动识别设备类型，自动的形成家庭的用电拓扑，并根据一定时间的运行中家庭成员的习惯，自动设置设备不同时段的运行状态，让智能家居变得更加智能和更加自动化。

9.1.2 参数识别的应用场景

1. 设备参数的识别和工业设备的品质检测

无论是普通的居民用户还是工业用户，甚至是电网运营者，都需要购买大量的设备。为了把控这些设备的质量，生产厂商和用户需要对设备进行大量的检测和品质控制，而这些检测和品质控制往往是浪费了大量的人力和物力。有了电力指纹可以将用电设备中的主要外部参数，比如说功率、基本接线方式等进行识别。所有设备里面的都是由元器件组成，每种元器件在运行时都会或多或少通过在暂态和稳态的信息将其特征体现出来。基于人工智能的电量指纹可以通过这些暂态和稳态的信息识别出主要元器件。识别后把数据提供给用户与设备的铭牌进行对照，这样可以大大减轻品质控制以及检测过程的负担和成本。

2. 假冒伪劣设备的识别

用户设备往往会出现假冒伪劣、以次充好的情况，对于普通用户，买到假冒伪劣设备的可能性更大，这时，因为普通用户没有检测手段，不具有甄别假冒伪劣设备的能力。基于电力指纹技术的设备参数辨识即铭牌识别，能够识别出主要的参数，通过对比即可得知是否采购了假冒伪劣设备。

9.1.3 状态识别的应用场景

1. 工业设备的状态监测与在线健康评估

基于电力指纹用电参量在线传感的智能感知技术可以通过装置内部的高速

传感元件实时采集负荷的电流有效值、剩余电流值、线缆温度值、环境温度值[3]等参量，实时掌握用电设备的安全运行状况，以电力指纹稳态参量为主导、环境参量为辅助，将稳态参量与基于设备健康度的设备运行参数数据库进行在线比较，实现对工业设备的状态监测与设备健康实时评估，进而为设备管理提供科学的依据。

2. 家庭用电设备的寿命预测与故障预警

对家庭用电设备的状态识别应用，其想象空间更大。而现有家庭用电设备状态监测几乎是一个完全空白的领域。通过电力指纹技术，能够识别出用电设备的能效状况和能效等级。并根据长时间的运行，分析出其能效状况的下降。电力指纹技术还能够根据运行情况进行状态异常告警，还可以进行一定程度的用电设备故障预警和寿命预测。对于家庭用电设备制造商而言，该技术能够提升自身的服务质量，让用户产生信赖感，提升品牌形象；对于销售商而言，可以通过寿命预测和故障预警推送电子商务广告，从而促进电子商务成交；对于节能公司而言，可以推送综合节能服务；对于运维服务人员，可以推送设备维修服务；对于售电公司，可以作为其对用户的增值服务等。

电力指纹对设备的全生命周期管理有着很大的用途，这里再对电力指纹在设备全生命周期管理的作用总结一下：首先在设备生产领域，可用于产品的质量检测；设备出厂时，用于设备的工业互联网标识；设备加电入网时，可以部分替代用户对设备的质量检测和鉴定；在设备运行维护时，可以自动利用基于电力指纹的互联网标识来加强运行维护管理；在设备使用过程中，可以用于设备的实时在线健康评估、在线状态监测和寿命预测等。

9.1.4 行为识别的应用场景

1. 敏感用户辨识与电能质量分析

传统的用户负荷等级评定是按照停电造成的影响、经济损失来衡量，但通过95598投诉的用户大多为三类用户[4]。因此，传统的用户负荷等级无法准确反映用户的停电敏感度。如果能根据用户的用电性质、行业类别、用电容量、地理位置等特征对用户停电敏感度进行准确评估，将有利于供电公司开展差异化供电服务，也有助于降低用户投诉率、提升满意度。

基于电力指纹技术，研究大尺度的负荷识别方法和数据挖掘方法。开发面向配电房和工商业用户的电能质量监测系统，包括终端硬件和系统平台，实现用电监测、谐波分析、电压暂降捕捉等功能。在这些数据基础上，通过电力指纹技术对用户负荷类型进行辨识，结合数据挖掘方法识别敏感用户和敏感类型。通过对敏感用户的识别和电能质量的监测发现供电环节中的问题，指导提高供用电质量。

2. 基于用户行为识别的节能技术

传统的节能技术大多集中于对用电设备进行改造从而达到节能的目的，而基于电力指纹技术的节能是通过分析用户的用电行为来实现节能，相比于传统的节能手段，基于电力指纹技术的节能成本更低、对用户的影响小、节能潜力高。传统的节能技术大多集中于对用电设备进行改造使得设备耗电减少，这种方式在一定程度上能够节约电能，但是单个设备的节能较小，需要对大量设备进行改造才能达到一个客观的效益。

基于用户行为识别的节能技术，通过记录和分析用户长时间内各个负荷的启停、调节情况，分析出用户每个负荷的用电习惯，进而提供一套智能用电方案，在不影响用户的用电舒适度的情况下，实现节约用电，降低用电成本。如大型商场中，通过监测到的商场制冷设备开启时间、调整时间来分析商场的客流量，通过长期的数据预测未来的客流量、室外气温等，做出相应的运行调整，即可做到节能减排，又不影响用户的舒适度[5]。又如商场里每个商铺的开业时间有所不同，运用差异化的用电策略可以节约用电成本而又不影响正常的营业。

综合能源管理及节能服务中经常会遇到这种情况。综合能源服务公司为用户定制了相关方案经过一段时间运行之后，因外部条件变化这个方案将不再使用，还需要综合能源服务公司上门对方案进行调整。基于用户行为的综合能源管理及节能服务，能够发现用户用电行为的规律，自适应调整优化的方案,从而实现自适应学习和自适应优化的功能。

3. 电力指纹技术是千家万户均可参加需求响应的基础性技术

电力需求响应有降低峰谷差、延缓电网投资、促进电网安全稳定和优化社会资源配置等作用。目前很多用户特别是最终的居民用户是没有参加需求响应的。首先是因为最终居民用户参加数据响应的成本很高，其次最终居民用户的获益很低，因此在现有的模式下，普通居民是不参加需求响应的。电力指纹不仅可以识别用电设备的类型，还可以识别它的可调节能力，并且根据不同的参数自动调整运行状态。这些参数既可以来自于用户的设置，也可以来自市场电价，在达到相应阈值的时候，电力指纹的相关的控制装置将会对用电设备进行控制，比如在需要调峰时调高空调的设定温度过短时切除空调、热水器等。由于这种需求响应是自动的，无须人工干预的，其投入边际成本极低，同时能够发挥每个用电设备的调节潜力，使得需求响应收益最大。具体可以参见编者另一著作《电力实时需求响应》。

4. 电力指纹技术可以用于电网公司的柔性负荷调度

电力指纹的作用同样可以运用在柔性负荷调度上。与电力需求响应不同，需求响应一般运用电价或激励作为手段促进用户进展主动的需求响应。柔性负荷调度是将控制权交由调度的被动需求响应。随着尖峰负荷现象日趋显著，电网峰谷差日趋严重，这些都给电网安全稳定和电网投资带来了挑战，也为整个电网的调峰和调频提出了更高的要求。柔性负荷调度利用电力指纹技术自动识别用电设备的类型，还可以识别它的可调节能力，把这些参数提交调度中心来进行调度，以达到调峰调频的目的。

5. 家庭能源管理系统

为了电网和用户之间的能量流是双向的，家庭用户不仅可以消费来自电网的电能，而且可以将本地分布式发电装置产生的多余电能售给电网以获得相应的经济效益[6]。智能电网环境下家庭能源管理系统主要包括三类设备：用电负载、储能设备（包括电动汽车）和分布式电源。对这样的一个家庭能源管理系统进行优化调度将是一个复杂的过程，其系统的运维成本高，效果不理想。

电力指纹技术自动识别居民用户的可调节能力，通过家庭能源管理系统对电力公司发布的动态电价信号进行合适的响应，对用电设备进行优化控制可以降低用户用电费用。电力指纹技术还将识别电动汽车的使用习惯，利用家庭能源管理系统对电动汽车的充电过程进行控制可以削弱或消除电动汽车上网充电对电网的不利影响，协同发挥分布式能源发电、用电负荷和电动汽车的作用，以最大限度提升整个系统运行经济性。

9.1.5 身份识别的应用场景

身份识别是电力指纹识别的最高层次，与指纹识别、面部识别、声纹识别等生物识别相比，其难度很大，要达到足够的识别精度还有很长的路要走。这时因为其识别的对象是工业产品，工业产品不同于自然物品，自然物品天生有差异性，而工业产品讲究的是标准化。

1. 用户身份认证与用电的结算

电力指纹身份识别技术能够做到对用电设备唯一身份的识别，而传统上的负荷身份识别均基于通信手段，通过RFID（radio frequency identification）射频技术读取用户IC卡[7]，或者通过与用电设备内置的智能芯片进行通信而实现负荷身份的识别。例如电动汽车充电桩目前多采用IC卡进行用户的身份识别与结算。但这两种传统的身份认证方式都存在一些问题。IC卡并不与负荷直接相关，存在丢失、冒用、携带不便等问题，而具有内置智能芯片和通信功能的负荷并不多，虽然智能家居和万物互联是未来的趋势，但从经济性角度来说100%的用电设备智能化在短期内还不现实。而电力指纹技术基于每个用电设备独特的用电特征实现负荷身份的识别，无需对负荷进行改造，同时也不需要用户参与，极大地拓展了身份认证场景。通过应用电力指纹身份认证技术，可以实现例如公共电动汽车充电桩的即插即充，即拔即走，自动识别计费，用户不需要拿出手机或IC卡，充电桩通过对电动汽车的识别自动匹配账户进行扣费。对于一些信息安全较高的单位，可能通过电力指纹身份识别技术对用电设备用电进行授权管理，禁止外来用电设备使用，极大地提高了安全性。对出租屋、宿舍等公共插座，可以通过电力指纹身份识别技术进行分别计费，避免了电费平摊的不公平。

在国内国外都在研究自动充电的无线充电的公路[8]，让汽车在一边行驶的时候一边进行充电。在这个技术下有一个很重要的问题就是如何识别充电的属于哪一台车，如何进行结算？电力指纹的身份识别恰好弥补了这种技术，它能够识别是哪一台充电车进行的充电。对于充电汽车利用通信的交互向充电设施来表明身份的场合下，电力指纹技术还可以是一种校验者的角色，从而避免有人故意冒充身份达到免费充电的目的。

身份认证还有其他场景。如防止居民家庭用电设备设备的偷盗行为，如果能够通过电力指纹精准识别用电设备原拥有者的身份，该用电设备被盗且原拥有者挂失时，该设备将无法在其他地方使用，从而使得偷盗没有意义。

2. 工业互联网标识的补充或核实

工业互联网标识解析体系是工业互联网网络体系的重要组成部分[9]，是支撑工业互联网互联互通的神经中枢，其作用类似于互联网领域的域名解析系统（DNS）。工业互联网标识就类似于互联网域名，通过赋予每个产品、部件和机器一个独特的“身份证”，可以实现整个网络资源的灵活区分和信息管理，可以通过产品标识查询存储产品信息的服务器地址，或者直接查询产品信息以及相关服务。工业互联网标识必须要预先为产品设置一个唯一的标识，可以是由数字、字母、符号、文字等拟定的规则组成的字符串。这个字符串可以被伪造或伪装，而基于身份识别的电力指纹就可以对工业互联网标识进行核实。如果基于身份识别的电力指纹发展到一定程度，准确率达到一定程度，可以取消这个必须要预先设置的工业互联网标识，从而取代现有的工业互联网标识。

9.2　电力指纹的产业链

9.2.1　电力指纹产业链参与者

电力指纹本身作为一项技术，技术的商业价值即是技术相关产业链上衍生的所有商业价值的总和。从每个电力指纹产业链的参与者角度出发，不同的参与者，其思考的价值体现方法和商业模式也是不同的。

1. 生态构建者

生态构建者需要做的事情，是从建设全产业链生态的视角搭建框架和链接，首先从单个场景实现，进而拓展到全产业链。关键成功因素在于如何实现大量计算能力的投入，积累海量优质的多维数据，建立算法平台，通用技术平台和应用平台，提供丰富的场景应用入口，积累用户和服务用户。

2. 技术驱动者

技术驱动者需要做的事情，是从技术层面切入，努力地尝试以技术迭代去驱动场景应用突破。关键成功因素在于深耕算法和通用技术，建立技术优势，通过技术先进性去优化场景的应用效果，吸引用户的关注。

3. 应用聚焦者

应用聚焦者需要做的事情，直接瞄准单个场景，寻找出各种合适的产品方案，以充分服务好场景内用户为目标。关键成功因素是掌握细分市场的数据，选择合适的场景，建立大量的多维度的产品矩阵，服务好用户。

4. 垂直领域先行者

垂直领域的先行者需要做的事情，是利用自己领域内的先发优势，培育出杀手级应用，从杀手级应用切入，通过影响和培养用户习惯，引领场景应用的发展。关键成功因素在于对垂直领域的理解，能够率先选择应用较广泛且有海量数据的场景推出杀手级应用，成为该垂直行业的主导者，通过主导者的身份进一步拓展和影响用户。

5. 基础设备提供者

基础设备提供者需要做的事情，是从基础设备切入，尝试建立标准，并向产业链上下游扩展。关键成功因素在于能否开发出服务于生态链的通用基础设备，掌握集成化和优化的技术，提供更加高效，更加低成本的算力和服务，与相关行业进行深度整合。

9.2.2 电力指纹全产业链

电力指纹是一个比较新的技术，尤其在能源互联网的情况下，它的用途非常广，因此它的产业链也会比较长。编者认为指纹产业链至少包括以下几种。

1. 基础理论与基础算法的研究

这一方面的主要目的是对电力指纹的基本架构、基本理论和基本算法进行研究。承接该产业链的主要是高等院校，科研院所和一些高科技企业。

2. 电力指纹数据库的运营

电力指纹最终将会通过电力标准化的电力指纹数据库向全社会提供服务，因电力指纹有着广阔的应用前景，电力指纹数据库的运营将会是一个非常大的一个产业。该产业链的主要的工作是，为电力指纹的人工智能学习提供大量的样本，通过大量的样本学习，提取更多的用电设备相关的特性，形成电力指纹数据库。在云端部署电力指纹数据库，在需要用到识别的时候，可以访问云端的电力指纹数据库来进行识别。在该产业链上的主要有高科技企业，有资金实力的科研院所。

3. 电力指纹芯片设计、生产和销售

为了提高电力指纹识别的效率，普及电力指纹的应用，未来越来越多的用电设备将会嵌入电力指纹芯片和电力指纹的算法，因此电力指纹的芯片将是一个比较大的产业。该产业是将电力指纹的识别算法做到电力指纹芯片中去，然后通过低廉的芯片嵌入到每一台设备，让每一台设备都具备了相关的电力指纹识别等功能。该芯片还可以结合工业互联网标识。这个产业链中参与者是高科技企业，芯片设计制造企业、风险投资。

4. 电力指纹专用设备的制造与销售

在该产业链中主要的作用是为不同的行业，不同的场景定制专用的电力指纹接入设备。其中最重要的一类设备就是本书所说的电力能源互联网接入设备。由于不同场合的设备特性有所不同，因此将会有各种不同的电力指纹及专用设备。专用设备的制造厂家将会内嵌电力指纹芯片，设计出自己的设备，运用到自己的商业领域。比如售电公司可以把电力指纹的接入集中器部署到千家万户；汽车电子产业可以为电动汽车设计一台电动指纹主机出售给电动汽车生产商；还可以设计出一台基于电力指纹的用于工业设备健康状况识别和在线监测的装置出售给装备制造商或工业装备用户。在这个产业链中，传统的制造企业，包括家电企业，汽车企业，工业装备制造业都有可能涉足，另还有大量的系统集成和工程公司也可能涉足本产业链。

5. 电力指纹嵌入式设备制造与销售

这个产业链中主要是将电力指纹相关的特性融入到传统的装备制造企业中去。包括家电企业，包括输变电设备制造企业，工业装备制造企业，汽车制造企业，通过在本设备中内嵌电力指纹识别模块，让其设备或装备具有电力指纹的基本特性。这也将是电力指纹最终的一步，随着电力指纹内嵌到各个设备中，才能真正实现电万物互联到万物感知。在这产业链中介入的企业主要是传统的设备制造企业。

6. 电力指纹相关工程施工与系统集成

该产业链主要是利用电力指纹的相关设备来解决不同行业中的具体问题。例如利用电力指纹的综合能源服务和节能服务，利用电力指纹设备建设安全智慧用电示范区等。在该产业链中参与者主要是一些系统集成公司，综合能源服务公司，节能公司和一些施工企业。

7. 电网公司内部应用

电力指纹作为能源互联网的一种基础技术，电网公司将相关应用将成为产业链中的一个重要环节。这里面的主要工作有包括输变电设备的在线监测与运营、对用电客户进行画像、提升服务质量的精准客户服务或客户的增值服务、对电动汽车电池健康状况监测等增值服务、综合能源服务、能源互联网增值服务等。

8. 利用电力指纹的检测服务

由于电力指纹有参数识别、状态识别等识别，因此特别适合用于检测领域。用户只需要在必须检测的用电设备前挂接一个电力指纹监测设备，即可实现对参数的识别、状态的检测以及假冒伪劣产品的鉴定等，这种电力指纹监测设备是产业之一。一旦能源互联网接入设备普及，任何设备只要接入相应网站即可实现远程的、自动的监测和鉴定，这种网站运行是检测产业之一。还有传统的检测试验企业可以利用电力指纹提高检测效率，这也是产业之一。

9. 电力指纹的社会应用产业链

随着电力指纹用越来越广，其社会应用产业链也将越来越大，如果细分下来，还包括安全与智慧应用的产业链，需求响应的产业链，电力市场交易的产业链，售电产业链，用电设备维修产业链等。

9.3 电力指纹的商业模式

管理学大师彼得.德鲁克说“当今企业之间的竞争不是产品之间的竞争，而是商业模式之间的竞争。”电力指纹技术作为一种新的技术，它必须在商业模式上有所突破，才能获得更好的应用推广前景。

商业模式就是为了实现客户价值最大化，把能使企业运行的内外各要素整合起来，形成一个完整的，高效率的，具有独特核心竞争力的运行系统，并通过提供产品或服务使系统持续达成盈利目标的整体解决方案。

企业商业模式的设计就是围绕着使企业形成核心竞争能力来展开的。具有独特核心竞争力的商业模式，肯定是一个能使客户实现价值，使企业盈利的商业模式，也一定是能使企业走向成功的商业模式。因此本书涉及的商业模式只是一种设想，尚未形成整体解决方案，更不能把本书中的商业模式直接当做竞争力，而只能在从事电力指纹相关产业时的借鉴。另外，本书的商业模式侧重在技术层面，不涉及企业的融资模式和管理模式。

9.3.1　互联网商业模式

互联网商业模式中对数据的运用是非常成功的，电力指纹技术也是数据技术的一种，通过电力指纹技术上衍生出来的产品在商业模式上可以考虑借鉴互联网的商业模式进行思考。

1. 互联网商业模式三要素

互联网商业模式的三要素就是入口、流量和变现，这三者的组合设计就是互联网的商业路径选择[10]。有评论总结这些互联网公司的商业模式：用最高大上的方式吸引流量，用最传统的方式实现变现。

入口是指客户接触的渠道，比如百度掌握的最重要入口是信息搜索，当然现在远不止如此，还包括自动驾驶、语音交互、视频内容等；

流量是指占据入口以后所吸引的持续交互，百度的流量主要依靠搜索，包括网页、App，地图软件等，还包括各种内容服务流量；

变现是指把流量转换为现金流的方式，百度最主要的变现方式是广告，而医疗广告则占据非常的重要位置。

从互联网商业模式发展的趋势来看，单一的“投资-收益”的思考逻辑未必能够框定出最好的效果，比如说某些时候需要亏钱获得入口，但是从流量里获得一定的变现机会。所以入口+流量+变现的整体商业模式不仅仅是单一维度的思考，而是需要多元组合的多维度思考。

2. 电力指纹技术所涉及的入口

（1）电网或能源互联网接入入口。任何用户都需要接入电网或能源互联网，因此把电力指纹嵌入用户接入电网或能源互联网的装置中，应该是最为自然的。因此该入口应是电力指纹最基础的入口，也是电网公司的售电公司等运营商最重要的入口。电网公司或售电公司可以通过表计，可以为用户制安装能源互联网接入设备，为大用户安装电力市场终端等。在这些设备中嵌入电力指纹的相关技术，以达到电力指纹入口的目的。

（2）电力市场交易的入口。目前不少的售电公司抢占的就是交易入口，抢占交易入口的最重要方式是为用户免费提供或低价提供基于电力指纹技术的能源互联网接入设备，利用这些设备聚合用户的负荷，从而成为电力市场的主体。

这个入口的特点是：初始门槛不高，后期会逐渐抬高。初期阶段，只要能有一定的客户资源，就能获得售电合同，后期来看，现货市场的交易复杂度急剧上升，在现货市场交易的过程中，对聚合的负荷的测算越精准，交易越容易实现盈利。

（3）综合能源服务的入口。这里的服务是指轻量化的运营服务、维护服务、咨询设计服务等。服务入口的特点是客户价值清晰，黏性较高，但是服务能力构建不易，单个领域或者专业的服务能力往往很难满足客户需求，需要实现“解决方案式”的整体服务交付，解决方案式的整体服务也需要对用户的情况了解得越清晰，方案所带来的效果就越好。

（4）资产入口。资产入口是比较重量化的，电力指纹技术可以芯片化，内嵌入各种设备当中，直接作为设备的标志性功能存在，通过标志性功能的差异化去替换掉同类设备。资产入口的特点是：属于资金密集+技术密集型，既有资金的要求，后续还对资产运营和延伸服务有更多要求。

3. 电力指纹技术所涉及的流量

（1）能量流。这里的能量流是指通过相应入口获得的，可以受控的能量流。这里的受控有多方面的含义，一是数量可以受控（比如购售电交易，需要申报电量）；二是时间可以受控（未来现货市场要分时段报价，或者引入需求侧交易和响应机制平抑波动)；三是流向可以控制(配网和微网需要控制潮流)；四是转换可以控制(未来微网需要实现价格响应下的多能调度策略)。

(2)信息流。对能量流的获取和控制，本质上就是对能量流中所包含的信息流的提取、管理和应用。信息流包括能量过程的信息，设备过程的信息，交易过程的信息。

(3)从未来的方向来看，信息流的流向和丰富程度，将决定能量流的流向和流量。互联网的发展，本质上也是信息流对其他资源流的一种控制过程，比如之前的客户资源掌握在零售渠道(比如各类百货公司和街边小店)，掌握客户流就掌握了信息流，互联网电商则掌握了信息流，进而掌握了客户流，倒过来影响了客户流动(电商线下实体店)、供应链的流动(新零售)。而随着技术水平的提升，未来智能电网也将实现信息流对资源流的逆向掌控。

(4)这里涉及另外一个重要的话题，那就是如何形成足够的流量。本质和互联网是一样的，如何获得足够的客户注意力和吸引力。能量流不会自动的被吸引到某个门户(除非你是彻底自然垄断)，而在未来的电力市场化改革大潮中，负荷聚合商，即售电公司的进入，让能量流变成了一种可以变换交易对象的流量，这是电力市场化对能源互联网最大的促进作用，即可以通过信息流来获取和引导能量流。

4. 电力指纹产品所涉及的变现

(1)交易领域的变现。比如电力市场购售电差价，渠道中介，咨询服务，负荷集成价差，期货合约交易，交易服务的金融等。

(2)服务领域的变现。比如运营服务，维修抢修服务，工程服务，设备供应价差，专业咨询服务，专业的监测优化服务，能效服务等。

(3)投资领域的变现。比如通过掌控的信息设计方案，指导增量配电投资、分布式电源投资、节能工程投资、配电资产租赁等。

9.3.2 制造商商业模式

1. 硬件销售模式

制造商的硬件销售商业模式最为常见。这个模式中，制造商(含品牌商，经销商，终端商)主要围绕硬件产品的销售来实现商业价值。在电力指纹产业链中，有电力指纹硬件产品的产业链有电力指纹芯片设计生产和销售、电力指纹专用设备的制造与销售、电力指纹嵌入式设备制造与销售等三个主要产业链。这些产业链中，除电力指纹芯片一般从业者较少外，其他产业链的从业者都会面临较为激烈的竞争。

制造商（含品牌商，经销商，终端商）商业模式主要有直供商业模式、总代理制商业模式、联销体商业模式、仓储式商业模式、专卖式商业模式、复合式商业模式等六种。这些商业模式已经被很多读者所熟知，不谙销售的编者在此就不详述了，具体内容请读者在网络上搜索“制造商商业模式”。

基于电子商务的硬件销售模式是企业运用信息技术与互联网，来实现销售的方式。与传统销售相比减少了更多的流通环节，大大节省了线下的仓储、渠道等成本，因而电子商务销售模式成为一种重要的销售模式，并逐渐演化出B2B（Business to Business）、B2C（Business to Consumer）、C2B（Consumer to Business）、C2C（Consumer to Consumer）、O2O（Online To Offline）、B2Q（Enterprise online shopping introduce quality control）等销售模式。

2. 构建生态系统

构建生态系统的前提是硬件产品的市场占有率非常高，为此必须设计出一个性价比非常高的爆款产品，并通过网络营销等方式迅速占领市场。该产品的销售不是盈利的主要来源，而是通过低价销售的爆款产品以获取用户，而利用市场占有率很高的爆款产品上搭建的生态系统和相关服务的收费实现盈利。

电力指纹作为一种新的技术，其生态系统目前还是空白。一旦开发在利用电力指纹的几个杀手级应用之后，极有可能会构建出自己基于电力指纹的生态系统。一旦有了生态系统和用户流量，盈利将随之而来。

由于该模式的重点是构建生态系统，通过生态系统的增值服务获取盈利，因此在硬件产品的销售上可以采用的模式较多。不仅有上述的低价销售模式，还有以租代售模式，该模式可以通过出租方式向用户提供硬件产品和硬件产品所附带的增值服务。甚至有免费赠送硬件模式，该模式纯粹依靠生态系统的增值服务费作为收益的模式等。

9.3.3 运营商商业模式

1. 电力指纹数据库运营

电力指纹的识别通过人工智能的学习来实现的，但再强的边缘计算也无法解决海量的不同类型产品识别计算。必须要借助电力指纹数据库的构建，在识别时一般通过电力指纹监测装置的边缘计算能力提取特征库，然后在云端部署的电量指纹库比对进行识别，也可以将部分电力指纹数据库下载到电力指纹监测装置中，通过边缘计算识别设备。因此电力指纹数据库的运营将会是一个重要的产业链。

在该产业链中，几个重要问题需要解决：一是样本量的获取，由于电力指纹数据库需要大量的样本学习类获得，样本还要针对每一种不同类型，不同厂家设备。为了获得这些样本，需要有专门的商业模式创新，比如发动大量的志愿者来进行数据采集。或者免费发放可以有智能家居功能的电力指纹采集装置。针对大量的工业和商业设备，还可能和大量的行业协会等组织进行联合，以获取更多的样本。二是提供电力指纹数据库服务的计算能力和安全性问题。三是电力指纹数据库运营会面临巨大的前期投入，因此如何吸引风险投资也是重要问题。

电力指纹数据库商业模式的盈利方式，编者认为至少有：一是收取电力指纹数据库版税。用户每下载一次相关的电力指纹数据库收费一次。二是收取识别服务费。用户每次调用电力指纹数据库的云服务进行识别时，按调用次数收费。

2. 配售电公司运营模式

在竞争性的配售电市场中，配售电公司运营为了获得新用户并保有现有的用户，首先需要为用户降电价，其次需要提升用户服务水平，最后需要通过为用户提供增值服务来获取配售电公司自身的利润。

为了达到上述三个目的，配售电公司应该为每一个用户安装一套电力指纹的监测装置。一方面可以精准识别每个用户的用电设备运行情况和用户使用用电设备的行为习惯，从而为用户提供精准的服务以提升服务水平。另一方面还可以精准地识别用户的负荷调节能力，将用户的负荷调节能力聚集起来，再通过辅助服务市场为电网提供调峰调频服务或需求响应服务等，从而在电力市场上获益，并把获益分成给用户，以获得用户电价的下降。

实际上，电力指纹技术就是编者在研究配售电公司如何既能够在竞争中保持优势，又能够通过增值服务而不是通过电价价差获取利润的研究中发现的。

3. 电网公司运营模式

电网公司使用电力指纹技术的获益一般不是直接带来收入的增加，而是从提升管理水平、降低生产和运营成本、提升电网安全稳定水平等方面获益，有些情况下也可以通过减少损失来获益。如应用场景中的农村农田水利灌溉用电与电能替代用电等用电类型核实可以减少电费损失；“站—线—变—户—设”关系的拓扑识别可以提升管理水平；设备参数识别的品质检测可以提升检测效率；设备的状态监测与在线健康评估可以提升设备全生命周期管理水平；敏感用户辨识与电能质量分析可以提升客户服务质量；基于电力指纹的柔性负荷调度可以提升电网安全稳定水平；电力需求响应有降低峰谷差、延缓电网投资、促进电网安全稳定和优化社会资源配置等。这些都是电网公司可以直接或间接获益的地方。

电力指纹技术对电网公司还有一个很大的好处就是可以更精确、更全面地掌握用户用电数据，这些数据本身蕴藏着巨大的价值，有着新的商业模式想象空间，可以成为电网公司新收入的来源。

4. 电动汽车运营模式

电动汽车运营商可以利用电力指纹技术为用户提供增值服务来获取收益。例如可在汽车充电时为电池健康状态提供检测服务，也可以一定情况下为电网提供削峰填谷的需求响应或者调峰辅助服务等。

9.3.4 系统集成商商业模式

1. 综合能源服务和节能服务

综合能源服务和节能服务商业模式一般有两种，第一种是合同能源管理模式，由综合能源服务商为用户投资综合能源服务和节能服务的相关硬件设施，通过综合能源服务和节能服务的收益分成来获益。第二种是施工模式，即综合能源服务商为用户提供解决方案，用户投资，由综合能源服务商承建工程获取收益。

2. 安全智慧用电等其他相关工程

工程承接方为用户提供基于电力指纹的安全智慧用电解决方案，为用户承接相关工程获益。该模式不局限于基于电力指纹的安全智慧用电，包括为用户提供其他类型的解决方案也在此之列。

安全智慧用电的增值服务模式，通过电力指纹检测用电设备的安全指数，通过广告或者电子商务推荐有着更高安全指数的用电设备来获益。

9.3.5 服务商商业模式

1. 检测服务

（1）线上检测服务。在这种服务模式下，服务供应商在网上开发互联网检测相关应用。用户可以随时调用这些应用服务，来对自己的产品进行健康、运行状态、假冒伪劣、安全状况的检测乃至于寿命预测等服务。服务供应商通过每次调用的服务来收取服务费。

（2）线下检测服务。检测服务商可以开发基于建立指纹的设备检测工具或软件，实现设备在线监测、状态评价、健康状况和寿命预测等功能。并在线下对用户的设备进行相关检测服务。

（3）设备品质控制服务。对于设备生产者、设备购买者在生产过程中或者设备入网中需要对设备进行大量的检测，利用电力指纹技术能够提高检测效率，降低检测成本。

2. 运维服务

（1）设备厂商的售后服务。为了提高对自己产品的售后服务水平，可以利用内嵌电力指纹芯片对这个的产品进行远程检测和诊断，一旦发现有任何隐患，或者预测到可能的故障，及时做好相关服务以避免设备停机等损失，从而更精准、更及时地为用户提供更好的售后服务，以提升产品的附加值。

（2）运营企业的运维服务。电网运营企业，如电网公司和配售电公司等，为了提升客户满意度、降低投诉率，可以利用内嵌电力指纹技术的入口设备，监测用户的用电设备的状况，捕捉运行中的相关异常，从而对用户实施更精准、更及时的服务，以获取用户的忠诚度。

3. 数据服务

电力指纹的数据作为能源大数据的一部分，其服务可以分为提供“生数据”、提供“熟数据”、提供数据驱动的创新服务3个层次。数据的拥有者适合于提供生数据，大数据技术的提供者适合于通过处理和分析提供熟数据，而服务提供者则适合于基于数据分析提供个性化的信息增值服务。

（1）提供“生数据”。如系统运营商（如电网企业）或设备制造商可以通过为用户提供低价甚至免费服务的商业模式，以获取用户的各种用能数据以及设备运行状态相关的数据。这些数据内部可能蕴含着揭示用户的消费习惯、设备的相关状态等重要的商业信息，数据资源的使用将会产生一定的运营利润。

（2）提供“熟数据”。如对用户用能数据、设备运行状态数据等纷繁复杂的一手采集数据进行整合与清洗，提供便于分析的“干净”数据或可视化数据，可以精准地辨识用户对于电价的承受能力、参与需求响应的意愿、实施需求响应潜力能效管理的潜力等，对用户进行“肖像描绘”，为相应商业活动的开展提供重要的分类标签与定位线索。

（3）提供数据驱动的创新服务。为用能用户、售电商、新能源开发商、设备生产商甚至是“跨界”的商业主体提供创新服务是能源互联网大数据分析重要的价值体现。又如深入分析用户的用能行为、用能结构、用能设备能效，为用户实施能效管理提出个性化的建议，为用户创造更贴心的价值，从而产生附加的增值服务。

4. 其他增值服务

广告服务。利用电力指纹的监测装置这个入口，以及掌握的用户负荷相关数据，来精准推送广告，包括相关设备的广告相关运维服务的广告等。

产品销售电子商务。利用掌握的用户设备寿命预测来主动推送产品，促进电子商务成交。

设备维修众包服务。利用对设备健康状况来提供用户与社会化运维人员沟通的网络平台，推动基于C2C的设备运维服务。

综合节能服务。可以根据用户的行为习惯在线上自动提供节能方案，用户同意时利用入口设备自动为用户进行节能控制，收取节能服务费或者通过节能量分成。

自动需求响应和辅助服务。通过入口设备远程聚合所有用户的负荷调节能力，甚至直接参与电网的辅助服务市场，或者直接成为电力市场的主体，使得每个居民用户也能够成为电力市场的主体。在需要响应时，每个用户通过入口设备自动接收实时电价等信息，根据设备运行状态自动进行需求响应。根据需求响应的获利对用户进行分成。

本章小结

本章介绍了电力指纹的应用场景与商业模式，9.1首先是介绍了电力指纹各识别的应用场景，类型识别主要可以应用在安全用电技术、防窃电技术、智能家居等；参数识别主要应用与工业设备参数识别和假冒伪劣设备识别等；状态识别主要应用与设备健康状态评估和寿命预测；行为识别主要应用于需求响应和柔性负荷调度、家庭能量管理等；身份识别可能主要应用于用电身份认证和工业互联网标识。9.2节介绍了电力指纹产业链构成，从参与者角度看，电力指纹产业链可以容纳生态构建者、技术驱动者、应用聚焦者、垂直领域先行者、基础设备提供者参与建设；从产业的角度看，可以容纳基础研究、电力指纹数据库运营、电力指纹芯片、电力指纹专用设备、工程系统集成等。9.3节介绍了电力指纹的商业模式，首先按照互联网商业模式介绍了电力指纹的三要素（入口、流量、变现）的组成方式，接着介绍了制造商、运营商、系统集成商以及服务商的商业模式。

本章参考文献

[1]杜丽娟，柳长顺.财政直接补贴农业水费研究[J].资源科学，2008：1741－1746.

[2]孙保华，李永辉，杜红卫，等.基于电力线通信的配电网拓扑自动识别与应用[J].电气自动化，2021，43：54－56.

[3]吴荡儒，康文彬 智慧用电安全管理服务平台[J].智能建筑，2018: 79 - 80.

[4]武文梁.基于电力大数据的95598用户画像及其行为评估研究[D]（硕士）.广西大学，2020.

[5]张青.中央空调系统节能运行控制方法研究[D]（硕士）.东南大学，2016.

[6]Zhou B , Li W , Chan K W , et al.Smart home energy management systems: Concept, configurations, and scheduling strategies[J].Renewable and Sustainable Energy Reviews, 2016, 61: 30 - 40.

[7]Want, R.An introduction to RFID technology[J].IEEE Pervasive Computing, 2006, 5: 25 - 33.

[8]Kong, C., Devetsikiotis, M.Optimal charging framework for electric vehicles on the wireless charging highway[C]//2016 IEEE 21st International Workshop on Computer Aided Modelling and Design of Communication Links and Networks（CAMAD）.IEEE, 2016: 89 - 94.

[9]任语铮，谢人超，曾诗钦，等.工业互联网标识解析体系综述[J].通信学报，2019, 40: 138 - 155.

[10]喻国明.未来之路：“入口级信息平台+垂直型信息服务”——关于未来媒介融合发展主流模式的思考[J].新闻与写作，2015: 39 - 41.